普通高等教育"十一五"国家级规划教材
普通高等教育精品教材
第8届全国高校出版社优秀畅销书一等奖
高等学校测绘学科教学指导委员会推荐用书

测 量 学

（第五版）

高井祥 主编

中国矿业大学出版社

内 容 提 要

本书是高等院校非测量专业的专业基础课教材。全书共分 17 章，第 1 至第 9 章为基础部分，包括绪论、距离测量和直线定向、水准测量、经纬仪测量、测量误差的基本知识、小地区控制测量、大比例尺地形图的测绘、地形图的读法和应用、测设的基本工作；第 10 至第 17 章为各专业根据不同需要的选学部分，包括工业与民用建筑施工测量、铁路与公路工程测量、管道工程测量、地质勘探工程测量、井下测量、巷道与井筒施工测量、矿图、地表与岩层移动简介。

本书主要适用于采矿工程、矿井建设、地质工程、交通运输、土木工程、建筑学、工业与民用建筑、暖通工程等专业大类或方向使用，也可作为与上述专业有关的函授大学、职业大学及自学者的教材，同时亦适合做中专有关专业师生的教学参考书。

图书在版编目(CIP)数据

测量学 / 高井祥主编. —5 版. —徐州：中国矿业大学出版社，2016.8

ISBN 978-7-5646-2649-5

Ⅰ. ①测… Ⅱ. ①高… Ⅲ. ①测量学—高等学校—教材 Ⅳ. ①P2

中国版本图书馆 CIP 数据核字(2015)第 045491 号

书　　名 测量学(第五版)
主　　编 高井祥
责任编辑 潘俊成
出版发行 中国矿业大学出版社有限责任公司
（江苏省徐州市解放南路　邮编 221008）
营销热线 (0516)83885307　83884995
出版服务 (0516)83885767　83884920
网　　址 http://www.cumtp.com　**E-mail**：cumtpvip@cumtp.com
印　　刷 江苏淮阴新华印刷厂
开　　本 787×1092　1/16　**印张** 20.5　**字数** 525 千字
版次印次 2016 年 8 月第 5 版　2016 年 8 月第 1 次印刷
定　　价 29.00 元
（图书出现印装质量问题，本社负责调换）

《测量学》编委会成员

主　　编　高井祥

副 主 编　张书毕　于胜文　张健雄

编写人员　高井祥　张书毕　于胜文　张健雄

汪应宏　余学祥　朱　光　郑　涛

邱春霞　王　坚

第5版前言

《测量学》第1版于1998年问世，主要由中国矿业大学高井祥、张书毕、张绍良等编写。2002年修订为第2版，其中新增了焦作工学院王庆林、张健雄，山东科技大学于胜文，北京建筑工程学院朱光等对该教材进行了修订编写，周立吾教授审阅了全部书稿并提出了宝贵的修改意见。2004年作者对该教材进一步完善，出版了第3版，此后十几所院校一直使用该教材，取得了很好的社会效果，尤其在矿业系统影响很大，获得一致好评。2007年又组织了7所高校从事测量学教学的12位教师在对原教材内容进行认真分析和研究的基础上，按高校非测量专业测量学新的课程教学大纲及普通高等教育"十一五"国家级规划教材的要求重新编写了该教材(第4版)，承蒙武汉大学王泽民教授、解放军信息工程大学翟翊教授审阅了全部书稿并提出了宝贵的修改意见。同年，该教材荣获江苏省精品教材称号，2008年《测量学》(第4版)被评为教育部全国普通高等教育精品教材、第八届全国高校出版社优秀畅销书一等奖。

随着现代测绘技术的快速发展，测量新技术、新仪器层出不穷，教学改革也不断深入，为适应新形势发展的需要，我们在第5版中增加了卫星定位系统等新技术内容，更新并增加了部分知识点，同时规范了教材中的图表。

测量学是非测量专业的一门基础性专业课程，具有明显的行业特色，失去特色也就失去了自我，实用性决定了本教材的存在价值。因此，本教材在介绍通用测量知识的基础上，重点介绍了测量在地质工程、采矿工程、土木工程、建筑工程等领域的应用，具有显著的实用特色。本着有利于加强基础理论学习、有利于提高能力培养、有利于知识面的拓展和少而精的原则，努力做到先进性、实用性、通用性和高质量四者相统一；同时，针对非测量专业学生学习测量学的特点，教材内容力求简明扼要、深入浅出，从而使教材不仅便于教师组织教学又适合学生自学。

本教材适用于地质工程、采矿工程、矿井建设工程、土木工程、建筑学、工业与民用建筑、工程管理、暖通工程、交通运输等专业大类或方向使用，也可供有关技术人员参考。

本版由中国矿业大学高井祥、张书毕、汪应宏、王坚，山东科技大学于胜文，河南理工大学张健雄，安徽理工大学余学祥，北京建筑大学朱光，辽宁工程技术大学郑涛，西安科技大学邱春霞共同编写。全书由高井祥任主编并统稿，张书毕、于胜文、张健雄任副主编。

在本书的编写过程中，编委会进行了多次集中和分组讨论，参阅了大量文献，引用了同类书刊中的最新资料，在此谨向有关作者表示衷心的感谢！中国矿业大学出版社也为本书的出版做了大量的工作，在此也深表谢意！

在本书的编写及出版过程中，虽然编者做了很大努力，但书中仍可能有不妥之处，恳请广大读者予以批评指正。

编 者

2016 年 6 月

第1版前言

80年代以来，由中国矿业大学顾秉彝、连荫海教授编写的《测量学》一直作为煤炭高校非测量专业的专业基础课教材，该书对提高测量学课程的教学质量起到了积极的作用。近年来，随着现代测绘科学技术的不断发展，测量新技术、新仪器层出不穷，同时，煤炭系统高校的专业设置也做了不同程度的调整和拓宽，原教材的内容已不能适应新的教学需要。因此，我们根据新的煤炭高校非测量专业《测量学》课程教学大纲，在原教材的基础上，总结编者多年的教学经验，重新编写了《测量学》教材。

本教材的编写，本着有利于加强基础理论学习、有利于提高能力培养、有利于知识面的拓展和少而精的原则，努力做到先进性、实用性、通用性和高质量四者相统一；同时，针对非测量专业学生学习测量学的特点，教材内容力求简明扼要、深入浅出，从而使教材不仅便于教师组织教学又适合学生自学。教材在结构上，分为必学和选学两部分：第一章至第九章是基础部分，为各个专业学生的必学内容；第十章至第十九章是专业应用部分，供不同专业的学生根据需要选学。

本教材适用于地质工程、采矿工程（地采和露采）、矿井建设、土木工程、建筑学、工业与民用建筑、暖通工程、交通运输等专业大类或方向使用，也可供有关技术人员参考。

本书的第一章至第五章由高井祥编写；第六章（部分）至第十章、第十七章和第十八章由张书毕编写；第十一章至第十六章由汪应宏编写；第十九章由张绍良编写；第六章（部分）由张华海编写。全书由高井祥和张书毕主编并统稿。

在本书的编写过程中，参阅了大量文献，引用了同类书刊中的部分资料，在此，谨向有关作者，表示衷心的感谢！承蒙周立吾教授审阅了全部书稿并提出了宝贵的修改意见，中国矿业大学出版社也为本书的出版做了大量工作，在此也深表谢意！

在本书的编写及出版过程中，编者做了很大努力，书中如有不妥之处，恳请广大读者予以批评指正。

编　者

1998年6月

目　录

第一章 绪 论

第一节 测量学的任务及其分支

一、测量学的任务

测量学是一门古老的科学。相传在公元前21世纪，禹奉舜命治理洪水，《史记·夏本纪》中有“左准绳，右规矩”的记载，就是对当时进行测量工作的描述。测量学是研究地球的形状和大小以及确定地面点位置的科学。它的主要内容包括测定和测设两部分。测定就是使用测量仪器和工具，将测区内的地物和地貌缩绘成地形图，供规划设计、工程建设和国防建设使用。测设(也称放样)就是把图上设计好的建筑物和构筑物的位置标定到实地上去，以便于施工。

随着国民经济的发展和科学技术的进步，测量学在生产中的作用越来越大，所涉及的内容也愈来愈丰富，并派生出许多分支学科。如研究整个地球的形状和大小以及大地区控制测量问题的大地测量学；研究测绘小地区地形图、把地球表面看做平面而不考虑地球曲率影响的地形测量学；利用摄影像片来测定物体的形状、大小和空间位置的摄影测量学，它又可分为航空航天摄影测量学、地面摄影测量学、水下摄影测量学和近景摄影测量学等分支学科；以海洋和陆地水域为对象进行测量工作的海洋测绘学；为满足工程建设的需要，结合各种工程建设的特点而进行测量工作的工程测量学；研究如何确保矿产资源的合理开发、安全生产和矿区环境治理的矿山测量学；研究利用所获得的测量成果资料，编绘和制印各种地图的制图学。随着遥感(RS)、卫星全球定位系统(GPS)和地理信息系统(GIS)等新技术的不断发展，新的测量分支学科不断涌现。本书的前半部分主要讲述地形测量学，后半部分主要讲述工程测量学和矿山测量学的内容。

测绘科学的应用范围很广：在国民经济建设和社会发展规划中，测绘信息是最重要的基础信息之一；在国防建设中，军事测绘和军用地图是现代化大规模诸兵种协同作战必不可少的重要保障；在科学实验、航空航天、地壳形变和地震预报等研究工作中，也都要应用测绘资料。

在地质勘探工程中的地质普查阶段，要为地质人员提供地形图和有关测量资料作为填图的依据；在地质勘探阶段，要进行勘探线、网、钻孔的标定和地质剖面测量。

在采矿工程中，测量工作起着重要的作用，在矿区开发的全过程中都要进行测量工作。在矿井建设阶段，要进行建井和开拓所需的施工和设备安装测量；在生产阶段，除进行井下控制测量和采区测量外，还要开展矿体几何和储量管理、岩层移动监测和地面建筑物保护、矿区环境治理等工作。

在建筑工程中，测量工作也有着广泛的作用。在规划和勘测设计的各个阶段，都要求提供各种比例尺的地形图；在施工阶段，要将设计的建筑物、构筑物的平面位置和高程测设于实地，作为施工的依据；工程施工结束后，还要进行竣工测量，绘制各种竣工图，以供日后改建、扩建或维修之用。

通过以上介绍可以看出，测量工作在各种工程中均占有重要的地位。因此，地质、采矿和建筑等专业的学生都必须学好测量学，以便在实际工作中运用测量知识解决实际问题。

二、测绘学科的分支

测绘学科是一级学科，以下分为大地测量学、摄影测量与遥感学、工程测量学、海洋测量学和地图制图学等分支学科，这些学科不仅支撑起了整个测绘学科，更为国民经济建设以及国防建设做出了巨大贡献。

（一）大地测量学

大地测量学是一门研究和测定地球的形状、大小、重力场和地面点几何位置及其变化的理论和技术的学科。地球的形状以大地水准面为代表，是一个以南北极的连线为旋转轴、两极略为突出的旋转椭球体，通过极轴的剖面是一个椭圆；地球的大小以椭圆的长半径 a（赤道半径）和短半径 b（两极半径）来表示。地面点的几何位置有两种表示方法：① 将地面点沿椭球法线方向投影到椭球面上，用该点的大地经纬度(B,L)表示该点的水平位置；用地面点至椭球面上投影点的法线距离表示该点的大地高程。② 用地面点在以地球质心为原点的空间直角坐标系中的三维坐标(x,y,z)表示。地面点的几何位置测定为大规模测绘地形图提供了平面控制网和高程控制网。

大地测量学是测绘科学与技术的重要理论基础，是地理信息系统、数字地球、数字中国的几何和物理平台，它将各种空间信息源进行整合、统一，并且重构出这些信息源的几何和物理的拓扑关联。因此，大地测量学是组织、管理、融合和分析地球海量时空信息的数理基础，也是描述、构建和认知地球，进而解决地球科学问题的一个时空平台。

（二）摄影测量学与遥感

摄影测量学是研究利用摄影或遥感手段获取被摄物体的影像数据，进行分析和处理，以确定被摄物体的形状、大小和空间位置，并判定其性质的学科。按获取像片的方法不同，分为地面立体摄影测量学和航空摄影测量学。摄影测量主要用于测制地形图，它的原理和基本技术也适用于非地形测量。自从出现了影像的数字化技术后，被测对象可以是固体、液体，也可以是气体；可以是微小的，也可以是巨大的；可以是瞬时的，也可以是变化缓慢的。只要能够得到影像，就可以使用摄影测量的方法进行量测。这些特性使摄影测量方法得到广泛的应用。用摄影测量的手段成图是当今大面积地形图测绘的主要方法。摄影测量发展迅猛，尤其是与现代遥感技术相配合使用的光源，可以是可见光或近红外光，现在已经发展为在电磁波等其他范围内得到构像，其运载工具可以是飞机、卫星、宇宙飞船及其他飞行器。因此，摄影测量与遥感已成为非常活跃和富有生命力的一个独立学科。

（三）地图制图学（地图学）

地图制图学主要研究地图制作的基础理论、地图设计、地图编制和印制技术的技术方法及其应用。地图制图学主要包括以下方面：地图投影，它是依据一定的数学法则建立地球椭球表面上的经纬线与在地图平面上相应的经纬线网之间函数关系的理论和方法，也就是研究把不可展曲面上的经纬网描绘成平面上的经纬线网所产生各种变形的特性和大小以及地图投影的方法等；地图编制，它是研究制作地图的理论和技术，即从领受制图任务到完成地图原图的制图全过程；地图整饰，它是研究地图的表现形式，包括地图符号和色彩设计、地貌立体表示、出版原图绘制以及地图集装帧设计等；地图印制，它是研究复制和印刷地图过程中各种工艺的理论和技术方法。

同时，随着计算机技术引入地图制图中，出现了计算机地图制图技术。此时，地图是以数字形式存储在计算机中，我们称之为数字地图。将数字地图在屏幕或其他载体上按需要的各种方式显示，称之为电子地图。计算机制图的实现，改变了地图的传统生产模式，大大节约了人力和物力，缩短了成图周期，提高了生产效率和地图制作质量，并方便了对地图的存储、使用和共享。

电子地图可以非常方便地对普通地图的内容进行任意形式的要素组合、拼接，形成新的地图。可以对电子地图进行任意比例尺、任意范围的绘图输出。国家测绘地理信息局现有中国范围的1∶400万、1∶100万、1∶25万电子地图，今后还要生产1∶5万电子地图，这些是国家基础地理信息系统的重要组成部分，是其他各部门专业信息管理、分析的载体。各省、市测绘及城市规划部门生产了大量的大比例尺电子地图，如1∶5 000，1∶2 000，1∶1 000等，可用于城市规划建设、交通、旅游、汽车导航等许多部门。所有这些数字地图将各部门日常工作由原来一大堆地图翻来翻去，变成为计算机前作业，科学、准确、直观，大大提高效率。电子地图的发展和应用前景广阔，是地图制图未来的发展趋势。

（四）工程测量学

工程测量学是研究工程建设在规划设计、施工放样和运营管理各阶段中进行测量工作的理论、技术和方法的科学，所以又称为实用测量学或应用测量学，它是测绘学在国民经济和国防建设中的直接应用。按工程建设进行的程序，工程测量在各阶段的主要任务有：在规划设计阶段主要是进行规划设计用大比例尺地形图测绘，以及将图上设计好的建筑物标定到实体，并确保其形状、大小、位置和相互关系正确；在施工阶段进行各种施工测量，在实地准确地标定出建筑物各部分的平面和高程位置，作为施工和安装的依据，以确保工程质量和安全生产；工程竣工后，要将建筑物群体测绘成竣工平面图，作为质量验收和日后维修的依据，称为竣工测量；对于大型工程，如高层建筑物、水坝等，工程竣工后，为监测工程的状况，保证安全，需进行周期性的重复观测，即变形监测。工程测量服务的领域非常广阔，有军事建筑、工业与民用建筑、道路修筑、水利枢纽建造等。

（五）矿山测量学

矿山测量学是综合运用测量、地质及采矿等多学科知识，研究和处理矿山地质勘测、建设和采矿过程中从矿体到围岩、从井下到地面，在静态和动态条件下的各种矿山空间几何问题，以确保矿产资源合理开发、安全生产和矿区生态环境综合整治的一门学科。矿山测量学包括三项内容：一是矿山测量工程，研究矿区控制测量、地形测量、建井和开拓时期的施工和设备安装测量；矿山生产时期的井下控制测量、采区生产测量及各种生产设施的运行状况监测测量等，其作用被誉为“矿山的眼睛”；二是研究矿体几何和储量管理，确保矿产资源的合理开发和生产中准备煤量与开采煤量的合理接续；三是研究资源开采后所引起的岩层移动、地表沉陷规律以及露天矿边坡的稳定性和保护地面建筑物、造田复地和环境治理的理论和方法。

随着空间信息技术、遥感技术、惯性测量系统、数字近景摄影测量技术、激光扫描成像系统等新技术的发展和广泛应用，矿山测量也进入了发展的新时期。矿山测量学作为地球空间信息学的一个分支和重要组成部分，它在现代矿山生产建设和管理，以及“数字矿山”建设中发挥着不可或缺的作用。随着地球空间信息科学技术的不断进步，矿山信息化、自动化、智能化生产和管理的发展，其作用将日益增强。

通过以上介绍可以看出，测量工作在各种工程中均占有重要的地位。因此，地质、采矿和建筑等专业的学生都必须学好测量学，以便在实际工作中运用测量知识解决问题。

第二节　地面点位的确定

一、地球的形状和大小

测量工作是在地球表面进行的。自然地球表面很不规则，有高山、平原、深谷、丘陵和海洋等。地球上最高的珠穆朗玛峰，高出平均海水面 8 844.43 m(2005 年 5 月由中国重新测定，并于同年 10 月 9 日向世界宣布)，最低的马里亚纳海沟，大部低于平均海水面 8 000 m，最深处达 11 034 m。这些高低起伏与巨大的地球半径(平均为 6 371 km)相比，可以忽略不计。若顾及到地球上陆地面积仅占整个地球表面的 29%而海洋面积占 71%，则可以认为地球是被静止的海水面所包围的球体。

由于地球的自转运动，地球上任一点都受到地球引力和离心力的双重作用，这两个力的合力，称为重力。重力的方向线称为铅垂线，铅垂线是测量工作的基准线。静止的水面所形成的曲面称为水准面。过水准面上的任意一点所作的铅垂线，在该点均与水准面正交。与水准面相切的平面称为水平面。由于水面可高可低，因此水准面有无穷多个，其中与平均海水面重合并向陆地延伸所形成的封闭曲面，称为大地水准面。大地水准面是测量工作的基准面。由大地水准面所包围的地球形体，称为大地体，它代表了地球的自然形状和大小。

大地水准面与地球自然表面相比，可称得上是一个光滑的曲面。但由于地球内部质量分布的不均匀性，使得铅垂线的方向产生不规则的变化，结果大地水准面就变成了一个有微小起伏变化的、不规则的复杂曲面(图 1-1)。在这样的曲面上是无法进行测量计算的。因此，为了计算和绘图方便，通常选择一个非常接近于大地水准面并可用数学式表示的几何曲面来代表地球的形状，这个面称为旋转椭球体面或地球椭球体面。如图 1-2 所示，旋转椭球体的大小由长半径 a 和短半径 b，或由一个半径 a 和扁率 α 所决定。α 由下式计算：

$$\alpha = \frac{a-b}{a} \tag{1-1}$$

式中　a、b、α——旋转椭球体元素。

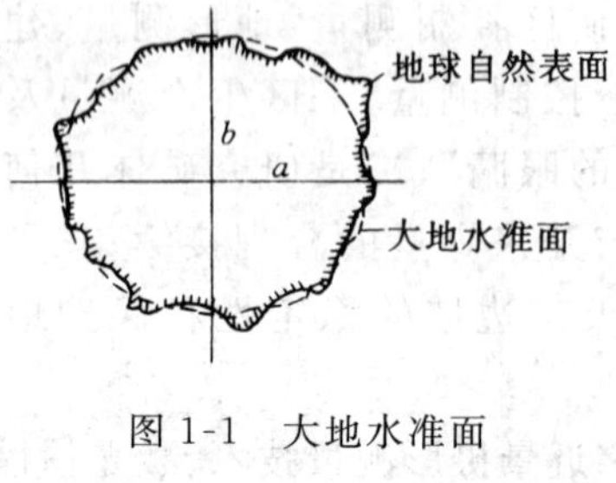

图 1-1　大地水准面

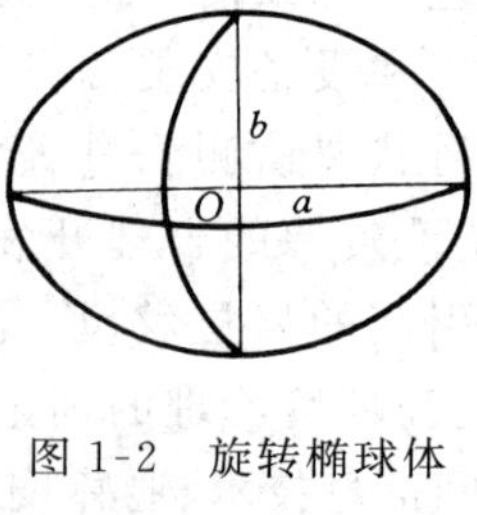

图 1-2　旋转椭球体

世界各国都采用适合本国情况的椭球体元素。我国在解放前采用海福特椭球，解放后曾一度采用前苏联的克拉索夫斯基椭球参数作为测量计算的依据，其数值为：

$$a = 6\ 378\ 245\ \text{m} \qquad \alpha = 1 : 298.3$$

目前我国采用的椭球元素数值为：

$$a = 6\ 378\ 140\ \text{m} \qquad \alpha = 1 : 298.257$$

并选择西安附近的泾阳县永乐镇某点作为大地原点。由此建立的坐标系称为“1980 年国家大地坐标系”。

因地球椭球扁率很小，所以当测区范围不大时，可将地球视为圆球，其半径为6 371 km。

二、地面点位置的表示方法

测量工作的基本任务是确定地面点的位置。确定地面点的空间位置需要三个量，即平面坐标和高程。

（一）平面坐标

1. 地理坐标

在球面上，地面点的位置通常用经纬度表示。某点的经纬度称为该点的地理坐标。

如图 1-3 所示，NS 为地球自转轴，称为地轴。通过地轴和地球上任意一点 P 的平面与地球表面的交线称为 P 点的真子午线或经线。通过英国格林尼治天文台的子午线，称为本初子午线。垂直于地轴的各平面与地球表面的交线，称为纬线。过地心且与地轴垂直的平面称为赤道面，赤道面与地球表面的交线称为赤道。

图 1-3 地理坐标系

经度从本初子午线起算，向东为东经（0°～180°），向西为西经（0°～－180°），经度通常用符号 λ 表示。纬度从赤道起算，向北为北纬（0°～90°），向南为南纬（0°～－90°），纬度通常用符号 φ 表示。我国位于东半球和北半球，所以国内的地理坐标都是东经和北纬。例如，北京市某点的地理坐标为东经 116°20′50″、北纬39°55′37″。

上述 P 点的经纬度，称为天文经纬度，它是以过 P 点的铅垂线为依据的。若以椭球面的法线为依据，则 P 点的经纬度称为大地经纬度，并分别以 L 表示大地经度，以 B 表示大地纬度。由于所依据的基准线不同，所以两者稍有差异，但差异很小，在地形测量中可不予考虑。

2. 平面直角坐标

大地水准面虽是曲面，但当测量区域较小（如在半径小于 10 km 的范围内）时，可以将其当做平面来看待。在这种情况下，地面点的位置可用平面直角坐标表示。图 1-4 所示为测量工作中采用的坐标系。规定南北方向为纵轴，记为 x 轴，x 轴向北为正，向南为负；以东西方向为横轴，记为 y 轴，y 轴向东为正，向西为负。测量坐标系的Ⅰ、Ⅱ、Ⅲ、Ⅳ象限为顺时针方向编号。测量坐标系与数学坐标系的规定是不同的，其目的是为了便于定向，可以不改变数学公式而直接将其应用于测量计算中。地面某点 P 的平面位置可用 x_P 和 y_P 表示。

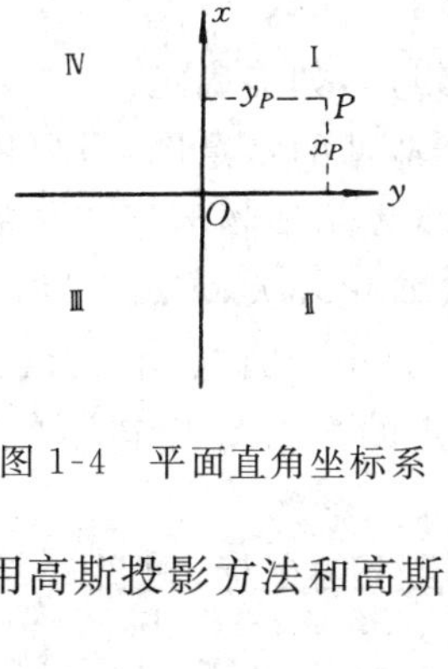

图 1-4 平面直角坐标系

当测区范围较大时，就不能把水准面看做水平面，必须采用适当的投影方法，建立全球性的统一平面直角坐标系统。测量中通常采用高斯投影方法和高斯平面直角坐标系统，有关内容将在本书第 8 章介绍。

（二）高程

1. 绝对高程

地面点到大地水准面的铅垂距离，称为该点的绝对高程或海拔。两点间的高程差，称为高差。如图1-5所示，H_1、H_2分别表示 A、B 两点的绝对高程，h 为两点间的高程差，即：

$$h = H_2 - H_1 \tag{1-2}$$

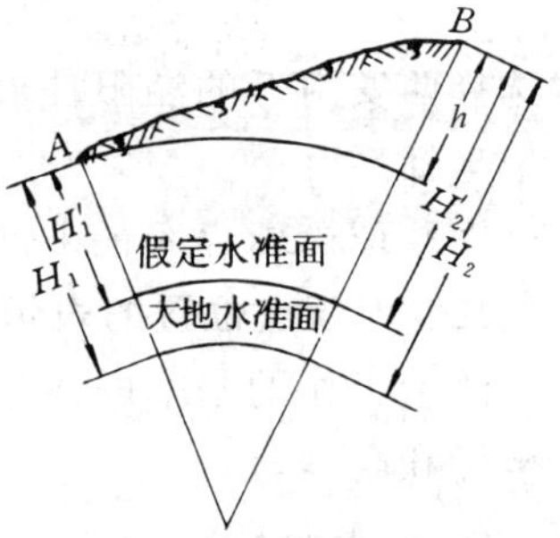

图 1-5　高程系统

解放前，我国采用的高程基准面十分混乱，解放后国家在青岛设立了验潮站。根据 1950～1956 年的验潮资料，推算的黄海平均海水面作为我国高程的起算面。据此推求的青岛国家水准原点的高程为 72.289 m。这一系统简称为“1956 年黄海高程系”。20 世纪 80 年代初，国家又根据 1953～1979 年的验潮资料，推算出新的平均海水面。据此推求的青岛国家水准原点的高程为 72.260 m。这一系统称为“1985 年国家高程基准”。该基准于 1985 年执行，因此当使用以前的高程测量成果时，应注意高程基准的统一和换算。

2. 假定高程

在局部地区或某项工程建设中，当引测绝对高程有困难时，可以任意假定一个水准面为高程起算面。从某点到假定水准面的垂直距离，称为该点的假定高程或相对高程。如图1-5中 H'_1、H'_2 为 A、B 两点的假定高程。采用假定高程时，应先在测区内选定一个高程基准点并确定其假定高程值，再以它为基准推算其他各点的假定高程。但应注意，在一个特定的区域内，只能选择一个假定水准面，否则，会发生混乱。

第三节　测量工作概述

做任何工作都必须遵循一定的原则，按照一定的步骤进行，这样才能做到有条不紊、保质保量，测量工作也不例外。

测量工作的服务领域虽然十分广泛，内容也很繁杂，但其含义不外乎两大类，即地形图测绘和施工放样。其基本工作内容就是测角、测距和测高差。

地球表面复杂多样的形态可分为地物和地貌两大类。地面上的固定性物体，如房屋、道路、桥梁等，称为地物；地球表面各种高低起伏的形态，如高山、深谷、陡坡、悬崖和冲沟等，称为地貌。地物和地貌总称为地形。下面以将地物和地貌测绘到图纸上为例，介绍测量工作的原则和程序。

图 1-6(a)所示为一幢房屋的示意图，其平面位置图由一些折线组成，如能确定 1～4 各点的平面位置，则这幢房屋的位置就确定了。图 1-6(b)所示是一个池塘的示意图，只要能确定 5～16 各点的平面位置，则这个池塘的位置也就确定了。一般将表示地物形态变化的1～16 点称为地物特征点，也叫碎部点。至于地貌，虽然其地势起伏变化较大，但仍然可以根据其方向和坡度的变化，确定其特征点，并据此把握地貌的形状和大小。因此，不论地物还是地貌，其形状和大小都是由一系列特征点（或碎部点）的位置决定的。测图工作主要就是测定这些碎部点的平面坐标和高程。

如图 1-6 所示，如果事先已用较精确的方法测定了 A、B、C、D、E 点的坐标，测图时，在

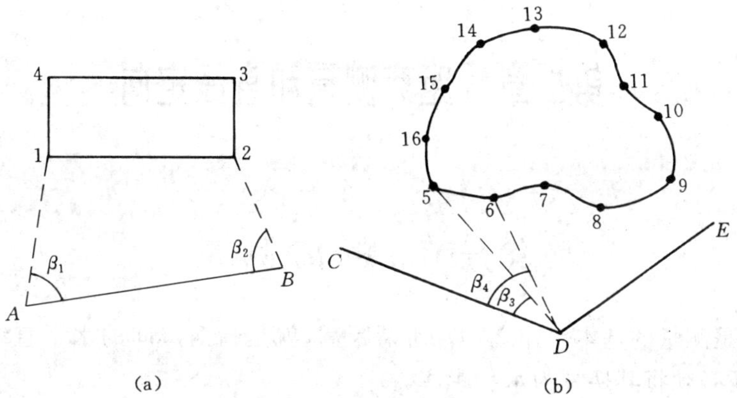

图 1-6 测量房屋和池塘示意图

A 点架设仪器，测出 1 点与 AB 边的夹角 β_1 和 1 点到 A 的距离，则根据 A、B 两点的坐标，就可求出 1 点的坐标。同理，可求出 2、3、…、16 等各点的坐标。有了这些坐标，就可以在图纸上绘制地形图了。在测量工作中，把 A、B、…诸点称为控制点，由控制测量方法得到，而测定碎部点 1、2、…的工作，称为碎部测量。因此，测定碎部点的位置通常分两步进行：先进行控制测量，再进行碎部测量。这种“先控制后碎部、从整体到局部”的方法是测量工作应遵循的原则。只有这样，才能保证全国统一的坐标系统和高程系统，使地形图可以分幅测绘，加快测图速度；才能减少误差的累积，保证测量成果的精度。测量工作应遵循的另一个原则就是“步步有检核”。这一原则的含义是，测量工作的每项成果必须要有检核，检查无误后方能进行下一步工作，中间环节只要有一步出错，以后的工作就会徒劳无益。如从上述测图过程可知，当测定控制点的相对位置有错误时，以其为基础所测定的碎部点位也就有错误。因此，只有坚持“步步有检核”的原则，才能保证测量成果合乎技术规范的要求。

综上所述，无论是控制测量、碎部测量还是施工放样，其实质都是确定地面点的位置，也就是先测定三个元素——水平角 β、水平距离 l 和高差 h。所以说，高程测量、距离测量和水平角测量是测量的基本工作，观测、计算和绘图是测量工作的基本技能。

复习思考题

1. 测量工作在各类工程中有哪些作用？
2. 测定和测设有何区别？
3. 何谓大地水准面、绝对高程和假定高程？
4. 测量学中的平面直角坐标系与数学中坐标系的表示方法有何不同？
5. 测量工作的两个原则及其作用是什么？
6. 测量工作的基本内容是什么？

第二章　距离测量和直线定向

第一节　距离测量

距离测量是测量的基本工作之一。所谓距离，就是指两点间的水平直线距离。如果测量的是斜距，还必须将其换算为水平距离。

一、量距工具

测量距离的工具通常有钢卷尺、布卷尺（皮尺）、测绳、光电测距仪和光学视距仪等。测距的辅助工具有测钎和花杆等，如图 2-1 所示。本节主要讨论钢尺量距和光电测距方法。

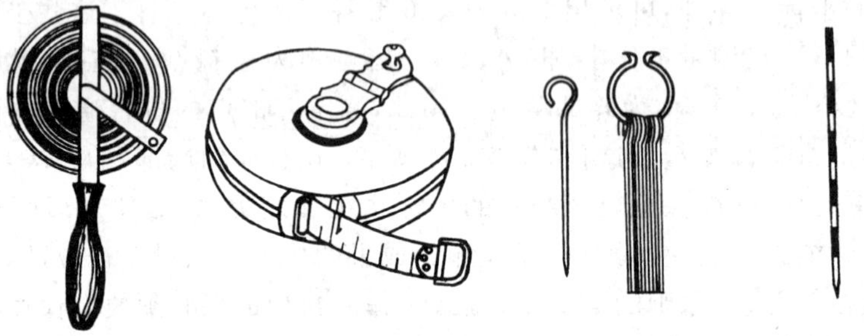

(a)　(b)　(c)　(d)

图 2-1　量距工具

(a) 钢尺；(b) 皮尺；(c) 测钎；(d) 花杆

钢尺是用薄钢制成的带尺，常用的钢尺宽度为 1.0～1.5 cm，长度有 2 m、20 m、30 m、50 m 等多种，其中以 30 m 和 50 m 长的钢尺最为常用。

钢尺的零分划位置有两种形式：一种是零点位于尺端（拉环的外缘），这种尺子称为端点尺[图 2-2(a)]；另一种有零分划线，这种尺子称为刻线尺[图 2-2(b)]。端点尺因零点易受磨损而不如刻线尺好。

二、直线定线

当两点间的距离大于钢尺长度时，需分段丈量。分段点必须位于同一直线上。将分段点标定在一条直线上的工作称为直线定线。直线定线可以用仪器来完成，当精度要求不高时也可以用目估法定线，即人眼用三点一线的原理将分段点标定于同一直线（图 2-3）。

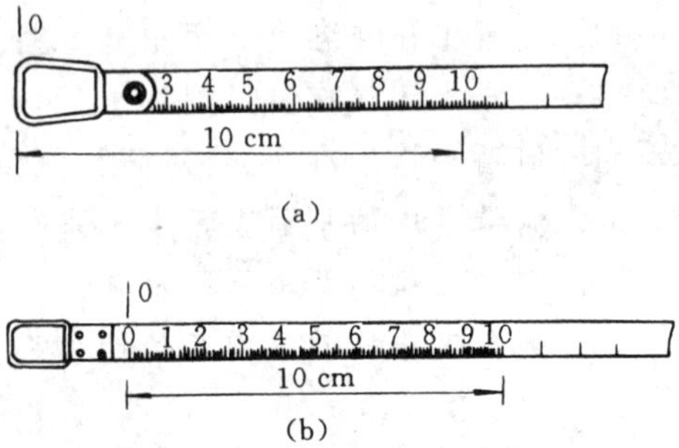

图 2-2　钢尺刻划

(a) 端点尺；(b) 刻线尺

三、钢尺量距

定线完毕后，就可用钢尺进行量距了。下面介绍用钢尺量距的一般方法。

图 2-3 直线定线

（一）平坦地面的距离丈量

在平坦地面丈量距离时，可把尺子放在地面上进行。丈量工作一般由两人完成。为了提高量距的精度和防止丈量中出现错误，丈量至少要往返各一次。量距精度以相对误差表示，并将其换算为分子为 1 的分数形式。一般规定，往、返测相对误差$\frac{|l_{往}-l_{返}|}{l_{平均}}$应不大于 1/2 000，在量距困难的地区，其相对误差也不应大于1/1 000。如精度满足要求，可取往、返测距离的平均值 $l_{平均}$ 作为丈量最后结果。

（二）倾斜地面的距离丈量

1. 平量法

如果地面起伏不大，可将待测距离分段，然后用钢尺拉平丈量，如图 2-4 所示。丈量时将尺子一端抬高，并用目估法使尺子大致水平，然后用测钎将尺子的端点投到地面上。若量得各段的水平距离为 l_1、l_2、l_3，则 $l=l_1+l_2+l_3$。

2. 斜量法

如图 2-5 所示，当倾斜地面的坡度变化均匀时，可以沿着斜坡丈量出 AB 的斜距 L 并测出地面的倾角 δ，则水平距离 l 为：

$$l = L\cos\delta \tag{2-1}$$

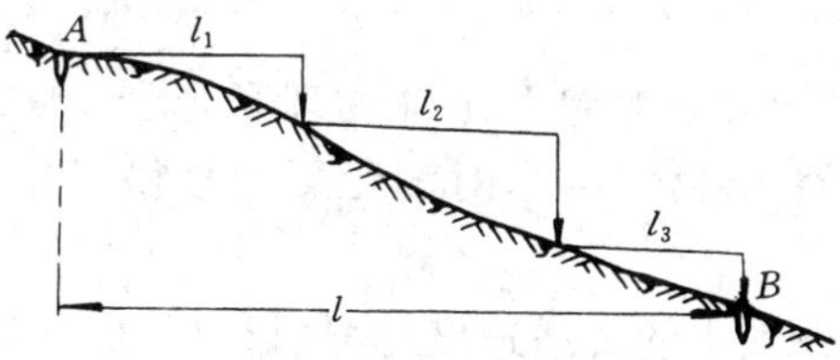

图 2-4 平量法量距

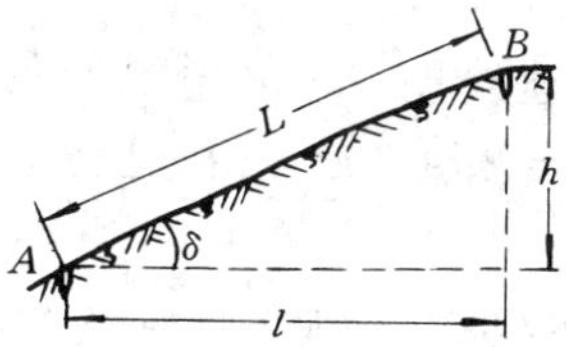

图 2-5 斜量法量距

如果未测倾角 δ,而是测定了 A、B 两点间的高差 h,则由图 2-5 可知:

$$l = \sqrt{L^2 - h^2} = L \cdot \left(1 - \frac{h^2}{L^2}\right)^{\frac{1}{2}} = L - \frac{h^2}{2L} - \frac{h^4}{8L^3} - \frac{h^6}{16L^5} - \cdots$$

令

$$\Delta l = -\left(\frac{h^2}{2L} + \frac{h^4}{8L^3} + \frac{h^6}{16L^5} + \cdots\right)$$

则有:

$$l = L + \Delta l \tag{2-2}$$

当高差 h 不太大时,h 与 L 的比值很小,上式取至二次项即可,即:

$$\Delta l = -\frac{h^2}{2L} \tag{2-3}$$

式中 Δl——按高差计算的倾斜改正数,其值永远为负值。

四、光电测距

钢尺量距劳动强度大、工作效率低,精度一般只能达到 1/1 000～1/5 000。20 世纪 60 年代以来,随着激光技术和电子技术发展,光电测距仪的使用越来越广泛,使量距工作发生了根本性变革。应用光电测距仪测距,具有测程远、精度高、操作简便、作业速度快和劳动强度低等优点,深受广大测量工作者的欢迎。

自从 20 世纪中期发明光电测距仪以来,随着微电子学、激光、半导体和发光二极管等技术的发展,测绘工作所用的测距仪的部件得到很大的改进,体积减小、精度提高,操作也更加方便。测距仪从体积庞大的单体仪器,改进为可以架设于经纬仪上方的测角和测距的联合体,以至于最后将测距仪中的光电发射和接收的光学系统以及光调制器、脉冲计、相位计等微电子元件和经纬仪的瞄准望远镜组装在一起,成为同时可以测距和测角、使用更加方便的电子全站仪,而不再单独使用测距仪。因此,在此不再介绍单体的光电测距仪的具体使用方法,而将光电测距的操作放在“第四章第八节全站仪测量系统”中介绍。

1. 光电测距的误差来源

光电测距误差可分为四部分:第一部分为比例误差,这类误差与距离成正比,随距离增大而增大,属这类误差的项目有光速值误差、大气折射率测定误差、调制频率误差;第二部分为固定误差,这类误差与距离无关,属这类误差的项目有测相误差、加常数误差;第三部分为周期误差,该误差与距离有关,但不成比例,其影响主要通过提高仪器的性能和严格测试仪器来控制,使用过程中如发现其影响较大时,应对仪器进行检修或更换仪器;第四部分为仪器及棱镜对中误差引起的距离测量误差。

(1) 比例误差

① 光速误差——光电测距仪采用的光速是国际大地测量及地球物理联合会 1975 年推荐值:c_0=299 792 458±1.2 m/s,其相对中误差为 4×10^{-9},对测距影响极微,可忽略不计。

② 大气折射率误差——大气折射率影响光在大气中的传播速度,大气折射率的计算误差将影响距离测量。

实验表明,1 ℃的温度误差产生 1 mm/1 km 左右的测距误差,1 hPa 气压测定误差产生

0.27 mm/1 km左右的测距误差，1 hPa湿度测定误差产生0.04 mm/1 km左右的测距误差。研究表明，气象参数测定误差引起的大气折射率误差对距离的影响并不大，但当实际气温、气压与参考气象条件相差较大，或是进行精密测距时才有必要加入气象改正。在精密测距时，还要注意气温的测定误差应小于±1 ℃，气压测定误差应小于等于0.3 kPa。

③ 调制频率误差——由下列距离计算公式计算：

$$D=\frac{c}{2f}\left(N+\frac{\Delta\varphi}{2\pi}\right) \tag{2-4}$$

光电测距仪的调制频率 f 对距离测量具有重要影响，调制频率误差必带来距离测量误差。

造成调制频率误差的原因主要有两个：一是频率发生器所用的石英晶体存在稳定性问题，随时间推移产生老化现象，造成频率漂移；二是仪器制造时频率校正的精确性不够。消减调制频率误差的方法是定期进行测距仪检定和频率校正，使频率相对中误差 $\frac{m_f}{f}$ 在 $(0.5\sim1.0)\times10^{-6}$ 范围内。

(2) 固定误差

① 测相误差——用相位式测距方法测量距离过程时，测距仪的发送信号与反射信号的相位差 φ 所包含的不足整周期的部分 $\Delta\varphi$，是由仪器自行测定的，其测量误差称测相误差，测相误差是影响距离测量精度的主要因素。

造成测相误差的原因有多个方面：一是测相设备的电路稳定性和测相器件的时间分辨率不完善引起相位误差；二是测距仪使用的发光二极管空间相位不均匀，造成发光束相位均匀性差引起相位误差；三是由于接收信号的强弱不同，使相位幅度产生变化，引起相位误差，这个误差又称幅相误差。

测相误差既与仪器性能有关，又与测距时的自然环境及仪器使用正确与否有关，消减该项误差的方法是选用测相精度高的仪器和正确使用仪器。

② 仪器加常数测定误差——由加常数测定不准确引起的误差。克服办法是定期测定加常数，使距离得到正确加常数改正。

(3) 周期误差

周期误差是因测距仪内部存在的串绕信号与测距信号混合后进入检相系统，造成信号相位延迟不正确而产生的误差，因其大小随测距信号周期性变化，其计算公式为：

$$v_i=a\sin(\varphi_0+\theta_i) \tag{2-5}$$

式中，a 为周期误差振幅；φ_0 为周期误差的初相位；θ_i 为不足一测尺长度的距离对应的信号相位差数。

$$\theta_i=\frac{D_i}{T} \tag{2-6}$$

式中，T 为周期误差的周期。

周期误差无法消除，可通过定期测定仪器的周期误差对所测距离施加改正。

2. 光电测距的精度

相位式测距的基本公式为：

$$D=N\frac{1}{2}\frac{c}{nf}+\frac{1}{2}\frac{c}{nf}\frac{\Delta\varphi}{2\pi}+k \tag{2-7}$$

顾及上述距离测量公式，考虑在光电距离测量中，影响距离测量的误差包括光速 c 测定误差 m_c、大气折射率 n 测定误差 m_n、调制频率 f 测定误差 m_f、相位差 φ 测定误差 m_φ、仪器加常数 k 测定误差 m_k、周期误差 m_a 及仪器和棱镜对中误差 m_l 等因素，可写出光电测距的表达式：

$$\sigma^2 = \left\{(\frac{m_c}{c})^2 + (\frac{m_n}{n})^2 + (\frac{m_f}{f})^2\right\}D^2 + (\frac{\lambda}{4\pi})^2 m_\varphi^2 + m_k^2 + m_a^2 + m_l^2 \qquad (2\text{-}8)$$

在光电测距的误差来源中，除仪器及棱镜对中误差和周期误差外，其余可分为两类：一类误差对测距的影响与距离的长短无关，称为固定误差，用 a 表示；另一类误差对测距的影响与斜距的长度 D 成正比，称为比例误差，比例系数用 b 表示。

第二节　直线定向

确定地面两点在平面上的相对位置，除需要确定两点之间的距离外，还要确定两点间直线的方向。确定一直线与标准方向间角度关系的工作，称为直线定向。

一、标准方向的种类

1. 真子午线方向(真北方向)

地球表面某点的真子午线的切线方向，称为该点的真子午线方向。真子午线北端所指的方向为真北方向，它可以用天文观测方法来确定。

2. 磁子午线方向(磁北方向)

地球表面某点上磁针所指的方向为该点的磁子午线方向。磁针北端所指的方向为磁北方向，可用罗盘仪测定。

3. 坐标纵线方向(坐标北方向)

测量工作中采用高斯直角坐标系，坐标纵线北端所指的方向为坐标北方向。

上述三个北方向通常称为“三北”方向。在一般情况下，它们是不一致的，如图 2-6 所示。由于地球磁场的南、北极与地球的南、北极并不一致，因此某点的磁子午线方向和真子午线方向间有一夹角，这个夹角称为磁偏角，用 δ 表示。磁子午线偏向真子午线以东为东偏，δ 为正，以西为西偏，δ 为负，如图 2-7 所示。我国各地磁偏角的变化范围在$-10°\sim6°$之间。

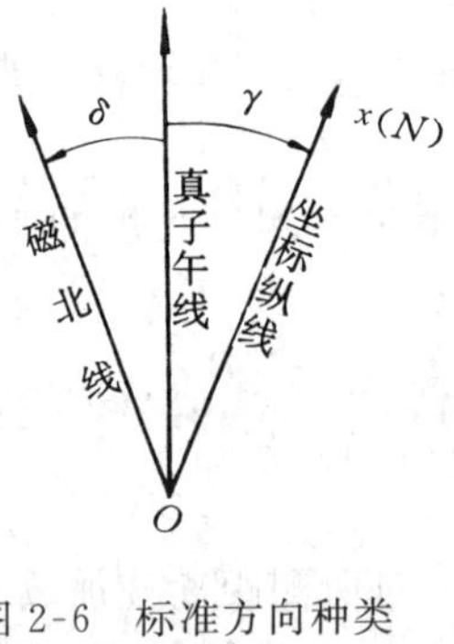

图 2-6　标准方向种类

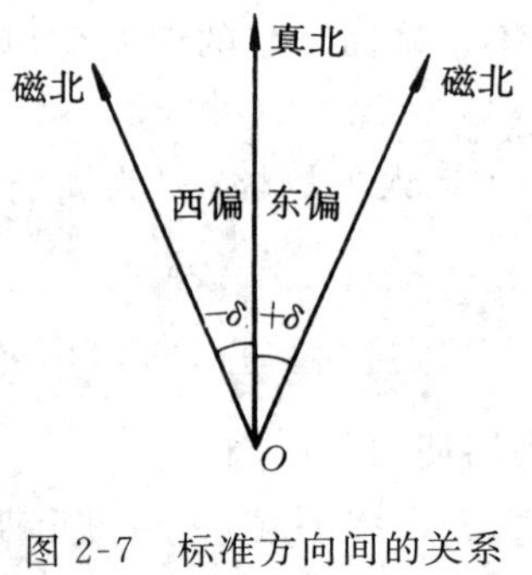

图 2-7　标准方向间的关系

磁偏角的大小随地点的不同而变化，就是在同一地点因受外界条件的影响也会有变化。所以，采用磁子午线方向作为标准方向，其精度是比较低的。

地球表面某点的真子午线北方向与该点坐标纵线北方向之间的夹角，称为子午线收敛角，用 γ 表示。坐标纵线偏向真子午线以东为东偏，以西为西偏，东偏为正，西偏为负，如图 2-8 所示。

子午线的收敛角有严密的计算公式，在普通测量中可按下式近似公式计算：

$$\gamma = \Delta L \sin B \tag{2-9}$$

式中　ΔL——是某点与中央子午线的经度差；

B——某点纬度。

二、表示直线方向的方法

在测量工作中，常采用方位角或象限角表示直线的方向。

1. 方位角

由标准方向的北端顺时针方向量到某直线的夹角，称为该直线的方位角。方位角的变化范围是 0°～360°。如图 2-9 所示，直线 OA、OB、OC、OD 的方位角分别为 30°、150°、210°、330°。

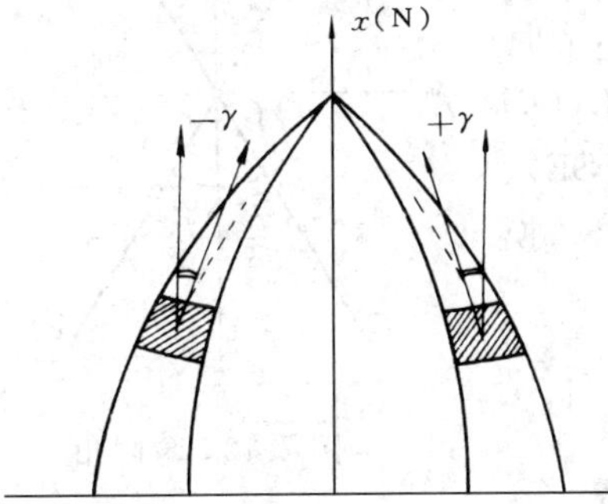

图 2-8　子午线收敛角

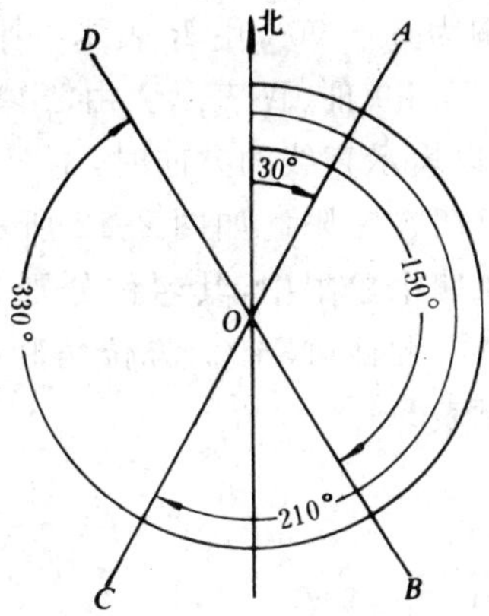

图 2-9 方位角

由于选择的标准方向不同，方位角有不同的定义。以真子午线方向为标准方向的，称为真方位角，用 A 表示；以磁子午线方向为标准方向的，称为磁方位角，用 A_m 表示；以坐标纵线为标准方向的，称为坐标方位角，简称方位角，用 α 表示。如图 2-10 所示，三种方位角之间的关系为：

$$\begin{cases} A = A_m + \delta \\ A = \alpha + \gamma \end{cases} \tag{2-10}$$

式中，δ、γ 东偏时取正号，西偏时取负号。

由于任何地点的坐标纵线都是平行的，因此，任何直线的正坐标方位角（如 α_{AB}）和它的反方位角（如 α_{BA}）均相差 180°（图 2-11），即：

$$\alpha_{AB} = \alpha_{BA} \pm 180° \tag{2-11}$$

若 $\alpha_{BA} > 180°$，公式中右端取"－"号；若 $\alpha_{BA} < 180°$，公式中右端取"＋"号。

由于真子午线之间或磁子午线之间相互并不平行，所以真方位角和磁方位角不存在上述关系。

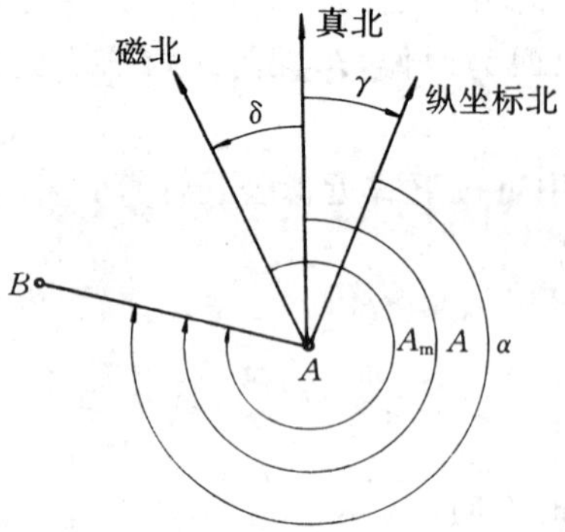

图 2-10 三种方位角之间的关系

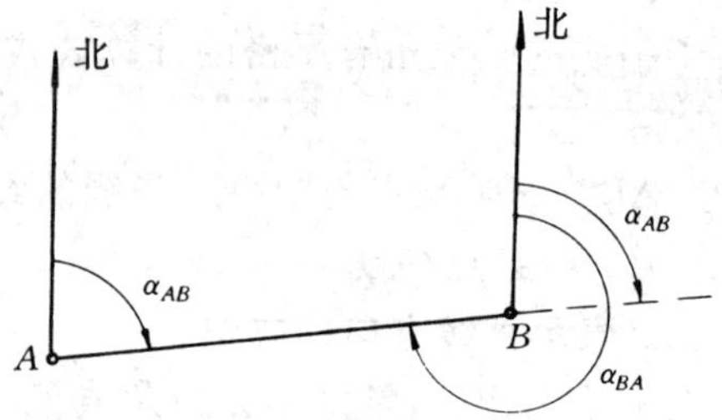

图 2-11 正反方位角

2. 象限角

直线与标准方向线所夹的锐角称为象限角。象限角的取值范围为 0°～90°，用 R 表示。平面直角坐标系分为四个象限，以Ⅰ、Ⅱ、Ⅲ、Ⅳ表示。由于象限角可以自北端或南端量起，所以表示直线的方向时，不仅要注明其角度大小，而且要注明其所在象限。如图 2-12 所示，直线 OA、OB、OC、OD 分别位于四个象限中，其名称分别为北东(NE)、南东(SE)、南西(SW)、北西(NW)。方位角和象限角可以互相换算，换算方法见表2-1。

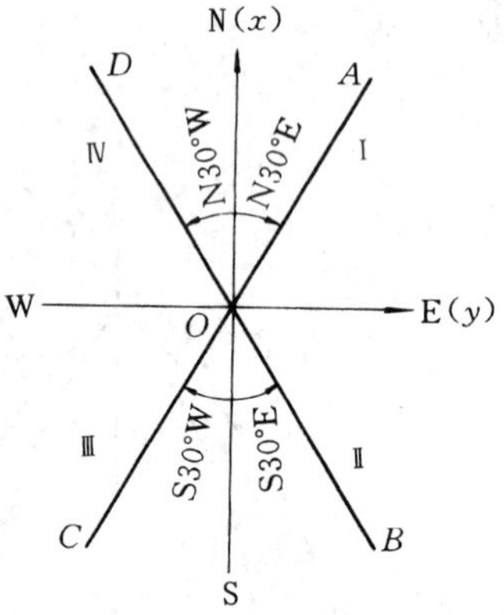

图 2-12 象限角

表 2-1 **方位角和象限角换算表**

象限		由方位角 α 求象限角 R	由象限角 R 求方位角 α
编号	名称		
Ⅰ	北东(NE)	$R=\alpha$	$\alpha=R$
Ⅱ	南东(SE)	$R=180°-\alpha$	$\alpha=180°-R$
Ⅲ	南西(SW)	$R=\alpha-180°$	$\alpha=180°+R$
Ⅳ	北西(NW)	$R=360°-\alpha$	$\alpha=360°-R$

三、罗盘仪及其使用方法

罗盘仪是用于测定直线的磁方位角或磁象限角的仪器(图 2-13)。罗盘仪的结构很简单，主要由磁针、度盘和瞄准设备(接目觇板和接物觇板)等部分组成。

磁针支在位于度盘中心的顶针上，可以自由转动(图 2-14)。为了避免顶针尖被磨损，在不使用时应将螺钉向下旋，使杠杆把磁针抬起并紧压在玻璃盖上。

度盘上的分划线以 1°或 30′为单位，每 10°作一注记。按 0°～360°注记的称为方位罗盘仪(注意方位罗盘仪上 0°～360°是按反时针注记的)；按 0°～90°注记的称为象限罗盘仪。

如欲测定 AB 和 AC 直线的方向，可先将罗盘仪中心对准起点 A，如图 2-15(a)所示，并用罗盘仪上的水准器将度盘放在水平位置，然后转动罗盘仪，利用瞄准设备瞄准 B 点，这时，如用磁针北端(黑色的或没有缠绕铜丝的一端)读得 302°，即为 AB 直线的磁方位角；又如瞄准 C 点[图 2-15(b)]，AC 直线的磁象限角为北偏西 66°。

使用罗盘仪时应注意：① 读数前应认清磁针的南北端；② 读数时应等待磁针稳定后再读数，并正视磁针读数，不可侧视；③ 一般应以磁针北端读数，但为了抵消罗盘可能存在的偏心差并防止读错，可以同时读南、北两端所指的读数，最后取平均值；④ 罗盘不使用时，应随时将磁针升起固定；⑤ 身边勿带能吸引磁针的物体。

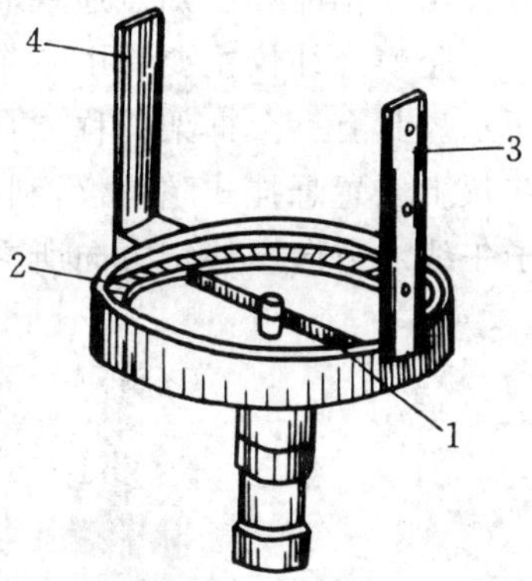

图 2-13　罗盘仪

1——磁针；2——度盘；3——接目觇板；4——接物觇板

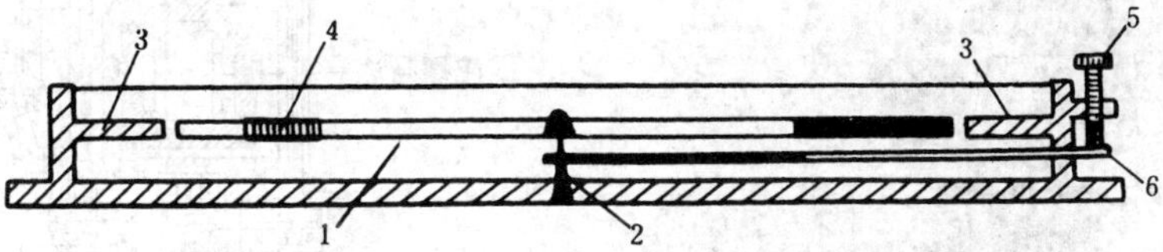

图 2-14　磁针

1——磁针；2——顶针；3——刻度盘；4——铜丝；5——螺钉；6——杠杆

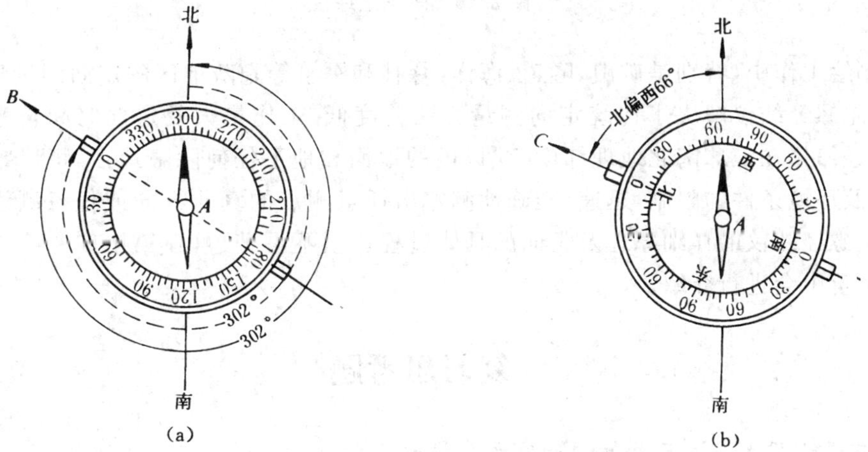

图 2-15　罗盘仪的使用

四、陀螺经纬仪定向

为了求得测量的基准方向和日照时间的方位，必须使用罗盘仪进行观测。然而，罗盘仪的精度有限，在天体观测中还要受到确保通视、天气、场所和时间等观测条件的影响。为了解决这些问题，可采用利用力学原理求得真北方向的陀螺经纬仪。陀螺经纬仪在隧道测量以及由于不能和已知点通视而无法确定方位、方向角的情况下均能发挥较大的作用。

陀螺经纬仪主要是由一个高速旋转的转子支承在一个或两个框架上而构成，如图 2-16 所示。具有一个框架的称二自由度陀螺仪；具有内外两个框架的称三自由度陀螺仪。在经纬仪上安置悬挂式陀螺仪，利用其指北性就可以确定真子午线北方向，再用经纬仪测定出真子午线北方向至待定方向所夹的水平角，就可以得到真方位角。

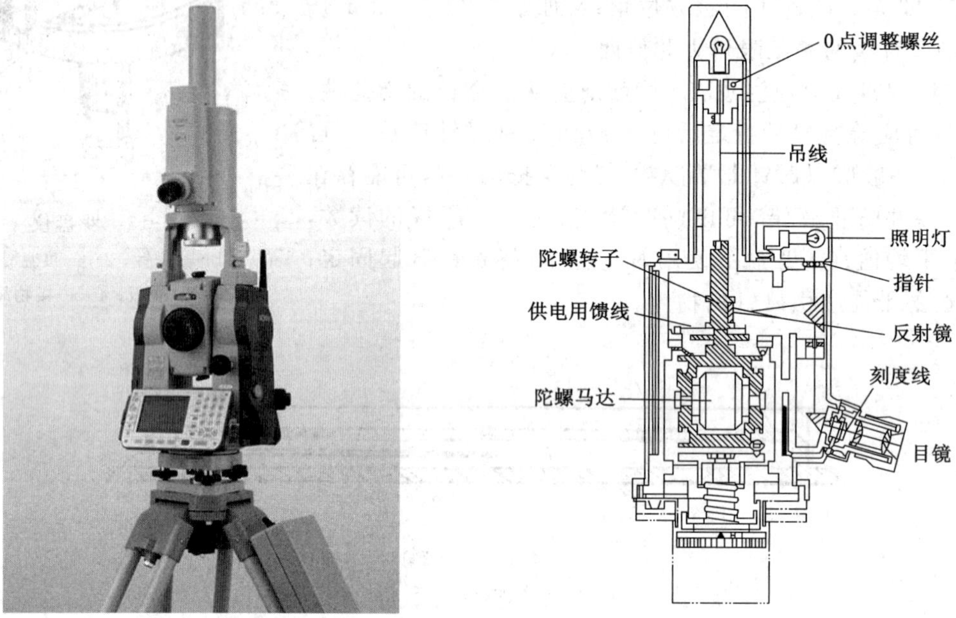

图 2-16 陀螺经纬仪

在测绘工作中，特别是矿山、隧道、海洋、森林和军事等隐蔽地区的定向测量和快速测量工作中，陀螺经纬仪解决了传统定向测量方法精度低、工作量大及定向时间长等缺点。目前，陀螺经纬仪在地球南北地理纬度 75°以内的地面和地下任何隐蔽地点，可以基本不受时间、地点及环境条件的限制，迅速、准确地测定出任意测点的真北方向或任意测线的真北方位角。陀螺经纬仪的详细原理及定向的具体过程这里不再赘述，在第十四章第二节矿井平面联系测量中会进行介绍。

复习思考题

1. 何谓水平距离？已知倾斜距离如何求水平距离？

2. 用钢尺往、返丈量了一段距离，其平均值为 176.82 m，要求量距的相对误差为 1/2 000，那么往返距离之差不能超过多少？

3. 为什么要进行直线定向？怎样确定直线方向？

4. 何谓方位角和象限角？

5. 何谓子午线收敛角和磁偏角？已知某地的磁偏角为 $-5°15'$，直线 AB 的磁方位角为 $134°10'$，试求 AB 直线的真方位角。

6. 已知 $\alpha_{AB}=50°10'$，$R_{CD}=S30°15'W$，试求 R_{AB} 和 α_{CD}。

7. 已知某直线 AB 的坐标方位角 $\alpha_{AB}=30°10'$，则直线 BA 的坐标方位角 α_{BA} 是多少，若另有一直线 CD 的坐标方位角 $\alpha_{CD}=200°20'$，则直线 DC 的坐标方位角 α_{DC} 是多少？

8. 如图 2-17，已知 $\alpha_{BA}=45°00'$，$\beta_1=40°10'$，$\beta_2=150°20'$，求 α_{AB}、α_{BC}、α_{CB}、α_{CD} 和 α_{DC}。能否根据本题总结出推算坐标方位角的一般规律？说明之。

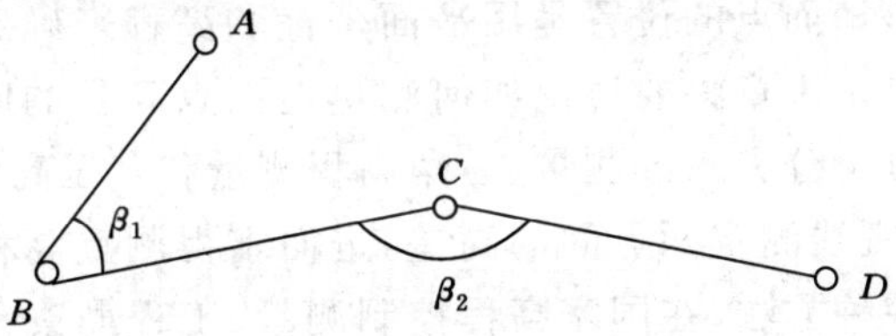

图 2-17　方位角推算

第三章 水 准 测 量

在绪论中已经讲到，地面点的位置是用平面坐标和高程来确定的。测量地面上各点高程的工作，称为高程测量。本章将要讨论如何测量地面点高程的问题。根据所用仪器和施测方法的不同，高程测量可分为水准测量、三角高程测量和气压高程测量三类。水准测量是利用水准仪提供的水平视线测定两点间的高差，进而求得测点高程的方法。它是高程测量中最基本、精度最高的一种方法，在国家高程控制测量、工程勘察和施工放样中得到广泛应用。三角高程测量是利用经纬仪测量倾角再按三角函数解算出测点高程的方法。该方法精度不高，适于在山区进行低精度的高程测量。气压高程测量是根据大气压力随地面高程变化而改变的原理，用气压计测定测点高程的方法，其精度最低。本章主要讨论水准测量的原理、水准仪的构造及其使用方法等内容。

第一节 水准测量的原理

水准测量是利用一条水平视线并借助水准尺，测定地面两点间的高差，这样就可由已知点的高程推算出未知点的高程。如图 3-1 所示，欲测定 A、B 两点间的高差 h_{AB}，可在 A、B 两点上分别竖立带有刻画的水准尺，并在 A、B 两点之间安置一台能提供一条水平视线的水准仪。根据水准仪的水平视线，在 A 点尺上读数，设为 a；在 B 点尺上读数，设为 b；则 A、B 两点间的高差为：

$$h_{AB} = a - b \tag{3-1}$$

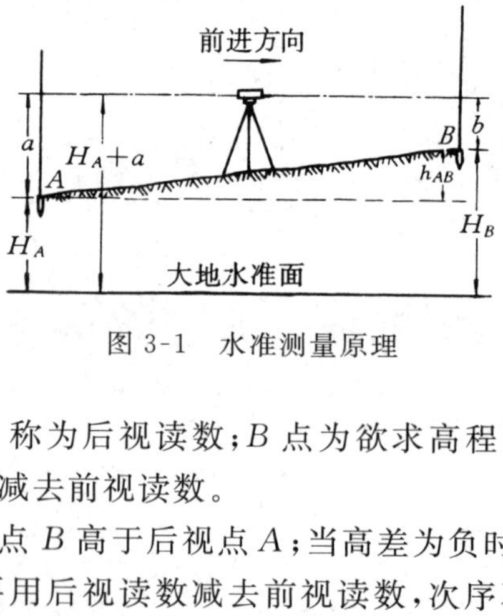

图 3-1 水准测量原理

如果水准测量是由 A 到 B 进行的，如图 3-1 中的箭头所示，由于 A 点为已知高程点，故 A 点尺上读数 a 称为后视读数；B 点为欲求高程的点，则 B 点尺上读数 b 为前视读数。高差等于后视读数减去前视读数。

高差的符号有正有负。当高差为正值时，表示前视点 B 高于后视点 A；当高差为负时，表示前视点 B 低于后视点 A。所以计算高差时，一定要用后视读数减去前视读数，次序不能颠倒。

有了高差，就可根据 A 点高程求得 B 点高程，即：

$$H_B = H_A + h_{AB} = H_A + (a - b) \tag{3-2}$$

上式表明：待定点高程的测量，在实际上表现为两相邻点之间的高差测量。所以，高程测量的实质就是测量高差。

另外还可通过仪器的视线高 H_i 计算 B 点的高程，即：

$$\begin{cases} H_i = H_A + a \\ H_B = H_i - b \end{cases} \tag{3-3}$$

当根据一个已知高程的后视点，同时去测定多个未知点的高程时，应用公式(3-3)计算就很方便。这个公式在工程测量中经常用到。

第二节 水准测量的仪器和工具

水准测量所使用的仪器为水准仪，所使用的工具为水准尺和尺垫。

我国将水准仪按其精度划分为四个等级：DS05、DS1、DS3 和 DS10。字母 D 和 S 分别为“大地测量”和“水准仪”汉语拼音的第一个字母，其后面的数字代表仪器的测量精度。工程测量中广泛使用的是 DS3 级水准仪，因此，本书着重介绍这类仪器。

一、水准仪

水准仪是指能够提供水平视线的仪器，主要由望远镜、水准器和基座三部分组成。图 3-2 是我国制造的 DS3 级微倾式水准仪示意图。

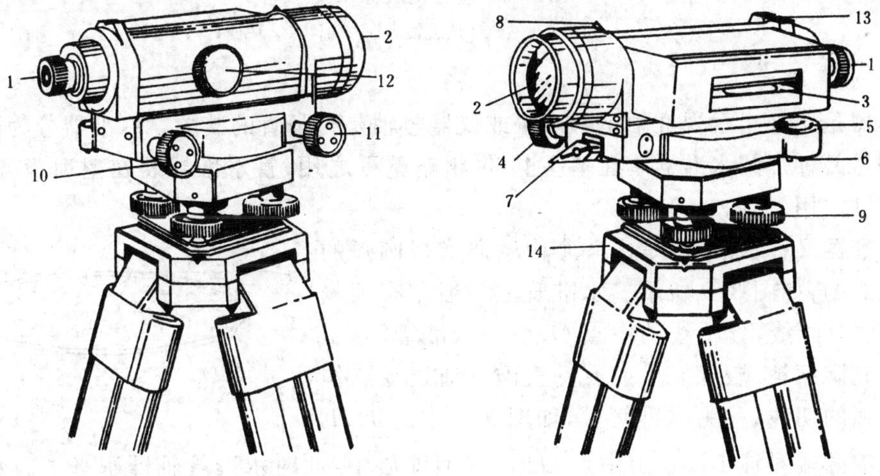

图 3-2 水准仪

1——目镜；2——物镜；3——水准管；4，11——微动螺旋；5——圆水准器；6——圆水准器校正螺丝；7——制动扳钮；8——准星；9——脚螺旋；10——微倾螺旋；12——对光螺旋；13——缺口；14——三脚架

（一）望远镜

望远镜的主要用途是瞄准目标并在水准尺上读数。它包括物镜 1、十字丝 2、对光透镜 3 和目镜 4 等四部分，如图 3-3 所示。

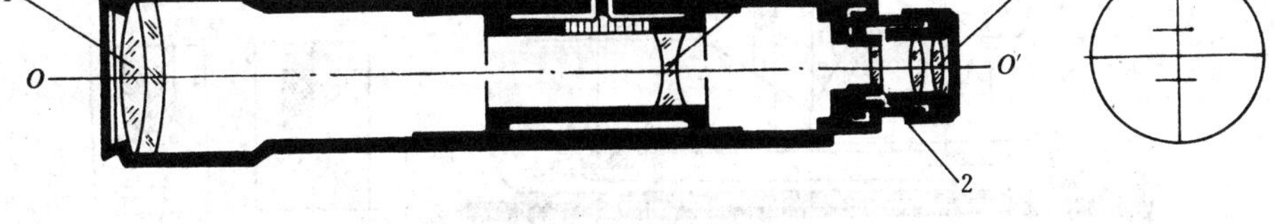

图 3-3 望远镜

1——物镜；2——十字丝；3——对光透镜；4——目镜

如图 3-4 所示，物镜和对光透镜的作用，是使物体 AB 在镜筒内十字丝平面上形成一个缩小的倒立实像 a_1b_1。目镜的作用，是将 a_1b_1 放大成为倒立虚像 a_2b_2，即起放大镜的作用。十字丝是照准尺子和读数用的。它是刻在玻璃板上的两条相互垂直的细丝，竖向的一条称为竖丝，横向的一条长丝称为横丝（又称中丝），横丝上下还有两条对称的短丝是用来测量距离的，称为视距丝（见图 3-3 右侧的图）。十字丝中心（或称十字丝交点）和物镜光心的连线，称为视准轴，即图 3-3 中所示的 OO' 线。

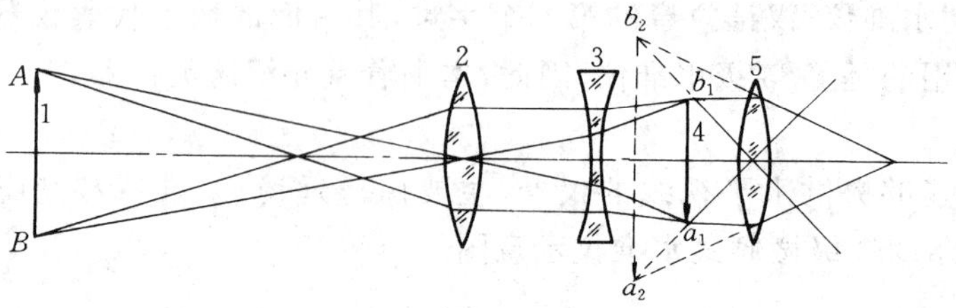

图 3-4　望远镜成像系统

1——物体；2——物镜；3——对光透镜；4——十字丝平面；5——目镜

（二）水准器

水准器是用来指示视准轴是否水平或仪器竖轴是否竖直的装置。水准器分为圆水准器和管水准器两种。圆水准器装在基座上，供粗略整平之用；管水准器装在望远镜旁，供精确整平视准轴之用（见图3-2）。

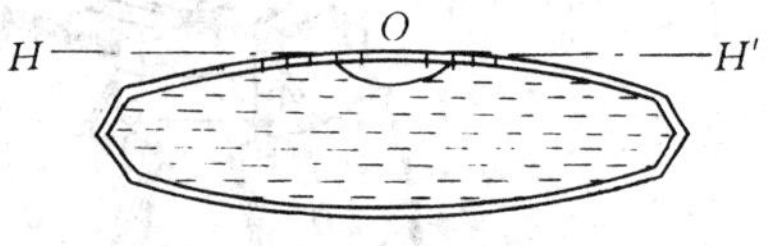

图 3-5　水准管

管水准器又称水准管，是由一个内壁研磨成圆弧的玻璃管制成的，如图 3-5 所示。水准管上一般刻有间隔为 2 mm 的分画线，分画线的中点 O，称为水准管零点。水准管内充满酒精或乙醚，中间有一气泡。通过零点作水准管圆弧的切线，称为水准管轴，如图 3-5 中的 HH' 线。当气泡两端对称于圆弧上中点 O 时，气泡即居中，此时水准管轴即水平了。水准管上每 2 mm 分画所对应的圆心角，称为水准管分画值。分划值越小，则水准管越灵敏。安装在 DS3 级水准仪上的水准管，其分划值不大于 20″。圆水准器的分划值一般为 8′～10′，由于其精度较低，所以只能用于仪器的概略整平。

为了提高目估水准管气泡居中的精度，微倾式水准仪的水准管上方都装有由三块棱镜组成的复合棱镜系统。两个棱镜的侧面所在的平面通过水准管的纵轴线，第三块棱镜为 45°的直角棱镜，其底为等腰直角三角形，一个直角面与左右两棱镜的侧面相靠或互相平行[图 3-6(a)]。它可使水准管两端半个气泡的像经过三次全反射进入望远镜旁的放大镜内。

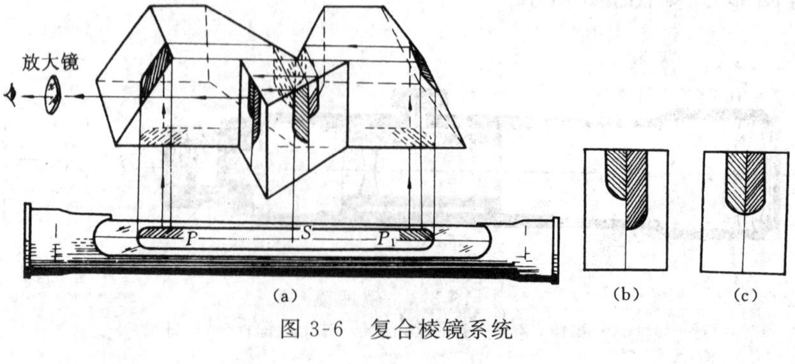

图 3-6　复合棱镜系统

如果气泡不居中，则气泡的两个半边影像不符合，如图3-6(b)所示；如果气泡居中，则气泡两端的两个半边影像即合二为一，如图3-6(c)所示。

由于利用水准管整平仪器费时费力，所以最近40多年来国内外厂家生产了各种型号的自动安平水准仪。使用这种仪器时，只需先用圆水准器将仪器粗略整平，仪器的补偿器就可使仪器的视线精确水平。

二、水准尺

水准尺是水准测量时使用的标尺，是水准测量的重要工具之一，其质量的好坏直接影响水准测量的精度。因此，水准尺通常用干燥不易变形的木质材料或玻璃钢制成。地面水准测量常用的水准尺有直尺和塔尺两种，如图3-7所示。直尺按长度有2 m和3 m两种，塔尺的长度为5 m，尺上的刻画一般1 cm一格，并在分米处注记。塔尺[图3-7(b)]多用于地形测量，双面尺[图3-7(a)]多用于三、四等水准测量。双面尺的一面采用黑白相间刻画，称黑面尺或主尺，另一面采用红白相间刻画，称红面尺或副尺。双面尺必须成对使用，两根尺黑面的起始读数为零，而红面的起始读数则分别为4.687 m和4.787 m。

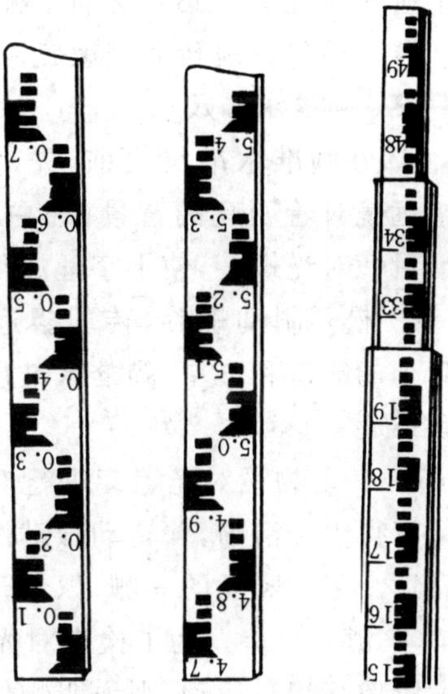

(a)　(b)

图3-7　水准尺

(a) 直尺；(b) 塔尺

三、尺垫

有时两个水准点之间的距离较远或高差较大，而直接测定其高差有困难时，应在中间设立若干个中间点(称为转点)以传递高差。而尺垫是在转点处放置水准尺用的。如图3-8所示，尺垫用生铁铸成，一般为三角形，中间有一突起的半球体，下方有三个支脚。使用时用力将尺垫的三个支脚踩入土中，以防下沉，上方突起的半球形顶点作为竖立标尺和标志转点之用。

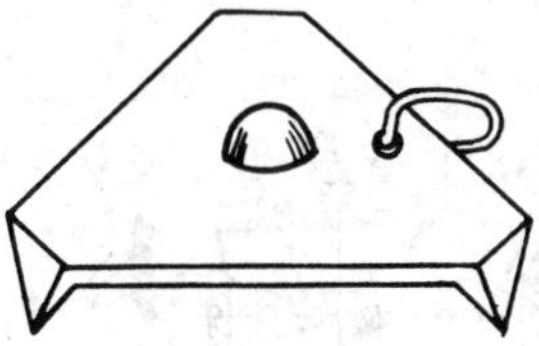

图3-8　尺垫

第三节　水准仪的使用

水准仪的正确操作程序主要包括仪器安置、粗略整平、瞄准、精确整平和读数等。

一、安置水准仪

打开三脚架并使其高度适中，目估使架头大致水平，然后将三脚架尖踩入土中，将水准仪用中心螺旋固定于三脚架头上。

二、粗略整平(粗平)

粗略整平工作是用脚螺旋将圆水准器的气泡调整居中。先将圆水准器放在适当位置，然后用双手同时向内或向外(即以相反方向)旋转脚螺旋，使一个升高、一个降低。如图3-9(a)所示，气泡未居中而处于a处；同时按图上箭头所示向内旋转1、2两个脚螺旋，使气泡由a移动到b处[图3-9(b)]；再转动脚螺旋3，使气泡居中。这项工作要反复进行，直至仪器旋转到任何方向气泡都居中为止。在整平的过程中，必须记住左手拇指规则——“左手拇指旋转脚螺旋的运动方向，就是气泡移动的方向”，不可盲目地转动脚螺旋。

三、瞄准水准尺

① 在瞄准水准尺之前，先进行目镜对光。把望远镜对着明亮的背景(如白墙或天空等)，转动目镜对光螺旋，使十字丝成像清晰。

② 松开制动螺旋，转动望远镜，利用望远镜筒上的缺口和准星，瞄准水准尺，然后再拧紧制动螺旋。

③ 转动物镜对光螺旋进行对光，使尺子的影像看得十分清晰，并转动微动螺旋，使尺子的像靠近十字丝竖丝的一侧，以便于读数(图 3-10)。

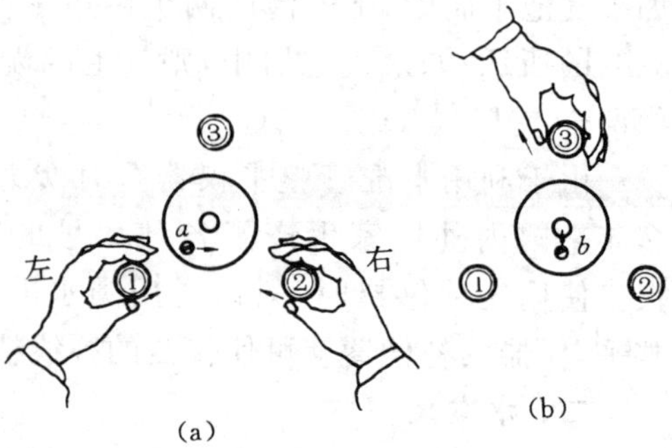

图 3-9 圆水准气泡调节

④ 消除视差。为了检查对光质量，可用眼睛在目镜后上下微微晃动，若发现十字丝与目标影像有相对运动，则说明物像平面与十字丝平面不重合[图3-11(a)]，这种现象称为视差。视差对观测成果的精度影响很大，必须加以消除。消除的方法是重新进行对光，直到眼睛上下移动而水准尺上读数不变为止。此时，十字丝与目标的影像都十分清晰[图 3-11(b)]。

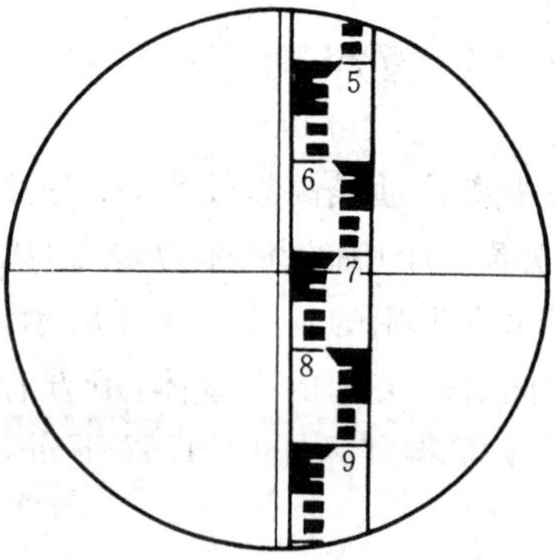

图 3-10 测尺照准读数

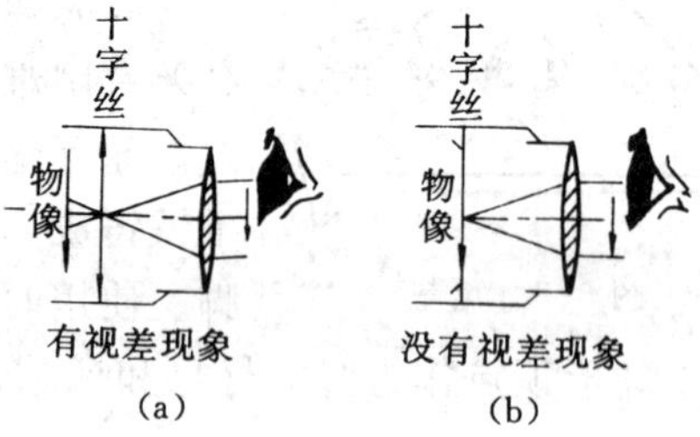

图 3-11 视差

四、精确整平(精平)

用水准管作精确整平。因水准管灵敏度比较高，每当望远镜转到不太水平的另一个方向时，水准管气泡必然会偏离中央，因此必须再一次调整微倾螺旋，使气泡两端的影像符合，然后才能在尺子上读数。旋转微倾螺旋的方法，如图 3-12 所示。

五、读数

在望远镜视线精确水平后的瞬间，应立即利用中丝在尺上读数。由于尺子在望远镜中的像是倒立像，所以应从上向下读数(即从小数往大数读)，并估读至毫米。必须读出四个数字，如图 3-10 中正确读数为 0 720 mm(小数点可以写，也可省略)不要读成 0 880 mm。读数完毕后应再检查一下水准管气泡是否仍然居中。

每次读数时水准仪的视线必须是严格水平的。由于视准轴是否水平是根据水准管气泡是否居中来判定的，所以水准仪应首先满足“水准管轴平行于视准轴”这个必要条件。因为只有这个条件满足了，水准管气泡居中时，视准轴才是水平的，如图 3-13 所示。此外，水准仪还应满足圆水准器轴平行于仪器竖轴和十字丝横丝垂直于仪器竖轴这样两个条件。如果不满足上述的三个条件，应对水准仪进行校正。

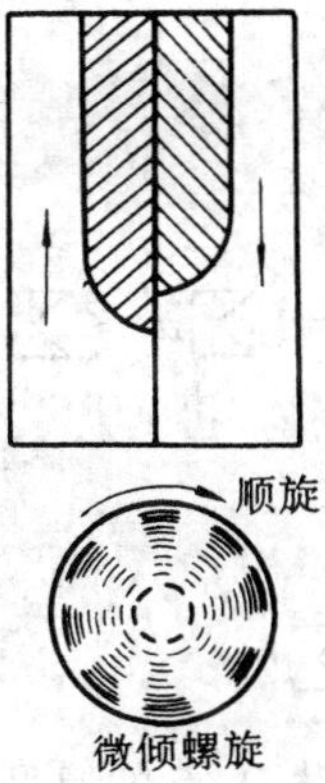

图 3-12　水准管气泡精平

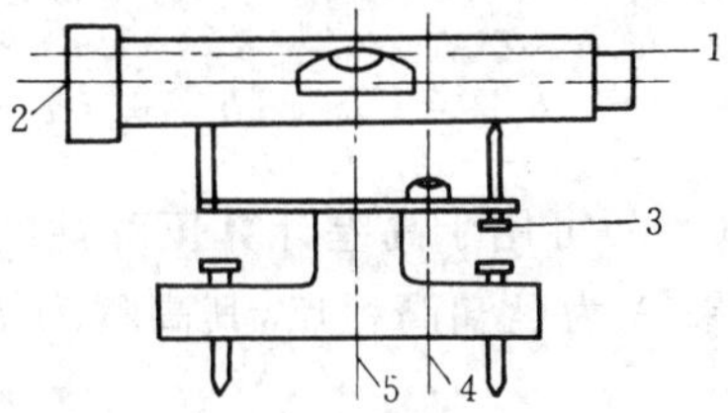

图 3-13　水准仪主要轴线关系

1——水准管轴；2——视准轴；3——微斜螺旋；4——圆水准器轴；5——仪器竖轴

随着技术的发展，目前自动安平水准仪已经广泛使用，它与普通水准仪相比，在望远镜的光路上加了一个补偿器，只要粗平后，仪器自动精平，其他使用方法与普通水准仪相似，只是使用更加方便，效率更高。

第四节　水准测量的外业

一、水准测量的实施

水准测量通常从一个已知高程的水准点开始，按照一定的水准路线而引测出所需各点的高程。当两个水准点相距较远或高差较大时，若只安置一次仪器，就不能测出该两点间的高差。为此，就需要连续多次安置仪器以测出两点间的高差。如图 3-14 所示，在 A、B 两点之间设立若干个中间立尺点，这些中间立尺点称为转点，将 AB 分成 n(图上 $n=5$)段，分别测出每段的高差 h_1、h_2、…、h_n，则 A、B 两点间的高差就是各高差之和，即：

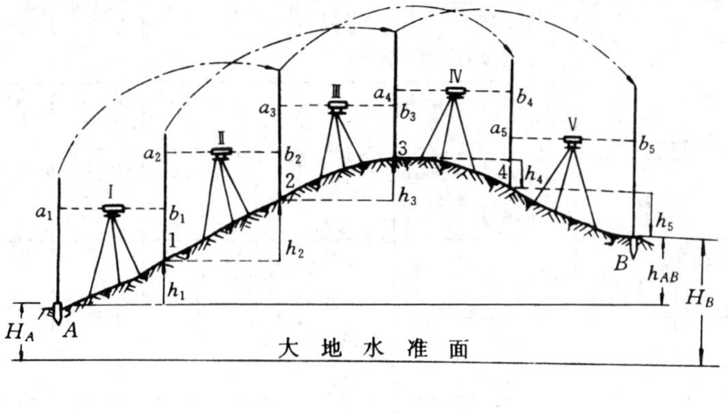

图 3-14　水准测量实施过程

$$\begin{cases} h_1 = a_1 - b_1 \\ h_2 = a_2 - b_2 \\ \cdots \\ h_n = a_n - b_n \end{cases} \tag{3-4}$$

$$h_{AB} = h_1 + h_2 + \cdots + h_n = \sum h \tag{3-5}$$

若将式(3-4)代入式(3-5),即有:

$$h_{AB} = (a_1 - b_1) + (a_2 - b_2) + \cdots + (a_n - b_n) = \sum a - \sum b \tag{3-6}$$

式(3-6)可用于高差计算正确性的检核。

如果 A 为已知高程点,其高程为 H_A,则 B 点高程为:

$$H_B = H_A + h_{AB} = H_A + \sum a - \sum b \tag{3-7}$$

现以图 3-14 为例,说明用水准仪测量各段高差的方法。设 A 点的高程为 132.815 m,试求 B 点高程。

首先必须测出各段(图中为 5 段)的高差。在 A 点立水准尺,离 A 点约 50～80 m(最大不超过 100 m)处安置水准仪,让另一扶尺员在观测前进方向选转点 1,在 1 点上安放尺垫并在尺垫上立尺。选转点时,可用步测的方法,尽量使前视、后视距离大致相同(这样可以消除因视准轴与水准管轴不平行而引起的误差)。然后,后视 A 点水准尺,得到后视读数 $a_1 =$ 1.890 m,再前视转点 1,得前视读数 $b_1 =$ 1.145 m,把它们均记入水准测量外业记录手簿中(表 3-1),后视读数减去前视读数,即得到高差为+0.745 m,亦记入高差栏内。上述步骤即为一个测站上的工作。

表 3-1　　水准测量外业记录手簿

测站	点号	后视读数/m	前视读数/m	高差/m 后视减前视 +	后视减前视 −	平均高差 +	平均高差 −	高程/m
Ⅰ	A	1.890 (a_1) 1.992		0.745 (h_1) 0.741		0.743		132.815
	1		1.145 (b_1) 1.251					
Ⅱ	1	2.515 (a_2) 2.401		1.102 (h_2) 1.100		1.101		
	2		1.413 (b_2) 1.301					
Ⅲ	2	2.001 (a_3) 2.114		0.850 (h_3) 0.854		0.852		
	3		1.151 (b_3) 1.260					

表 3-1

<table>
<tr><td rowspan="3">测站</td><td rowspan="3">点号</td><td rowspan="3">后视读数
/m</td><td rowspan="3">前视读数
/m</td><td colspan="4">高 差 / m</td><td rowspan="3">高程/m</td></tr>
<tr><td colspan="2">后视减前视</td><td colspan="2">平均高差</td></tr>
<tr><td>+</td><td>−</td><td>+</td><td>−</td></tr>
<tr><td rowspan="2">Ⅳ</td><td>3</td><td>1.512
1.642 (a_4)</td><td></td><td rowspan="2"></td><td rowspan="2">0.601
0.603 (h_4)</td><td rowspan="2"></td><td rowspan="2">0.602</td><td rowspan="2"></td></tr>
<tr><td>4</td><td></td><td>2.113
2.245 (b_4)</td></tr>
<tr><td rowspan="2">Ⅴ</td><td>4</td><td>1.318
1.421 (a_5)</td><td></td><td rowspan="2"></td><td rowspan="2">0.906
0.904 (h_5)</td><td rowspan="2"></td><td rowspan="2">0.905</td><td rowspan="2">134.004</td></tr>
<tr><td>B</td><td></td><td>2.224
2.325 (b_5)</td></tr>
<tr><td colspan="2">合计/m</td><td>18.806</td><td>16.428</td><td></td><td></td><td>2.696</td><td>1.507</td><td></td></tr>
<tr><td colspan="2">计算的检核</td><td colspan="2">$h=\frac{1}{2}(18.806-16.428)$
$=+1.189$</td><td></td><td></td><td colspan="2">+1.189</td><td>132.815+1.189
=134.004</td></tr>
</table>

保持转点 1 上的水准尺不动，把 A 点上的水准尺移到转点 2，仪器安置在转点 1 和转点 2 之间，同法进行观测和计算并依次测到 B 点。在计算过程中，点 1、2、3、4 仅起传递高程的作用，由于地面无固定标志，所以无需算出其高程。

二、水准测量的检核

为了防止测量错误、提高测量精度，在观测过程中要进行测站检核，测站检核通常采用变更仪器高法和双面尺法。

1. 变更仪器高法

在同一个测站上采用不同的仪器高度而测得两次高差以相互比较进行检核，即测得第一次高差后，变更仪器高，仪器变更的高度应大于 10 cm，重新安置仪器再测一次高差。对于等外水准测量，两次所测高差之差应不大于 6 mm。如符合要求，可取两次高差的平均值作为两点之间的最终高差，否则必须分析原因和重新进行测量。表 3-1 是变更仪器高法进行测站检核的例子。

2. 双面尺法

仪器的高度保持不变，而立在后视点和前视点上的水准尺分别用黑面和红面各进行一次读数，测得两次高差以相互进行检核。对于等外水准测量，若同一水准尺的红面与黑面读数(加尺常数后)之差不超过 4 mm，黑、红面高差之差(在红面所测高差上加或减 100 mm)又不超过 6 mm，则取其平均值作为该测站的观测高差。否则，成果不合格，应重新观测。记录和计算示例列于表 3-2。

用双面尺法进行水准测量，有一套严密的计算检核方法，表 3-2 只列出了其中的一部分。由于双面尺法操作方便、计算规范，所以在水准测量中得到了广泛应用。

表 3-2　　　　　　　　　　双面尺法水准测量的计算检核方法

测站	测点		后视读数 /m	前视读数 /m	后视—前视 /m	平均高差 /m	高程 /m	备注
	点号	尺号						
Ⅰ	*A*	05	1.400(黑面) 6.187(红面)		0.833(黑面) 0.932(红面)	+0.832	16.832	05 号尺的尺常数为 4.787 m 06 号尺的尺常数为 4.687 m
	1	06		0.567(黑面) 5.255(红面)				
Ⅱ	1	06	1.924(黑面) 6.611(红面)		−0.074(黑面) −0.175(红面)	−0.074		
	2	05		1.998(黑面) 6.786(红面)				
Ⅲ	2	05	1.728(黑面) 6.515(红面)		−0.140(黑面) −0.041(红面)	−0.140		
	3	06		1.868(黑面) 6.556(红面)				
Ⅳ	3	06	1.812(黑面) 6.499(红面)		−0.175(黑面) −0.274(红面)	−0.174		
	4	05		1.987(黑面) 6.773(红面)				
Ⅴ	4	05	0.466(黑面) 5.254(红面)		−2.218(黑面) −2.117(红面)	−2.218		
	B	06		2.684(黑面) 7.371(红面)			15.058	
计算检核	① 黑红面读数之差＝黑面读数＋尺常数－红面读数 ② 黑红面所测高差之差＝黑面高差－(红面高差±0.100 m) ③ 平均高差＝[黑面高差＋(红面高差±0.100 m)]/2							

第五节　水准测量的内业

水准测量的外业工作结束后，要检查外业手簿，确认无误后，再转入内业计算。水准测量内业计算的内容，包括水准路线闭合差的计算和分配以及水准点高程的计算。

一、水准路线闭合差的计算

水准测量工作是在野外进行的，由于各种外界因素的影响，测量成果中不可避免地会含有一定的误差甚至错误，所以对水准测量成果要进行检核。由于误差的存在，水准测量的实测高差与其理论值往往不相符合，其差值称作水准路线闭合差。

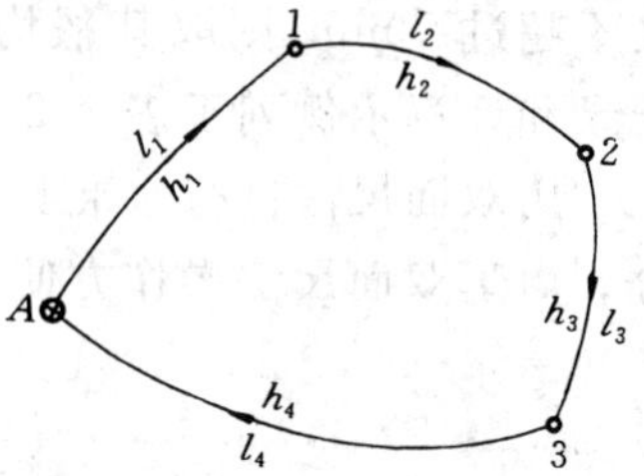

图 3-15　闭合水准路线

1. 闭合水准路线闭合差的计算

如图 3-15 所示，*A* 点是一个高程已知的水准点。由 *A* 点出发，经待定高程点 1、2、3，最后又回到 *A* 点，这种水准路线称为闭合水准路线。显然，闭合水准路线高差的代数和在理论上应等于零，即：

$$\sum h_{测} = 0$$

如不为零，则不为零的数值称为高差闭合差 f_h，即：

$$f_h = h_1 + h_2 + h_3 + h_4 = \sum h_{测} \tag{3-8}$$

高差闭合差可用来衡量测量成果的精度，它有一个允许值。对于等外水准测量来说，高差闭合差的允许值为：

$$\begin{cases} \text{平地} & f_{h允} = \pm 40\sqrt{L}\ \text{mm} \\ \text{山地} & f_{h允} = \pm 12\sqrt{n}\ \text{mm} \end{cases} \tag{3-9}$$

式中　L——水准路线长度，km；

　　n——测站数。

如果高差闭合差 f_h 不超过 $f_{h允}$，说明观测成果合格；否则应检查原因，返工重测。

2. 附合水准路线闭合差的计算

如图 3-16 所示，A、B 两点是高程已知的水准点。由 A 点出发，经待定高程点 1、2、3，最后附合到 B 点，这种水准路线称为附合水准路线。显然，所有测段高差的代数和，应等于 A、B 两点间的已知高差，如不相等，则其差值即为高差闭合差 f_h，即：

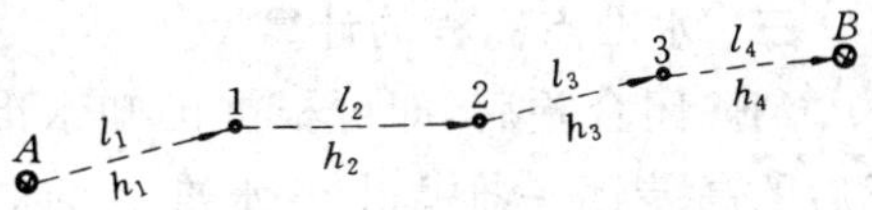

图 3-16　附合水准路线

$$f_h = h_1 + h_2 + h_3 + h_4 - (H_B - H_A) = \sum h_{测} - (H_B - H_A) \tag{3-10}$$

如写成通式，则为：

$$f_h = \sum h_{测} - (H_{终} - H_{始}) \tag{3-11}$$

高差闭合差的允许值，仍用公式(3-9)计算。式中，L 为 A、B 两点间的距离，以 km 为单位。

3. 支水准路线高差闭合差的计算

如图 3-17 所示，A 点是高程已知的水准点。由 A 点出发，经待定高程点 1、2 到待定高程点 3，这种水准路线称为支水准路线。支水准路线没有已知点作为检核，所以一般需要进行往返观测，即从 A 点测至 3 点称为往测，再从 3 点返测至 A 点称为返测。从理论上讲，往测高差总和 $\sum h_{往}$ 与返测高差总和 $\sum h_{返}$ 应当绝对值相等、符号相反，它们的代数和应等于零。由此可得支水准路线往、返测高差闭合差计算公式如下：

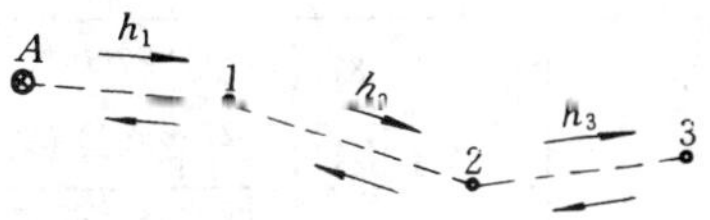

图 3-17　支水准路线

$$f_h = \sum h_{往} + \sum h_{返} \tag{3-12}$$

支水准路线高差闭合差的允许值，仍用公式(3-9)计算，但式中 L 取支水准路线的单程距离，以 km 为单位。

二、水准路线闭合差的分配

当 $|f_h| < |f_{h允}|$ 时，应对 f_h 进行合理分配。支水准路线高差闭合差的分配方法很简单，只要把各段往返高差的绝对值取平均值，并按往测方向取高差的正负号即可。

闭(附)合水准路线高差闭合差的分配,一般是按与测站数成正比将闭合差反号分配到各测段高差中,或按与路线的长度成正比分配闭合差。设第 i 测段的改正数为 v_i,则根据上述法则就有:

$$v_i = -\frac{f_h}{\sum n} n_i \tag{3-13}$$

或

$$v_i = -\frac{f_h}{L} l_i \tag{3-14}$$

式中 $\sum n$——所有测段测站数总和;

n_i——第 i 测段的测站数;

L——水准路线总长,km;

l_i——第 i 测段长度,km。

闭合差分配后,可用下式检核计算的正确性:

$$\sum v = -f_h \tag{3-15}$$

三、水准点高程的计算

消除闭合差后,即可根据已知水准点的高程和改正后的高差逐一推算出各水准点的高程。当推求至最后一个已知点时,其推求值应与已知值应当相等,以此作为高程计算正确性的检核。

【例 3-1】 图 3-18 为闭合水准路线,有关数据填于图上及表 3-3 中。已知 A 点高程为227.043 m,试计算 1、2、3 点的高程。

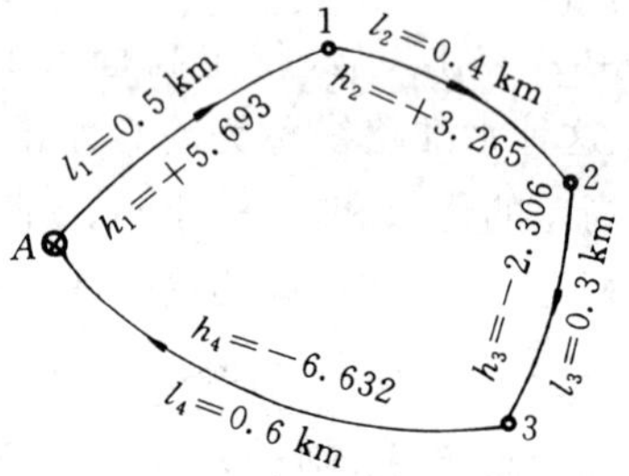

图 3-18 闭合水准路线观测成果示意

表 3-3 闭合水准路线计算数据

测 点	距 离 /km	测站数	实测高差 /m	改正数 /mm	改正后高差 /m	高 程 /m
1	2	3	4	5	6	7
A						227.043
	0.5	5	+5.693	−6	+5.687	
1						232.730
	0.4	4	+3.265	−4	+3.261	
2						235.991
	0.3	3	−2.306	−3	−2.309	
3						233.682
	0.6	6	−6.632	−7	−6.639	
A						227.043
合计	1.8	18	+0.020	−20	0.000	

解 按如下步骤计算:

(1) 计算闭合差

$$f_h = \sum h = 5.693 + 3.265 - 2.306 - 6.632$$
$$= 0.020 \text{ m} = 20 \text{ mm}$$
$$f_{h允} = \pm 40\sqrt{L} = \pm 40\sqrt{1.8} = \pm 54 \text{ mm}$$

$|f_h| < |f_{h允}|$,其精度符合要求。

(2) 按式(3-14)计算改正数和改正后高差

改正数　　$v_i = -\frac{f_h}{L} \cdot l_i = -\frac{20}{1.8} \cdot l_i = -11.1 l_i$

改正后高差=实测高差+改正数

如第一测段的高差改正数为:

$$v_1 = -11.1 \times 0.5 = -5.6\ \text{mm} \approx -0.006\ \text{m}$$

第一测段改正后的高差为:

$$5.693 - 0.006 = 5.687\ \text{m}$$

同理,可求出其他各测段的改正数,亦记入第5栏内;改正后高差记入第6栏内。

(3) 计算高程

根据改正后的高差,从 A 点起,逐步推算各点的高程,列入第7栏。最后计算的 A 点高程应等于该点的已知高程。否则,说明计算有误,应检查原因。

第六节　数字水准仪

一、数字水准仪概述

数字水准仪又称为电子水准仪,与传统的光学水准仪相比,它具有测量速度快、精度高、读数客观、自动化程度高、劳动强度低、作业简便、数据管理信息化程度高等优点。

数字水准仪的研制历经了漫长的过程。早在20世纪60年代,电子测角和电磁波测距仪就已经投入使用,而直到1990年3月,瑞士徕卡公司才研制出世界上第一台数字水准仪,真正使大地测量仪器完成了从精密光机仪器向光机电一体化的高技术产品的过渡,拉开了数字水准仪发展的序幕。随后德国的蔡司公司和日本的拓普康公司也分别研制出同类产品并投放市场。

二、数字水准仪的测量原理

1. 数字水准仪的基本组成

与光学水准仪相同,数字水准仪也由仪器和标尺两大部分组成,其基本构造由光学机械部分、自动安平补偿装置和电子设备组成。电子设备主要包括:调焦编码器、光电传感器(线阵CCD器件)、读取电子元件、单片微处理机、CSI接口(外部电源和外部存储记录)、显示器件、键盘和测量键以及影像、数据处理软件等。如图3-19(a)所示为瑞士徕卡公司的DNA03型水准仪。数字水准仪的标尺是条码标尺,条码标尺是由宽度相等或不等的黑白条码按一定的编码规则有序排列而成的。这些黑白条码的排列规则就是各仪器生产厂家的技术核心,各厂家的条码图案是完全不同的,更不能互换使用。图3-19(b)所示为徕卡公司的条码标尺。

2. 数字水准仪的基本工作原理

从1990年徕卡公司在世界上率先研制出数字水准仪NA2000,到1994年德国蔡司厂研制出了数字水准仪DiNi10/20,同年日本拓普康公司也研制出了数字水准仪DL101/102,各厂家最初研制的数字水准仪大都定位在中精度水准测量范围,标准差一般为1.0～1.5 mm/km,随着微电子技术和传感器工艺的发展以及人们认识水平的提高,各厂家随后又相继研制出高精度的数字水准仪,测量标准差定位在0.3～0.4 mm/km。2002年5月徕卡公

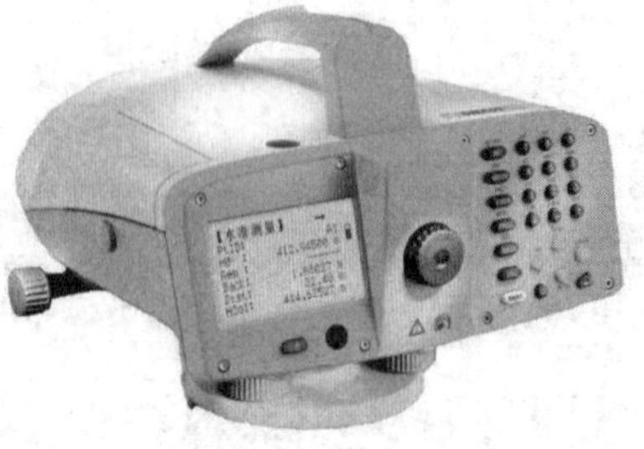

(a)

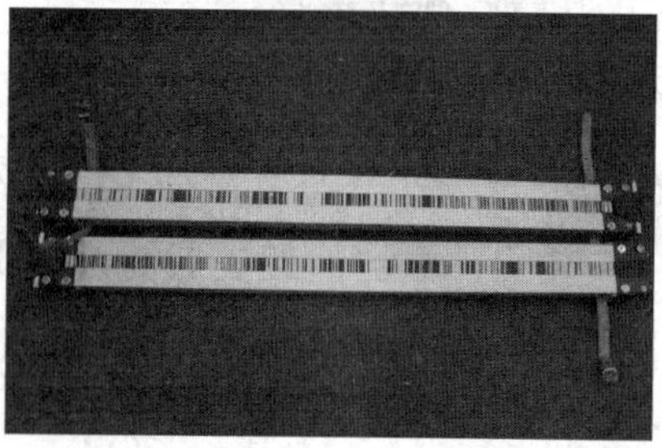

(b)

图 3-19　徕卡 DNA03 数字水准仪

司又向中国市场投放了 DNA03 中文数字水准仪(测量标准差为 0.3 mm/km)。

虽然各厂家的仪器结构和条形码的编码方式不完全相同,但其基本测量原理相似,即采用编码标尺,仪器内装置图像识别器和图像数据处理系统,标尺用不同宽度的条码组合来表征尺面的不同位置,人工完成照准和调焦之后,标尺条码一方面被成像在望远镜的分划板上,供目视观测,另一方面通过望远镜的分光镜,标尺条码又被成像在光电传感器(CCD)上,随后转换成电信号,经整形后进入模数转化系统(A/D),从而输出数字信号送入微处理器进行处理和存储,并将其与内存的标准码(参考信号)按一定的方式进行比较,即可获得编码标尺的读数。因此,如果使用传统水准标尺,数字水准仪又可像普通自动安平水准仪一样使用,但是由于没有光学测微器,测量精度低于电子测量的精度。

数字水准仪除具有光学水准仪的全部功能外,还具有强大的数据处理功能,可进行多种测量计算,数字水准仪的电子自动控制安平补偿器及其他技术,还可补偿多种测量误差,大大提高了测量精度。

三、数字水准仪的特点

1. 数字水准仪的优点

数字水准仪是以自动安平水准仪为基础,在望远镜光路中增加了分光镜和探测器(CCD),并采用条码标尺和数字图像处理系统而构成的光机电测量一体化的高科技产品。采用普通标尺又可以像一般自动安平水准仪一样使用,它与传统光学水准仪相比有以下优点:

① 读数客观:不存在误读、误记问题,没有人为读数误差。

② 精度高:视线高和视距读数都是采用大量条码分划图像经过处理后取平均得出来的,因此削弱了标尺分划误差的影响。多数仪器都有进行多次读数取平均的功能,可以削弱外界条件如振动、大气扰动等的影响。这同时也就要求标尺条码要有足够的可见范围,用于测量的条码不能遮挡。

③ 速度快:由于省去了报数、听记、现场计算以及人为出错的重测数量,测量时间与传统仪器相比可以节省 1/3 左右。

④ 效率高:只需调焦和按键就可以自动读数,减轻了劳动强度。视距还能自动记录、检核、处理,输入电子计算机进行后处理可实现内外业一体化。

⑤ 操作简单:由于仪器实现了读数和记录的自动化,并预存了大量测量和检核程序,在操作时还能实时提示,因此测量人员可以很快掌握使用方法,减少了培训时间,即使不熟练的作业人员也能进行高精度测量。

2. 数字水准仪的缺点

数字水准仪也存在一些不如光学水准仪的缺点，主要表现为：

① 数字水准仪对标尺进行读数不如光学水准仪灵活，数字水准仪只能对其配套标尺进行照准读数，而在有些部门的应用中，使用自制的标尺，甚至是普通的钢板尺，只要有刻划线，光学水准仪就能读数，而数字水准仪则无法工作。同时，数字水准仪要求有一定的视场范围，但有些情况下，只能通过一个较窄的狭缝进行照准读数，这时就只能使用光学水准仪。

② 数字水准仪受外界条件影响大。由于数字水准仪是由 CCD 探测器来分辨标尺条码的图像，进而进行电子读数，而 CCD 只能在有限的亮度范围内将图像转换为用于测量的有效电信号。因此，水准标尺的亮度是很重要的，要求标尺亮度均匀，并且亮度适中。

复习思考题

1. 水准仪应满足的主要条件是什么？水准测量时，为什么要使前视和后视距离大致相等？何谓视差？如何消除视差？

2. 水准仪上的圆水准器和管水准器的作用有何不同？

3. 水准测量时，转点和尺垫起什么作用？

4. 为了保证水准测量成果的正确性，在水准测量中应进行哪些校核？

5. 设由 A 点到 B 点共测了两站：第一站，后视读数为 2.506 m，前视读数为 0.425 m；第二站，后视读数为 0.567 m，前视读数为 1.215 m。试计算 A、B 两点间的高差，并绘图表示。

6. 调整图 3-20 所示的附合水准路线的观测成果，并求出各点的高程。

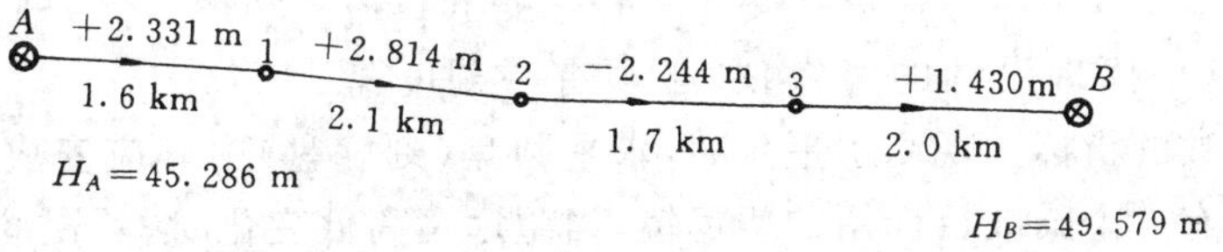

图 3-20　附合水准路线观测成果示意

7. 调整图 3-21 所示的闭合水准路线的观测成果，设 A 点高程 $H_A=30.156$ m，求出各点的高程。

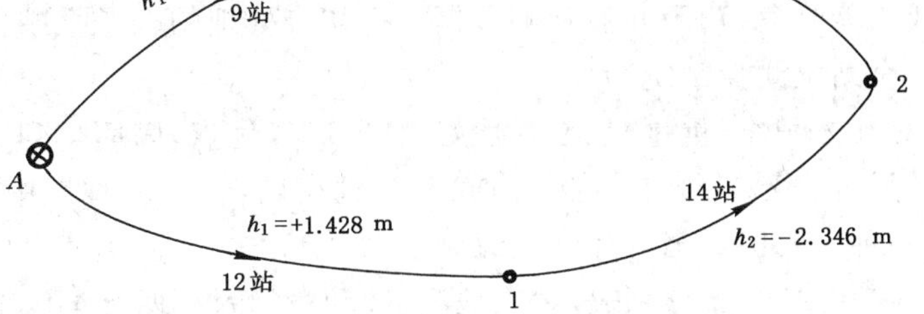

图 3-21　闭合水准路线观测成果示意

第四章 经纬仪测量

角度测量是测量工作的基本内容之一，它包括水平角测量和垂直角测量。水平角测量用于求算点的平面坐标，垂直角测量用于测定点的高程。角度测量中最常用的仪器就是光学经纬仪。

第一节 水平角测量原理

所谓水平角，是指空间两直线的夹角在水平面上的垂直投影。如图 4-1 所示，设 A、B、C 为地面上任意三点。C 为测站点，A、B 为目标点，则从 C 点观测 A、B 的水平角为 CA、CB 两方向线在水平面 Q 上的垂直投影所成的 $\angle A_1C_1B_1$。也就是说，地面上一点到两目标点的方向线所夹的水平角，就是过这两方向线所作两竖直面间的二面角。

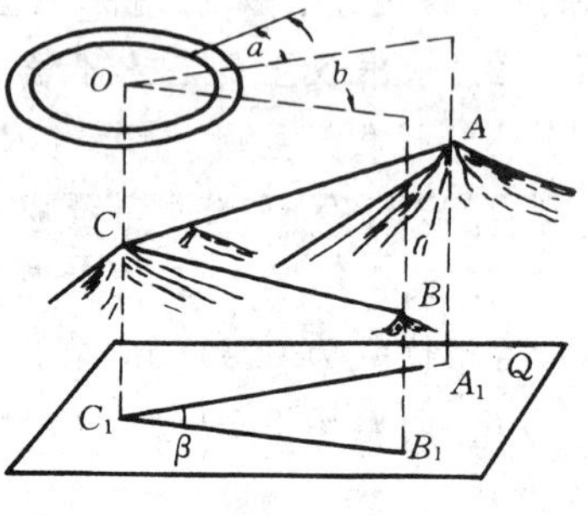

图 4-1 水平角

为了测出水平角的大小，可以在过 C 点的铅垂线上任意点放置一个有刻度的水平圆盘（称为水平度盘），其中心位于过 C 点的铅垂线上。过 CA 和 CB 各作一个铅垂面，设两个铅垂面与水平圆盘交线的读数分别为 a 和 b，由于水平圆盘是顺时针刻画，所以所求水平角 β 为：

$$\beta = b - a \tag{4-1}$$

因此，根据这一原理设计的经纬仪，必须有一刻度盘和在刻度盘上读数的指标。观测水平角时，水平圆盘（刻度盘）中心应安放在过测站点的铅垂线上。还必须有一个瞄准目标用的望远镜，当望远镜高低变化时，其视准轴应能画出一个铅垂面。

第二节 经纬仪的构造及读数

经纬仪分为光学经纬仪和电子经纬仪两类。光学经纬仪利用几何光学器件的放大、反射、折射等原理进行度盘读数；电子经纬仪则利用物理光学器件、电子器件和光电转换原理显示度盘读数。二者在机械结构上基本相同。电子经纬仪后来又增加光电测距、电子微处理等功能，发展成为能测角、测距和对观测数据进行初步处理的电子全站仪，简称全站仪（详见第四章第八节“全站仪测量系统”）。

光学经纬仪具有体积小、重量轻、密封性好、精度高等优点，因而得到了广泛应用。它的精密度一般分为三级：1″级、2″级和 6″级。前两种属精密仪器；后一种属中等精度仪器，是工程测量中常用的一种。我国对国产经纬仪编制了系列标准，分为 DJ07、DJ1、DJ2、DJ6、DJ15 和 DJ60 等级别。其中，D 和 J 分别表示“大地测量”和“经纬仪”两个词汉语拼音的第一个字母，后面的数字表示该仪器所能达到的精度指标。DJ6 级光学经纬仪属 6″级仪器，本章主要介绍这类仪器的构造及其使用方法。

图 4-2 所示为北京光学仪器厂生产的 DJ6—1 型 6″级光学经纬仪；图 4-3 所示为西北光学仪器厂生产的经Ⅲ型 6″级光学经纬仪。这两种类型的经纬仪在样式上均具有代表性。

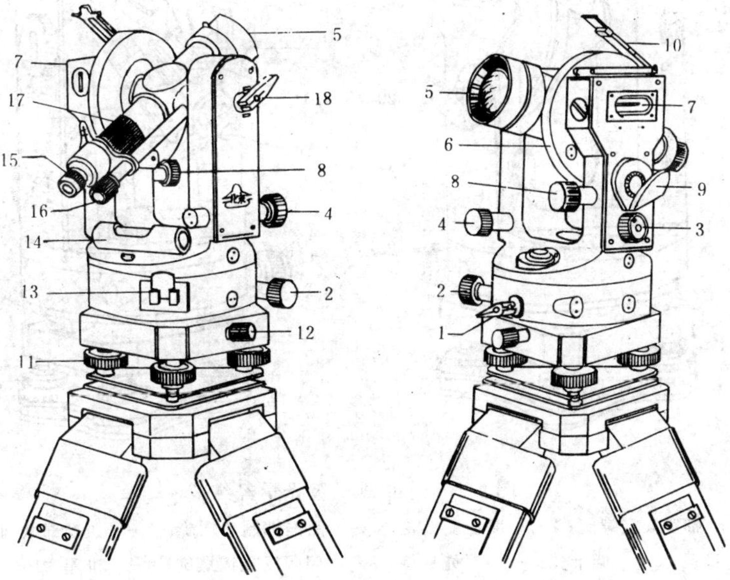

图 4-2　DJ6－1 型 6″级光学经纬仪

1——水平制动扳钮；2——水平微动螺旋；3——测微轮；4——望远镜微动螺旋；5——物镜；6——竖直度盘；7——竖盘水准管；8——竖盘水准管微动螺旋；9，10——反光镜；11——脚螺旋；12——轴座固定螺旋；13——复测扳钮；14——水平度盘水准管；15——目镜；16——读数显微镜；17——对光螺旋；18——望远镜制动扳钮

一、光学经纬仪的构造

6″级光学经纬仪的式样虽然很多，但其主要部分的构造是基本相同的。现以 DJ6—1 型经纬仪为例加以说明。它包括照准部、水平度盘和基座三大部分(见图4-2和图4-4)。

（一）照准部

照准部由下列主要部件组成：

① 望远镜：望远镜和水准仪上的望远镜一样是用于精确瞄准目标的。它和水平轴连接在一起，而水平轴则放在支架上，所以经纬仪上的望远镜可以绕水平轴在竖直面内上下任意转动。为了控制望远镜上下移动，设置了望远镜制动扳钮和望远镜微动螺旋。

② 竖直度盘(竖盘)：竖盘由光学玻璃制成，用于观测竖直角。它和望远镜连成一体并随望远镜一起转动。

③ 水准器：照准部上有一个水准管和一个圆水准器。和水准仪一样，圆水准器用于粗略整平仪器，水准管用于精确整平仪器。

照准部的下部有一个能插在轴座内的竖轴，整个照准部可在轴座内任意地作水平方向的旋转。为了控制照准部的转动，照准部下部也装有水平制动扳钮和水平微动螺旋(见图 4-2 中 1 和 2)。

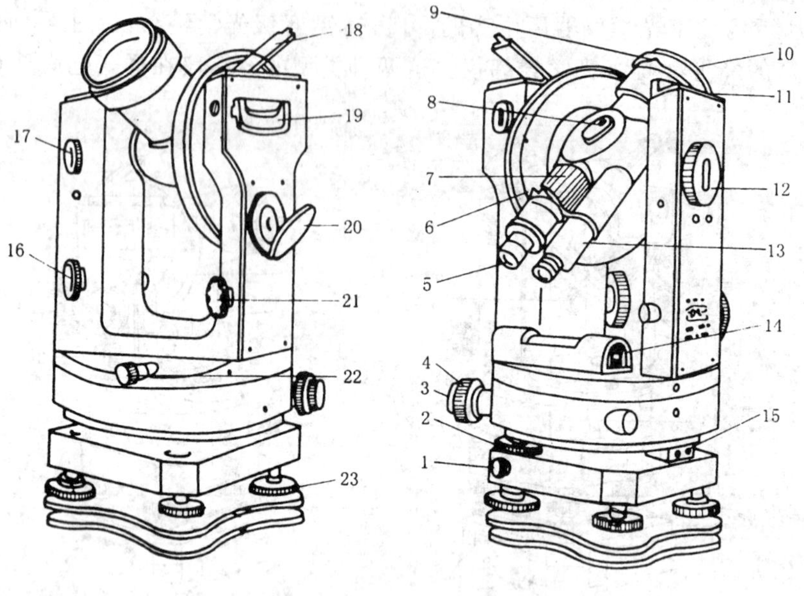

图 4-3　经Ⅲ型 6″级光学经纬仪

1——轴座固定螺旋；2——度盘变换轮；3——照准部制动螺旋；4——照准部微动螺旋；5——目镜；6——瞄准孔；7——对光螺旋；8——照明反光镜螺旋；9——准星；10——物镜；11——管状磁针连接座；12——照明变换器；13——读数显微镜；14——水准管校正螺旋；15——照明插座；16——望远镜微动螺旋；17——望远镜制动螺旋；18——指标水准管反光镜；19——指标水准管；20——反光镜；21——指标水准管微动螺旋；22——光学对中器目镜；23——脚螺旋

（二）水平度盘

水平度盘也由光学玻璃制成。盘上有 0°～360°顺时针注记的分划线。水平度盘的外壳上还有一个特殊装置，称为复测扳钮（见图 4-4 之 6）。按下该扳钮时，水平度盘和照准部可以一起转动；拨上该扳钮时，水平度盘就不能随照准部一起转动了。这个扳钮主要用以复测法测角，故称复测扳钮。

（三）基座

基座是仪器的底座，其上有脚螺旋和连接板。测量时必须将三脚架上的中心螺旋（连接螺旋）旋进连接板，这时仪器和三脚架就连接在一起了。中心螺旋下端挂上垂球，即指示水平度盘的中心位置。基座上还有一个轴座固定螺旋（图 4-2 之 12），旋紧它可使照准部的竖轴和基座连接在一起；放松它可以将整个照准部和水平度盘从基座上取下来。所以在测量时必须特别注意：要把轴座固定螺旋和中心螺旋适当地旋紧（并应随时检查），以免发生摔坏仪器事故。

二、光学经纬仪的读数装置和读数方法

6″级光学经纬仪的读数装置有两种，因装置不同，其读数方法也不一样。

（一）单平板玻璃测微器及其读数方法

DJ6—1 型经纬仪，是采用这种装置的仪器（图 4-4）。图 4-5 是 DJ6—1 型经纬仪的读数系统光路图。外来光线经反光镜 1、毛玻璃 2、棱镜 3 和 5，照亮了竖直度盘 4 和水平度盘 7，同时经透镜组 6 和 10 将竖直度盘和水平度盘的分划，通过单平板玻璃 11 成像在读数窗 14 上。最

后，光线经过棱镜 15 的折射，在读数显微镜 17 内可以清晰地看到水平度盘、竖直度盘和测微盘 13 的分划像。由于度盘分划线一般不能恰好成像于读数窗 14 的双指标线的中间，所以在透镜组 10 和棱镜 12 之间还装有光学测微器即单平板玻璃 11，且它和测微盘 13 是连在一起的。当转动测微轮（测微鼓）时单平板玻璃随着转动，从而使度盘分划像产生微小的位移。由于测微盘和单平板玻璃的连动，因而度盘分划像的位移量可用测微盘的转动量测定。

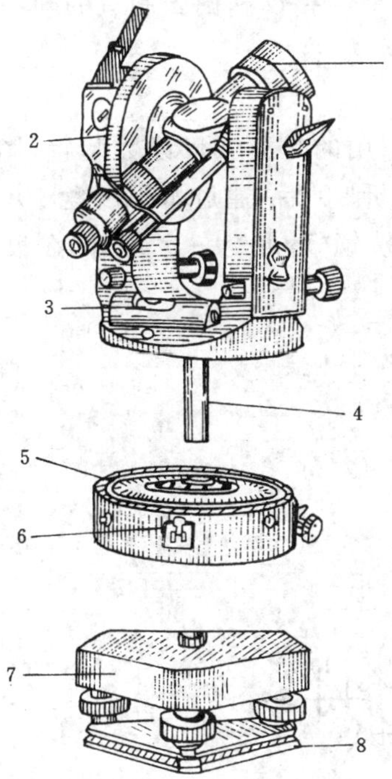

图 4-4　DJ6—1 型经纬仪结构图

1——望远镜；2——竖盘；3——水准管；4——竖轴；5——水平度盘；6——复测扳钮；7——基座；8——连接板

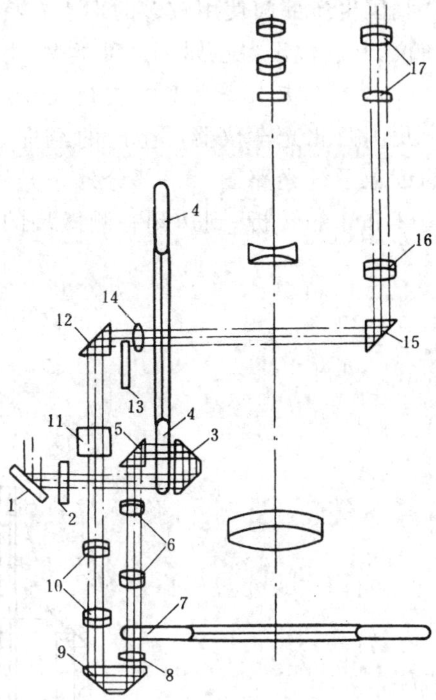

图 4-5　DJ6—1 型经纬仪读数系统光路图

如图 4-6 所示，上、中、下分别为测微盘、竖直度盘和水平度盘的分划像。如读取竖直度

(a)　　　　(b)

图 4-6　DJ6—1 型经纬仪读数

(a) 竖盘读数 102°07′30″；(b) 水平度盘读数 24°36′50″

盘的读数时,转动测微轮,使竖直度盘分划线精确地平分双指标线[图 4-6(a)],度数和整30′数在竖直度盘上读出,分数和秒数在测微盘上读出。测微盘每小格为 20″,约能估读到五分之一格。图 4-6(a)所示的竖直度盘读数为 102°07′30″。水平度盘的读数方法与此相同,只是在读数之前先转动测微轮,使水平度盘分划线精确地平分双指标线,然后读数。图 4-6(b)所示的水平度盘读数为 24°36′50″。

我国生产部门使用较多的瑞士威特公司生产的 T_1 型经纬仪和德国制造的阿斯卡尼亚经纬仪,其读数设备也属于这种类型。

(二) 测微尺读数装置及其读数方法

我国西北光学仪器厂生产的经Ⅲ型光学经纬仪,采用的是测微尺读数装置,图 4-7 是它的读数系统光路图。一部分外来光线经过棱镜 1 转折 90°后,通过水平度盘 10,再经过棱镜 2 和 3 的转折,到达刻有测微尺的指标镜 4,通过棱镜 5,再经一次转折,在读数显微

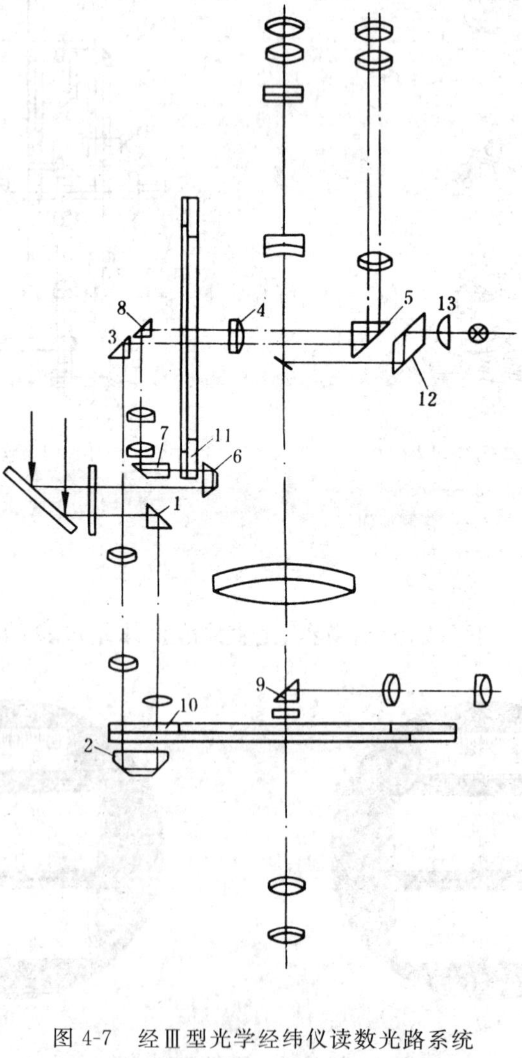

图 4-7 经Ⅲ型光学经纬仪读数光路系统

镜内就能看到水平度盘的分划和测微尺像(见图 4-8 上部图)。另一部分外来光线经过棱镜 6 的折射,穿过竖盘 11,再经过棱镜 7 和 8 的折射,同样成像于指标镜 4 中。因此,在读数显微镜内,同样可以看到竖盘分划和另一测微尺(图 4-8 下部图)。度盘上每一格为 1°(60′)。测微尺的总长度等于度盘每格(1°)的宽度,这样测微尺的总长代表 1°,而测微尺分成 60 个小格,故每一小格代表 1′。读数时,须以测微尺的零分划线为起始线,度数在度盘上读出,不足 1°的读数在测微尺上读出。如图 4-8 中的水平度盘读数(在符号"—"下面)为 215°01.7′,竖直度盘读数(在符号"⊥"上面)为65°55.3′(注:图4-7中 12 为斜方棱镜,13 为照明聚光镜,系照明望远镜十字丝用的)。

杭州第二光学仪器厂和徐州光学仪器厂生产的 DJ6 和 J6—3 型经纬仪以及德国制造的蔡司 030 型光学经纬仪等,均采用测微尺读数装置。

三、光学经纬仪应满足的几何条件

由测角原理可知,为了精确地测量角度,当经纬仪整平后,望远镜视准轴绕水平轴上下转动时,其视线应能扫出一个竖直面。为了达到这一要求,一台完善的经纬仪,其各条轴线之间应满足以下主要几何条件,即三轴相互垂直条件(图 4-9):

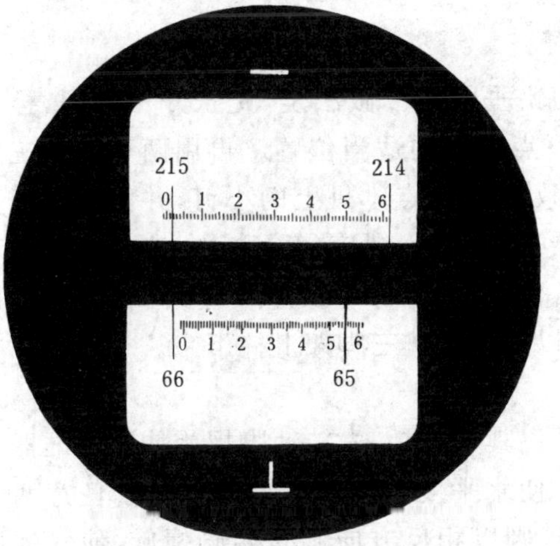

图 4-8　经Ⅲ型光学经纬仪测微尺读数

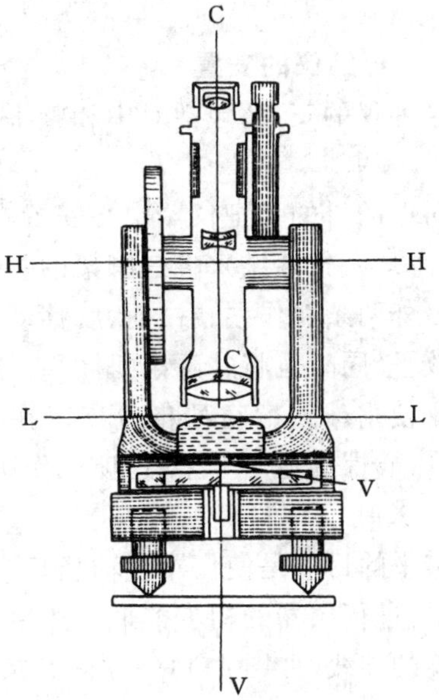

图 4-9　光学经纬仪三轴关系示意

① 水平度盘的水准管轴(LL)应垂直于竖轴(VV);

② 视准轴(CC)应垂直于水平轴(HH);

③ 水平轴(HH)应垂直于竖轴(VV)。

如果经纬仪满足了上述三个条件,当仪器整平后,则竖轴垂直,水准管轴和水平轴水平。因视准轴垂直于水平轴,所以当视准轴绕水平轴上下转动时即能扫出一个竖直面。但是,在实际工作中,由于仪器的搬运和使用等原因,往往使得某些螺丝松动,各轴线间产生相对移动,以致使上述条件不能完全满足。因此,经纬仪在使用之前,必须先进行检验和校正。

第三节 水平角观测

如图 4-10 所示，要用经纬仪观测地面上 OA、OB 两方向线间的水平角$\angle AOB$，首先，安置经纬仪于 O 点(该点称为测站点或测站)，然后进行观测。

图 4-10 水平角观测

一、经纬仪的安置

经纬仪的安置，包括对中和整平两个内容。

1. 对中

对中的目的是把仪器中心安置在测站点 O 的铅垂线上。做法是，先张开三脚架，挂上垂球(垂球线打活结)，将三脚架的一条腿插稳于 O 点附近的适当位置。再用两手握住三脚架的另外两条腿作左、右、前、后移动，使垂球尖大致对准 O 点木桩上的小钉，并使三脚架头大致放平，同时也将这两条腿插稳。然后安上仪器，拧上中心螺旋(暂不完全拧紧)，适当移动基座使垂球尖精确对准 O 点。在一般的测量工作中，要求对中误差不应大于 3 mm。最后，将中心螺旋适当上紧(这项工作决不能忘记)，以防仪器从三脚架上摔下来。

2. 整平

整平的目的是使仪器竖轴竖直、水平度盘水平。其方法是，先转动脚螺旋使圆水准器气泡居中，进行仪器的初步整平。然后，转动照准部，使水平度盘上的水准管平行于任意两个脚螺旋的连线，如图 4-11(a)所示，按照左手拇指规则以相反方向旋转两脚螺旋，使气泡居

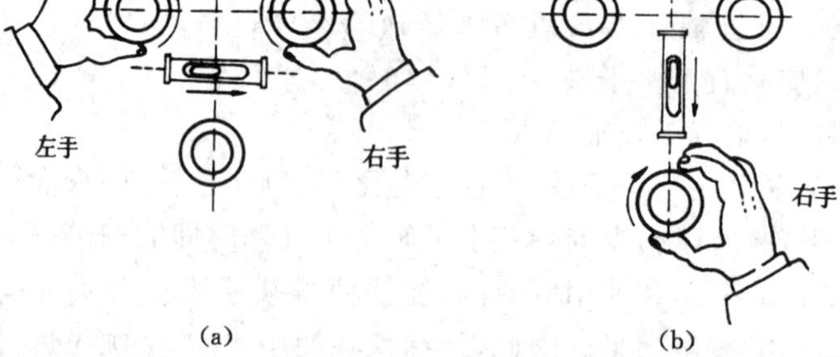

图 4-11 经纬仪圆水准气泡及管水准气泡整平

中。再旋转照准部，使水准管转动 90°，再旋转另一脚螺旋，使水准管气泡居中，如图 4-11(b)所示。这样反复几次，直到水准管在两个位置气泡都居中为止。一般要求气泡偏离中点不超过一格即可。

有的光学经纬仪还装有光学对中器(见图 4-3 之 22)，图 4-7 中的 9 是光学对中棱镜。用这种设备对中比较精确。用它和用垂球相比，可使对中精度误差从 3 mm 提高到 0.5 mm。光学对中的方法是：先用上述的方法将三脚架插紧后，装上仪器用脚螺旋进行对中，然后通过升降三脚架使圆水准器气泡居中，这时，仪器可能又不对中了，可稍微松动中心螺旋，在架头上平移仪器而使仪器对中。这一做法要反复一两次，一直到在光学对中器目镜中见到地面上的测站点在对中器的圆圈内为止。最后，用仪器上的水准管和光学对中器进行精确整平和对中(这时因移动量已很小，可稍微转动脚螺旋，使水准管气泡居中)。

二、测回法测水平角

水平角的观测，根据观测条件、精度要求和使用仪器的不同，共有四种方法，即测回法、复测法、全圆测回法和方向观测法。这里只介绍常用而简便的测回法。

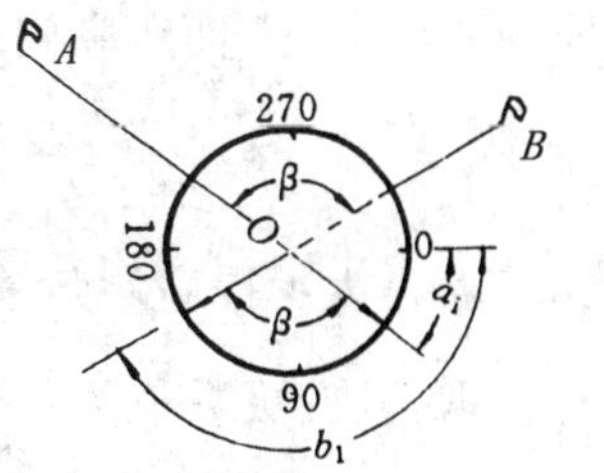

图 4-12　水平角测圆法示意图

如图 4-12 所示，欲用测回法测量∠AOB，先在 A、B 两点上立好标杆或测钎，将经纬仪安置于 O 点后，即可按下列程序进行观测：

① 先将经纬仪竖盘放在盘左位置(又称正镜位置，即观测时竖盘在望远镜的左边)，松开水平制动扳钮，转动照准部，使望远镜大致瞄准 A 点上的标杆。然后，拧紧水平制动扳钮，用微动螺旋使望远镜精确地瞄准 A 点(此时，一般应瞄准标杆底部，如目标较近，可直接瞄准 A 点上测钎底部或木桩上的小钉)，读取水平度盘读数 a_1，设 $a_1=48°25'15''$，记入水平角观测记录手簿内(表 4-1)。

表 4-1　　水平角观测记录手簿

测站	目标	竖盘位置	读数	角值	平均角值	附注
1	2	3	4	5	6	7
O	A	左	48°25′15″ (a_1)	110°23′15″	110°23′30″	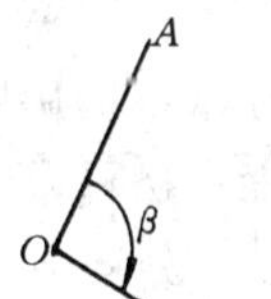
	B		158°48′30″ (b_1)			
	A	右	228°25′00″ (a_2)	110°23′45″		
	B		338°48′45″ (b_2)			

② 松开水平制动扳钮，按顺时针方向转动照准部，用上述方法精确瞄准 B 点，读取水平度盘读数 b_1，设 $b_1=158°48'30''$。由图 4-12 可知，当望远镜视准轴从 OA 方向转到 OB 方向时，指标线在水平度盘上所走的角值 β，就是我们所要测量的水平角，因此得：

$$\beta_{左}=b_1-a_1=158°48'30''-48°25'15''=110°23'15''$$

计算方法为：人站在测站 O，面对待测角，将右面一点的读数减去左面一点的读数，即得夹角 β。此外，如 b_1 小于 a_1，这时应在 b_1 上加 360°后再减 a_1。

按上述程序测量水平角一次，称为半测回。

为了校核测量成果，消除仪器误差，以便得到更精确的角值，还需要用盘右位置（又称倒镜位置，即在观测时，竖盘在望远镜的右边）再观测一次，即：

③ 倒转望远镜，使竖盘位于盘右位置。这次，用望远镜先精确瞄准 B 点，读取水平度盘读数 b_2，设 $b_2=338°48'45''$。

④ 松开水平制动扳钮，逆时针方向转动照准部，用望远镜精确瞄准 A 点，读取水平度盘读数 a_2，设 $a_2=228°25'00''$，则：

$$\beta_{右}=b_2-a_2=338°48'45''-228°25'00''=110°23'45''$$

以上按正镜先测的叫上半测回，按倒镜后测的叫下半测回，上、下两个半测回合在一起，称为一个测回。按《城市测量规范》（下称《规范》）规定，当用 6″级经纬仪观测时，如两个半测回所测水平角的角度差值不超过 40″时，可取其平均值作为 β 角的观测结果，如不符合要求，应重测。上面所举例子的角度差值为 30″，符合要求。故：

$$\beta=\frac{1}{2}(\beta_{左}+\beta_{右})=\frac{1}{2}(110°23'15''+110°23'45'')=110°23'30''$$

若是为了提高测角精度，需要作 n 个测回时，各测回的起始读数要在度盘的不同位置进行读取，其变更数值为$\frac{180°}{n}$。例如，观测三个测回时，度盘起始读数分别为 0°、60°和 120°。这样，可以减小度盘刻画不均匀的误差。

第四节　水平角观测误差

在水平角观测过程中，有多种误差会对角度测量产生影响。本节将对各种误差加以分析，并提出消除或限制这些误差的措施。

一、仪器误差

仪器误差包括竖轴和照准部水准管轴未严格铅垂、视准误差、横轴残余误差、度盘偏心误差、度盘刻划误差、竖轴误差等。

（一）经纬仪照准部偏心误差的影响

照准部的旋转中心与度盘的分划中心应当重合，当两中心不能严格重合时会造成水平角读数误差。如图 4-13 所示，C 为度盘分划中心，C' 为照准部旋转中心，两者不重合称为照准部偏心差。偏心距 CC' 以 e 表示，e 与零分划线的夹角称偏心角，以 θ 表示。仪器无偏心差时的正确读数为 M，存在偏心差时读数为 M'，M 与 M' 之差 ε 就是照准部偏心对观测方向的影响。ε 的求取公式推证如下：

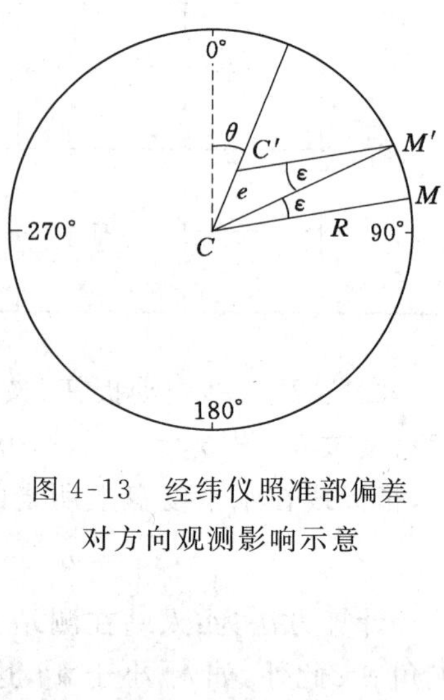

图 4-13　经纬仪照准部偏差对方向观测影响示意

图 4-13 中有：

$$\varepsilon=\angle C'M'C=\angle M'CM\quad \angle C'CM'=M'-\theta$$

在$\triangle C'CM'$中有：

$$\frac{\sin\varepsilon}{e}=\frac{\sin(M'-\theta)}{C'M'}$$

考虑 $C'M' \approx R$，ε 很小可取 $\sin\varepsilon \approx \varepsilon$，则上式可写成：

$$\varepsilon'' = \frac{e}{R} \cdot \rho'' \cdot \sin(M' - \theta) \tag{4-2}$$

这里，ε 以秒为单位。式(4-2)即为照准部偏心对水平方向读数的影响。由公式可以看出：照准部偏心误差对不同的方向观测值影响不同，照准方向与偏心方向垂直时，对水平方向读数影响最大，同时，盘左盘右所得 ε 符号相反，绝对值相等，取盘左盘右均值可消除此误差的影响。

(二) 度盘刻划误差

光学度盘和光栅盘的刻划误差在度盘制造时产生，光学经纬仪在测角时可采用测回间变换度盘位置，动态光栅盘在测角时采用全盘扫描取均值的方法可减小此误差的影响。

(三) 视准误差

视准误差是指在仪器校正不完善、视准轴未能真正垂直于横轴而致其偏离正确位置的小角值。

如图 4-14 所示，HH 为仪器横轴，当不存在视准轴误差时，$Z'Z$ 垂直于横轴 HH，$Z'Z$ 绕横轴旋转面为一铅垂面，$Z'Z''$ 为 $Z'Z$ 在水平面上的投影。当有视准误差 c 时，视准轴在盘左位置绕横轴扫出的铅垂面为 $Z'Z'_1Z_1$，盘右位置时为 $Z'Z'_2Z_2$，当视线倾角为 α 时，视准误差 c 及其在水平面上的投影 Δc 可表述为：

$$c = \frac{ZZ_1}{Z'Z}\rho'' \quad \Delta c = \frac{Z'_1Z''}{Z'Z''}\rho''$$

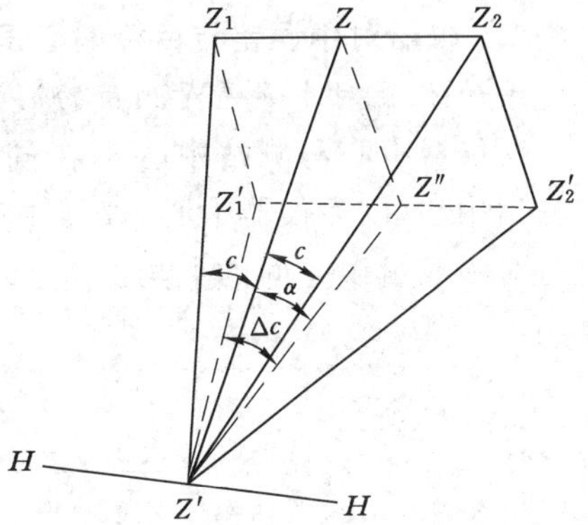

图 4-14　视准误差对方向观测影响示意

由于 $ZZ_1 = Z'_1Z''$，$Z'Z'' = Z'Z\cos\alpha$，因此有：

$$\Delta c = \frac{c}{\cos\alpha} \tag{4-3}$$

因水平角由两个方向组成，所以视准误差对水平角的影响为：

$$\Delta\beta_c = \Delta c_1 - \Delta c_2 = c\left(\frac{1}{\cos\alpha_1} - \frac{1}{\cos\alpha_2}\right) \tag{4-4}$$

视准误差 c 对方向观测的影响 Δc，随垂直角 α 的增大而增大，盘左、盘右观测时，有误差的视准轴位于正确位置的两侧，取盘左、盘右读数的平均值可消除视准误差的影响。

(四) 横轴误差的影响

仪器整平后横轴应水平，望远镜绕横轴旋转形成的视准面是一铅垂面，如图 4-15 中的 OAa 面；当横轴倾斜 i 角时，望远镜绕横轴旋转形成的视准面是一倾斜面，此时形成的斜视准面为 OA_1a，其倾斜角量亦为 i，同视准误差影响计算类似，i 角及其对水平方向读数的影响值 Δi 为：

$$i = \frac{AA_1}{aA}\rho'' \quad \Delta i = \frac{a1}{Oa}\rho'' \quad \Delta i = i\tan\alpha \tag{4-5}$$

水平角由两个方向构成，所以横轴倾斜误差对水平角的影响为：

$$\Delta\beta = \Delta i_1 - \Delta i_2 = i(\tan\alpha_1 - \tan\alpha_2) \tag{4-6}$$

由式(4-6)可知，横轴误差的影响随垂直角的增大而增大，垂直角为零时，对水平角的影响为零；α 增大时对水平方向读数的影响迅速增大；对两等高目标进行水平角观测，横轴误差影响为零。用盘左、盘右方法观测时，Δi 数值相等而符号相反，取盘左、盘右观测值均值可抵消横轴误差的影响。

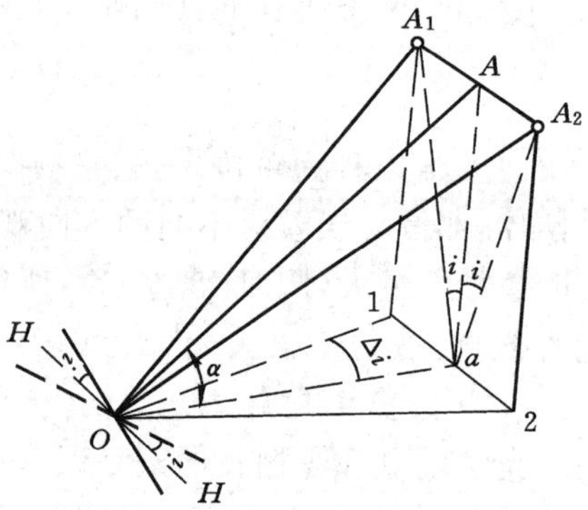

图 4-15　横轴误差及垂直角对水平方向影响示意

（五）竖轴误差的影响

水平角观测时经纬仪的竖轴应铅垂，竖轴不铅垂时产生的误差为竖轴误差，水准管轴不垂直于竖轴，或水准管气泡尚未居中都可能产生该误差。竖轴误差对水平角测量的影响随垂直角的增大而增大，且与横轴所处的方向有关，横轴处于竖轴的倾斜方向上时，竖轴误差对水平角测量的影响最大；竖轴误差不能用盘左盘右观测取均值的方法消除，故观测时应十分注意水准管的检、校及整平时气泡的居中。

二、仪器对中误差与目标偏心误差

（一）仪器对中误差对测角的影响

当仪器中心与测站中心不在同一铅垂线上时存在对中误差。如图 4-16 所示，设 B 为测站中心，O 为仪器中心，仪器中心与测站中心之距 e 为对中线量误差，θ 是观测起始方向与对中线量误差间的夹角。β 为无对中误差时的角度，β' 是对中误差影响下的实测水平角，有：

$$\beta=\beta'-(\delta_1+\delta_2)$$

而 $$\delta_1=\frac{e\sin\theta}{s_1}\rho''\qquad \delta_2=\frac{e\sin[360^\circ-(\theta+\beta')]}{s_2}\rho''$$

由对中误差引起的水平角测量误差为：

$$\Delta\beta=\beta-\beta'=-(\delta_1+\delta_2)=-e\rho''\left[\frac{\sin\theta}{s_1}-\frac{\sin(\theta+\beta')}{s_2}\right]\tag{4-7}$$

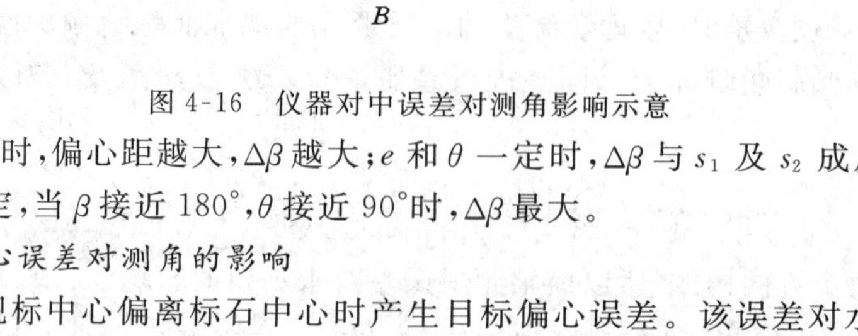

图 4-16　仪器对中误差对测角影响示意

当 β 和 θ 一定时，偏心距越大，$\Delta\beta$ 越大；e 和 θ 一定时，$\Delta\beta$ 与 s_1 及 s_2 成反比，边越短 $\Delta\beta$ 越大；若 e 与 s 一定，当 β 接近 180°，θ 接近 90°时，$\Delta\beta$ 最大。

（二）目标偏心误差对测角的影响

当照准点的觇标中心偏离标石中心时产生目标偏心误差。该误差对水平角测量的影响如图 4-17 所示。A 为测站点，C_i 为标石中心，T_i 为觇标中心，S_i 为两测点间距，e_i 为目标偏心距，θ_i 为偏心角，因 e_i 很小，可视 $AC_i = AT_i = S_i$，则目标偏心对水平方向值的影响为：

$$\Delta\beta_i = \frac{e_i \sin\theta_i}{S_i}\rho'' \tag{4-8}$$

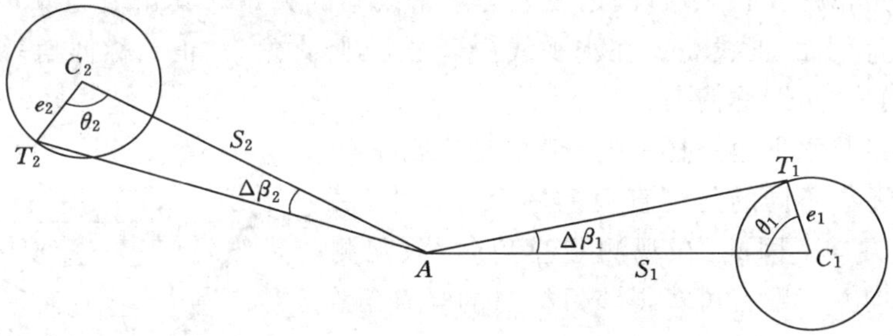

图 4-17　目标偏心误差对测角影响示意

由上式可知，垂直于视线方向的目标偏心对水平角测量的影响最大，偏心影响与目标偏心距成正比，与边长 S 成反比。觇标铅垂是减少目标偏心对水平角观测影响的最佳方法。

三、照准误差与读数误差

照准误差是因未能精确地瞄准目标几何中心而产生的。引起的原因主要有：人眼的分辨能力、目标的形状、亮度、背景、望远镜的分辨率等。消除或减弱这种影响的办法是采用经验模型改正或选择较好的观测环境。

读数误差主要取决于仪器的读数设备，对于光学测微器来说，估读的极限误差可以不超过分划十分之一，而如果读数窗亮度不够、读数显微镜调焦不好，致使数字、分划看不清，估读误差将会明显增大；电子经纬仪由于其采用先进的数字显示窗读数，因而不存在人为读数误差。

四、视差和十字丝不清晰的影响

视差是指目标成像不在十字丝板上引起的误差。当眼睛在目镜处上下晃动时，感觉目标也在上下晃动，说明有视差影响。造成视差的原因是物镜调焦后没有把目标的成像面调到与十字丝板相重合，使成像面与十字丝板隔了一段距离，由其引起的角度误差可达 16″，消除办法是在观测时认真调焦，使目标成像位于十字丝板上。

十字丝不清晰的误差是因目镜调焦不准确引起的。目镜调焦不准确，十字丝就不处在目镜最清晰的位置，此时目标的像和十字丝都不清楚，这种现象引起的观测误差可达 8.2″，通过目镜调焦可消除。

五、外界条件的影响

影响水平角观测的外界条件很多，如大风及地面的坚实程度影响仪器的稳定性，辐射影响大气的稳定性，进而影响目标成像的质量，外界温度变化会引起仪器状态变化，大气湿度、透明度会影响成像及照准精度等。

外界条件对角度观测的影响是不可避免的，观测时应选择有利的观测时间与观测条件以减弱外界条件对角度测量的影响。

第五节 竖直角观测

一、竖直角测量原理

所谓竖直角,就是同一竖直面内视线与水平线间的夹角。其角值为 0°～±90°。图4-18所示为一个竖直剖面,视线 OM 在水平线 OO' 之上,竖直角为“正”,称仰角;视线 ON 在水平线之下,竖直角为“负”,称俯角。

竖直角测量与水平角一样,其角值也是度盘上两个方向读数之差。不同的是竖直角的两个方向中,必有一个是水平方向。因此,在观测竖直角时,只观测目标点一个方向并读数就可算得该目标点的竖直角。

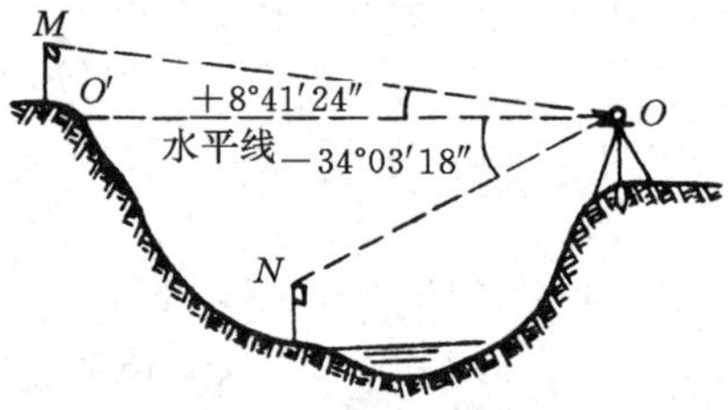

图 4-18 竖直角测量原理

二、竖盘装置的构造

经纬仪上的竖盘装置是用来观测竖直角的,它包括竖直度盘(竖盘)、指标水准管和指标水准管微动螺旋三部分。竖盘固定在望远镜旋转轴(横轴)的一端,随望远镜一起在竖直面内转动。而作为竖盘读数用的指标装置,是和指标水准管、指标水准管微动螺旋连在一起的,它们不随望远镜一起转动。指标水准管气泡居中后,指标即处于正确位置,此时,如望远镜视准轴水平,竖盘读数则应为 90°的整数倍(即 0°、90°、180°、270°中的一个)。所以,每次观测竖直角时,必须用竖盘指标微动螺旋,使指标水准管气泡居中,然后才能读数。

经纬仪的竖盘是由玻璃制成的,刻画的注记有顺时针方向[图 4-19(a)]和逆时针方向[图 4-19(b)]两种,一般为全圆式注记。

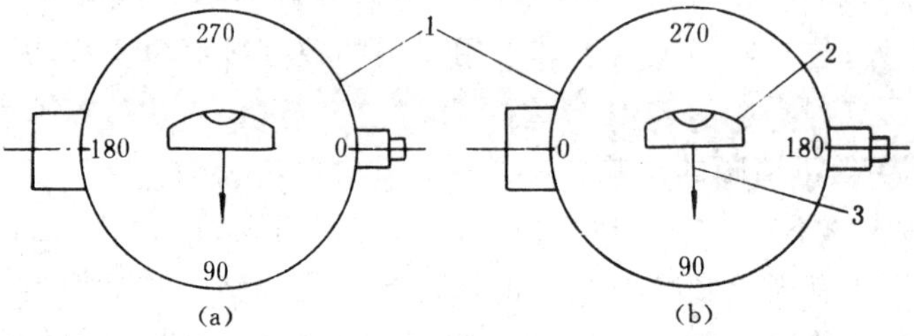

图 4-19 经纬仪竖盘刻画注记方向示意

(a) 经Ⅲ型;(b) DJ6—1 型

1——竖盘;2——指标水准管;3——指标

目前,许多型号的光学经纬仪上都附设了一个竖盘指标自动归零装置(或称自动补偿装置)。这种装置取消了指标水准管和指标水准管微动螺旋,而增加了一个补偿器。使用这种仪器时,把仪器整平后就可以读得相当于指标处于正确位置的竖盘读数,使用极为方便。

三、竖直角的观测和计算

一般要测得比较精确的竖直角,至少要用盘左和盘右各观测一次,这称为一个测回。这样做可以减小误差、提高观测精度。竖直角的观测和计算方法如下(以经Ⅲ型线纬仪为例):

① 先在测站点上安置经纬仪，用盘左瞄准目标点 B，使十字丝横丝切于目标顶端（图 4-20 为倒像望远镜视场情形），转动竖盘指标水准管微动螺旋，使竖盘指标水准管气泡居中，进行读数。设盘左读数 $L=55°59'30''$，将其记入竖直角观测记录手簿（表 4-2）中。

② 倒转望远镜，用盘右位置再瞄准 B 点，使竖盘指标水准管气泡居中后，进行读数。设盘右读数 $R=304°01'50''$，记入表 4-2中。

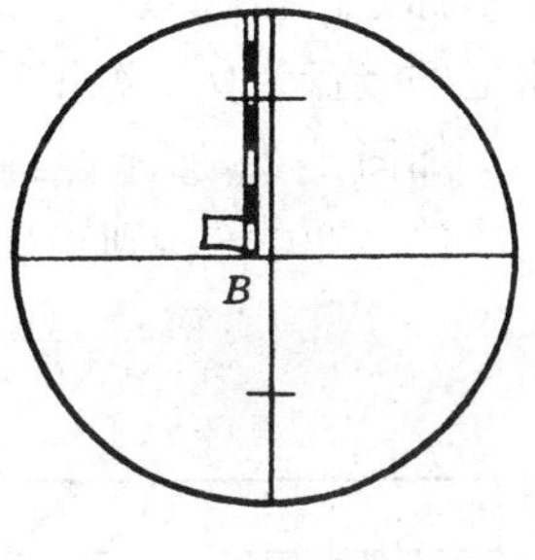

图 4-20　经纬仪倒像望远镜倒镜视场示意

表 4-2　**竖直角观测记录表**

测站	目标	竖盘位置	竖盘读数	半测回竖直角	指标差 x $\frac{1}{2}(\delta_R-\delta_L)$	一测回竖直角	备　注
A	B	左	55°59′30″	34°00′30″	40″	34°01′10″	经Ⅲ型经纬仪计算公式：$\delta=\frac{\delta_L+\delta_R}{2}$ $x=\frac{\delta_R-\delta_L}{2}$
		右	304°01′50″	34°01′50″			
	C	左	100°16′10″	−10°16′10″	1′	−10°15′10″	
		右	259°45′50″	−10°14′10″			

③ 计算竖直角 δ。竖直角 δ 是观测目标的读数与望远镜视准轴水平时的竖盘读数（即 0°、90°、180°、270°）之差。但哪个是被减数哪个是减数，则应按竖盘的注记形式来确定。为此，在观测之前，将望远镜大致放平，读取竖盘读数。然后将望远镜上仰，若读数增大，则竖直角等于瞄准目标时的读数减去视线水平时的读数；若读数减小，则竖直角等于视线水平时的读数减去瞄准目标时的读数。

经Ⅲ型经纬仪的竖盘［见图 4-19(a)］为顺时针刻画，竖直角计算公式为：

盘左
$$\delta_L = 90° - L \tag{4-9}$$

盘右
$$\delta_R = R - 270° \tag{4-10}$$

将盘左、盘右取中数，则一测回竖直角为：

$$\delta = \frac{1}{2}(\delta_L + \delta_R) \tag{4-11}$$

表 4-2 中，目标 B 的竖直角为：

$$\delta_L = 90° - L = 90° - 55°59'30'' = 34°00'30''$$

$$\delta_R = R - 270° = 304°01'50'' - 270° = 34°01'50''$$

$$\delta = \frac{1}{2}(\delta_L + \delta_R) = \frac{1}{2}(34°00'30'' + 34°01'50'') = 34°01'10''$$

如果在一个测站上观测多个方向的竖直角，则在盘左顺时针依次照准各目标，而在盘右时，逆时针依次照准各目标，读数、记录方法同上（如表 4-2 中所列目标 C 的观测值和计算值）。

四、竖盘指标差

上述竖直角的计算，是基于这样一个假设：当竖盘指标水准管气泡居中时，指标应处于正确位置，此时，竖盘读数应为 90°或 270°。事实上，这一假设常不成立，即当竖盘指标水准管气泡居中时，指标并不恰好指向 90°或 270°，而是与正确位置相差一个小角度 x，x 称为竖盘指标差。指标差产生的原因，是指标水准管未校正完善，这时可以进行校正。现以顺时针注记的竖盘为例，说明指标差的计算方法。

如图 4-21 所示，当视准轴水平、指标水准管气泡居中时，由于指标差 x 的存在，竖盘盘左读数为 $90°+x$，则正确的竖直角应为：

$$\delta = (90° + x) - L = \delta_L + x \tag{4-12}$$

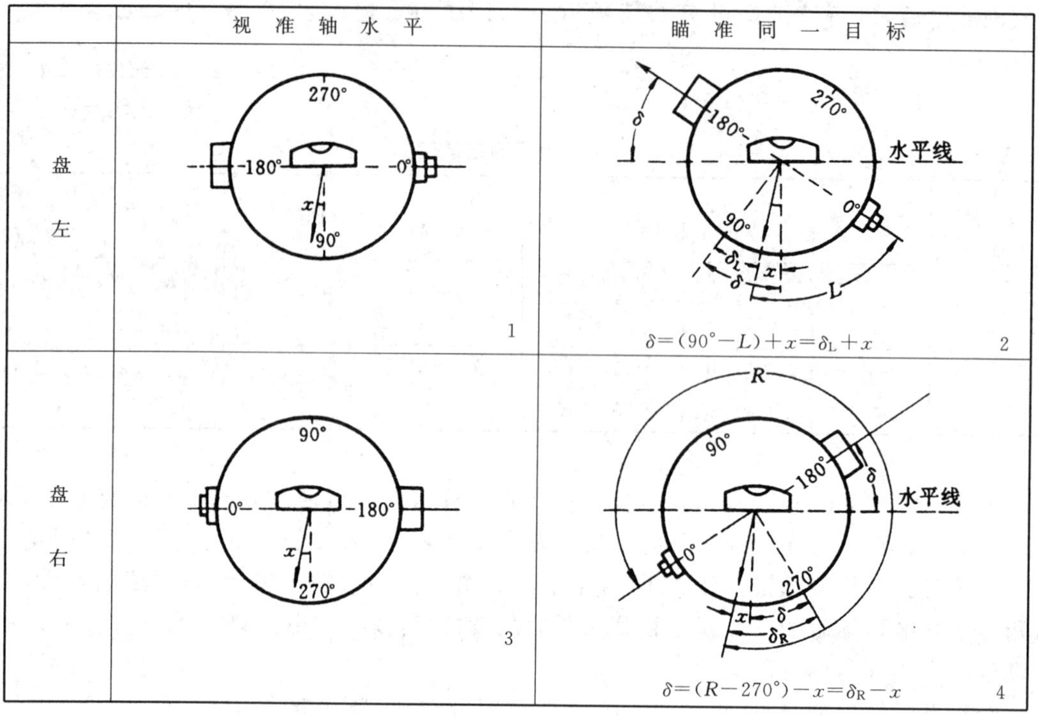

图 4-21　竖盘指标差计算原理示意

同样，盘右时正确的竖直角应为：

$$\delta = R - (270° + x) = \delta_R - x \tag{4-13}$$

此时 δ_L、δ_R 已不是正确的竖直角了。

将式(4-12)和式(4-13)相加并除以 2，得：

$$\delta = \frac{1}{2}(\delta_L + \delta_R) \tag{4-14}$$

上式与式(4-11)完全相同，可见用正倒镜观测取平均数可以消除竖盘指标差的影响。

将式(4-13)减去式(4-12)，并整理，得：

$$x = \frac{1}{2}(R + L - 360°) = \frac{1}{2}(\delta_R - \delta_L) \tag{4-15}$$

指标差 x 可用来衡量观测质量。在同一测站上观测不同目标时，指标差的变动范围对于 J6 级经纬仪而言不应超过 25″，否则成果不合格，需重测。表 4-2 中所列成果的指标差变化范围为 1′−40″=20″，故未超过规定范围。

以上是根据顺时针注记的度盘求得的计算指标差 x 的公式。对于逆时针注记的度盘，

求指标差 x 的公式为：

$$x = \frac{1}{2}(L + R - 360^\circ) = \frac{1}{2}(\delta_L - \delta_R) \tag{4-16}$$

第六节　三角高程测量

用水准测量测定高差精度较高，但在山区和煤矿井下主要斜巷中进行水准测量比较困难。在这种情况下，可以采用三角高程测量方法。这种方法既简便迅速，又能保证生产所必需的精度。

三角高程测量是根据两点间的水平距离（或倾斜距离）和竖直角计算两点间高差的。如图 4-22 所示，已知 A 点高程为 H_A，欲测定 B 点高程 H_B。可在 A 点安置经纬仪，在 B 点竖立标杆，用望远镜中丝瞄准标杆的顶点，测得竖直角 δ，并量取经纬仪的水平轴到 A 点的高度，这称为仪器高，用 i 表示；量取标杆顶部到 B 点的高度，称为觇杆高，用 v 表示。再根据 AB 之间的水平距离 l，即可求得高差 h。

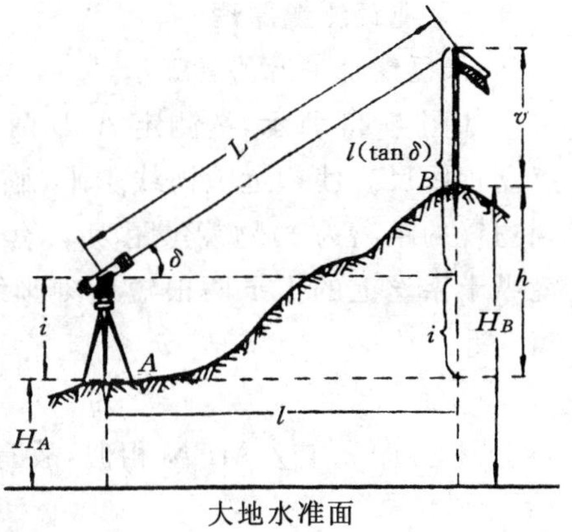

图 4-22　三角高程测量原理示意

因为：

$$h + v = l\tan\delta + i$$

所以：

$$h = l\tan\delta + i - v \tag{4-17}$$

不论竖直角是仰角还是俯角，这个式子均适用。如为俯角，则用竖直角的负值代入。

B 点的高程为：

$$H_B = H_A + h = H_A + l\tan\delta + i - v \tag{4-18}$$

当 A、B 两点间的距离大于 300 m 时，应考虑地球曲率和大气折光对高差的影响，其值 f（称为两差改正或球气差）为：

$$f = 0.43\frac{l^2}{R} \tag{4-19}$$

式中　l——两点间水平距离，m；

R——地球半径，取 6 371 km。

考虑球气差改正 f 后，式(4-17)应改写为：

$$h = l\tan\delta + i - v + f \tag{4-20}$$

在煤矿井下测量时，往往直接测量 A、B 两点间的斜距 L，则：

$$h = L\sin\delta + i - v \tag{4-21}$$

三角高程测量一般应进行往返观测，既由 A 向 B 观测（称为直觇），又由 B 向 A 观测（称为反觇）。这样的观测，称为对向观测。对向观测可以消除地球曲率和大气折光的影响。

第七节　视距测量

视距测量是利用望远镜内的视距丝和视距尺，同时测定两点间的水平距离和高差的一种方法。这种方法具有操作简便、速度快、不受地形起伏的限制等优点。缺点是精度低，一般仅能达到1/300的精度。但这种方法能满足测定碎部点位置的精度要求，因此被广泛应用于地形测量及其他低精度距离测量中。

视距测量所用的主要仪器和工具是经纬仪和视距尺（或水准尺）。视距尺的刻画与水准尺基本相同。

一、视距测量原理

1. 视线水平时的视距公式

如图4-23所示，欲测定A、B两点间的水平距离l和高差h，可在A点安置经纬仪，在B点立视距尺。使望远镜视线水平，瞄准B点视距尺，此时视线与视距尺垂直。设仪器中心到物镜的距离为δ，物镜焦距为f，焦点F至视距尺的距离为l'，上下两视距丝m、n（即望远镜纵十字丝上的上下两根短横刻画线）在视距尺上的尺间隔为S，则A点到B点的水平距离l为：

$$l = l' + \delta + f$$

因$\triangle m'Fn'$与$\triangle MFN$相似，故有：

$$\frac{l'}{S} = \frac{f}{P}$$

即

$$l' = \frac{f}{P}S$$

式中　P——为两视距丝之间的距离，即$P=mn=m'n'$。

因此A、B两点间的水平距离为：$l=\frac{f}{P}S+\delta+f$。令$K=\frac{f}{P}$，$C=\delta+f$，则：

$$l = KS + C \tag{4-22}$$

式中　K——视距乘常数，在设计仪器时，使$K=100$；

C——视距加常数，对内对光望远镜来说，总可使其为0。

这样，式(4-22)即变为：

$$l = KS = 100S \tag{4-23}$$

同时，若设望远镜中丝在视距尺上的读数为v、仪器高为i，则由图4-23可以看出A、B间的高差为：

$$h = i - v \tag{4-24}$$

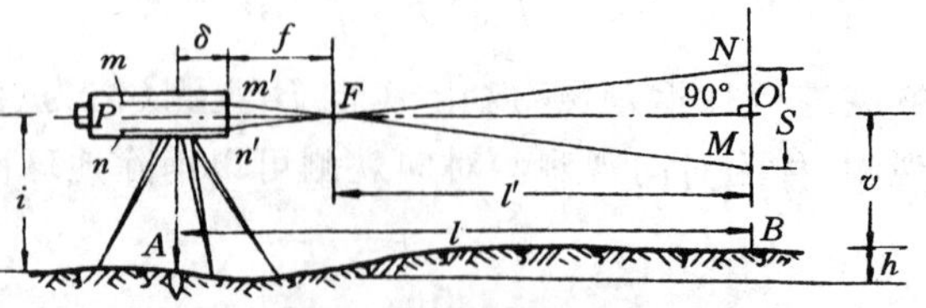

图4-23　视线水平条件下视距测量原理示意

2. 视线倾斜时的视距公式

若两点间的高差较大，必须使视线倾斜才能照准视距尺时，视线与视距尺不垂直，不能用式(4-23)计算两点间水平距离。为此，可设想将竖直的尺子 R 绕 O 点旋转一个 δ 角(倾斜视线竖直角)，使其与视线垂直，得尺间隔为 S'(图 4-24)，按式(4-23)可求得倾斜距离 L 为：

$$L = KS'$$

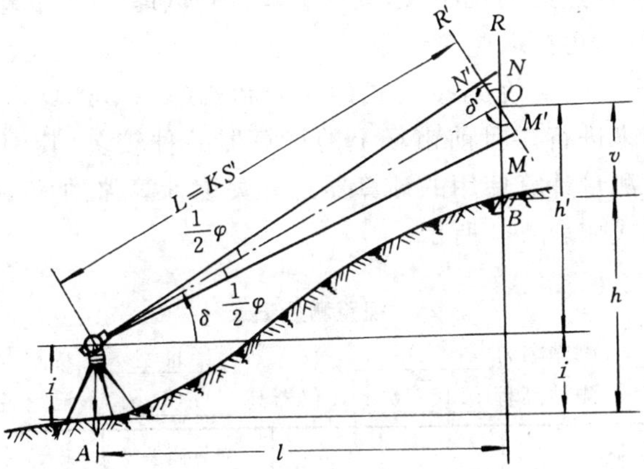

图 4-24　视线倾斜条件下视距测量原理示意

于是 A、B 两点间的水平距离为：

$$l = L\cos\delta = KS'\cos\delta \tag{4-25}$$

但是，S'不是实际的尺间隔，实际测得的尺间隔是 R 尺上的 MN(即 S)，因此需要找出 S 与 S'间的关系。

在图 4-24 中，$\angle NON' = \angle MOM' = \delta$，$\angle NN'O = 90° + \frac{1}{2}\varphi$，$\angle MM'O = 90° - \frac{1}{2}\varphi$，因 $\frac{1}{2}\varphi$很小(约为 17′)，故可将$\angle NN'O$ 和 $MM'O$ 视为直角。于是$\triangle ONN'$和$\triangle OMM'$均为直角三角形。在两直角三角形中，$N'O = NO\cos\delta$，$M'O = MO\cos\delta$，则 $N'M' = N'O + M'O = (NO + MO)\cos\delta = NM\cos\delta = S\cos\delta$，即：

$$S' = S\cos\delta$$

将上式代入式(4-25)，得：

$$l = KS\cos^2\delta \tag{4-26}$$

式(4-26)就是视线倾斜时求水平距离的公式。

将式(4-26)代入三角高差公式(4-17)，则得用视距表示的三角高差计算公式：

$$\begin{aligned} h &= l\tan\delta + i - v = (KS\cos^2\delta)\tan\delta + i - v \\ &= KS\cos\delta\sin\delta + i - v \\ &= \frac{1}{2}KS\sin 2\delta + i - v \end{aligned}$$

即 $$h=\frac{1}{2}KS\sin 2\delta+i-v \tag{4-27}$$

在实际工作中,应尽量使 $i=v$,以简化高差 h 的计算。

二、视距测量方法

如图 4-24 所示,欲测 A、B 两点间的水平距离和高差,测量步骤如下:

① 在 A 点安置经纬仪,进行对中、整平,并量取仪器高 i。

② 用望远镜瞄准 B 点上的视距尺,读取上丝、中丝(即 v)和下丝读数,然后用微动螺旋使指标水准管气泡居中,再读取竖盘读数。

③ 计算尺间隔 S 及竖直角 δ,按公式(4-26)和式(4-27)计算水平距离 l 和高差 h。计算可以用电子计算器来进行。目前市场上的计算器品种较多,其中 CASIO fx-4800P 计算器是一种比较适合于测量计算使用的计算器。有关该计算器的使用方法,可参见附录。视距测量记录及计算格式如表 4-3 所示。

表 4-3 **视距测量记录**

日期______ 测站名称 A 仪 器 经Ⅲ型 观测者______

天气______ 测站高程 145.76 m 仪器高 1.40 m 记录者______

测点	下丝读数 上丝读数	尺间隔 S	中丝读数	竖盘读数	竖直角 δ	初算高差 $\frac{1}{2}KS\sin 2\delta$	$i-v$	高差 h	观测点 高程 H	水平距离 l
B	2.500 1.500	1.000	2.00	86°52′	+3°08′	5.45	−0.6	4.85	150.61	99.7

第八节 全站仪测量系统

一、电子全站仪概述

电子全站仪是一种利用机械、光学、电子等元件组合而成、可以同时进行角度(水平角、垂直角)测量和距离(斜距、平距、高差)测量,并可进行有关计算的高科技测量仪器(图 4-25)。由于只要在测站上一次安置该仪器,便可以完成该测站上所有的测量工作,故称为电子全站仪,简称全站仪。起初的全站仪是将电子经纬仪和测距仪组装在一起,并可以分离成两个独立的部分,成为积木式全站仪。后来改进为将光电测距仪的调制光发射系统的光轴和经纬仪的视准轴组合成分光同轴的整体式全站仪,并配置电子计算机的微处理机和系统软件,使其具有将测量数据存储、计算、输入、输出等功能。通过输入、输出设备,可以与计算机交互通讯,使测量数据直接进入计算机,据此进行计算和绘图;

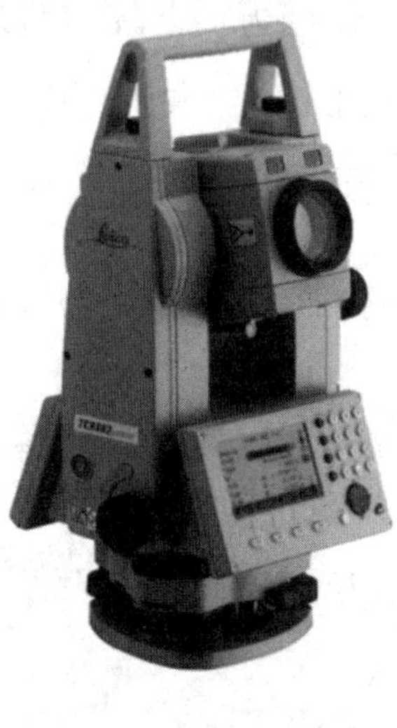

图 4-25 电子全站仪

测量作业所需要的已知数据也可以从计算机输入全站仪。一些全站仪将电荷耦合器件(CCD)与传动马达相结合,使具有对目标棱镜的自动识别、跟踪和瞄准功能;CCD还用于度盘读数、构成电子水准器等。一些全站仪将全球定位系统(GPS)接收机与之结合,以解决仪器自由设站的定位问题。全站仪的这些功能不仅使测量的外业工作高效化,而且可以实现整个测量作业的高度自动化。电子全站仪已广泛用于控制测量、地形测量、施工放样等方面的测量工作。

全站仪在结构上和经纬仪一样,同样有基座、照准部、望远镜等主要部件。按照功能划分主要包括:电源、电子测角系统、光电测距系统和计算机微处理器以及应用软件、输入输出设备等功能相对独立的部分。

二、全站仪测角系统

普通经纬仪是在玻璃度盘上刻上角度分划值,通过随照准部转动的读数装置来观测、读数。全站仪作为先进的光电一体化仪器,角度的读取是自动完成的。其实现度盘读数记录的自动方法,是随着仪器的转动,光电扫描装置在特殊的光电度盘上获取电信号,再根据电信号转换成角度值。按获取电信号的方法分类,光电度盘一般分为三大类:绝对编码度盘、增量光栅度盘和光栅动态度盘。

1. 绝对编码度盘测角原理

在玻璃圆盘上刻划几个同心圆带,每一个环带表示一位二进制编码,称为码道,如图4-26所示。如果再将全圆划成若干扇区,则每个扇形区有几个梯形,如果每个梯形分别以“亮”和“黑”表示“0”和“1”的信号,则该扇形可用几个二进数表示其角值。例如,用四位二进制表示角值,则全圆只能刻成 $2^4=16$ 个扇形,则度盘刻划值为 360°/16=22.5°(图 4-26),这显然是没有什么实际意义的。如果最小值为 20″,则需刻成(360×60×60)/20=64 800 个扇形区,而 64 800≈2^{16} 个码道。因为度盘直径有限,码道愈多,靠近度盘中心的扇形间隔愈小,又缺乏使用意义,故一般将度盘刻成适当的码道,再利用测微装置来达到细分角值的目的。

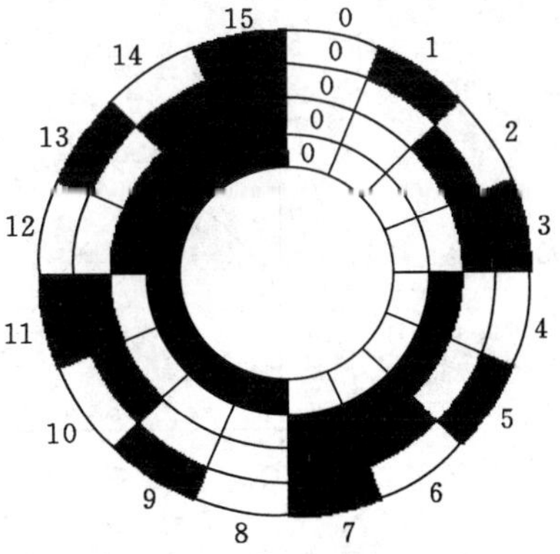

图 4-26　全站仪绝对编码度盘—码道

2. 增量光栅度盘测角原理

均匀地刻有许多一定间隔细线的直尺或圆盘称为光栅尺或光栅盘。刻在直尺上用于直线测量的为直线光栅[图 4-27(a)],刻在圆盘上的等角距的光栅称为径向光栅[图 4-27

(b)]。设光栅的栅线(不透光区)宽度为 a,缝隙宽度为 b,栅距 $d=a+b$,通常 $a=b$,它们都对应一角度值。在光栅度盘的上下对应位置上装上光源、计数器等,使其随照准部相对于光栅度盘转动,可由计数器累计所转动的栅距数,从而求得所转动的角度值。因为光栅度盘上没有绝对度数,只是累计移动光栅的条数计数,故称为增量式光栅度盘,其读数系统为增量式读数系统。

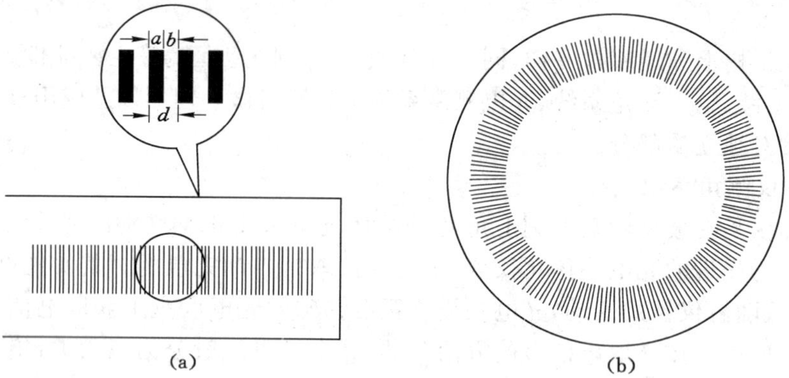

图 4-27 增量光栅

如图 4-28 所示,指示光栅、接收管、发光管位置固定在照准部上。当度盘随照准部移动时,莫尔条纹落在接收管上。度盘每转动一条光栅,莫尔条纹在接收管上移动一周,流过接收管的电流变化一周。当仪器照准零方向时,让仪器的计数器处于零位,而当度盘随照准部转动照准某目标时,流过接收管电流的周期数就是两方向之间所夹的光栅数。由于光栅之间的夹角是已知的,计数器所计的电流周期数经过处理就可以显示出角度值。如果在电流波形的每一周期内再均匀内插 n 个脉冲,计算器对脉冲进行计数,所得的脉冲数就等于两个方向所夹光栅数的 n 倍,就相当于把光栅刻划线增加了 n 倍,角度分辨率也就提高了 n 倍。使用增量式光栅度盘测角时,照准部转动的速度要均匀,不可突快或太快,以保证计数的正确性。

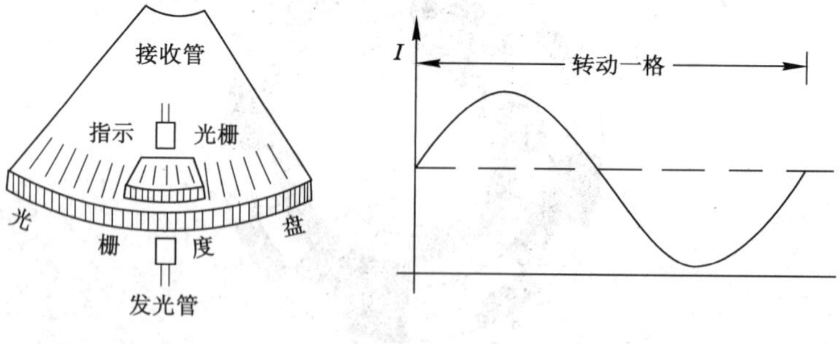

图 4-28 增量式光栅度盘测角原理

3. 光栅动态度盘测角原理

动态光栅度盘测角原理如图 4-29 所示。度盘光栅可以旋转,另有两个与度盘光栅交角为 β 的指标光栅 S 和 R,S 为固定光栅,位于度盘外侧;R 为可动光栅,位于度盘内侧。同时,度盘上还有两个标志点 a 和 b,S 只接收 a 的信号,R 只接收 b 的信号。测角时,S 代表任一原方向，R随着照准部旋转，当照准目标后，R位置已定，此时启动测角系统，使度盘在马达的带动下，始终以一定的速度逆时针旋转，b点先通过R，开始计数。接着a通过S，计数停止，此时记下了RS之间栅距（φ_0）的n整倍和不是一个分划的小数$\Delta\varphi_0$，则水平角为$\beta=n\varphi_0+\Delta\varphi_0$。事实上，每个栅格为一脉冲信号，由R、S的粗测功能可计数得n；利用R、S的精测功能可测得不足一个分划的相位差$\Delta\varphi_0$，其精度取决于将φ_0划分成多少相位差脉冲。

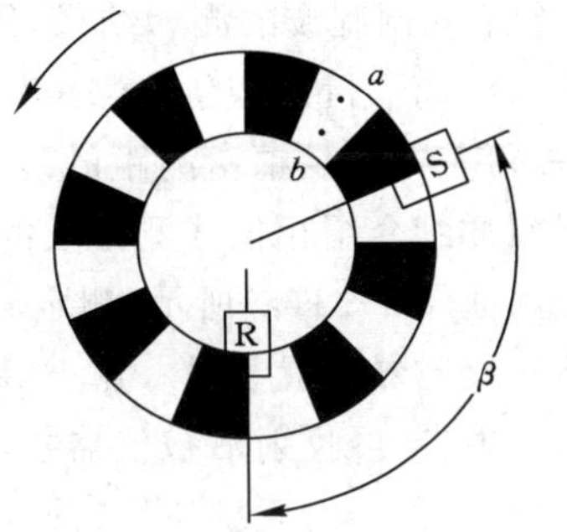

图4-29　动态光栅度盘测角原理

三、全站仪测距系统

全站仪测距系统主要是指电磁波测距，电磁波测距是利用电磁波作为载体传输测距信号以测定两点间距离的一种方法，具有测程远、精度高、作业快、不受地形限制等优点。目前已经成为大地测量、工程测量和地形测量中距离测量的主要方法。电磁波测距的仪器按照其采用的载波可分为以下三种：用红外光作为载波的红外测距仪；用激光作为载波的激光测距仪；用微波段的无线电波作为载波的微波测距仪。前两种又总称为光电测距仪，在工程测量和地形测量中得到广泛应用。根据测定传播时间方法的不同，电磁波测距又可分为脉冲式测距仪和相位式测距仪。

1. 脉冲式测距仪

电磁波测距是通过测定电磁波束，在待测距离上往返传播的时间t_{2D}来计算待测距离D的，如图4-30所示，电磁波测距的基本公式为：

$$D=\frac{1}{2}ct_{2D} \tag{4-28}$$

式中　c——电磁波在大气中的传播速度。

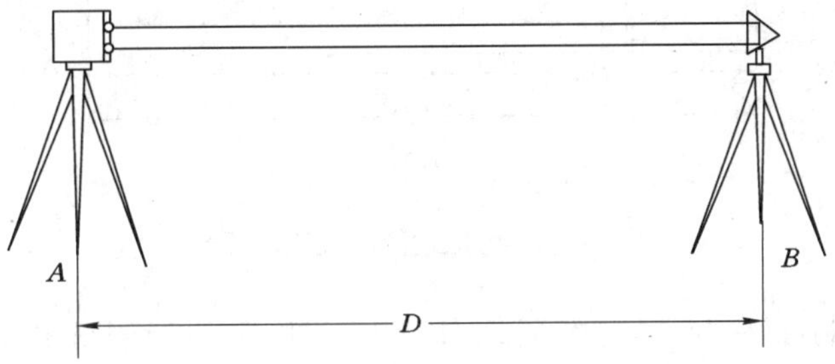

图4-30　脉冲式测距仪测距原理

电磁波在测线上的往返传播时间t_{2D}，可以直接测定，也可以间接测定。直接测定电磁波传播时间是用一种脉冲波，它是由仪器的发送设备发射出去，被目标反射回来，再由仪器接收器接收，最后由仪器的显示系统显示出脉冲在测线上往返传播的时间t_{2D}或直接显示出测线的斜距，这种测距仪称为脉冲式测距仪。

2. 相位式测距仪

与脉冲式测距仪测定传播时间的方式不同，相位式测距仪则是间接测定电磁波传播时间。它采用一种连续调制波，由仪器发射出去，被反射回来后进入仪器接收器，通过发射信号与返回信号的相位比较，即可测定调制波往返于测线的迟后相位差中小于2π的尾数。用

n 个不同调制波的测相结果，便可间接推算出传播时间 t_{2D}，并计算（或直接显示）出测线的倾斜距离。目前相位式测距仪的计时精度达 10^{-10} s 以上，从而使测距精度提高到 1 cm 左右，可基本满足精密测距的要求。现今用于精密测距的测距仪多属于这种相位式测距仪。下面详细介绍相位式测距仪的测距原理。

如图 4-31(a)所示，测定 A，B 两点的距离 D，将相位式光电测距仪整置于 A 点（称测站），反射器整置于另一点 B（称镜站）。测距仪发射出连续的调制光波，调制波通过测线到达反射器，经反射后被仪器接收器接收，如图 4-31(b)所示。调制波在经过往返距离 $2D$ 后，相位延迟了 Φ。我们将 A、B 两点之间调制光的往程和返程展开在一直线上，用波形示意图将发射波与接收波的相位差表示出来，如图 4-31(c)所示。

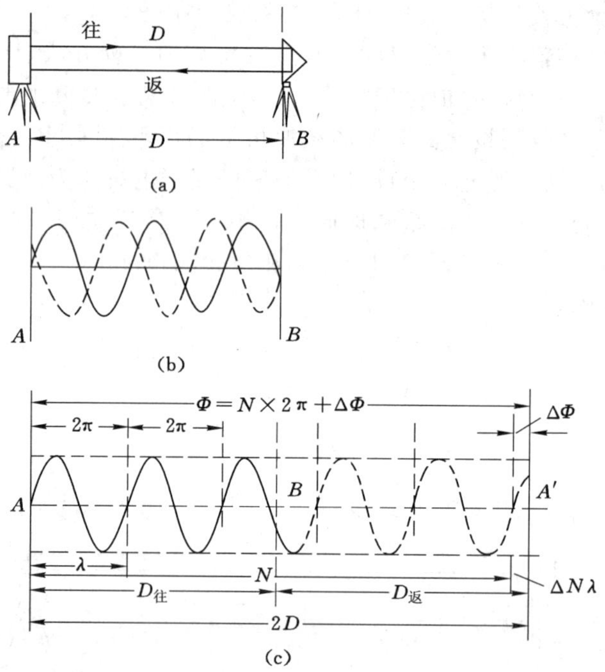

图 4-31 相位式测距仪测距原理

设调制波的调制频率为 f，它的周期 $T=1/f$，相应的调制波长 $\lambda=cT=c/f$。由图 4-31(c)可知，调制波往返于测线传播过程所产生的总相位变化 Φ 中，包括 N 个整周变化 $(N\times2\pi)$ 和不足一周的相位尾数 $(\Delta\Phi)$，即：

$$\Phi = N\times 2\pi + \Delta\Phi \tag{4-29}$$

根据相位 Φ 和时间 t_{2D} 的关系式 $\Phi=\omega t_{2D}$，其中 ω 为角频率，则：

$$t_{2D} = \Phi/\omega = \frac{1}{2\pi f}(N\times 2\pi + \Delta\Phi)$$

将上式代入式(4-28)中，得：

$$D = \frac{c}{2f}(N + \Delta\Phi/2\pi) = L(N + \Delta N) \tag{4-30}$$

式中 $L=c/2f=\lambda/2$——测尺长度；

N——整周数；

$\Delta N = \Delta\Phi/2\pi$——不足一周的尾数。

式(4-30)为相位式光电测距的基本公式。由此可以看出，这种测距方法同钢尺量距相类似，用一把长度为 $\lambda/2$ 的“尺子”来丈量距离，式中 N 为整尺段数，而 $\Delta N \times \frac{\lambda}{2}$ 等于 ΔL 为不足一尺段的余长。则：

$$D = NL + \Delta L \tag{4-31}$$

式中　c, f, L——已知值，$\Delta\Phi$，ΔN 或 ΔL 为测定值。

由于测相器只能测定 $\Delta\Phi$，而不能测出整周数 N，因此使相位式测距公式(4-30)或式(4-31)产生多值解。可借助于若干个调制波的测量结果($\Delta N_1, \Delta N_2 \cdots$ 或 $\Delta L_1, \Delta L_2 \cdots$)推算出 N 值，从而计算出待测距离 D。

ΔL 或 ΔN 和 N 的测算方法，有可变频率法和固定频率法。可变频率法是在可变频带的两端取测尺频率 f_1 和 f_2，使 ΔL_1 或 ΔN_1 和 ΔL_2 或 ΔN_2 等于零，亦即 $\Delta\Phi_1$ 和 $\Delta\Phi_2$ 均等于零。这时在往返测线上恰好包括 N_1 个整波长 λ_1 和 N_2 个整波长 λ_2，同时记录出从 f_1 变至 f_2 时出现的信号强度作周期性变化的次数，即整波数差($N_2 - N_1$)。于是由式(4-31)，顾及 $L_1 = \lambda_1/2$，$L_2 = \lambda_2/2$ 和 $\Delta L_1 = \Delta L_2 = 0$，有：

$$D = \frac{1}{2}N_1\lambda_1 = \frac{1}{2}N_2\lambda_2 \tag{4-32}$$

解算上式，可得：

$$N_1 = \frac{N_2 - N_1}{\lambda_1 - \lambda_2}\lambda_1$$

$$N_2 = \frac{N_2 - N_1}{\lambda_1 - \lambda_2}\lambda_2$$

按上式算出 N_1 或 N_2，将其代入式(4-32)便可求得距离 D，按这种方法设计的测距仪称为可变频率式光电测距仪。

固定频率法是采用两个以上的固定频率为测尺的频率，不同的测尺频率的 ΔL 或 ΔN 由仪器的测相器分别测定出来，然后按一定计算方法求得待测距离 D。这种测距仪称为固定频率式测距仪。现今的激光测距仪和微波测距仪大多属于固定频率式测距仪。

四、全站仪的测量程序功能

近 20 年来，全站仪功能的显著变化就是信息技术植入全站仪，使全站仪可内置大量的测量程序，或由用户在全站仪上自行编写测量程序。测量程序与全站仪的角度、距离测量功能相结合，极大地扩展了全站仪的基本功能，具有丰富的测量程序功能是全站仪的重要特点。

全站仪具有的测量程序功能包括：水平距离、高差测量换算，曲线、直线放样参数计算，自由设站并进行所测点位的坐标及高程计算，后方交会测量，偏心测量，对边测量，悬高测量，面积测量，断面测量，导线测量及罐体容积测量等。

当前，全站仪操作系统已由传统的 DOS 系统转向诸如 Window CE 4.2 等可视化操作系统，基于可视化操作系统的全站仪，测量程序功能将进一步扩展。

1. 对边测量

如图 4-32 所示，先在 1 号点设置仪器，2、3 号点设置棱镜，依次测量水平距离 S_{12}、S_{13}，水平角 θ 和高差 h_{12}、h_{13}，由全站仪对边测量程序可计算并显示对边的水平距离 S_{23} 和高差

h_{23}测量结果，计算模型如下：

$$\begin{cases} S_{23} = \sqrt{S_{12}^2 + S_{13}^2 - 2 \cdot S_{12} \cdot S_{13} \cdot \cos\theta} \\ h_{23} = h_{13} - h_{12} \end{cases} \tag{4-33}$$

2. 悬高测量

测量过程中会遇到一些位于高处，无法设置棱镜，但要求测定其高程的点，这时可用全站仪的悬高测量功能。

如图 4-33 所示，安置好全站仪后，先照准目标，纵转望远镜照准目标下方地面，在望远镜视线上标定棱镜设置点并安置棱镜，将棱镜高输入全站仪，照准棱镜测量倾斜距离 S，纵转望远镜照准目标，全站仪显示地面至目标的高度：

$$\begin{cases} H_1 = h_1 + h_2 \\ h_2 = S(\sin z_1 \cdot \cot z_2 - \cot z_1) \end{cases} \tag{4-34}$$

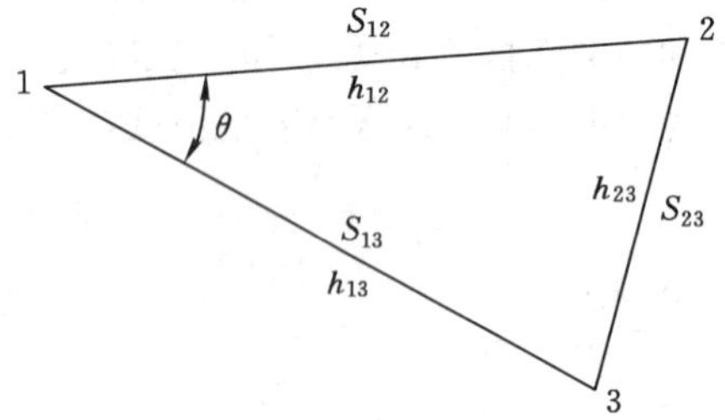

图 4-32　对边测量原理

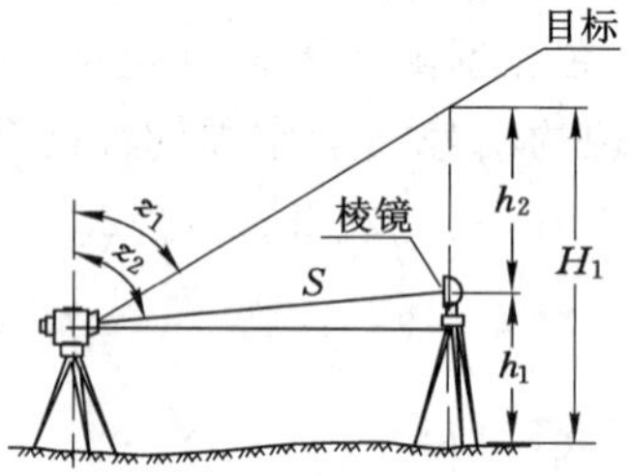

图 4-33　悬高测量原理

3. 键盘操作

键盘是全站仪在测量时输入操作指令或数据的硬件，全站型仪器的键盘和显示屏一般为双面式，便于正、倒镜作业时操作。键盘上的键有硬键和软件键两种，硬健一般有 1～3 个功能；软件键是与屏幕显示的功能菜单或子菜单相配合的键，同一软件键在不同的软件功能菜单下有不同的功能。通过键盘操作，可设置作业模式、设置相关参数、启用程序测量功能、进行数据管理与传输操作等，新一代全站仪的键盘正向彩色触摸式大液晶显示屏方向发展。

4. 数据存储与数据通讯

全站仪可通过内存储器、存储卡及 USB 接口将采集的数据存储起来；也可通过 RS—232C 通讯接口和通讯电缆将内存中存储的数据输入计算机，或将计算机中的数据和信息经通讯电缆传输给全站仪，实现双向信息传输，还可通过接口和通讯电缆，在全站仪或计算机的键盘上相互进行操作，新一代全站仪还可通过蓝牙技术实现与其他设备的数据通讯。

5. 自动识别、照准和跟踪目标功能

一些高端全站仪还具有自动识别、照准和跟踪目标功能。实现该功能的硬件包括：在全站仪中安置伺服马达机构、CCD 传感器、无线电调制解调器及与全站仪配合的 360°棱镜、无线控制器。其工作原理是：全站仪发射激光束，反射棱镜反射回的激光束被仪器中的 CCD 相机接收，仪器自动计算反射光中心的位置，获得水平方向和天顶距改正，启动马达，驱动全站仪照准部和望远镜精确瞄准目标。具有自动识别、照准和跟踪目标功能的全站仪有徕卡公司的 TPS110 系列等，这类型全站仪又被称作测量机器人系统。测量机器人系统可用于无人值守的自动变形监测系统的数据采集，可广泛使用于大坝、桥梁、高层建筑、矿山边坡等的变形监测及各类精密工程测量中。

6. 免棱镜测距功能

许多型号的全站仪，还具有利用所发射的激光束的漫反射光线实现免棱镜测距功能。如徕卡公司生产的 TCR 系列全站仪、中国南方测绘仪器公司生产的 NTS－960(R)系列全站仪均具有免棱镜测距功能。

目前，市场上已出现将 GPS 接收机与全站仪集成于一体的超站仪系统和激光三维扫描全站仪系统，随着科学技术的进步，全站仪的软、硬件系统将不断改进，全站仪的功能将更强、更具人性化。

复习思考题

1. 什么叫水平角？什么叫竖直角？

2. 观测水平角时，对中和整平的目的是什么？试述光学经纬仪的对中和整平方法。

3. 经纬仪应满足哪些几何条件？如满足上述条件后，当仪器整平后纵向旋转望远镜时，视准轴扫出的应是一个什么面？

4. 试绘图举例说明 DJ6—1 型和经Ⅲ型两种经纬仪读数设备的读数方法。

5. 何谓竖盘指标差？竖盘指标水准管有何作用？用图表示 DJ6—1 型及经Ⅲ型经纬仪竖盘注记的式样，并写出用 δ_L 和 δ_R 计算指标差 x 和竖直角 δ 的公式。

6. 角度测量为什么要用正、倒镜观测？

7. 简述用测回法观测一个水平角的步骤，并计算表 4-4 中的相关数据。

表 4-4　　测回法观测水平角数据表

测站	目标	竖盘位置	读数	角值	平均角值	附注
O	A	左	0　05　00	?	?	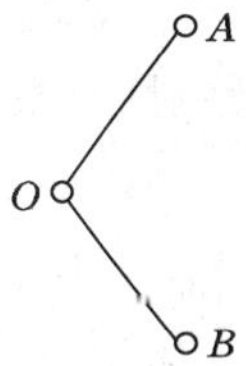
	B		170　40　24			
	A	右	180　04　54	?		
	B		350　40　36			

第五章　测量误差的基本知识

第一节　概　　述

在测量工作中，无论使用的仪器多么精良，观测者如何仔细地操作，最后仍不可能得到绝对正确的测量成果。也就是说，在测量成果中，总是不可避免地存在误差。例如，往、返丈量某段距离若干次，观测结果总不一致；再如，测量某一平面三角形的三个内角，其观测值之和常常不等于理论值 180°。观测值与其客观真实值之差就是误差。用重复观测的方法可以发现误差的存在。但发现测量误差的存在并不是目的，研究测量误差产生的原因和变化规律、找出减弱误差的对策、保证测量成果达到必需的精度，才是研究测量误差的根本目的。

一、测量误差的来源

测量工作是在一定条件下进行的，外界环境、观测者的技术水平和仪器本身构造的不完善等原因，都可能导致测量误差的产生。通常把测量仪器、观测者的技术水平和外界环境三个方面综合起来，称为观测条件。观测条件不理想和不断变化，是产生测量误差的根本原因。通常把观测条件相同的各次观测，称为等精度观测；观测条件不同的各次观测，称为不等精度观测。具体来说，测量误差主要来自以下三个方面：

① 外界条件：主要指观测环境中气温、气压、空气湿度和清晰度、风力以及大气折光等因素的不断变化，导致测量结果中带有误差。

② 仪器条件：仪器在加工和装配等工艺过程中，不能保证仪器的结构能满足各种几何关系，这样的仪器必然会给测量带来误差。

③ 观测者的自身条件：由于观测者感官鉴别能力所限以及技术熟练程度不同，也会在仪器对中、整平和瞄准等方面产生误差。

测量误差按其对测量结果影响的性质，可分为系统误差和偶然误差。

二、系统误差

在相同的观测条件下，对某量进行了 n 次观测，如果误差出现的大小和符号均相同或按一定的规律变化，这种误差称为系统误差。系统误差一般具有累积性。

系统误差产生的主要原因之一，是由于仪器设备制造不完善。例如，用一把名义长度为 50 m 的钢尺去量距，经检定钢尺的实际长度为 50.005 m，则每量一尺，就带有＋0.005 m 的误差（“＋”表示在所量距离值中应加上），丈量的尺段越多，所产生的误差越大。所以这种误差与所丈量的距离成正比。再如，在水准测量时，当视准轴与水准管轴不平行而产生夹角 i 时，对水准尺的读数所产生的误差为 $l\dfrac{i''}{\rho''}$（$\rho''=206\ 265''$，是一弧度对应的秒值），它与水准仪至水准尺之间的距离 l 成正比，所以这种误差按某种规律变化。

系统误差具有明显的规律性和累积性，对测量结果的影响很大。但是由于系统误差的大小和符号有一定的规律，所以可以采取措施加以消除或减少其影响。例如，在距离测量中，可对测量成果进行尺长改正；在经纬仪测角时，用盘左和盘右取中数的方法，可以消除视准轴不垂直于水平轴的误差和竖盘指标差等对测角的影响；在水准测量中，用前、后视距尽量相等的方法来消除水准管轴与视准轴不平行的误差对高差的影响；对于一些不便于计算改正或可采用一定的观测方法加以消除的系统误差，事前可对仪器进行严格的检校，以减少系统误差的影响。总之，通过采取各种措施，可将系统误差减少到可以忽略不计的程度。

三、偶然误差

在相同的观测条件下，对某量进行了 n 次观测，如果误差出现的大小和符号均不一定，则这种误差称为偶然误差，又称为随机误差。例如，用经纬仪测角时的照准误差，钢尺量距时的读数误差等，都属于偶然误差。

偶然误差，就其个别值而言，在观测前我们确实不能预知其出现的大小和符号。但若在一定的观测条件下，对某量进行多次观测，误差列却呈现出一定的规律性，称为统计规律。而且，随着观测次数的增加，偶然误差的规律性表现得更加明显。偶然误差不能像系统误差那样可加以消除，而只能通过改善观测条件对其加以控制。

对一个三角形的三个内角进行观测，由于观测误差的存在，三角形各内角的观测值之和并不等于其真值 180°。用 l 表示观测值，以 X 表示真值，并用 Δ 表示真误差（偶然误差），则真误差的定义为观测值与真值之差，即：

$$\Delta = [l] - X = [l] - 180^\circ \tag{5-1}$$

式中，$[l] = l_1 + l_2 + l_3$，表示三角形三内角观测值之和，符号“[]”为高斯求和符号，等价于“$\sum$”；180° 是三角形三内角之和的真值。现观测了 162 个三角形，按上式可算得 162 个三角形内角和的真误差（又称三角形闭合差）。现按其大小和一定的区间（本例为 0.2″），将其排列于表 5-1 中。

表 5-1　　观测三角形三内角偶然误差

误差的区间/(″)	Δ为正的个数	Δ为负的个数	总　数
0.0～0.2	21	21	42
0.2～0.4	19	19	38
0.4～0.6	15	12	27
0.6～0.8	9	11	20
0.8～1.0	9	8	17
1.0～1.2	5	6	11
1.2～1.4	1	3	4
1.4～1.6	1	2	3
1.6以上	0	0	0
累　计	80	82	162

由表 5-1 可以看出，偶然误差具有如下四个特征：

① 在一定的观测条件下，偶然误差的绝对值不会超过一定的限值（本例为 1.6″）。

② 绝对值小的误差比绝对值大的误差出现的机会多（或概率大）。

③ 绝对值相等的正、负误差出现的机会相等。

④ 在相同条件下，同一量的等精度观测，其偶然误差的算术平均值，随着观测次数的无

限增大而趋于零,即:

$$\lim_{n\to\infty}\frac{[\Delta]}{n}=0 \tag{5-2}$$

式中,$[\Delta]=\Delta_1+\Delta_2+\cdots+\Delta_n$。

第一个特性说明偶然误差的“有界性”。它说明偶然误差的绝对值有个限值,若超过这个限值,说明观测条件不正常或有粗差存在;第二个特性反映了偶然误差的“密集性”,即越是靠近 0″,误差分布越密集;第三个特性反映了偶然误差的对称性,即在各个区间内,正负误差个数相等或极为接近;第四个特性反映了偶然误差的“抵偿性”,它可由第三特性导出,即在大量的偶然误差中,正负误差有相互抵消的特征。因此,当 n 无限增大时,偶然误差的算术平均值应趋于零。

上述偶然误差的四个特性具有普遍性,对误差理论的研究和测量实践都有重要的指导意义。工程类专业的学生学习误差方面的知识,不仅是学习测量学的需要,对于今后从事其他学科的数据处理工作,也有重要作用。

表 5-1 所列的数据还可以用比较直观的直方图来表示(图 5-1)。图中以偶然误差的大小为横坐标,以各区间内误差出现的相对个数$\frac{n_i}{n}$(称为频率)除以区间间隔(称为组距)为纵坐标。n 为总误差个数,n_i 是出现在该区间的误差个数。

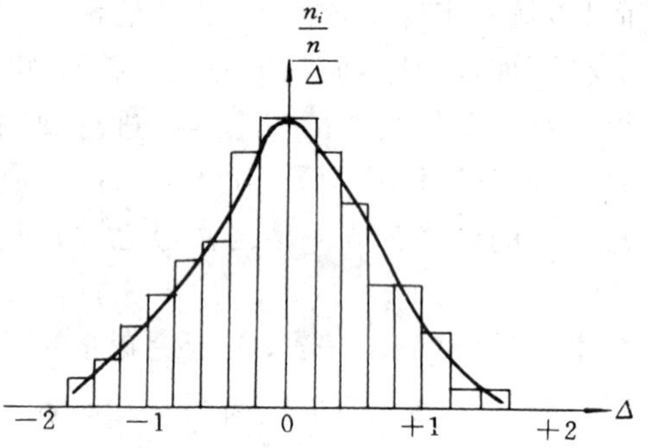

图 5-1　偶然误差分布直方图

如果将区间缩小,测量次数无限增加,就可绘成实线表示的曲线。这条曲线称为误差概率分布曲线。从这条曲线可以更清楚地看出偶然误差的特性。

第二节　衡量精度的指标

从前面的分析可以知道,测量成果中都不可避免地含有误差,测量成果只有合乎相关规范规定的限差要求时,才算合格,否则应重测。为此,必须提出一个标准来衡量测量成果的好坏。在测量工作中,是使用“精度”来判断观测成果质量好坏的。所谓精度,就是指误差分布的密集或离散程度。误差分布密集,误差就小,精度就高;反之,误差分布离散,误差就大,精度就低。为了衡量精度,测量上采用中误差、相对误差和极限误差作为衡量精度的标准。

一、中误差及其计算

1. 中误差的定义

在相同的观测条件下,对同一未知量进行 n 次观测,所得各个真误差平方的平均值,再取其平方根,称为中误差,用 m 表示,即:

$$m=\pm\sqrt{\frac{\Delta_1^2+\Delta_2^2+\cdots+\Delta_n^2}{n}}=\pm\sqrt{\frac{[\Delta\Delta]}{n}} \tag{5-3}$$

式中　$[\Delta\Delta]$——真误差 Δ 的平方和,等价于$\sum_{i=1}^{n}\Delta_i^2=\Delta_1^2+\Delta_2^2+\cdots+\Delta_n^2$;

n——观测次数。

由于在相同的观测条件下，对某一量所进行的一组观测列，对应着同一种误差分布，因此，这一组中的每一个观测值，都具有相同的精度。也就是说，中误差并不等于每个观测值的真误差，它仅是一组真误差的代表值，代表了这一组测量中任一个观测值的精度。所以，通常把 m 称为观测值中误差或一次观测值中误差。

2. 用真误差计算中误差

有时，我们可以知道某些量的真值，这样，就可很容易地求得观测值的真误差。例如，三角形内角和的真值为 180°，通过观测三角形的三个内角，就可以求得三角形内角和的真误差(即三角形的闭合差)，据此，就可以利用式(5-3)计算中误差。

【例 5-1】 有两个小组，对某一三角形分别进行了十次等精度观测，观测值和真误差分别列于表 5-2 中。试计算这两组观测值的中误差，并比较其精度。

表 5-2　　两个小组观测同一三角形的观测值和真误差

第一组观测			第二组观测		
次数	观测值 l	真误差 Δ	次数	观测值 l	真误差 Δ
1	180°00′02″	−2″	1	180°00′01″	−1″
2	180°00′03″	−3″	2	179°59′58″	+2″
3	179°59′59″	+1″	3	180°00′08″	−8″
4	179°59′57″	+3″	4	180°00′02″	−2″
5	180°00′01″	−1″	5	180°00′01″	−1″
6	180°00′00″	0″	6	179°59′58″	+2″
7	180°00′03″	−3″	7	179°59′53″	+7″
8	179°59′57″	+3″	8	180°00′00″	0″
9	179°59′58″	+2″	9	180°00′02″	−2″
10	180°00′01″	−1″	10	179°59′59″	+1″

解　根据式(5-3)计算上表中两组观测值的中误差：

第一组

$$m_1=\pm\sqrt{\frac{[\Delta\Delta]}{n}}$$

$$=\pm\sqrt{\frac{(-2)^2+(-3)^2+1^2+3^2+(-1)^2+0^2+(-3)^2+3^2+2^2+(-1)^2}{10}}$$

$$=\pm\sqrt{4.7}=\pm 2.17''$$

第二组：

$$m_2=\sqrt{\frac{(-1)^2+2^2+(-8)^2+(-2)^2+(-1)^2+2^2+7^2+0^2+(-2)^2+1^2}{10}}$$

$$=\pm\sqrt{13.2}=\pm 3.63''$$

由于 $m_1<m_2$，所以第一组观测值的精度比第二组的要高。

3. 用改正数计算中误差

在大多数情况下，真值往往是不知道的，因此，真误差也就不易求得。但是，接近于真值的最可靠值(最或是值)是容易求得的。所以在实际工作中经常利用"改正数"来求中误差。所谓改正数,就是最或是值与观测值之差,用 v 表示,即:

$$v = x - l \tag{5-4}$$

式中 v——观测值的改正数;

l——观测值;

x——观测值的最或是值。

设对某个量进行 n 次观测,观测值为 $l_i(i=1,2,\cdots,n)$,则它的最或是值就是 n 个观测值的算术平均值,即 $x=\frac{l_1+l_2+\cdots+l_n}{n}=[l]/n$,于是,改正数为:

$$v_i = x - l_i \quad (i = 1,2,\cdots,n) \tag{5-5}$$

根据误差理论的推导(此处从略),可得利用改正数求中误差的白塞尔公式:

$$m = \pm\sqrt{\frac{[vv]}{n-1}} \tag{5-6}$$

上式求得的为一次观测值的中误差。

【例 5-2】 某段距离用钢尺丈量了 6 次,观测值列于表 5-3 中。试求用 50 m 钢尺丈量该距离一次的观测值中误差。

表 5-3　　用钢尺法丈量距离的中误差计算表

观测次序	观测值 l_i/m	改正数 $v_i=x-l_i$	v^2	中误差计算
1	48.986	−0.004	0.000 016	$x=[l]/6=48.982$ m $m=\pm\sqrt{\frac{[v^2]}{6-1}}=\pm\sqrt{\frac{0.000\ 102}{5}}$ $=\pm 0.004\ 5$ m $=\pm 4.5$ mm $x=48.982$ m ± 4.5 mm
2	48.976	+0.006	0.000 036	
3	48.982	0.000	0.000 000	
4	48.977	+0.005	0.000 025	
5	48.985	−0.003	0.000 009	
6	48.986	−0.004	0.000 016	
		$[v]=0$	$[v^2]=0.000\ 102$	

解 根据式(5-5)计算改正数,据式(5-6)计算中误差,计算结果列于表 5-3 中。由表可知,丈量该距离一次的观测值中误差为±4.5 mm,也就是说,6 个观测值中的每个观测值的精度皆为±4.5 mm。

采用 CASIO fx-4800P 计算器的单变量统计功能计算本例题:

按键[MODE] [3]进入单变量统计状态,此时,屏幕底部状态行显示[SD];

按键[FUNCTION] [6] [6] [EXE]清除统计存储器的内容;

按键输入数据 48.986 [DT] 48.976 [DT] 48.982 [DT] 48.977 [DT] 48.985 [DT] 48.986 [DT];

按键[FUNCTION] [8]调出统计计算结果,显示内容如下:

Deviation

$\bar{x}=48.982$

$\sigma_n=4.1231E-03$

$\sigma_{n-1}=4.51663E-03$

其中，$\bar{x}$ 为 6 次丈量的平均值 x，σ_{n-1} 为中误差 m。

二、相对误差

中误差和真误差都是绝对误差，误差的大小与观测量的大小无关。然而，有些量如长度，绝对误差不能全面反映观测精度，因为长度丈量的误差与长度大小有关。例如，分别丈量了两段不同长度的距离，一段为 100 m，另一段为 200 m，但中误差皆为±0.02 m。显然不能认为这两段距离观测成果的精度相同。为此，需要引入“相对误差”的概念，以便能更客观地反映实际测量精度。

相对误差的定义为中误差的绝对值与相应观测值之比，用 K 表示。相对误差习惯于用分子为 1 的分数形式表示，分母愈大，表示相对误差愈小，精度也就愈高。

$$K=\frac{|m|}{l}=\frac{1}{\frac{l}{|m|}} \tag{5-7}$$

式中　m——距离 l 的中误差。

例如，上述两段距离的相对误差分别为：

$$K_1=\frac{|m|}{l_1}=\frac{0.02}{100}=\frac{1}{5\ 000}$$

$$K_2=\frac{|m|}{l_2}=\frac{0.02}{200}=\frac{1}{10\ 000}$$

用相对误差来衡量，就很容易看出，后者比前者精度高。

应该指出，本节所讲的相对误差和第二章第一节中所讲的按往返测较差所求得的相对误差是不相同的。

三、极限误差

根据偶然误差的第一个特性，在一定的观测条件下，偶然误差的绝对值不会超过一定的限值，这个限值就是极限误差，简称限差。限差是偶然误差的限制值，用于观测成果取舍的标准。如果观测值的偶然误差超过限差，则认为该观测值不合格，应舍去不用。理论研究和实验表明，大于两倍中误差的偶然误差的个数，约占总数的 5%左右，大于三倍中误差的偶然误差的个数，只占总数的 0.3%。由此可见，大于三倍中误差的偶然误差出现的机会很小，因此，测量上常取三倍中误差作为极限误差 $\Delta_{限}$，也称允许误差，即：

$$\Delta_{限}=3m \tag{5-8}$$

第三节　误差传播定律

前面介绍了对于能直接观测的量（如角度、距离、高差等），经过多次观测后，便可通过真误差或改正数计算出观测值的中误差，作为评定观测值精度的标准。但在实际工作中，某些未知量不可能或不便于直接进行观测，而需要由另一些直接观测量根据一定的函数关系计算出来，这些未知量即为观测值的函数。例如，在水准测量中，两点间的高差 $h=a-b$，则 h

是直接观测值 a 和 b 的函数；在三角高程测量的计算公式中，如果觇标高 v 等于仪器高 i，则 $h=l\tan\delta$，这时，高差 h 就是观测值 l 和 δ 的函数。

本节所要讨论的就是在观测值中误差为已知的情况下，如何求观测值函数中误差的问题。阐述观测值中误差与函数中误差之间数学关系的定律，称为误差传播定律。误差传播定律阐述了观测值函数中误差的计算方法，在测量中得到广泛应用。

量与量之间的函数关系多种多样，但归纳起来可分为线性关系和非线性关系。这里先推导比较简单的线性函数的中误差计算公式。

一、线性函数

1. 倍数函数

设有函数：

$$Z = Kx \tag{5-9}$$

式中 x——直接观测值，其中误差为 m_x；

K——常数；

Z——观测值 x 的函数。

若对 x 作 n 次同精度观测，其真误差列为 Δ_{x_1}、Δ_{x_2}、…、Δ_{x_n}，设对应的函数的真误差列为 Δ_{Z_1}、Δ_{Z_2}、…、Δ_{Z_n}，则观测值与函数间的真误差关系式为：

$$\begin{aligned}\Delta_{Z_1} &= K\Delta_{x_1}\\ \Delta_{Z_2} &= K\Delta_{x_2}\\ &\cdots\\ \Delta_{Z_n} &= K\Delta_{x_n}\end{aligned}$$

求上述关系式的平方和并除以 n，得：

$$\frac{[\Delta_Z\Delta_Z]}{n} = K^2\frac{[\Delta_x\Delta_x]}{n}$$

按中误差定义可知：

$$m_Z^2 = \frac{[\Delta_Z\Delta_Z]}{n}$$

$$m_x^2 = \frac{[\Delta_x\Delta_x]}{n}$$

所以：

$$m_Z^2 = K^2 m_x^2$$

或

$$m_Z = Km_x \tag{5-10}$$

式(5-10)表明：对于倍数函数，函数的中误差等于观测值中误差的 K 倍。

【例 5-3】 在视距测量中，若视距尺上的尺间隔读数 S 的中误差 $m_S=\pm 0.005$ m，求水平距离 l 的中误差 m_l。

解 视距计算公式为 $l=KS$，$K=100$，则由公式(5-10)，得：

$$m_l = Km_S = 100\times(\pm 0.005\ \text{m}) = \pm 0.5\ \text{m}$$

2. 和、差函数

设有函数：

$$Z = x \pm y \tag{5-11}$$

式中，x、y 为两个相互独立的观测值，均作了 n 次观测，其中误差分别为 m_x 和 m_y。用同样的方法可写出下列真误差关系式：

$$\Delta_{Z_1} = \Delta_{x_1} \pm \Delta_{y_1}$$
$$\Delta_{Z_2} = \Delta_{x_2} \pm \Delta_{y_2}$$
$$\cdots$$
$$\Delta_{Z_n} = \Delta_{x_n} \pm \Delta_{y_n}$$

将以上各式两边平方求和并除以 n，得：

$$\frac{[\Delta_Z\Delta_Z]}{n} = \frac{[\Delta_x\Delta_x]}{n} + \frac{[\Delta_y\Delta_y]}{n} \pm 2\frac{[\Delta_x\Delta_y]}{n}$$

由于 Δ_x、Δ_y 均为相互独立的偶然误差，其符号为正或负的机会相同，且它们出现的正负号互不相关，所以其乘积 $\Delta_x\Delta_y$ 也具有正负机会相同的性质。因此，根据偶然误差的第三、第四特性，当 $n\rightarrow\infty$ 时，上式等号右端第三项趋于零；即使是有限次观测，该项也很小，可以忽略不计。则按中误差的定义，有：

$$\left.\begin{aligned} m_Z^2 &= m_x^2 + m_y^2 \\ \text{或}\quad m_Z &= \pm\sqrt{m_x^2 + m_y^2} \end{aligned}\right\} \tag{5-12}$$

式(5-12)表明：和或差的函数中误差等于两独立观测值中误差平方和的平方根。

式(5-12)可以推广到 n 个独立观测值代数和的情形。设 Z 是一组独立观测值 x_1、x_2、…、x_n 的代数和的函数，即：

$$Z = x_1 \pm x_2 \pm \cdots \pm x_n$$

则仿照式(5-12)的推导过程，可得：

$$m_Z^2 = m_{x_1}^2 + m_{x_2}^2 + \cdots + m_{x_n}^2 \tag{5-13}$$

式中，m_{x_i} 是观测值 $x_i(i=1,2,\cdots,n)$ 的中误差。

特别是当 n 个观测值为同精度观测时，有 $m_{x_1}=m_{x_2}=\cdots=m_{x_n}=m_x$，则式(5-13)变为：

$$\left.\begin{aligned} m_Z^2 &= nm_x^2 \\ \text{或}\quad m_Z &= \pm\sqrt{n}m_x \end{aligned}\right\} \tag{5-14}$$

【例 5-4】 设有一距离，分二段丈量，各段丈量的结果及中误差如下，试求该直线的全长及其中误差。

$$l_1 = 48.285\ \text{m} \qquad m_1 = \pm 3\ \text{mm},$$
$$l_2 = 49.133\ \text{m} \qquad m_2 = \pm 4\ \text{mm}。$$

解
$$l = l_1 + l_2 = 97.418\ \text{m}$$
$$m_l = \pm\sqrt{m_1^2 + m_2^2} = \pm\sqrt{3^2 + 4^2} = \pm 5\ \text{mm}$$

所以
$$l = 97.418\ \text{m} \pm 5\ \text{mm}$$

3. 一般线性函数

设有函数：

$$Z = K_1x_1 \pm K_2x_2 \pm \cdots \pm K_nx_n \tag{5-15}$$

式中，K_1、K_2、…、K_n 为常数；x_1、x_2、…、x_n 为独立观测值，其相应的中误差分别为 m_1、m_2、…、m_n。根据倍数函数与和差函数的中误差公式，可列出求一般线性函数中误差的公式为：

$$m_Z^2 = (K_1m_1)^2 + (K_2m_2)^2 + \cdots + (K_nm_n)^2 \tag{5-16}$$

【例 5-5】 设有线性函数

$$Z = \frac{1}{7}x_1 + \frac{2}{7}x_2 + \frac{3}{7}x_3$$

式中，x_1、x_2、x_3 为不等精度观测，其中误差分别为 $m_1=\pm 3$ mm，$m_2=\pm 2$ mm，$m_3=\pm 1$ mm。试求 Z 的中误差。

解 由式(5-16)，有：

$$m_Z^2=(K_1m_1)^2+(K_2m_2)^2+(K_3m_3)^2$$
$$=\left(\frac{1}{7}\times 3\right)^2+\left(\frac{2}{7}\times 2\right)^2+\left(\frac{3}{7}\times 1\right)^2$$
$$=0.69$$

得
$$m_Z=\pm 0.8\ \text{mm}$$

二、非线性函数

设有非线性函数：

$$Z=f(x_1,x_2,\cdots,x_n) \tag{5-17}$$

式中，$x_1,x_2,\cdots,x_n$ 为独立观测值，其相应的中误差分别为 $m_1,m_2,\cdots,m_n$。

非线性函数的真误差关系式比较难于表达。考虑到真误差是个小量，真误差关系式可用全微分式近似表示，为此，对式(5-17)取全微分，得：

$$\mathrm{d}Z=\frac{\partial f}{\partial x_1}\mathrm{d}x_1+\frac{\partial f}{\partial x_2}\mathrm{d}x_2+\cdots+\frac{\partial f}{\partial x_n}\mathrm{d}x_n$$

式中，$\frac{\partial f}{\partial x_i}(i=1,2,\cdots,n)$为函数 f 对各自变量的偏导数，以变量的近似值（观测值）代入，所算出的数值，即为确定的常数。这样上式变为线性函数，按式(5-16)，得：

$$m_Z^2=\left(\frac{\partial f}{\partial x_1}m_1\right)^2+\left(\frac{\partial f}{\partial x_2}m_2\right)^2+\cdots+\left(\frac{\partial f}{\partial x_n}m_n\right)^2 \tag{5-18}$$

式(5-18)是误差传播定律的一般形式，其他形式的函数都是它的特例，所以该式具有普遍意义。

【例 5-6】 在三角高程测量中，设仪器高 i 与觇标高 v 相等（当觇标点上立视距尺时，让中丝读数为 i 即可），测得两点间的水平距离 $l=120.25\ \text{m}\pm 0.05\ \text{m}$，竖直角 $\delta=12°47'00''\pm 30''$，试求两点间的高差 h 及其中误差 m_h。

解 高差为：

$$h=l\tan\delta=120.25\times\tan 12°47'00''=27.28\ \text{m}$$

又
$$\frac{\partial h}{\partial l}=\tan\delta \qquad \frac{\partial h}{\partial \delta}=l\sec^2\delta$$

为了使单位统一，应将 m_δ'' 化为以弧度为单位，即除以 $\rho''(\rho''=206\ 265'')$，则由式(5-18)，得：

$$m_h^2=\left(\frac{\partial h}{\partial l}m_l\right)^2+\left(\frac{\partial h}{\partial \delta}\frac{m_\delta''}{\rho''}\right)^2$$
$$=(\tan\delta)^2m_l^2+(l\sec^2\delta)^2\left(\frac{m_\delta''}{\rho''}\right)^2$$
$$=(\tan 12°47'00'')^2\times(0.05)^2+(120.25\sec^2 12°47'00'')^2\times\left(\frac{30''}{206\ 265''}\right)^2$$
$$=4.67\times 10^{-4}\ \text{m}^2$$

故
$$m_h=\pm 0.02\ \text{m}$$

最后结果写为：

$$h = 27.28\ \text{m} \pm 0.02\ \text{m}$$

第四节　算术平均值及其中误差

在相同的观测条件下对某未知量进行了一组等精度观测，其观测值分别为 l_1、l_2、…、l_n，观测值的真值为 X，则观测值的真误差为：

$$\Delta_1 = l_1 - X$$
$$\Delta_2 = l_2 - X$$
$$\cdots$$
$$\Delta_n = l_n - X$$

将等式两边取和并除以观测次数 n，得：

$$\frac{[\Delta]}{n} = \frac{[l]}{n} - X$$

式中，$\frac{[l]}{n}$称为算术平均值，习惯上以 x 表示；当观测次数 n 无限增大时，根据偶然误差的第四特性，式中$\frac{[\Delta]}{n}$趋于零。于是有：

$$x = X$$

上式表明，当观测次数无限增多时，各个观测值的算术平均值趋近于未知量的真值。当 n 为有限值时，通常取算术平均值为最可靠值（最或是值），并以它作为测量的最后成果。

算术平均值的一般表达式为：

$$x = \frac{l_1 + l_2 + \cdots + l_n}{n} = \frac{[l]}{n} \tag{5-19}$$

由于观测值 l_i 的真误差 Δ_i 一般是不知道的，所以实际工作中常采用观测值的改正数 v_i 来计算中误差。由式(5-5)可以计算各观测值的改正数：

$$v_1 = x - l_1$$
$$v_2 = x - l_2$$
$$\cdots$$
$$v_n = x - l_n$$

将上式两边求和，有：

$$[v] = nx - [l]$$

因 $x=\frac{[l]}{n}$，所以：

$$[v] = 0$$

此式可作为改正数计算正确性的检查。当然，由于计算过程中数字的凑整关系，有时会不等于零。

算得改正数后，可按式(5-6)计算观测值的中误差：

$$m = \pm\sqrt{\frac{[vv]}{n-1}}$$

由于算术平均值是观测值的线性函数，即：

$$x = \frac{[l]}{n} = \frac{1}{n}l_1 + \frac{1}{n}l_2 + \cdots + \frac{1}{n}l_n$$

因是同精度观测，所以各观测值的中误差均为 m。设算术平均值的中误差为 M，则按线性函数中误差传播定律公式，得：

$$M^2 = \left(\frac{1}{n}m_1\right)^2 + \left(\frac{1}{n}m_2\right)^2 + \cdots + \left(\frac{1}{n}m_n\right)^2$$
$$= \frac{1}{n^2}m^2 + \frac{1}{n^2}m^2 + \cdots + \frac{1}{n^2}m^2$$
$$= \frac{1}{n}m^2$$

即

$$M = \frac{1}{\sqrt{n}}m = \pm\sqrt{\frac{[vv]}{n(n-1)}} \tag{5-20}$$

式(5-20)表明，算术平均值的中误差与观测次数的平方根成反比，或者说，算术平均值的精度比各观测值的精度提高了$\sqrt{n}$倍。

【例 5-7】 设用经纬仪测量某个角度 6 测回，观测值列于表 5-4 中。试求观测值的中误差和算术平均值的中误差。

解 计算结果列于表 5-4 中。

表 5-4 **经纬仪测角计算表**

观测次序	观测值			改正数 /(″)	vv	计 算
	/(°)	/(′)	/(″)			
1	36	50	30	−4	16	1. $x=\frac{[l]}{n}=\frac{221°02'36''}{6}=36°50'26''$ 2. $m=\pm\sqrt{\frac{[vv]}{n-1}}=\pm\sqrt{\frac{34}{5}}=\pm2.6''$ 3. $M=\pm\sqrt{\frac{[vv]}{n(n-1)}}$ $=\pm\sqrt{\frac{34}{6\times5}}=\pm1.1''$
2	36	50	26	0	0	
3	36	50	28	−2	4	
4	36	50	24	+2	4	
5	36	50	25	+1	1	
6	36	50	23	+3	9	
合计	$[l]=221°02'36''$			$[v]=0$	$[vv]=34$	

本例题可采用 CASIO fx-4800P 计算器计算：

按键[MODE] [3]进入单变量统计状态；按键[FUNCTION] [6] [6] [EXE]清除统计存储器的内容。

按键输入数据 36 [°′″] 50 [°′″] 30 [°′″] [DT] 36 [°′″] 50 [°′″] 26 [°′″] [DT] 36 [°′″] 50 [°′″] 28 [°′″] [DT] 36 [°′″] 50 [°′″] 24 [°′″] [DT] 36 [°′″] 50 [°′″] 25 [°′″] [DT] 36 [°′″] 50 [°′″] 23 [°′″] [DT]

按键[FUNCTION] [7] [1] [EXE]显示的 36.840 555 56 即是以度为单位的 6 个测回的平均值 x，再按键[SHIFT] [←]将计算结果转换为 60 进制的角度：36°50′26″。

按键[FUNCTION] [7] [3] [EXE]显示的 7.243 645 491　E-04 即是以度为单位的中误差

m，再按键 SHIFT ← 将计算结果转换为60进制的角度：0°00′02.61″。

复习思考题

1. 偶然误差与系统误差有什么区别？偶然误差有哪些特性？根据下表所列的误差内容，试判断其属于何种误差。

误差的内容	误差的性质
1. 钢尺尺长不准，对量得距离的影响	
2. 量距时，尺子不在一条直线上，对量得距离的影响	
3. 水准仪水准管轴不平行于视准轴的误差	
4. 读数时的估读误差	
5. 瞄准误差	
6. 竖盘指标差	
7. 竖盘指标差的变化误差	

2. 何谓中误差、相对误差和极限误差（限差）？

3. 对某线段丈量了5次，观测结果为：49.535 m、49.547 m、49.526 m、49.537 m、49.529 m。试计算其算术平均值和算术平均值的中误差。

4. 用DJ6级经纬仪观测某个水平角4个测回（四次），其观测值分别为：68°32′18″、68°31′54″、68°31′42″、68°32′06″，试求观测一测回的中误差、算术平均值及其中误差。

5. 设有一n边形，每个角的观测值中误差为$m=\pm 9''$，试求该n边形内角和的中误差。

6. 在一个三角形中，观测了A、B两角，中误差$m_A=m_B=\pm 15''$，用两个观测角值计算另外一个角，即$C=180°-(A+B)$，试求C角的中误差m_C。

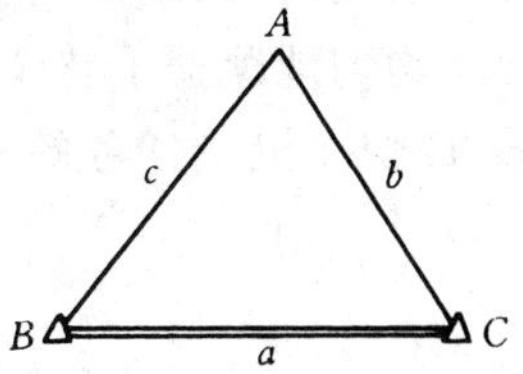

图5-2　三角形测量

7. 如图5-2所示，测得$a=110.11\ \text{m}\pm 0.02\ \text{m}$，$\angle A=64°24'\pm 1'$，$\angle B=35°10'\pm 0.5'$，试计算边长$c$及其中误差。

8. 已知四边形各内角的测量中误差为±15″，若限差取中误差的2倍，求该四边形闭合差的限差。

第六章　小地区控制测量

第一节　概　　述

一、控制测量的意义和方法

（一）控制测量的意义

前几章已经叙述了由于观测条件的限制（主要是仪器的不完善、人为因素和外界条件的影响），使得在测量过程中，不可避免地会产生误差，因此必须采取正确的测量程序和方法，即遵循“由高级到低级，由整体到局部，先控制后碎部”的原则进行测量作业，以防止误差的积累并加快测量作业的速度。例如在地形图的测绘过程中，需要测定构成地物、地貌的许多特征点，如果采用从第一点测量第二点，再从第二点测量第三点，如此持续进行到最后一点的方法，这样，虽然也可以测得各特征点的位置，但会使误差越积越大，以致很快达到不能允许的程度。因此，可先在测区内，选择若干有控制意义的点作为控制点（如图 6-1 中的 A、B、C、D、E、F 等点），组成一定的几何图形，形成测区的骨架，称为控制网。控制网的点位，使用精度较高的仪器和方法测定。在其精度完全合乎要求后，再根据这些控制点，测定附近的碎部点的位置（如 a、b、c、d 等点）。前者起着控制作用，故称为控制测量，后者称为碎部测量。由于控制点数量少，并且使用较精密的仪器和方法测定，所以易于保证较高的精度。而碎部点测量的精度虽较控制点低，但由于各碎部点是根据较高精度的控制点测定的，它们之间是独立的，因此误差不会积累，其精度也可保证。同时，由于控制测量在先期进行，控制点已较均匀地覆盖了整个作业区，便于多个作业组以同一控制基准同时分开作业，进行碎部测量，加快了测量任务的完成。

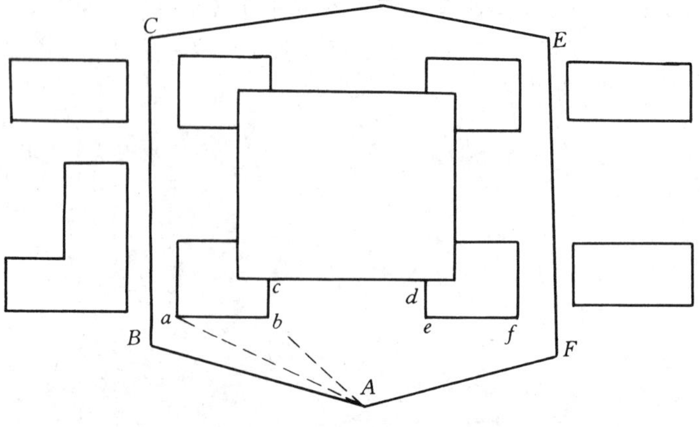

图 6-1　控制测量示意图

（二）控制测量的方法

控制测量分为高程控制测量和平面控制测量。高程控制测量的目的是为了测定高程控制点的高程，建立高程控制网，其测量方法采用水准测量或三角高程测量；平面控制测量的目的是为了测定平面控制点的平面位置，建立平面控制网，其测量方法主要采用导线测量和三角测量。高程控制网和平面控制网一般是独立布设的，但它们的点也可以共用，即一个点既可以是高程控制点，同时也可以是平面控制点。控制测量也可以用 GPS 仪器进行观测。

二、国家控制网的概念

为了统一全国各地区的测量工作，必须进行全国性的控制测量，以建立国家控制网，供整个国民经济规划和国防建设等使用。国家控制网，同样分为平面控制网和高程控制网。

（一）国家平面控制网

传统的国家平面控制网主要是采用三角测量方法建立的，即在全国范围内将控制点组成一系列的三角形，通过测定所有三角形的内角，推算出各控制点的坐标，如图 6-2 所示。国家控制网也是按照"由高级到低级、由整体到局部"的原则布设的。国家平面控制网按其精度可分为一、二、三、四等四个等级。

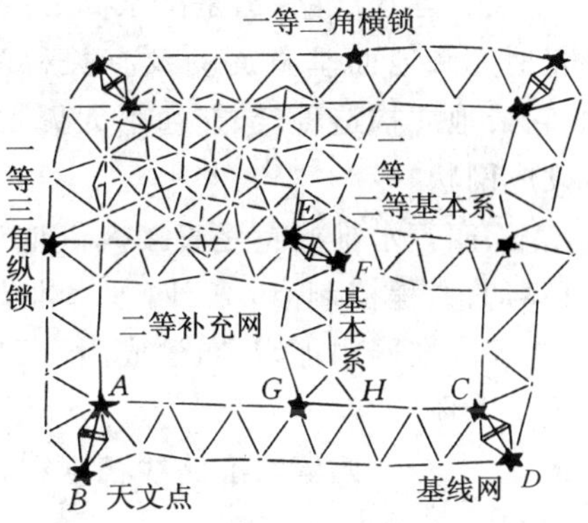

图 6-2　国家控制网结构

一等三角网是国家控制网的骨干，它的作用主要是控制二等以下各级三角测量，并为研究地球的形状和大小提供资料，而控制测图不是它的主要任务。因此，一等三角网主要考虑精度问题，沿经纬度布设纵横交叉的骨干三角锁，在锁的交叉处设置了基线并测定天文点和天文方位角。每个锁段的长度为 200 km 左右，平均边长约为 25 km。

二等三角网以 13 km 左右的边长布设在一等三角锁环内，构成全面的三角网。二等三角网作为一等三角网的加密网，是扩展三、四等三角网的基础。

三、四等三角网的边长分别为 8 km 和 4 km 左右，是二等三角网的进一步加密网，以插网或插点的方式布设。

以上各级三角测量的精度要求和边长规定参见表 6-1。

表 6-1　　各级三角测量的精度要求和边长规定

等　级	平均边长	测角中误差	三角形最大闭合差	起始边相对中误差
一	一般情况下为 20～25 km 特殊情况下为 15～45 km	±0.7″	±2.5″	1∶350 000
二	一般情况下为 13 km 左右	±1.0″	±3.5″	1∶3 50000
三	一般情况下为 8 km 左右	±1.8″	±7.0″	1∶150 000
四	一般情况下为 4 km 左右	±2.5″	±9.0″	1∶80 000

在通视条件不好的地区，三、四等三角网也可用相应的精密导线代替，即以一、二等网点为基础，将三、四等控制点连接成闭合形或附合形的折线，测量各边的夹角和长度，来推算控制点的坐标。导线测量布网灵活，对通视条件要求不高，适用于城市等不适于布设三角网的

地区。

（二）国家高程控制网

前已讲述，我国的高程系统是以1956年由青岛验潮站测出的“黄海平均海水面”作为起算高程的基准面，并在青岛市内观象山设置了水准原点，该点的高程为72.289 m。20世纪80年代初又重新测定水准原点的高程为72.260 m。全国性高程控制测量是从青岛原点出发，用精密的水准测量方法测定了数以万计的水准点，组成国家高程控制网。

国家高程控制网的建立，也是按照“由高级到低级、由整体到局部”的原则进行的。按其精度的不同也分为一、二、三、四等四个等级。图6-3为部分国家高程控制网的示意图，每一条路线都是由许多水准点联系起来组成的。

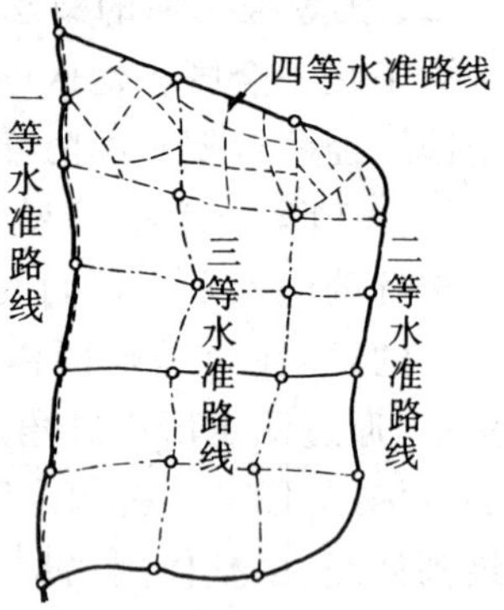

图6-3 部分国家控制网示意图

一、二等水准路线，是国家高程控制网的骨干，同时也是研究地壳和地面垂直运动及有关科学问题的主要依据。因此，它沿地质构造稳定、交通不太繁忙、路线平缓的交通路线布设成网状。

三、四等水准测量是直接提供地形测图和各种工程建设所必需的高程控制点，三、四等水准路线一般可根据需要在一、二等水准网内加密，布设成附合路线，并尽可能相互交叉构成闭合环。

一、二、三、四等水准路线长度和精度要求，见表6-2。

表6-2　一、二、三、四等水准路线长度和精度要求

等级		环线周长/km	附合路线长/km	每公里中误差 M_Δ/mm	往返较差、附合或环线闭合差/mm
一等	平原、丘陵	1 000～1 500	—	≤±0.5	$\pm 2\sqrt{L}$
	山地	2 000	—		
二等		500～700	—	≤±1.0	$\pm 4\sqrt{L}$
三等		300	200	≤±3.0	$\pm 12\sqrt{L}$
四等		—	80	≤±5.0	$\pm 20\sqrt{L}$

注：式中L为水准路线长度，以千米为单位。

三、小地区控制测量

由于全国性控制点的密度比较小，远远不能满足大比例尺地形测图和工程建设测量的需要，因此还必须进行小地区控制测量（图根控制测量）。小地区控制测量的目的在于，进一步加密精度低一级而有足够数量的控制点，以直接供测图之用。小地区控制网，也有高程控制网和平面控制网。高程控制采用四等及等外水准测量和三角高程测量的方法进行。平面控制采用经纬仪导线测量、经纬仪交会法和小三角测量等方法进行。本章以下各节，主要叙述经纬仪导线测量和前方交会法，四等及等外高程控制测量。

第二节　经纬仪导线测量

一、导线布设形式

随着测绘科学技术的不断发展、电磁波测距和电子计算技术的广泛应用，以导线测量的方法来建立平面控制网得到了广泛应用。导线布设形式灵活，适用于平原和人口密集的地区。导线的布设形式有下述几种。

1. 闭合导线

闭合导线是从一个已知边的一个点出发，最后仍回到这个已知点上。如图 6-4 所示，在各导线点测量水平角和导线边长，并测出已知边与闭合导线的连接角(如 β_0)。

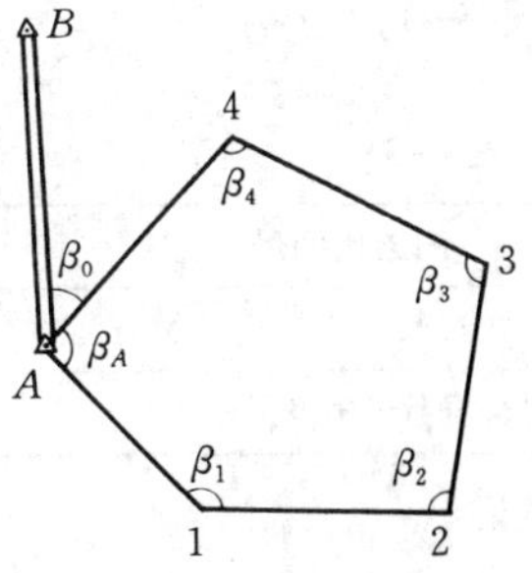

图 6-4　闭合导线测量过程示意

2. 附合导线

附合导线是由一已知边的一个点出发，最后附合到另一已知边的一个点上，如图 6-5 所示。同样，在各导线点测量水平角和导线边长，并测出起始边和最终边的连接角(如 β_A 和 β_C)。

3. 支导线

支导线是从一已知边的一个点出发，既不回到原来的出发点，又不附合到另一已知点上，如图 6-6 所示。支导线同样要测出水平角和导线边长。如果测量发生粗差，这种导线无法检核，因此在地面应用较少。在特殊情况下非用不可时，一般不得超过三条边，并需要往返测量。但在井下由于受条件限制，多在巷道中布设支导线并用往返测量来检查其正确性，或采用陀螺定向边以检查测角的正确性和控制方向误差累积。

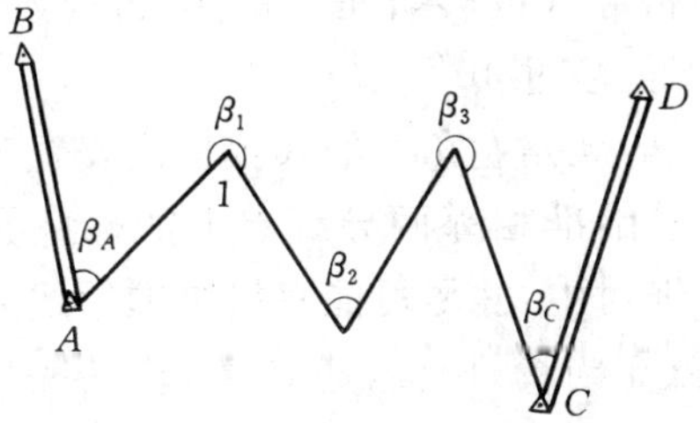

图 6-5　附合导线测量过程示意

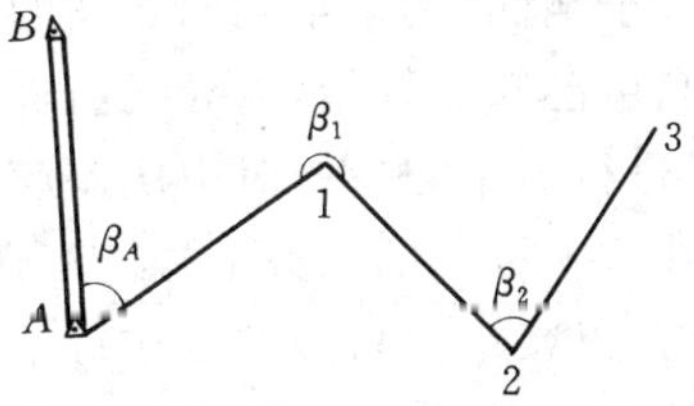

图 6-6　支导线测量过程示意

二、经纬仪导线测量外业

经纬仪导线测量外业工作，包括踏勘选点、测角、量边和起始边方位角的测定。

(一) 踏勘选点

踏勘就是到测区范围内去观察、了解测区的实际情况，然后根据测图的需要，在实地选定导线点的位置。选点主要有以下要求。

1. 便于测绘地形

为了在测图时能发挥最大作用、观测到附近更多的地形点，导线点应选在视野开阔的高地，不应选在低洼、闭塞的角落。

2. 便于测角

相邻导线点之间应能相互通视，并尽量使之能看到相邻导线点上标杆的最下端。

3. 便于量边

导线点应选择在平坦的便于量边的地方，如沿铁路、公路、田间小路或河堤等处。

4. 边长适宜

各导线边长最好大致相等，并尽量避免由短边突然转到长边，短边应尽量少，以减小对测角精度的影响。

导线边长与测区地形的复杂程度和测图比例尺的大小有关，《规范》对导线边长的规定，见表 6-3。

表 6-3　导线边长和测图比例尺的关系

测图比例尺	1∶5 000	1∶2 000	1∶1 000
导线边长/m	50～250	50～250	30～170
附合导线总长度/m	4 000	2 000	1 000

5. 保证安全

导线点应选在便于安置仪器，并能保证观测人员和仪器安全的地方。

导线点选定后，一般在地面上打一木桩，并在桩顶中心钉一小钉，表示点位。如需要长期保存，则要埋设混凝土桩或石桩，桩顶刻凿"十"字，十字交点即为点位。导线点一般按逆时针方向(对闭合导线而言)统一进行编号。为了便于寻找，应绘制导线点位置的草图。

(二) 测角

导线的转折角分为左角和右角，在前进方向左侧的水平角称为左角，在右侧的水平角称为右角。导线的等级不同，测角技术要求也不同。图根导线的转折角一般用 DJ_6 级光学经纬仪测一个测回，两个半测回之间的观测值的差数，不得超过 40″。

测角由已知点开始，沿导线前进方向逐点观测，一般观测左角。经纬仪依次安置于各导线点上，进行对中、整平(对中误差应不大于 3 mm)，并瞄准相邻两导线点上的标杆底部或插在导线点木桩上的测钎下端。当遇短边时，更应仔细对中，并尽可能直接瞄准导线点木桩上的小钉，以减小测角误差。在每站观测工作结束前，需当场进行检查计算，若发现观测结果超限或有错误时，应立即重新观测，直至符合要求后，方可迁站。

(三) 量边

导线边长使用检验过的 30 m 或 50 m 钢尺进行丈量，各边长应往返各丈量一次，往返测量的较差率，一般地区应不大于 1/2 000，在量距困难地区应不大于 1/1 000。如果较差率没有超限，则取往返测量成果的平均值。如果丈量的是斜距，还应换算为水平距离。

导线边长也可用激光测距仪测定，由于测量的是斜距，因此还应观测垂直角，以进行倾斜改正。

(四) 起始边方位角的测定

与高级已知点连接的导线，因有已知边方位角，只需观测连接角便可以推算各边的方位角，然后推算各点的坐标。对于不与高级已知点相连接的闭合导线，则用罗盘仪测定一条起始边的磁方位角，便可推算其他各边的方位角，并推算各点的坐标。

（五）导线测量记录

表 6-4 是导线测量的外业记录。记录字体要端正、清楚，不能涂改，这一点特别要注意。

表 6-4　　导线测量外业记录手簿

测站	竖盘位置	目标	水平度盘读数	角值（左角）	平均角值	距离测量		备　　注
						端点号	边长/m	
1	左	4	0°37′00″	87°25′36″	87°25′30″	1—4	136.85	
		2	88°02′36″					
	右	4	180°37′18″	87°25′24″		1—2	178.76	略　　图
		2	268°02′42″					
2	左	1	32°13′30″	85°18′00″	85°18′06″	2—1	178.78	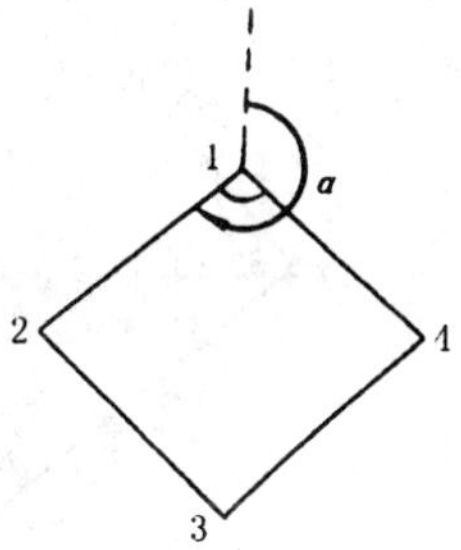
		3	117°31′30″					
	右	1	212°14′00″	85°18′12″		2—3	125.82	
		3	297°32′12″					
3	左	2	95°03′30″	98°39′54″	98°39′36″	3—2	125.81	
		4	193°43′24″					
	右	2	275°03′00″	98°39′18″		3—4	162.91	
		4	13°42′18″					
4	左	3	224°34′17″	88°36′13″	88°36′04″	4—3	162.93	
		1	313°10′30″					
	右	3	44°34′36″	88°35′54″		4—1	136.85	已知方位角 $\alpha_{12}=245°30'$
		1	133°10′30″					

第三节　经纬仪导线计算

经纬仪导线在野外施测完毕后，即可进行内业计算。计算时，应首先整理和检查导线测量的记录，检查手簿内观测记录和计算是否正确，以及观测结果是否合乎精度要求，然后，将各种改正数加到导线边的实测长度上，得出导线边的最后边长。将已知数据和整理好的测量成果填入坐标计算表中。同时，根据导线边长和角度按比例绘制导线略图，作为导线计算时校核之用。这些成果整理工作很重要，应予以重视。

经纬仪导线计算的目的是求得各导线点的坐标，并根据求得的各点坐标精确地绘制导线图。导线计算可分为以下五个步骤进行：① 角度闭合差的计算和调整；② 坐标方位角的推算；③ 坐标增量的计算；④ 坐标增量闭合差的计算和调整；⑤ 坐标计算。

一、闭合导线的计算

（一）角度闭合差的计算和调整

按照平面几何学，n 边形内角之和应为 $(n-2)\cdot 180°$。由于测角误差的影响，使导线内角之和 $\sum\beta$ 不等于理论值，因而存在角度闭合差 f_β：

$$f_\beta=\sum\beta_{测}-\sum\beta_{理}=\sum\beta_{测}-(n-2)\cdot 180° \tag{6-1}$$

对于图根导线当 $f_\beta \leqslant f_容$（$f_容 = \pm 40''\sqrt{n}$，n 为测站数）时，可将角度闭合差 f_β 以相反符号平均分配给各个观测角。f_β 不能为 n 整除时，在有效数字位内允许凑整。实例见表 6-5，本例每个角度的改正数 $= \dfrac{-1'}{5} = -0.2'$。图 6-7 是本例的导线略图，图中所标注角值是改正后的角值。

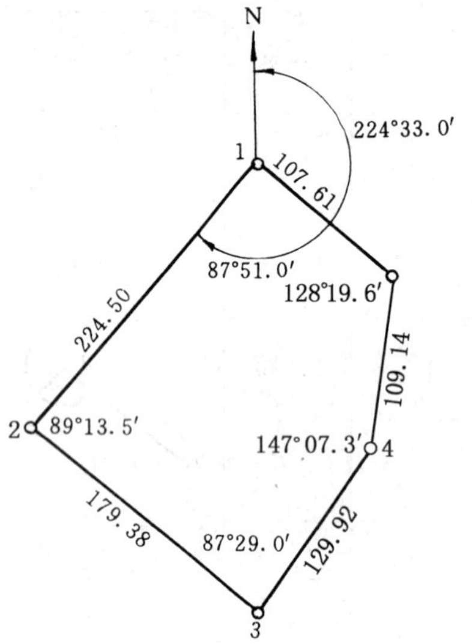

图 6-7　导线要素略图

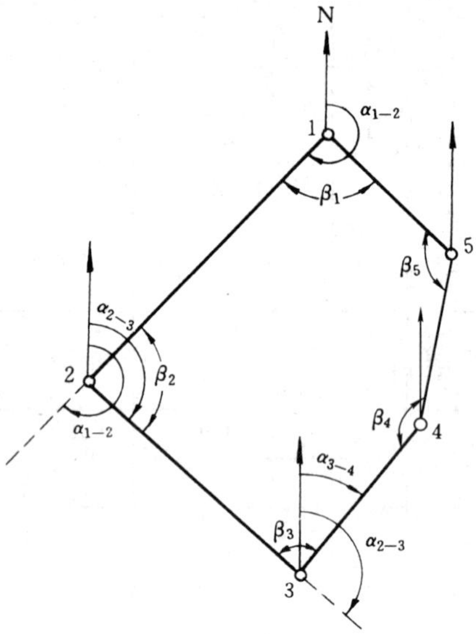

图 6-8　方位角推算略图

（二）坐标方位角的推算

各导线边的坐标方位角，是根据闭合导线起始边的坐标方位角和改正后的内角而推算的。

根据坐标方位角的定义，它是从坐标轴北端开始顺时针旋转至某边的水平角。因此有相同端点的两条边，右侧边的坐标方位角就等于左侧边的坐标方位角加上两边之间的夹角，同一条边的正反方位角相差 180°。

图 6-8 中，α_{1-2} 为已知坐标方位角，β_1、β_2、β_3、β_4 和 β_5 为改正后的左角，则可得 2—3 边的坐标方位角 α_{2-3} 为：

$$\alpha_{2-3} = \alpha_{2-1} + \beta_2 = (\alpha_{1-2} - 180°) + \beta_2 \tag{6-2}$$

上式中包含具相同端点两条边的方位角关系以及正反方位角的关系。同理可得：

$$\begin{cases} \alpha_{3-4} = \alpha_{3-2} + \beta_3 = (\alpha_{2-3} - 180°) + \beta_3 \\ \alpha_{4-5} = \alpha_{4-3} + \beta_4 = (\alpha_{3-4} - 180°) + \beta_4 \\ \alpha_{5-1} = \alpha_{5-4} + \beta_5 = (\alpha_{4-5} - 180°) + \beta_5 \\ \alpha_{1-2} = \alpha_{1-5} + \beta_1 = (\alpha_{5-1} - 180°) + \beta_1 \end{cases} \tag{6-3}$$

由上式可知：导线前一边的方位角等于后一边的方位角减去 180°，再加上导线的左角。若算出的值为负值，则应加上 360°，因为坐标方位角的有效范围为 0°～360°，且 360°为一周期。

闭合导线坐标方位角的推算，最后仍要闭合到起始边，以便检查计算有无错误。推算

表 6-5　　角度闭合差计算实例

点号	观测角 $\beta_左$	改正后的角值	方位角 α	边长 l	纵坐标增量 Δx 计算值	纵坐标增量 Δx 改正值	横坐标增量 Δy 计算值	横坐标增量 Δy 改正值	纵坐标 x	横坐标 y	点号
(1)	(2)	(3)	(4)	(5)	(6)	(7)	(8)	(9)	(10)	(11)	(12)
1	−0.2′ 87°51.2′	87°51.0′							1 800.00	1 000.00	1
			224°33.0′	224.50	+4 −159.99	−159.95	+6 −157.50	−157.44			
2	−0.2′ 89°13.7′	89°13.5′							1 640.05	842.56	2
			133°46.5′	179.38	+3 −124.10	−124.07	+4 +129.52	+129.56			
3	−0.2′ 87°29.2′	87°29.0′							1 515.98	972.12	3
			41°15.5′	129.92	+2 +97.67	+97.69	+4 +85.68	+85.72			
4	−0.2′ 147°07.3′	147°07.1′							1 613.67	1 057.84	4
			8°22.6′	109.14	+2 +107.98	+108.00	+3 +15.90	+15.93			
5	−0.2′ 128°19.6′	128°19.4′							1 721.67	1 073.77	5
			316°42.0′	107.61	+1 +78.32	+78.33	+3 −73.80	−73.77			
1	87°51.2′	87°51.0′							1 800.00	1 000.00	1
			224°33.0′		+283.97 −284.09	+284.02 −284.02	+248.17 −248.37	+248.26 −248.26			
$\sum\beta$	540°01.0′	540°00′	$\sum l = 750.56$		$f_x = -0.12$	$f_x = 0$	$f_y = -0.20$	$f_y = 0$			

$$f_\beta = \sum\beta_{测} - (n-2)\cdot 180^\circ = 540^\circ 01.0' - 540^\circ 00' = 1'$$

$$f_{\beta容} = \pm 40''\sqrt{n} = \pm 40''\sqrt{5} \approx = 1.5', f_\beta < f_{\beta容}$$

$$f = \sqrt{f_x^2 + f_y^2} = \sqrt{(-0.12)^2 + (-0.20)^2} \approx \pm 0.23$$

$$K = \frac{f}{\sum l} = \frac{0.23}{750.56} \approx \frac{1}{3\ 300}$$

时，应参照导线略图，并牢记坐标方位角的定义及其有效取值范围（0°～360°），避免盲目记公式引起计算错误。

下面是利用左角推算闭合导线方位角的实例。

如图 6-8 所示，已知坐标方位角 $\alpha_{1-2}=224°33'$，改正后的闭合导线各内角依次为：$\beta_1=87°51.0'$，$\beta_2=89°13.5'$，$\beta_3=87°29.0'$，$\beta_4=147°07.1'$，$\beta_5=128°19.4'$，则各边方位角的推算如下：

$$\alpha_{2-3}=(224°33'-180°)+89°13.5'=133°46.5'$$

$$\alpha_{3-4}=(133°46.5'-180°)+87°29.0'=41°15.5'$$

$$\alpha_{4-5}=(41°15.5'-180°)+147°07.1'=8°22.6'$$

$$\alpha_{5-1}=(8°22.6'+180°)+128°19.4'=316°42.0'$$

$$\alpha_{1-2}=(316°42.0'-180°)+87°51.0'=224°33.0'$$

经检核无误后，将计算结果填入表 6-5 中。

坐标方位角的推算是一项很繁杂的工作。实际工作中可以利用 CASIO fx-4800P 计算器的程序编制与计算功能，编制一个程序进行坐标方位角的推算，使这项工作简单化。

（三）坐标增量的计算

1. 计算坐标增量的公式

我们知道测量的平面直角坐标系，以该地的子午线为 x 轴，向北为正，垂直于 x 轴为 y 轴，向东为正。坐标增量是相邻两点坐标的差值，也是一个线段在坐标轴上投影的长度。如图 6-9 所示，坐标增量的符号以 Δx、Δy 表示：

$$\begin{cases}\Delta x = x_B - x_A \\ \Delta y = y_B - y_A\end{cases} \tag{6-4}$$

根据直角三角形 ABC 可得：

$$\begin{cases}\Delta x = l\cos\alpha \\ \Delta y = l\sin\alpha\end{cases} \tag{6-5}$$

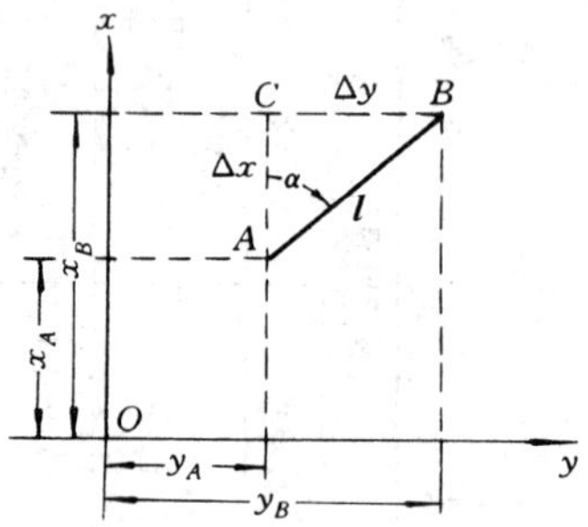

图 6-9　坐标增量计算原理

2. 坐标增量的正负号

坐标增量的正负号，决定于直线的方向。表 6-6 所列为直线在各个象限内坐标增量的符号。实际上计算坐标增量时，由于 $\cos\alpha$ 和 $\sin\alpha$ 在各个象限内的符号不同，各增量符号也相应不同。因此，在用计算器计算坐标增量时，增量的符号可以直接在计算器上反映出来，不必加以考虑。表 6-5 内的增量就是用计算器计算的。

表 6-6　　　　直线在各象限内坐标增量符号

坐标方位角 α	象　限	$\cos\alpha$ 的符号	$\sin\alpha$ 的符号	坐标增量符号	
				Δx	Δy
0°～90°	Ⅰ（北东）	+	+	+	+
90°～180°	Ⅱ（南东）	−	+	−	+
180°～270°	Ⅲ（南西）	−	−	−	−
270°～360°	Ⅳ（北西）	+	−	+	−

已知某个线段的长度和坐标方位角，求坐标增量的过程，称为坐标正算。使用 CASIO fx-4800P 计算器的 $\mathrm{Rec}(D_{AB},\alpha_{AB})$ 函数可以很方便地计算坐标增量。例如，表 6-5 中导线边

1—2 的水平距离 $l_{1-2}=224.50$ m，坐标方位角为 $\alpha_{1-2}=224°33.0'$，坐标增量计算如下：

按键 FUNCTION 1 ▽ 6 224.50 , 224 °′″ 33.0 °′″) EXE

屏幕显示内容为：

Rec(129.341,224°33.0°)

$x=-159.9873474$

$y=-157.493805$

上述显示的 x、y 即为导线边 1—2 的坐标增量 Δx_{1-2}、Δy_{1-2}。

（四）坐标增量闭合差的计算及其调整

闭合导线的纵横坐标增量的代数和，理论上应分别等于零（图 6-10）。

$$\begin{cases}\sum \Delta x_{理}=0 \\ \sum \Delta y_{理}=0\end{cases} \tag{6-6}$$

但是，由于测角、量边有误差，虽然已经过角度闭合差的调整，但还有微小残存误差，而且还有量边误差的存在。因此，由 1 点出发，经过各点坐标增量的计算，其纵横坐标增量的总和 $\sum \Delta x_{测}$、$\sum \Delta y_{测}$ 都不等于零，而要产生坐标增量闭合差，分别以 f_x 和 f_y 表示（图 6-11）。

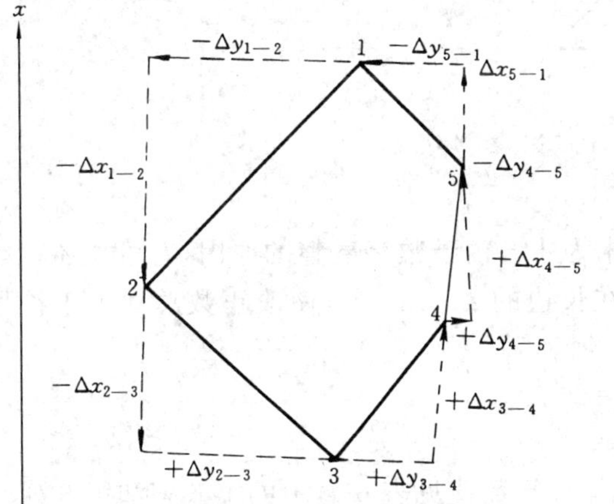

图 6-10　坐标增量

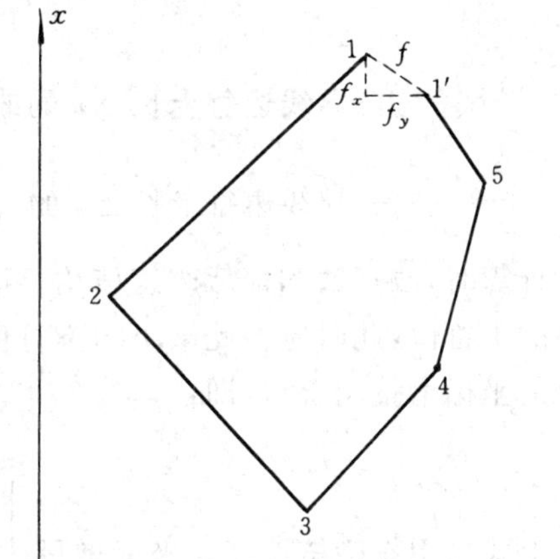

图 6-11　坐标增量闭合差

$$\begin{cases}f_x=\sum \Delta x_{测}-\sum \Delta x_{理} \\ f_y=\sum \Delta y_{测}-\sum \Delta y_{理}\end{cases} \tag{6-7}$$

以式(6-6)代入式(6-7)得：

$$\begin{cases}f_x=\sum \Delta x_{测} \\ f_y=\sum \Delta y_{测}\end{cases} \tag{6-8}$$

从图 6-11 可以看出，由于坐标增量闭合差的存在，从导线点 1 出发，最后不是闭合到出发点 1，而是闭合到点 1′，产生了闭合差（如图中线段 1—1′）。此闭合差称为导线全长闭合差，以 f 表示：

$$f=\sqrt{f_x^2+f_y^2} \tag{6-9}$$

导线测量的精度以导线全长相对闭合差 K 表示：

$$K=\frac{f}{\sum l}=\frac{1}{\frac{\sum l}{f}} \tag{6-10}$$

式中 $\sum l$—— 导线全长。

经纬仪导线测量的精度要求：在一般地区不低于1/2 000，量距困难地区不低于1/1 000。本例 K=1/3 300，符合精度要求。

如果相对闭合差超过容许范围，首先应检查计算有无错误，其次检查外业成果。如确实不是计算上的错误，则应到现场重测可疑的部分或全部重测。如果精度满足上述要求，即可进行坐标增量闭合差的分配。

坐标增量闭合差的分配，按坐标增量闭合差与边长成正比的原则进行。现以 V_x、V_y 分别表示 Δx、Δy 的改正数，其符号应与 f_x、f_y 的符号相反。设 V_{xi}、V_{yi} 是 i 边的坐标增量改正数，l_i 是该边的边长，则：

$$\begin{cases} V_{xi}=-\dfrac{f_x}{\sum l}l_i \\ V_{yi}=-\dfrac{f_y}{\sum l}l_i \end{cases} \tag{6-11}$$

式中 $-\frac{f_x}{\sum l}$——导线边每米长 Δx 的改正数；

$-\frac{f_y}{\sum l}$——导线边每米长 Δy 的改正数。

计算时，改正数和最后改正值均可取到厘米为止。由于数字凑整的原因，有可能还存在微小的不符值，此时应将此微小的不符值分配在长边的 Δx、Δy 上，使改正数总和等于符号相反的坐标增量闭合差，即：

$$\begin{cases} \sum V_x=-f_x \\ \sum V_y=-f_y \end{cases} \tag{6-12}$$

上式可用作检核计算。坐标增量改正数具体计算数值见表 6-5 中的第 6 列和第 8 列。

（五）坐标的计算

根据起始点的已知坐标和改正后的坐标增量，依次计算各点的坐标。

假定导线点 1 的坐标 x_1、y_1 为已知，则：

$$\begin{cases} x_2=x_1+\Delta\hat{x}_{1-2}=x_1+\Delta x_{1-2}+V_{x_1}，\ y_2=y_1+\Delta\hat{y}_{1-2}=y_1+\Delta y_{1-2}+V_{y_1} \\ x_3=x_2+\Delta\hat{x}_{2-3}=x_2+\Delta x_{2-3}+V_{x_2}，\ y_3=y_2+\Delta\hat{y}_{2-3}=y_2+\Delta y_{2-3}+V_{y_2} \\ \qquad\cdots \qquad\qquad\qquad\qquad\qquad \cdots \\ x_1=x_5+\Delta\hat{x}_{5-1}=x_5+\Delta x_{5-1}+V_{x_5}，\ y_1=y_5+\Delta\hat{y}_{5-1}=y_5+\Delta y_{5-1}+V_{y_5} \end{cases} \tag{6-13}$$

最后算得的坐标应与起始点的坐标相同。整个计算过程见表 6-5。

二、经纬仪附合导线计算

附合导线计算的步骤和方法，基本上与闭合导线相同，只是计算角度闭合差和坐标增量闭合差的公式不同。

（一）角度闭合差的计算与调整

如图 6-12 所示为一附合导线，α_{BA}、α_{CD} 为已知坐标方位角。附合导线的角度闭合差为从一已知边方位角出发，使用观测角推算至另一条已知边，推算方位角与已知方位角之差。

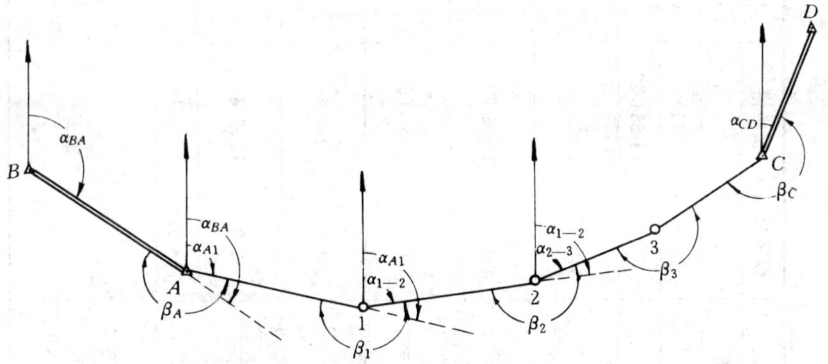

图 6-12　附合导线闭合差推算过程示意

推算方位角的方法，如果所测的是左角，则仍可用公式(6-3)推算，如观测的是右角则可用下式推算：

$$\begin{cases}\alpha_{A1}=\alpha_{AB}-\beta_A=(\alpha_{BA}+180°)-\beta_A\\ \alpha_{1-2}=\alpha_{1A}-\beta_1=(\alpha_{A1}+180°)-\beta_1\\ \alpha_{2-3}=\alpha_{2-1}-\beta_2=(\alpha_{1-2}+180°)-\beta_2\\ \alpha_{3C}=\alpha_{3-2}-\beta_3=(\alpha_{2-3}+180°)-\beta_3\\ \alpha_{CD}'=\alpha_{C3}-\beta_C=(\alpha_{3C}+180°)-\beta_C\end{cases}\tag{6-14}$$

将上式相加得：

$$\alpha_{CD}'=\alpha_{BA}+n\cdot180°-\sum_{1}^{n}\beta_{右}\tag{6-15}$$

式中　n——测角数；

$\sum_{1}^{n}\beta_{右}$——未改正过的观测角值和。

由式(6-14)和式(6-15)可知：导线前一边的方位角等于后一边的方位角加 180°，再减去导线的右角。在实际代入具体数值计算时，同样要注意方位角的有效范围(0°～360°)，若计算出为负值，要加上 360°；若大于 360°，应减去 360°。由于计算角度闭合差时，仅需算出 α_{CD}' 即可，而 α_{CD}' 可由式(6-15)求出。

如果观测的是左角，则：

$$\alpha_{CD}'=\alpha_{BA}-n\cdot180°+\sum_{1}^{n}\beta_{左}$$

由于测角误差的影响，使得根据式(6-15)算得的 α_{CD}' 与已知方位角 α_{CD} 不符，而产生了角度闭合差 f_β，即：

$$f_\beta=\alpha_{CD}'-\alpha_{CD}\tag{6-16}$$

当角度闭合差 f_β 在允许范围($\pm40''\sqrt{n}$)内时，可按分配闭合导线角度闭合差的原则调整每个观测角值。但由于这里推算方位角时，所用的右角在公式(6-15)中的符号为减号，故须以与闭合差 f_β 相同的符号分配给各角。因此应当记住：当用右角计算时，改正数与 f_β 同号；当用左角计算时，改正数与 f_β 反号。实例见表 6-7。

表 6-7 角度闭合差的计算与调整

点号	观测角 $\beta_{左}$	改正后的角值	方位角 α	边长 l	纵坐标增量 Δx 计算值	纵坐标增量 Δx 改正值	横坐标增量 Δy 计算值	横坐标增量 Δy 改正值	纵坐标 x	横坐标 y	点号
(1)	(2)	(3)	(4)	(5)	(6)	(7)	(8)	(9)	(10)	(11)	(12)
B			224°03.0′						+843.40	+1 264.29	*B*
A	+0.1′ 245°43.0′	245°43.1′							640.93	1 068.44	*A*
			158°19.9′	82.7	+0 −76.36	−76.36	+1 +30.34	+30.35			
1	+0.1′ 213°0.5′	213°0.6′							564.57	1 098.79	1
			125°19.3′	77.28	+0 −44.68	−44.68	+1 +63.06	+63.07			
2	+0.1′ 224°48.5′	224°18.6′							519.89	1 161.86	2
			80°30.7′	89.64	−1 +14.78	+14.77	+1 +88.41	+88.42			
3	+0.1′ 214°21.5′	214°21.6′							534.66	1 250.28	3
			46°09.1′	79.84	+0 +55.31	+55.31	+1 +57.58	57.59			
C	+0.1 202°0.0′	202°0.1′							589.97	1 307.87	*C*
			24°09.0′								
									793.61	1 399.19	*D*

$d_{CD}=\alpha_{BA}-\sum\beta+5\times180°=24°09.5'$

$f_\beta=d_{CD}-\alpha_{CD}=+0.5'$

$f_{\beta容}=\pm40''\sqrt{n}=\pm40''\sqrt{5}$

$f_x=\sum\Delta x-(x_C-x_A)=+0.01$

$f_y=\sum\Delta y-(y_C-y_A)=-0.04$

$f=\sqrt{f_x^2+f_y^2}\approx\pm0.04$

$K=\frac{f}{\sum l}\approx\frac{1}{8\,000}$

（二）坐标方位角的推算

角度闭合差分配以后，即可根据起始边的坐标方位角 α_{BA} 和调整后的导线右角，推算各边的坐标方位角。最后推算出的 CD 边的坐标方位角 α_{CD}' 应与已知值 α_{CD} 相同，以此作为计算的检核。

根据本节所附实例（表 6-7）和图 6-13，利用调整后的右角推算各边方位角如下：

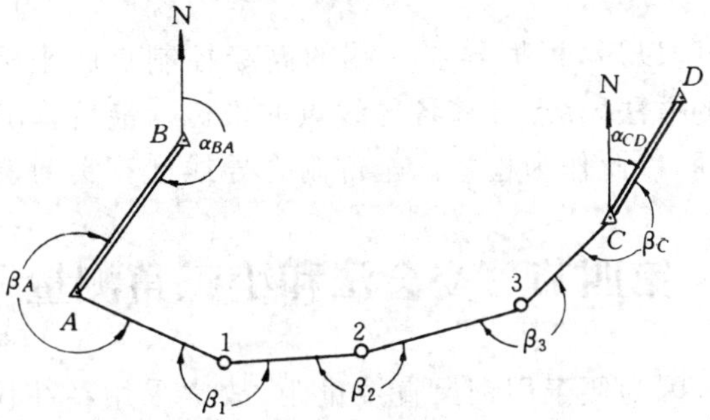

图 6-13　附合导线角度要素示意

已知：$\alpha_{BA}=224°03.0'$，$\alpha_{CD}=24°09.0'$。观测值调整后的右角为：$\beta_A=245°43.1'$，$\beta_1=213°0.6'$，$\beta_2=224°48.6'$，$\beta_3=214°21.6'$，$\beta_C=202°0.1'$

$$\alpha_{A1}=(224°03.0'+180°)-245°43.1'=158°19.9'$$

$$\alpha_{1-2}=(158°19.9'+180°)-213°00.6'=125°19.3'$$

$$\alpha_{2-3}=(125°19.3'+180°)-224°48.6'=80°30.7'$$

$$\alpha_{3C}=(80°30.7'+180°)-214°21.6'=46°09.1'$$

$$\alpha_{CD}'=(46°09.1'+180°)-202°00.1'=24°09.0'$$

这里 $\alpha_{CD}'=\alpha_{CD}$，说明计算无误。

上述具体数值代入计算时，要注意每步算出的方位角的有效范围（0°～360°），否则应加或减 360°。

（二）坐标增量的计算

根据导线各边的方位角和边长，计算各坐标增量，计算方法与闭合导线相同。

（四）坐标增量闭合差的分配

附合线是从一个已知点出发，不像闭合导线那样又回到原来的已知点，而是附合到另外的一个已知点上，因此理论上的坐标增量之和 $\sum\Delta x_{理}$、$\sum\Delta y_{理}$ 不等于零。由图 6-14 可知，附合导线纵横坐标增量的总和，在理论上应分别等于两端已知点的纵横坐标之差，即：

$$\begin{cases}\sum\Delta x_{理}=x_C-x_A\\ \sum\Delta y_{理}=y_C-y_A\end{cases}\qquad(6\text{-}17)$$

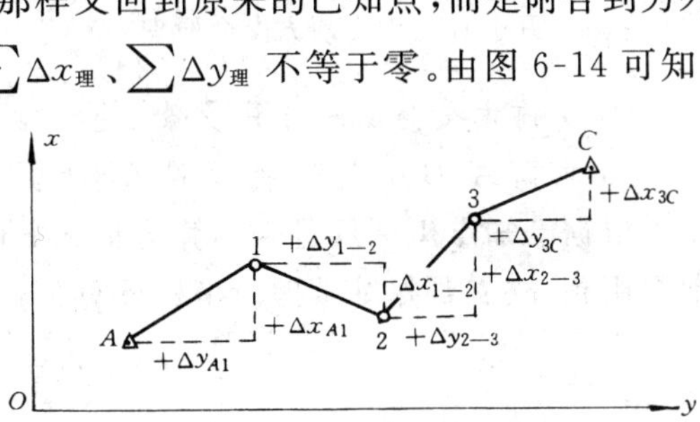

图 6-14　附合导线坐标增量示意

由于测角和量边都存在误差，计算出的纵横

坐标增量的总和 $\sum \Delta x_{测}$、$\sum \Delta y_{测}$ 不能满足上述条件，而产生坐标增量闭合差 f_x、f_y，即：

$$\begin{cases} f_x = \sum \Delta x_{测} - \sum \Delta x_{理} = \sum \Delta x_{测} - (x_C - x_A) \\ f_y = \sum \Delta y_{测} - \sum \Delta y_{理} = \sum \Delta y_{测} - (y_C - y_A) \end{cases} \tag{6-18}$$

计算附合导线全长相对闭合差的公式，以及分配 f_x、f_y 的方法，与闭合导线完全相同。

(五) 坐标的计算

坐标增量闭合差分配以后，根据导线一端的高级控制点的坐标，以及改正后的坐标增量，按照导线坐标计算的方法，逐点计算各导线点的坐标。最后算出的另一端的高级控制点坐标，应与其已知值相同，以此作为检核。全部附合导线计算实例，参见表 6-7。

第四节 交会法和小三角测量

在地势平坦的地区，因为便于用钢尺直接量距，故常采用经纬仪导线建立测图控制点。而在山区或地形复杂的地区，直接用钢尺量距就有困难。因此，在山区或通视良好的地区，往往采用经纬仪交会点来加密测图控制。此法图形结构简单，外业工作简易，所以不仅在地形测量，而且在矿区地面测量和地质勘探工程测量中也经常使用。在开阔的山区和丘陵地带，小三角测量也是建立图根控制网的常用方法。

经纬仪交会法按其布设形式的不同，可分为前方交会法、侧方交会法和后方交会法。

一、前方交会法

前方交会是采用经纬仪在已知点 A、B 上分别向新点 P 观测水平角 α 和 β(图 6-15)，从而可以计算 P 点的坐标。但是为检核，有时从三个已知点 A、B、C 上分别向新点 P 进行角度观测(图 6-16)，由两个三角形分别解算 P 点的坐标。同时为了提高交会点的精度，选择 P 点时，应尽可能使交会角 r 接近于 90°，并保证 30°≤r≤150°。

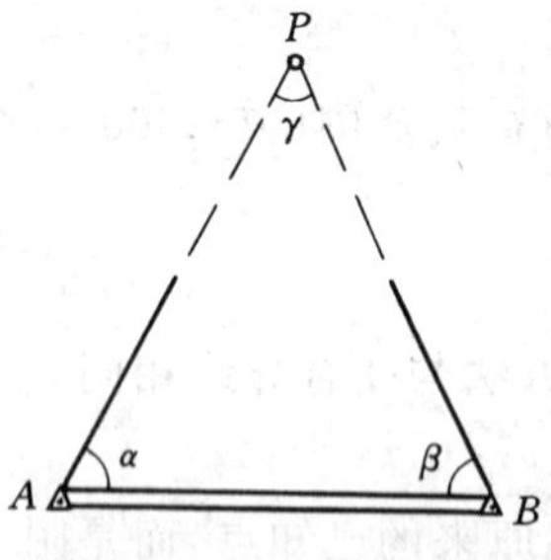

图 6-15 两点前方交会原理

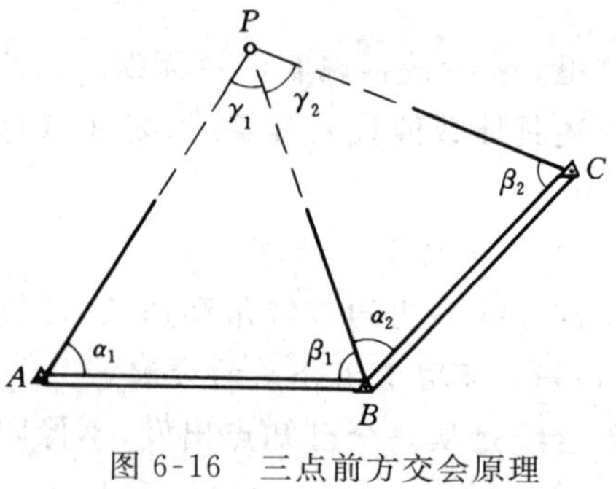

图 6-16 三点前方交会原理

(一) 前方交会法的计算步骤

1. 根据 A、B 两点坐标，反算 AB 边的边长 l_{AB} 和方位角 α_{AB}(图 6-15)

根据已知点坐标反过来计算边长和方位角，称为坐标反算。坐标反算在各种测量中经常要用到，故需要熟练掌握。坐标反算公式为：

$$\tan \alpha_{AB} = \frac{y_B - y_A}{x_B - x_A} = \frac{\Delta y_{AB}}{\Delta x_{AB}} \tag{6-19}$$

$$\alpha_{AB} = \arctan \frac{\Delta y_{AB}}{\Delta x_{AB}} \tag{6-20}$$

$$l_{AB}=\frac{y_B-y_A}{\sin\alpha_{AB}}=\frac{x_B-x_A}{\cos\alpha_{AB}} \tag{6-21}$$

或

$$l_{AB}=\sqrt{\Delta x_{AB}^2+\Delta y_{AB}^2} \tag{6-22}$$

应该指出，按式(6-20)计算出来的方位角是有正有负的(变化范围为$-90°\sim+90°$)，与坐标方位角的变化范围($0°\sim360°$)不一致，因此，还应按坐标增量Δx和Δy的正负号确定AB的方位角，则：

$$R=\arctan\frac{\Delta y_{AB}}{\Delta x_{AB}} \tag{6-23}$$

$$\alpha_{AB}=\begin{cases}R & (\Delta x_{AB}>0,\Delta y_{AB}>0)\\ R+180° & (\Delta x_{AB}<0)\\ R+360° & (\Delta x_{AB}>0,\Delta y_{AB}<0)\end{cases} \tag{6-24}$$

坐标反算可以使用CASIO fx-4800P计算器的Pol(Δx_{AB},Δy_{AB})函数进行。例如A、B两点的坐标增量$\Delta x_{AB}=387.30$、$\Delta y_{AB}=657.72$，则其水平距离和坐标方位角计算如下：

按键[FUNCTION] [1] [▽] [5] 387.30 [,] 657.72 [EXE]

屏幕显示内容为：

Pol(387.30, 657.72)

r=763.280 347 1

θ=59.508 193 98

上述显示的r、θ就是A、B两点间的水平距离和坐标方位角。由于计算出的θ是以度为单位的，所以还需按键[RCL] [J] [SHIFT] [←] 将其转换为60进制的角度值：59°30′29.5″。

2. 计算r角

$$r=180°-(\alpha+\beta)$$

3. 计算AP、BP的方位角和边长

由图6-15可知：

$$\alpha_{AP}=\alpha_{AB}-\alpha,\quad \alpha_{BP}=\alpha_{BA}+\beta$$

α_{AP}和α_{BP}求出后，可用下式检核：　$\alpha_{AP}-\alpha_{BP}=r$

按正弦定律，得：

$$l_{AP}=\frac{l_{AB}\sin\beta}{\sin r},\quad l_{BP}=\frac{l_{AB}\sin\alpha}{\sin r}$$

4. 分别由A、B两点推算P点坐标

$$\begin{cases}x_P=x_A+\Delta x_{AP}=x_A+l_{AP}\cos\alpha_{AP}\\ y_P=y_A+\Delta y_{AP}=y_A+l_{AP}\sin\alpha_{AP}\end{cases}$$

或

$$\begin{cases}x_P=x_B+\Delta x_{BP}=x_B+l_{BP}\cos\alpha_{BP}\\ y_P=y_B+\Delta y_{BP}=y_B+l_{BP}\sin\alpha_{BP}\end{cases}$$

用上式所求得的两组坐标值应相等，但在计算过程中由于数字凑整关系，可能相差2～3 mm，则可取平均值作为P点的坐标值。

(二) 用计算器计算

1. P点坐标的计算公式

上面介绍计算步骤，主要是为了了解计算原理。下面推导实用的计算公式：

由于

$$\begin{cases}x_P=x_A+l_{AP}\cos\alpha_{AP}\\ y_P=y_A+l_{AP}\sin\alpha_{AP}\end{cases}$$

由图 6-15 可知：

$$\alpha_{AP}=\alpha_{AB}-\alpha,\quad l_{AP}=\frac{l_{AB}\sin\beta}{\sin(\alpha+\beta)}$$

故有

$$\begin{aligned}x_P&=x_A+\frac{l_{AB}\sin\beta}{\sin(\alpha+\beta)}\cdot\cos(\alpha_{AB}-\alpha)\\&=x_A+\frac{l_{AB}\sin\beta(\cos\alpha_{AB}\cos\alpha+\sin\alpha_{AB}\sin\alpha)}{\sin\alpha\cos\beta+\sin\beta\cos\alpha}\\&=x_A+\frac{l_{AB}\sin\beta\cos\alpha_{AB}\cos\alpha+l_{AB}\sin\beta\sin\alpha_{AB}\sin\alpha}{\sin\alpha\cos\beta+\sin\beta F\cos\alpha}\end{aligned}$$

上式分子、分母同除以 $\sin\alpha\sin\beta$，并顾及 $l_{AB}\cos\alpha_{AB}=\Delta x_{AB}$，$l_{AB}\sin\alpha_{AB}=\Delta y_{AB}$，则：

$$x_P=x_A+\frac{\Delta x_{AB}\cot\alpha+\Delta y_{AB}}{\cot\alpha+\cot\beta}$$

同法可证明：

$$y_P=y_A+\frac{\Delta y_{AB}\cot\alpha-\Delta x_{AB}}{\cot\alpha+\cot\beta}$$

将 $\Delta x_{AB}=x_B-x_A$，$\Delta y_{AB}=y_B-y_A$ 代入，则：

$$\begin{cases}x_P=\dfrac{x_A\cot\beta+x_B\cot\alpha+y_B-y_A}{\cot\alpha+\cot\beta}\\[2ex]y_P=\dfrac{y_A\cot\beta+y_B\cot\alpha-x_B+x_A}{\cot\alpha+\cot\beta}\end{cases}\tag{6-25}$$

式(6-25)称为前方交会法的余切公式，用计算器计算的实例是表 6-8。图形中 A、B、P 和 B、C、P 的注字方向是逆时针的。

表 6-8　　前方交会法计算实例

计算者：　　　　检查者：

示意图	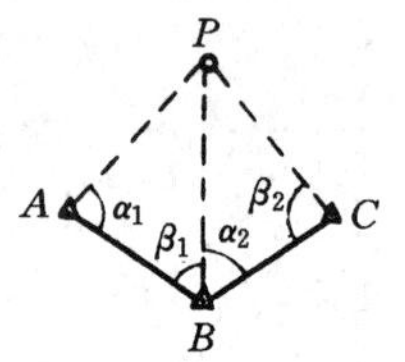	野外图	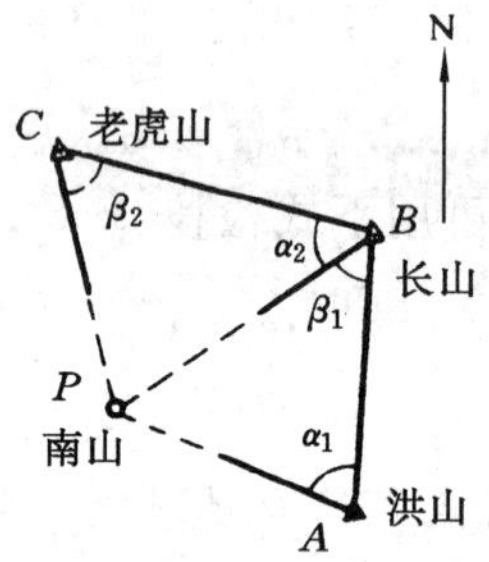	备注	

点之名称		观测角		坐标 x		坐标 y		备注
P	南　山			x_P	5 479.122	y_P	29 282.878	
A	洪　山	α_1	53°07′44″	x_A	4 992.54	y_A	29 674.50	
B	长　山	β_1	56°06′07″	x_B	5 681.04	y_B	29 850.00	
P	南　山			x_P	5 479.120	y_P	29 282.868	
B	长　山	α_2	35°27′44″	x_B	5 681.04	y_B	29 850.00	
C	老虎山	β_2	66°40′44″	x_C	5 856.24	y_C	29 233.51	
				中数 x_P	5 479.12	中数 y_P	29 282.88	

2. 测量精度的检核

由于角度观测有误差，因此两组值推算的 P 点坐标不会完全相同。《规范》规定：在图根测量中，由两组计算同一点的坐标较差 e，不得大于 $\frac{M}{5\ 000}$ m，M 为比例尺的分母。其中，$e=\sqrt{\mathrm{d}x^2+\mathrm{d}y^2}$，$\mathrm{d}x$、$\mathrm{d}y$ 分别为两组 x_P、y_P 的较差。例如 1∶2 000 地形测图，e 不得超过 $\frac{M}{5\ 000}=\frac{2\ 000}{5\ 000}=0.4$ m。经检核，测量精度符合要求后，即可取其中数作为 P 点坐标的最后结果。

二、侧方交会法

此法实质上与前方交会法相同，也是利用两个高级控制点测定另一未知点的坐标。如图 6-17 所示，A、B 为已知点，P 为未知点。但由于在两已知点中有一点（如 B 点）在高山上或者在河的另一边，这时如仍用前方交会法，将仪器安置在已知点 B 上测水平角，则要花费很多时间，增加很多工作量。为此，可在已知点 A 和未知点 P 上安置仪器，观测水平角 $\angle A$ 和 $\angle P$。利用 $\angle A$、$\angle P$ 和已知点 A、B 的坐标，便可推算 P 点的坐标。为了便于检核测量精度，仪器在 P 点时，除了观测 $\angle P$ 之外，还需瞄准第三个已知点 C，观测 ε 角（称为检验角）作为检核之用。这一方法是仪器安置在一已知点和一未知点上观测水平角，交会测定未知点的位置，称为侧方交会法。

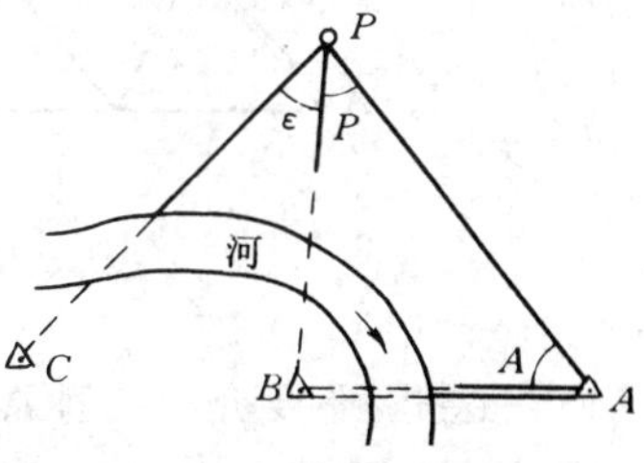

图 6-17　侧方交会原理示意

侧方交会法的计算方法与前方交会相同，针对图 6-17，仿照前方交会法的计算公式，可得 P 点坐标计算式为：

$$\begin{cases} x_P = \dfrac{x_B\cot\angle A + x_A\cot(180^\circ - \angle A - \angle P) + y_A - y_B}{\cot(180^\circ - \angle A - \angle P) + \cot\angle A} \\[2ex] y_P = \dfrac{y_B\cot\angle A + y_A\cot(180^\circ - \angle A - \angle P) - x_A + x_B}{\cot(180^\circ - \angle A - \angle P) + \cot\angle A} \end{cases} \tag{6-26}$$

注意：该式以 B、A 为已知点，P 为未知点，按 B、A、P 逆时针方向注记。

侧方交会的检验方法是用式(6-26)计算出 P 点坐标，以反算方法求 α_{PB} 和 α_{PC}，用 α_{PB} 和 α_{PC} 之差 $\angle BPC$ 与测得的 ε 角比较，确定是否合格。

三、后方交会法

如图 6-18 所示，设 A、B、C 为已知点，P 为未知点。为了测定 P 点的坐标，将仪器安置在 P 点，测出 α、β 角，同时测出检验角 ε（K 点为已知点）。利用 α、β 角值及 A、B、C 三个已知点的坐标，就可算出 P 点的坐标，同时也可用检核角检验测量成果的精度。这个方法的优点是，仅需在 P 点安置一次仪器，不必再在三个已知点上安置仪器，这样可以节省不少时间和减少工作量。所以，在地质勘探测量中测定钻孔孔位时，以及在露天矿等地面测量中，经常应用这种方法。后方交会法的应用条件是，需要有四个高级控制点，且 P 点不在 A、B、C 三点所构成的圆周上或该圆周的附近，否则将算不出结果或计算结果误差很大，所以称这个圆为危险圆。

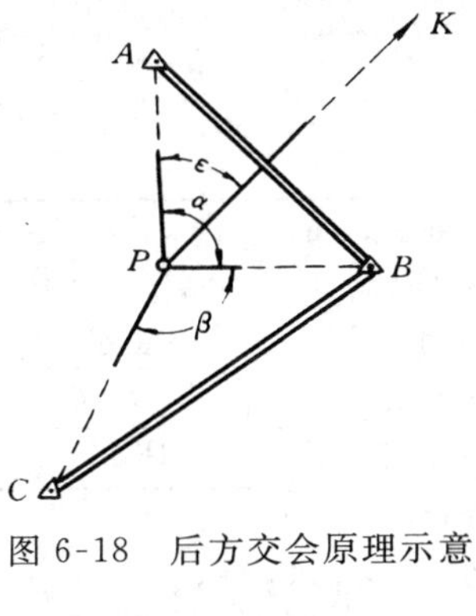

图 6-18　后方交会原理示意

四、小三角测量

小三角测量，是指由于控制的区域较小，因而将此区域内的地球表面当做平面来进行的三角测量，所以它不同于全国性的三角测量。它的三角形边长比较短，例如图根控制测量中的三角形边长，一般仅在200～500 m之间。与导线测量相比，它的测角任务虽然比较大，但量距工作量大大减少，所以在开阔的山区和丘陵地带，小三角测量是建立图根控制网的主要方法。

小三角网(锁)布设形式如图6-19所示，一般利用高级边作为基线，或加测基线，成为独立的小三角网(锁)。

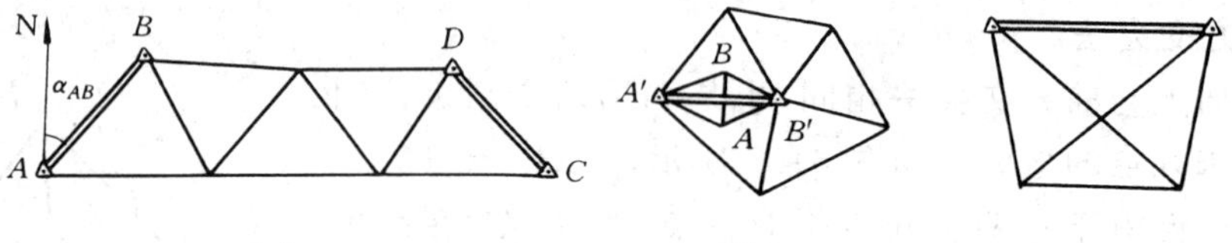

图6-19　小三角网(锁)布设形式

在这里，还要介绍一种常用的小三角锁，称为线形三角锁(线形锁)。如图6-20所示，线形锁的特点是两端附合于高级点(如A、B)上，除了要测三角形内角外，还要测出两个定向角φ_1和φ_2，但不需丈量基线。由于有了两个高级控制点的坐标、三角形各内角和定向角φ_1、φ_2，因此，就可以计算各图根控制点的坐标。线形锁的布设，灵活简便，且不需要丈量基线，故在图根测量中得到了广泛应用。

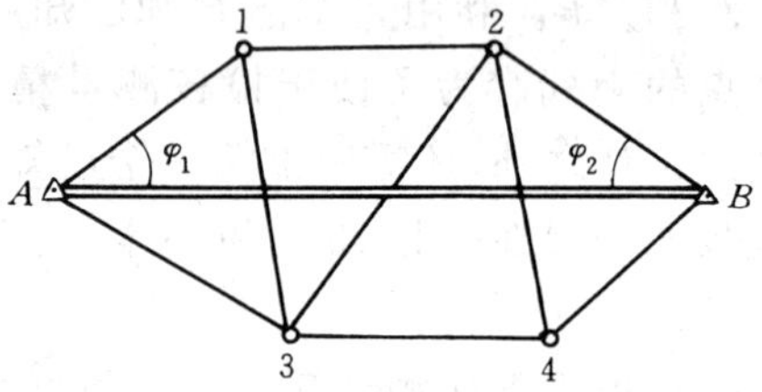

图6-20　线形三角锁结构

小三角测量的工作程序，也分外业和内业两部分。外业包括选点、造标、角度观测等，独立的小三角锁(网)还需丈量基线；内业包括野外成果整理、近似平差和计算边长与坐标等。由于篇幅所限，这里不作详细叙述。

第五节　高程控制测量

在地形测量中，最基本的高程控制测量方法是四等水准测量和等外水准测量(图根水准测量)，本节主要介绍这两种方法。

一、技术要求

四等和等外水准测量的技术规格如表6-9。

表6-9　　四等和等外水准测量的技术规格

等级	水准路线最大长度/km	每公里高差中数中误差/mm	不符值、闭合差/mm		
			测段往返高差不符值	附合路线或环线闭合差	检测已测测段高差之差
四等	15	±10	$\pm20\sqrt{R}$	$\pm20\sqrt{L}$	$\pm60\sqrt{K}$
图根	5	±20	—	$\pm40\sqrt{L}$	—

注：表中R为测段长，L为附合路线或环线长度，K为已测测段长度，均以千米为单位。

二、四等和等外水准测量的施测

前已述，四等和等外水准路线的布设形式，主要有单一的附合水准路线、闭合水准路线、支线水准路线和水准网，如图 6-21 和图 6-22 所示。

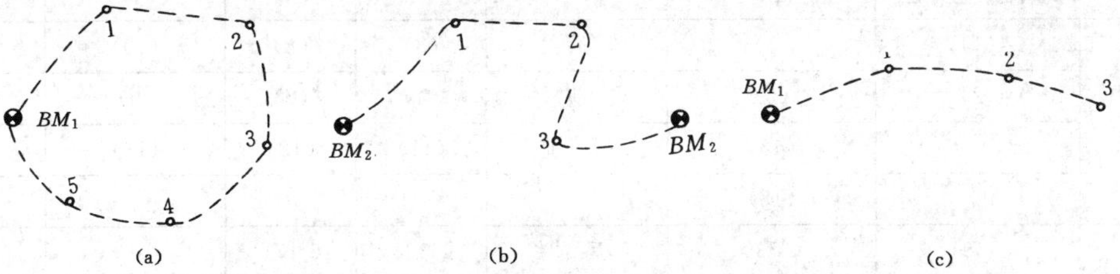

图 6-21　四等和等外水准路线

(a) 闭合水准路线；(b) 附合水准路线；(c) 支线水准路线

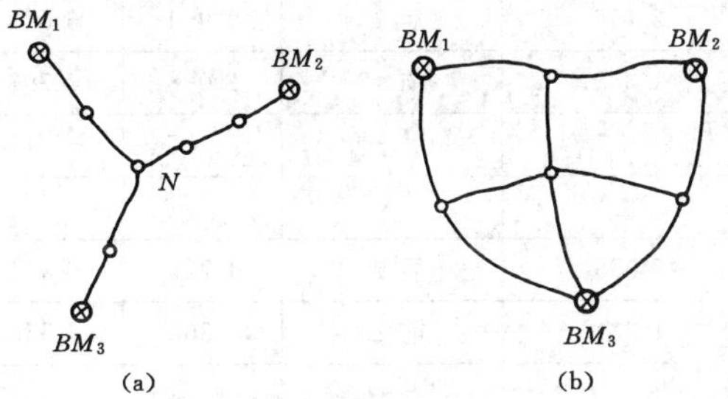

图 6-22　四等和等外水准网

四等和等外水准测量的施测，主要区别在于所使用仪器和观测要求不同，如表 6-10 所示。

表 6-10　　**四等和等外水准测量的要求**

等　级	仪器类型	最大视线长度/m	前后视距差/m	前后视距累积差/m	红黑面读数差/mm	红黑面高差之差/mm	检测间歇点高差之差/mm	视线高
四　等	S3	80	5	10	3	5	5	三丝能读数
等外(图根)	S10	100	10	50	4	6	6	

四等和等外水准测量通常采用双面尺法或两次仪高法进行观测，每个测站的观测工作方法见第三章。四等水准双面尺法的记录格式，如表 6-11 所示(两次仪高法记录与双面尺法相似，参见第三章表3-1)，对等外水准测量可以不读(1)、(2)和(5)、(6)读数而直接读记视距，每个测站上的计算和检核与第三章表 3-2 相同，其中视距部分的计算为：

$$(15) = \{(1) - (2)\} \times 100$$

$$(16) = \{(5) - (6)\} \times 100$$

$$(17) = (15) - (16)$$

$$(18) = 前站(18) + (17)$$

表 6-11　　四等水准双面尺法的记录格式

测站编号	后尺 下丝 / 上丝；后距；视距差 d	前尺 下丝 / 上丝；前距；$\sum d$	方向及尺号	标尺读数 黑面	标尺读数 红面	K+黑−红	高差中数
	(1)	(5)	后	(3)	(8)	(10)	
	(2)	(6)	前	(4)	(7)	(9)	
	(15)	(16)	后−前	(11)	(12)	(13)	(14)
	(17)	(18)					
1	1 591	0 739	后 12	1 384	6 171	0	
	1 097	0 258	前 13	0 551	5 239	−1	
	49.4	48.1	后−前	+0 833	0 932	+1	+0 832
	+1.3	+1.3					
2	2 471	2 196	后 13	1 934	6 623	−2	
	1 645	1 359	前 12	2 008	6 793	+2	
	82.6	83.7	后−前	−0 074	−0 170	−4	−0 072
	−1.1	+0.2					
3	1 914	2 056	后 12	1 726	6 511	+2	
	1 073	1 231	前 13	1 866	6 553	0	
	84.1	82.5	后−前	−0 140	−0 042	+2	−0 141
	+1.6	+1.8					

一个测段或水准路线观测结束后的计算与检核为：

(1) 高差部分

$$\sum(3)-\sum(4)=\sum(11)=\sum h_{黑}$$

$$\sum\{(3)+K\}-\sum(8)=\sum(10)$$

$$\sum(8)-\sum(7)=\sum(12)=\sum h_{红}$$

$$\sum\{(4)+K\}-\sum(7)=\sum(9)$$

$$\sum h_{中}=\frac{1}{2}\left(\sum h_{黑}+\sum h_{红}\right)\text{(偶数站)}$$

$$\sum h_{中}=\frac{1}{2}\left\{\sum h_{黑}+\left(\sum h_{红}\pm 100\right)\right\}\text{(奇数站)}$$

(2) 视距部分

$$\text{末站}(18)=\sum(15)-\sum(16)$$

$$\text{总视距}=\sum(15)+\sum(16)$$

三、四等和等外水准测量的内业计算

水准测量的内业计算包括对外业记录的检查、计算并分配闭合差，最后算出各待定点的高程。

1. 检查和整理外业手簿

检查外业记录，主要检查外业成果是否齐全，每站高差计算是否有错误，观测结果是否合乎精度要求，如经检查无误，则取每站高差的平均值作为水准路线高差的成果。

2. 水准路线闭合差的计算与分配

四等和等外水准路线测量的高差观测结果应与理论值相一致，由于测量结果存在误差，因此观测所得水准路线的高差值与理论值必然会有差值，即水准路线的闭合差。水准路线闭合差的计算，按水准路线布设形式的不同而有不同的计算方法。

闭合水准路线其高差总和应为零，因此，实际观测高差的总和就是闭合差，即：

$$f_h = \sum h' \tag{6-27}$$

式中，$\sum h' = h_1' + h_2' + \cdots$ 为各站观测高差之和。

附合水准路线的高差总和应等于两端点高级水准点高程 H_B 和 H_A 之差，则闭合差为：

$$f_h = \sum h' - (H_B - H_A) \tag{6-28}$$

支线水准路线，一般采用往、返测，其往、返测高差总和的绝对值应相等而符号相反，故其代数和即闭合差为：

$$f_h = \sum h_{往}' + \sum h_{返}' \tag{6-29}$$

四等及等外水准路线测量的闭合差不能超过一定的限值，其规定见表 6-9。

当闭合差 f_h 在容许范围内时，即可进行分配，使观测高差值与理论值一致。高差闭合差的分配方法以闭合差相反的符号按与水准路线的测站数（测段中每公里测站数相差甚大时）或测段长（测段中每公里测站数大致相等时）成正比分配。

按测站数进行分配时，第 i 段高差改正数为：

$$V_i = -\frac{f_h}{n} n_i \tag{6-30}$$

式中　n_i——第 i 段的测站数；

　　n——路线总站数。

按测段长进行分配时，第 i 段高差改正数为：

$$V_i = -\frac{f_h}{L} l_i \tag{6-31}$$

式中　L——路线总长；

　　l_i——第 i 段的长度。

3. 图根点或水准点的高程计算

由高一级水准点的已知高程，根据改正后的高差依次计算，即 $H_i = H_{i-1} + h_i$，计算实例参见第三章表 3-3。

第六节　GPS 技术在控制测量中的应用

全球定位系统（GPS）是借助分布在空中的多个 GPS 卫星确定地面点位置的一种新型定位系统。GPS 定位具有全天候、高精度、定位速度快、布点灵活和操作方便等特点。因此，GPS 技术在测量学、导航学及其相关学科领域获得了极其广泛的应用。目前，测量学中经典的平面控制测量，正逐步被 GPS 测量技术所代替。

限于篇幅，这里仅就 GPS 技术及其在测量中的应用作简要介绍。

一、概述

美国国防部于 1973 年批准建立新一代卫星导航系统——导航卫星定时测距全球定位系统（Navigation Timing and Ranging Global Positioning System），简称全球定位系统（GPS）。它是一种可以定时和测距的空间交会定点的导航系统，可向全球用户提供连续、实时、高精度的三维位置、三维速度和时间信息，为陆、海、空三军提供精密导航，还可用于情报搜集、核爆监测、应急通讯和卫星定位等一些军事目的。GPS 整个发展计划分三个阶段实施，即原理可行性验证阶段（1974～1978 年）、系统的研制与试验阶段（1979～1987 年）、最后的工程发展与完成阶段（1988～1993 年）。整个计划耗资巨大（200 亿美元以上），这是继阿波罗计划、航天飞机计划之后的又一庞大的空间计划。

GPS 卫星星座见图 6-23。其基本参数是：卫星颗数为 21＋3，卫星轨道面个数为 6 个，卫星高度为 20 200 km，轨道倾角为 55°，卫星运行周期为 11 小时 58 分（恒星时 12 小时），载波频率为 1 575.42 MHz和 1 227.60 MHz。卫星通过天顶时，卫星的可见时间为 5 小时，在地球表面上任何地点任何时刻，在高度角 15°以上，平均同时观测到 6 颗卫星，最多可达 9 颗卫星。

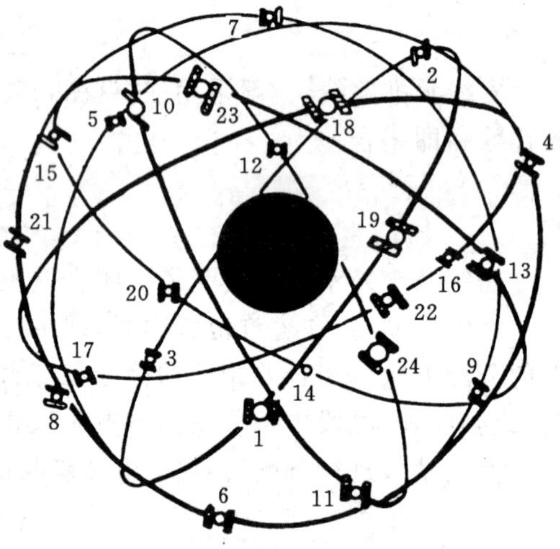

图 6-23　GPS 卫星星座

另外，前苏联自 1978 年 10 月开始，发射自己的全球导航卫星系统（GLONASS）试验卫星，计划在 20 世纪 90 年代中期建成 GLONASS 工作卫星，星座由 24 颗工作卫星和 1 颗在轨备用卫星组成，均匀分布在三个轨道平面上。欧洲空间局（ESA）正在筹建民用导航卫星系统，包括在赤道平面上的 6 颗同步卫星（GEO）和 12 颗高椭圆轨道（HEO）卫星的混合卫星星座。我国也已建成双星定位系统，即由 2 颗同步卫星确定平面位置的导航系统。

二、GPS 系统的构成

GPS 系统包括三大部分（图 6-24）：空间部分——GPS 卫星星座；地面控制部分——地面监控系统；用户设备部分——GPS 信号接收机。

（一）空间部分

空间部分运行的 GPS 卫星的作用可概括成如下几点：

① 向广大用户连续不断地发送导航定位信号（简称为 GPS 信号），并用导航电文报告自己的现势位置以及其他在轨卫星的概略位置。

② 越过注入站上空时，接收由地面注入站用 S 波段（10 cm 波段）发送到卫星的导航电文和其他有关信息，并通过 GPS 信号电路，适时地发送给广大用户。

③ 接收地面主控站通过注入站发送到卫星的调度命令。例如，适时地改正运行偏差，或者启用备用时钟等。

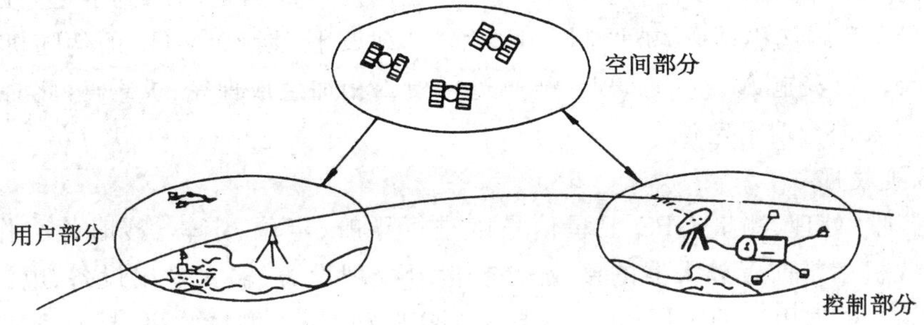

图 6-24　GPS的三大部分

（二）地面控制部分

地面控制部分是支持整个系统正常运行的地面设施，由 1 个主控站、5 个监测站、3 个注入站及通讯、辅助系统组成。

1. 主控站

主控站是整个地面控制系统的行政管理中心和技术中心，位于美国科罗拉多州的联合空间工作中心。

主要作用是负责管理、协调地面监控系统中各部分的工作；根据各监控站送来的资料，计算、预报卫星轨道和卫星钟改正数，并按规定格式编制成导航电文送往地面注入站；调整卫星轨道和卫星钟读数；当某卫星出现故障时，负责修复或启用备件以恢复其正常功能，无法恢复时调用备用卫星去顶替它，以维持整个系统正常可靠地工作。

2. 监测站

监测站是无人值守的数据自动采集中心。5 个监测站分别位于科罗拉多州（美国本土）、阿松森岛（大西洋）、狄哥伽西亚（印度洋）、卡瓦加兰和夏威夷（太平洋）。

主要功能是对视场中各 GPS 卫星进行伪距测量；通过气象传感器自动测定气温、气压、相对湿度等气象元素；对伪距观测值进行各项改正后再进行编辑、平滑、压缩，然后送往主控站。

3. 注入站

地面注入站是向 GPS 卫星输入导航电文和其他命令的地面设施。3 个注入站分别位于狄哥伽西亚、阿松森岛、卡瓦加兰。

主要功能是在主控站控制下向视场中的各 GPS 卫星发射导航电文和其他命令，并自动地向主控站报告自己的工作是否正常。

4. 通讯、辅助系统

地面监控系统是负责数据传输以及提供其他辅助服务的部门和设施。全球定位系统的通讯系统是由地面通讯线、海底电缆及卫星通讯等联合组成的。

（三）用户设备部分

1. GPS 信号

GPS 卫星发射两种频率的载波信号，即频率为 1 575.42 MHz 的 L1 载波和频率为 1 227.60 MHz 的 L2 载波，它们的波长分别为 19.03 cm 和 24.42 cm。在 L1 和 L2 上又分别调制着多种信号，如调制在 L1 载波上的 C/A 码，又称粗码，是 1 MHz 的伪随机噪声码（PRN 码）其码长为 1 023 位（周期为 1 ns）。由于每颗卫星的 C/A 码都不一样，因此，我们经常用它们的 PRN 号来区分它们。C/A 码是普通用户用以测定测站到卫星间的距离的一种主要的信号。P 码又称精码,被调制在 L1 和 L2 载波上,是 10 MHz 的伪随机噪声码,其周期为 267 天。在实施 AS 时,P 码与 W 码进行模二相加生成保密的 Y 码,此时,一般用户无法利用 P 码来进行精密定位。

2. GPS 接收机

它是能接收、处理、测量 GPS 卫星信号以进行导航、定位、定轨、授时等工作的仪器设备。GPS 接收机由带前置放大器的接收天线、信号处理设备、输入输出设备、电源和微处理器等部件组成。根据用途的不同,可分为导航型接收机、测地型接收机、授时型接收机等。

3. 接收通道

接收机中用来跟踪、处理、测量卫星信号的部件,由无线电元器件、数字电路等硬件和专用软件所组成,简称通道。一个通道在一个时刻只能跟踪一个卫星信号。根据工作方式的不同,可分为序贯通道、复式通道(multiplexing channel)和多通道(multi channel)等。

三、GPS 定位技术

(一) GPS 定位原理

1. 基本原理

地面接收机可以在任何地点、任何时间、任何气象条件下进行连续观测,并且在时钟控制下,测定出卫星信号到达接收机的时间 Δt,进而确定卫星与接收机之间距离 ρ 为:

$$\rho = c \cdot \Delta t + \sum \delta_i \tag{6-32}$$

式中 c——信号传播速度;

$\sum \delta_i$——有关的改正数之和。

GPS 定位就是把卫星看成是“飞行”的控制点,根据测量的星站距离,进行空间距离后方交会,确定地面接收机的位置。

如图 6-25 所示,A、B、C 为已知瞬时位置的卫星点,接收机的位置坐标可由下式计算:

$$\begin{cases} \rho_A^2 = (x - x_A)^2 + (y - y_A)^2 + (z - z_A)^2 \\ \rho_B^2 = (x - x_B)^2 + (y - y_B)^2 + (z - z_B)^2 \\ \rho_C^2 = (x - x_C)^2 + (y - y_C)^2 + (z - z_C)^2 \end{cases} \tag{6-33}$$

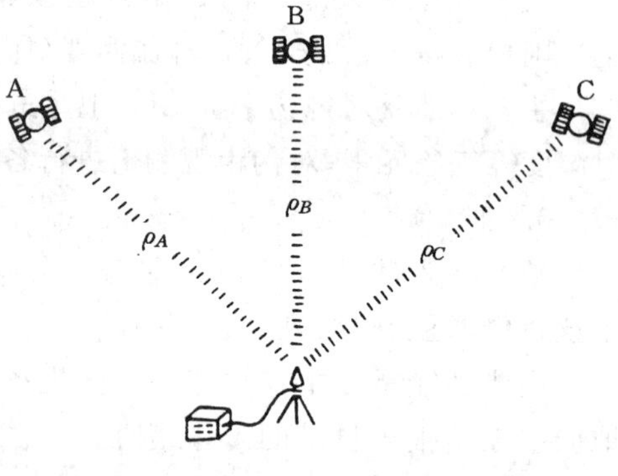

图 6-25 基本原理

其中 x_A, y_A, z_A——A 点的空间直角坐标;

x_B, y_B, z_B——B 点的空间直角坐标;

x_C, y_C, z_C——C 点的空间直角坐标;

x, y, z——接收机的空间直角坐标。

2. 伪距法定位原理

卫星根据自己的星载时钟所发出含有测距码的调制信号,经过 Δt 时间的传播后到达接收机,此时接收机的伪随机噪声码发生器,在本机时钟的控制下,又产生一个与卫星发射的测距码结构完全相同的“复制码”。通过机内的可调延时器将复制码延迟时间 τ,使得复制码与接收到的测距码“对齐”。在理想的情况下,延时 τ 就等于卫星信号的传播时间 Δt,将

传播速度 c 乘以时延 τ，就可以求得卫星至接收机的距离 $\tilde{\rho}$：

$$\tilde{\rho} = c \cdot \tau \tag{6-34}$$

考虑到卫星钟和接收机钟不同步的影响、电离层（高度处于 50～1 000 km 的大气层）和对流层（高度处于 50 km 以下的大气层）对传播速度的影响，所以称作伪距。真正距离 ρ 和伪距 $\tilde{\rho}$ 之间的关系式为：

$$\rho = \tilde{\rho} + \delta\rho_{\text{ion}} + \delta\rho_{\text{trop}} - cv_{ta} + cv_{\text{tb}} \tag{6-35}$$

式中　$\delta\rho_{\text{ion}}$，$\delta\rho_{\text{trop}}$——电离层折射改正和对流层折射改正；

v_{ta}，v_{tb}——卫星钟的钟差改正，接收机的钟差改正。

3. 载波相位测量法定位原理

若将卫星信号中的载波当做测距信号，量测出载波在接收机处的相位 φ_{R} 和卫星处的相位 φ_{s}，并求出相位差 $\Delta = \varphi_{\text{s}} - \varphi_{\text{R}}$（均以周数为单位），那么卫星至接收机的距离 $D = \Delta\varphi \cdot \lambda$，$\lambda$ 为载波的波长。但实际上我们是无法获得 φ_{s} 的，所以必须让接收机也产生频率完全相同的载波。假设卫星钟和接收机钟完全同步，那么任一时刻这两个载波的相位都严格相同。于是就能用接收机载波的相位 φ_{R}' 代替卫星载波相位 φ_{s}。所以某一时刻的载波相位观测值，就是该时刻接收机产生的载波的相位 φ_{R} 和接收到的来自卫星的载波相位 φ_{R}' 之差 $\Delta\varphi = \varphi_{\text{R}}' - \varphi_{\text{R}}'$。显然为了测定距离 D，$\Delta\varphi$ 中既应包含整波段数，也应包含不足一波段的小数。但实际上在进行首次载波相位测量时接收机只能测定不足一整周的部分 $F_{\text{r}}(\varphi)$，整波段数 N_0 是无法确定的。N 被称为整周未知数或整周模糊度。在随后的观测中接收机能测定的是整周计数 $\text{Int}(\varphi)$ 和不足一整周的部分 $F_{\text{r}}(\varphi)$，整周未知数 N_0 均无法确定。连续对某卫星的某载波进行观测时整周未知数只有一个。$F_{\text{r}}(\varphi)$，$\text{Int}(\varphi)$ 和 N_0 的几何意义见图 6-26。

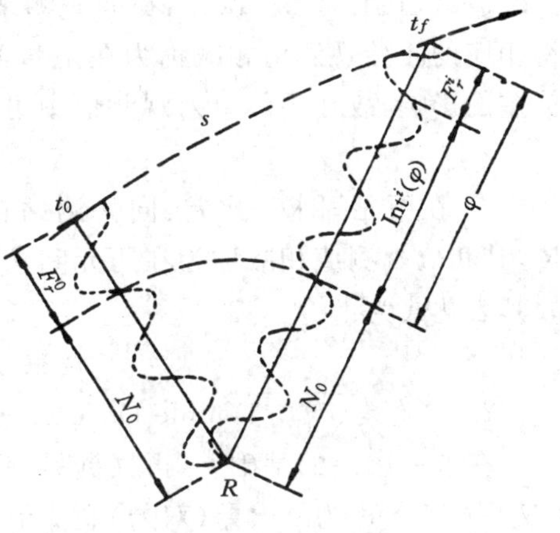

图 6-26　$F_{\text{r}}(\varphi)$，$\text{Int}(\varphi)$ 和 N_0 的几何意义

周跳和整周未知数问题是载波相位测量中特有的问题。在连续进行载波相位观测过程中，如果卫星信号暂时受阻挡或计数器暂时故障，计数器无法连续计数而暂时中断，使得 $\text{Int}(\varphi)$ 将丢失某一量而变得不正确（此时瞬时量测值 $F_{\text{r}}(\varphi)$ 仍是正确的）。这种现象叫做整周跳变，简称周跳。

由于卫星和接收机间的距离在不断变化，所以载波相位观测值 $\text{Int}(\varphi) + F_{\text{r}}(\varphi)$ 也随时间在不断变化。这种变化应该是有规律的、平滑的，周跳将破坏这种规律性。根据这一特性就可以发现周跳并用多项式拟合来修正周跳。

近 10 年来采用了快速解算 N_0 的方法，需用时间较短，仅数分钟。它根据数理统计中的参数估计和假设检验原理，利用测站初次平差所提供的信息，即坐标向量和整周未知数向量以及相应的协因数阵和单位权方差，对空间信息的每一点进行比较判别，逐步排查“搜索”。对经过统计检验剩下的整数组合再重新进行平差计算，进行验前、验后检验，最后确定出最佳的整周未知数。目前在接收机及其定位软件中广泛使用了这一方法。

（二）相位观测值的线性组合（差分法）

因为,GPS 观测值含有大量的系统误差,通过对载波相位原始观测值进行线性组合以形成新的差分观测值的方法,可以有效地减小误差。

1. 一次差(单差 Single-Difference,SD)

某一载波(例如 L_1)的两个相应原始相位观测值相减称为一次差,将所得的差值当做虚拟观测值并称为一次差(单差)观测值。假设安置在基线端点的接收机 $T_i(i=1,2)$ 对 GPS 卫星 s^j 和 s^k 于历元 t_1 和 t_2 进行了同步观测,则可得以下独立的载波相位观测量:$\varphi_1^j(t_1)$、$\varphi_1^j(t_2)$、$\varphi_1^k(t_1)$、$\varphi_1^k(t_2)$、$\varphi_2^j(t_1)$、$\varphi_2^j(t_2)$、$\varphi_2^k(t_1)$、$\varphi_2^k(t_2)$。若取符号 $\Delta\varphi^j(t)$、$\nabla\varphi_i(t)$ 和 $\delta\varphi_i^j(t)$,分别表示不同接收机之间、卫星之间和不同观测历元之间的观测量之差,求一次差一般有下列三种形式:

① 接收机(测站)间求一次差:两个测站在同一观测历元 t_i 对同一卫星的同一载波进行相位测量,其相应观测值相减称为在接收机(测站)间求一次差。由于这两个载波相位观测值均受到 $(t_i-\Delta t)$ 时刻的卫星钟差的影响,故在站间单差观测值中可消除其影响。当然,由于两站至卫星的距离不同,故信号传播时间 Δt 也不严格相等,但其差异极小,在这么短时间内卫星钟差的变化一般可忽略。此外,卫星星历误差和大气延迟误差等也可大幅度削弱。其表达式为:

$$\Delta\varphi^j(t)=\varphi_2^j(t)-\varphi_1^j(t) \tag{6-36}$$

② 在卫星间求一次差:在同一测站同一历元 t_i 对不同卫星的同一载波进行相位测量,将相应的原始观测值相减称为在卫星间求一次差。由于相应观测值中均受 t_i 时刻接收机钟差的影响,故在星际单差观测值中可消除其影响。其表达式为:

$$\nabla\varphi_i(t)=\varphi_i^k(t)-\varphi_i^j(t) \tag{6-37}$$

③ 在历元间求一次差:同一测站在两个不同历元对同一卫星的相同载波进行相位测量,其相位观测值相减称为在历元间求一次差。由于相应观测值中均含同样的整周未知数,故其表达式为:

$$\delta\varphi_i^j(t)=\varphi_i^j(t_2)-\varphi_i^j(t_1) \tag{6-38}$$

2. 二次差(双差 Double-Difference,DD)

在求一次差的基础上,再根据另一个要素将两个相应的单差观测值相减,称为求二次差(双差),其差称为二次差(双差)观测值。求二次差时与求差的先后顺序无关,故也有三种形式:在卫星与接收机间求二次差,在卫星与观测历元间求二次差,在接收机与观测历元间求二次差。其中在卫星与接收机间求二次差被广为采用,其表达式为:

$$\nabla\Delta\varphi^k(t)=\Delta\varphi^k(t)-\Delta\varphi^j(t)=[\varphi_2^k(t)-\varphi_1^k(t)-\varphi_2^j(t)+\varphi_1^j(t)] \tag{6-39}$$

各接收机厂商所提供的数据处理软件几乎都采用了双差观测值。这是因为载波相观测方程中会出现观测瞬间卫星钟差及接收机钟差参数,且其数量特别庞大。由于接收机钟是石英钟,稳定性差,卫星钟中由于实施 *SA* 技术又人为地引入了钟频的快速抖动,因而用多项式拟合各历元的钟差效果并不好。如果将各历元的钟差均当做独立参数,那么未知数的个数将达数千个。过多的参数不但会影响解的稳定性,而且对计算机及外围设备也会提出很高的要求。双差观测值在求差过程中可以将卫星钟差和接收机钟差消除,故未知数个数通常只有 10 个左右,用一般微机即可胜任数据处理工作,故被广泛采用。

3. 三次差(Triple-Difference,TD)

在求二次差的基础上再将两个相应的双差观测值相减,称为求三次差,其差称为三次差

(三差)观测值。由于与求差的顺序无关,故求三次差只有一种形式,即在卫星、接收机与历元间求三次差。其表达式为:

$$\delta\nabla\Delta\varphi^{k}(k)=\nabla\Delta\varphi^{k}(t_2)-\nabla\Delta\varphi^{k}(t_1)=[\varphi_2^{k}(t_2)-\varphi_1^{k}(t_2)-\varphi_2^{j}(t_2)+\varphi_1^{j}(t_2)]-[\varphi_2^{k}(t_1)-\varphi_1^{k}(t_1)-\varphi_2^{j}(t_1)+\varphi_1^{j}(t_1)] \tag{6-40}$$

由于在求三次差的过程中已将整周未知数消去,故方程中仅含坐标差未知数。注意:双差观测值是可以求整数(固定)解的,而三差解实际上是与实数(浮点)解对应的。因为在三差解中整周未知数已被消去并未解出,当然也无法固定为整数,而消去的整周未知数实际上是一组实数,所以在短基线解算中一般要求求双差固定解,而不希望求三差解。三差解一般用于中长基线,因为此时已难以求固定解了。

(三) GPS定位方式与定位模式

1. 按参考点的不同位置分类

① 绝对定位(Point Positioning),亦称单点定位,它使用一台GPS接收机通过观测至少四颗以上卫星的测码伪距或伪距与相位的历元差分以及其他传感器的观测量,确定用户接收机天线在协议地球坐标系WGS—84中的绝对坐标。

② 相对定位(Relative Positioning),其最基本的情况是利用两台接收机分别安置在基线的两端。同步观测相同的GPS卫星,利用所获得的测码伪距或载波相位观测量,确定出基线两端点在协议地球坐标系中的相对位置或基线向量。

因为在两个或多个测站上同步观测相同的卫星,卫星的轨道误差、卫星钟差(包括SA影响)、接收机时钟差以及大气折射等对观测量的影响都具有一定的相关性,所以利用这些观测量的不同组合进行相对定位,可有效地消除或减弱上述误差的影响。故相对定位是目前GPS测量中精度最高的,也是最常用的一种定位方式。

2. 按用户接收机天线在测量中所处的状态分类

① 静态定位(Static Positioning),即用户接收机相对地固坐标系保持不变。

② 动态定位(Kinematic Positioning),即用户接收机相对地固坐标系不断改变位置。GPS定位方式与定位模式的关系可用图6-27表示。

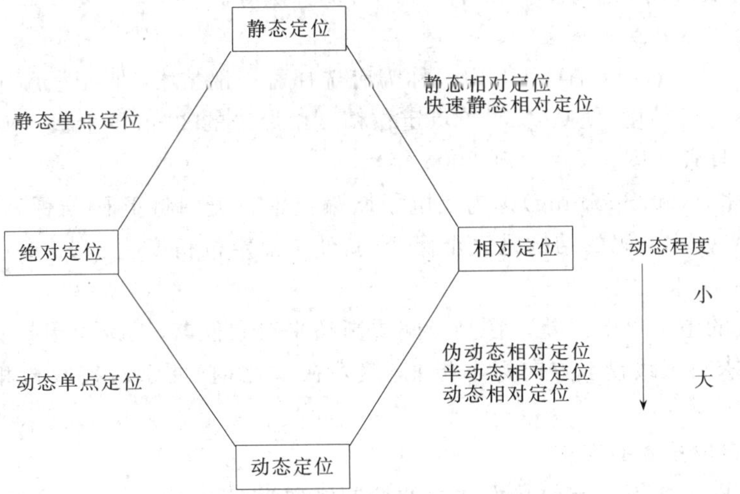

图6-27　GPS定位方式与定位模式的关系

四、影响 GPS 定位精度的因素

与传统大地测量一样,GPS 测量也受各种误差的影响。按误差性质可分成系统误差和偶然误差两类。偶然误差主要包括信号的多路径效应引起的误差和观测误差等,系统误差主要包括卫星的轨道误差、星历误差、卫星钟差、接收机钟差以及大气折射误差等。系统误差无论从误差的大小还是对定位结果的危害性都比偶然误差大得多,它是 GPS 测量的主要误差源。

GPS 测量中按误差的来源可分为与 GPS 卫星有关的误差、与信号传播有关的误差、接收设备产生的误差及人为因素产生的误差。

(一) 与 GPS 卫星有关的误差

与卫星有关的误差主要包括卫星星历误差、卫星钟的误差、地球自转的影响和相对论效应的影响等。

在实际工作中,可采取差分技术减少或消除卫星钟的误差和卫星星历误差,用轨道改进法和精密星历后处理方法减少卫星星历误差。

(二) 与信号传播有关的误差

GPS 信号向地面传播时要经过大气层,信号传播的误差主要有电离层折射误差、对流层折射误差、多路径误差等。

对于电离层延迟的影响,可以通过以下途径解决:利用电离层模型加以改正,利用双频接收机减少电离层延迟,用两个观测值同步观测量求差。

减少对流层折射对电磁波延迟影响方法有:利用模型改正,利用基线两端同步观测求差(适用于气象条件较稳定、基线较短,精度要求不很高的情况)。

消除多路径误差的途径有:适当选择测站的站址,选择配置抑径圈或抑径板 GPS 接收机,观测足够长的时间。

(三) 与接收设备的有关误差

主要有接收机钟差、天线相位中心的位置偏差等。

通常可采用适当的方法减弱或消除这些误差的影响,如建立误差改正模型对观测值进行改正,或选择良好的观测条件、采用恰当的观测方法等。

(四) 人为因素产生的误差

① SA 技术(Selective Availability)称为有选择可用性技术,即人为地引入卫星钟误差,故意降低 GPS 定位精度,使 C/A 码单点定位精度由原来的 20 m 降低到 100 m(美国政府于 2000 年 5 月 1 日宣布废止 SA 直到 2006 年)。

② AS 技术(Anti-Spoofing)称为反电子欺骗技术。美国将 P 码与保密的 W 码进行模二相加,以形成 y 码,y 码的结构是完全保密的,使单点定位精度优于 10 m 的 P 码不能被非特许用户接收。

③ 接收机的整平对中误差。在测段间重新整平对中仪器,以减少接收机的整平对中误差。同时还要求将天线盘上方向标志指北(偏差在 5°之内)便于对接收机相位中心偏差进行改正。

五、GPS 定位技术的实施

通常将应用 GPS 卫星定位技术建立的控制网称为 GPS 网。

GPS 控制网按服务对象可以分成两大类:一类是国家或区域性的高精度的 GPS 控制

网,这类 GPS 网中相邻点的距离通常是从数百千米至数千千米,其主要任务是作为高精度三维国家大地测量控制网,以求定国家大地坐标系与世界大地坐标系的转换参数,为地学和空间科学等方面的科学研究服务;或者是对 GPS 控制网进行重复观测,用以研究地区性的板块运动或地壳形变规律等问题。另一类是局部性的 GPS 控制网,包括城市或矿区 GPS 控制网或其他工程 GPS 控制网。这类网中相邻点间的距离为几千米至几十千米,其主要任务是直接为城市建设或工程建设服务。

GPS 控制网按其工作性质可以分成外业工作和内业工作两大部分。外业工作主要包括选点、建立测站标志、野外观测作业等;内业工作主要包括 GPS 控制网的技术设计、数据处理和技术总结等。

GPS 控制网按其工作程序可以分成 GPS 控制网的技术设计、仪器检验、选点与建造标志、外业观测与成果检核、GPS 网的平差计算以及技术总结等若干个阶段。

(一) GPS 控制网布设原则

① GPS 网一般应通过独立观测边构成闭合图形,以增加检核条件,提高网的可靠性。

② GPS 网点应尽量与原有地面控制点相重合。重合点一般不应少于 3 个(不足时应联测)且在网中应分布均匀,以便可靠地确定 GPS 网与地面网之间的转换参数。

③ GPS 网点应考虑与水准点相重合,而对于非重合点,一般应根据要求以水准测量方法(或相当精度的方法)进行联测,或在网中布设一定密度的水准联测点,以便为大地水准面的研究提供资料。

④ 为了便于观测和水准联测,GPS 网点一般应设在视野开阔和容易到达的地方。

⑤ 为了便于用经典方法联测或扩展,可在网点附近布设一通视良好的方位点,以建立联测方向。方位点与观测站的距离,一般应大于 300 m。

(二) GPS 测量精度分级

国家测绘局 1992 年制定的我国第一部《全球定位系统(GPS)测量规范》将 GPS 的测量精度分为 A、B、C、D、E 五级。其中 A、B 两级一般是国家 GPS 控制网。我国的国家 GPS 网就是按照这一精度标准设计的,其中 A 级网有 29 个点,B 级网有 819 个点。C、D、E 三级是针对局部性 GPS 网规定的。

为了适应生产建设的需要,有关部门制定了《全球定位系统城市测量技术规程》,按城市或工程 GPS 网中相邻点的平均距离和精度划分为二、三、四等和 、二级,在布网时可以逐级布设、越级布设或布设同级全面网。

(三) GPS 控制网施测步骤

1. 测区概况

介绍测区地理位置、交通情况、控制点分布情况、居民点分布情况及当地风俗民情等。收集测区已有地形图、控制点成果、地质、气象等方面的资料。

2. 作业依据

①《全球定位系统(GPS)测量规范》(GB/T 18314—2009),2009 年 6 月 1 日实施。

②《全球定位系统城市测量技术规程》(CJJ/T 73—2010),2010 年 10 月 1 日实施。

③ 技术设计说明书。

3. 起始数据与坐标系统

GPS 测量得到的是 GPS 基线向量,是属于 WGS—84 坐标系的三维坐标差,而实用上需要得到属于国家坐标系或地方独立坐标系的坐标，因此，必须说明 GPS 网的成果所采用的坐标系统和起算数据所采用的坐标系统。

4. GPS 的网形设计

观测设计分为 GPS 网形设计和观测计划的制订。网形设计对保证 GPS 定位的精度与可靠性有着重要的意义。用两台接收机进行相对定位测量可以解算出一条基线(即两点之间的坐标差)。用三台接收机进行相对定位测量可以同时解算出三条基线，这三条基线组成一个同步环。若用四台接收机进行相对定位测量，则可同时解算出六条基线并组成多个同步环。由不同时段观测解算出的基线组成异步环，设计 GPS 网时，应当由多个时段的观测基线构成多个异步环。异步环越多，多余观测数越多，GPS 网精度越高，可靠性越强。网形设计完成后，应在实地选定点位，然后制定观测计划。观测计划包含预报观测日期 GPS 卫星的几何分布情况，以便确定在至少有 4 颗以上卫星并且其几何分布参数(PDOP)适宜的情况下进行观测。观测计划的另一部分内容就是实施观测的组织工作。

5. GPS 外业观测

GPS 定位的野外观测比经纬仪测角、测距仪测边要简便得多，只需将 GPS 接收机天线安置在测站点上，对中并量取天线高度。开机后仅需输入测站点号、观测日期和量取天线高，并在观测中注意接收机工作是否正常即可。静态相对定位一般观测几十分钟即可达到相应的精度。观测时接收机将采集的数据存储在接收机的存储器上。

6. GPS 基线向量的计算及检核

GPS 测量外业观测过程中，必须每天将观测数据输入到计算机中，并计算 GPS 基线向量。这一计算工作通常是应用仪器厂家提供的软件完成，也可以应用国内研制的软件完成，并及时对同步环闭合差、异步环闭合差以及重复边闭合差进行检查计算，闭合差应符合规范要求。

7. GPS 网的数据处理

数据处理分为预处理和后处理。预处理的主要内容是根据两台以上接收机同步观测的数据解算出两点之间的基线向量及其方差、协方差；检核同步环闭合差和异步环闭合差是否合乎限差的要求，以便确定是否需要重新观测。后处理包括基线向量网的平差及其坐标的转换，最后得到实用的控制网点的坐标。

GPS 控制网也就是由 GPS 基线向量构成的测量控制网，GPS 网平差也就是以构成 GPS 向量的 WGS—84 坐标系的三维坐标差作为观测值进行平差。GPS 卫星的坐标属于 WGS—84 世界大地坐标系坐标，经接收机对 GPS 卫星进行观测并解算出的测站点的坐标自然也是 WGS—84 坐标。如果实际测图应用需要国家坐标系的大地坐标或高斯平面坐标，则需要通过坐标转换将 GPS 点的坐标转换为国家坐标系坐标。为了实现坐标转换，在布设 GPS 控制网时，应联测若干个(一般应为 3 个以上)已知国家控制点(包括平面控制点和高程控制点)。这些联测的国家点经 GPS 观测后，同时具有两套坐标值和高程值，便可以通过坐标转换软件实现坐标系统的转换。

8. 提交成果

提交成果包括技术设计说明书、卫星可见性预报表和观测计划、GPS 网示意图、GPS 观测数据(软盘或手簿)、GPS 基线解算结果、GPS 基点的 WGS—84 坐标、GPS 基点的国家坐标系中坐标或地方坐标系中坐标等。

六、GPS 技术的应用

GPS 性能优异，应用范围极广。可以说，凡是需要导航和定位的部门，都可以采用 GPS。GPS 的建成和使用，是导航技术的一场革命，影响深远。同时，对定位技术也是一次巨大的推动，必将引起一场重大的变革。总之，GPS 是导航、定位技术的最重大的科技成就。

（一）精密定位应用

应用 GPS 载波相位测量技术，可以精确地测定两点间的相对位置，精度可达 10^{-6}～10^{-7}。它为大地测量、海洋测量、航空摄影测量、地震监测、地球动力学测量提供了高精度、现代化的测量手段。GPS 已广泛应用于建立准确的大地基准，大地控制网和地壳运动监测网中。

（二）导航定位应用

GPS 是空中、海洋和陆地导航定位最先进、最理想的技术。它可以为飞机、舰船、车辆、坦克、炮兵、陆军部队和空降兵，提供全天候连续导航定位。它是航天飞机和载人飞船最理想的制导、导航系统，为其起飞、在轨运行过程连续服务。

（三）精密授时、大气研究

GPS 用户接收机通过对 GPS 卫星的观测，可获得准确的 GPS 时。GPS 时与 UTC 时是同步的，因此 GPS 亦是当今精度最高的全球授时系统。一般接收机测时精度为 100 ns，专用定时接收机可获得更高的精度。

利用 GPS 所测定的电离层延迟和多普勒频移延迟，可用来研究电离层的电子积分浓度、折射系数、电子浓度随高度的分布，以及上述电离层参量在时间和空间上的相关性等。

（四）为武器精确制导

应用 GPS/INS 组合制导系统时，GPS 不断修正导弹飞行中惯性导航误差，提高制导精度，增强武器的“精确打击”能力。这一点在海湾战争、美国对前南斯拉夫和美国对阿富汗的战争中都表现得淋漓尽致。

（五）航天与武器实验中的应用

GPS 在各类航天器定轨和导弹、常规武器实验中有着广泛的应用。GPS 可为各类航天器测定精密轨道，用差分 GPS 完成飞船的交会和对接。在武器实验中应用 GPS 可精确测定弹道轨道。

复习思考题

1. 全国性平面控制网和高程控制网分几级？是按什么原则布设的？
2. 何谓大地点、水准点和图根点？
3. 附合导线和闭合导线计算有哪两点不同？
4. 图 6-28 为一闭合导线。已知数据及观测数据如下：

$$\text{已知：}\begin{cases} x_1 = 5\ 032.70\ \text{m} \\ y_1 = 4\ 537.66\ \text{m} \\ \alpha_{12} = 97°58'08'' \end{cases}$$

观测：$\begin{cases}\beta_1=125°52'04''\\ \beta_2=82°46'29''\\ \beta_3=91°08'23''\\ \beta_4=60°14'02''\end{cases}$ $\begin{cases}D_{12}=100.29\ \text{m}\\ D_{23}=78.96\ \text{m}\\ D_{34}=137.22\ \text{m}\\ D_{41}=78.67\ \text{m}\end{cases}$

试按本章表 6-6 的格式自行列表计算点 2、点 3、点 4 的坐标（注：因观测右角，应用右角公式推算坐标方位角）。

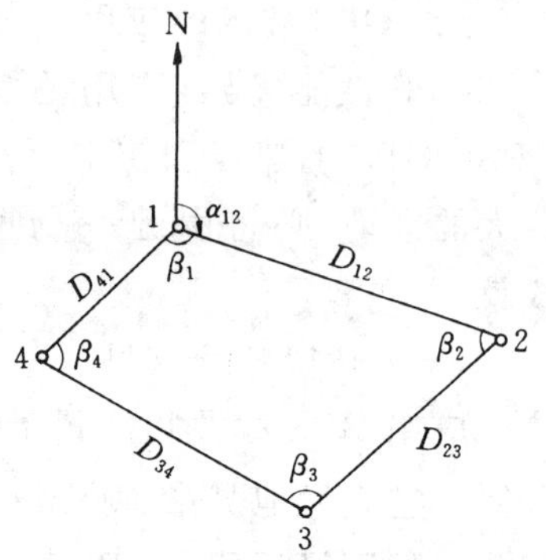

图 6-28　闭合导线示意图

5. 如图 6-29 所示，已知：$\alpha_{BA}=145°00'$，各左角 $\beta_A=137°00'$，$\beta_1=150°00'$，$\beta_2=120°00'$，$\beta_3=92°00'$；各右角 $\beta_A'=223°00'$，$\beta_1'=210°00'$，$\beta_2'=240°00'$，$\beta_3'=268°00'$。试求：(1) 用左角推算各边的方位角；(2) 用右角推算各边的方位角。

6. 何谓坐标正算和坐标反算？已知 A、B 两控制点的坐标为：$x_A=2\ 179.737$ m，$y_A=1\ 655.636$ m；$x_B=2\ 166.741$ m，$y_B=1\ 757.266$ m。试反算 α_{AB} 和 l_{AB}（需绘略图）。

7. 图 6-30 为一附合导线。已知数据及观测数据如下：

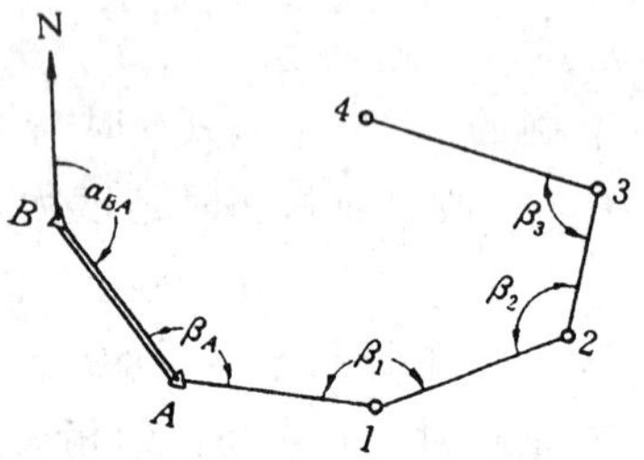

图 6-29　支导线示意图

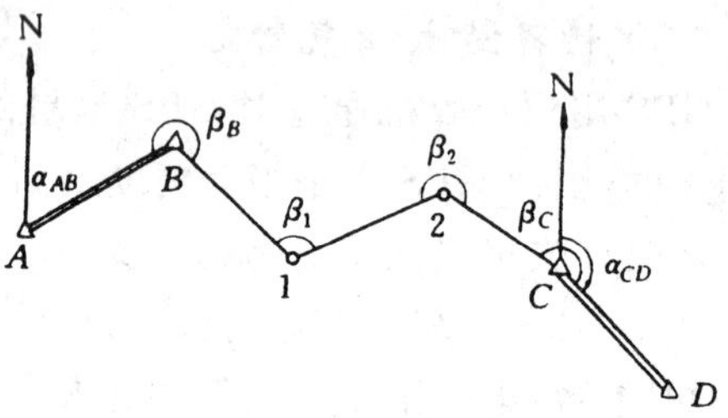

图 6-30　附合导线示意图

已知：$\begin{cases}x_B=200.00\ \text{m}\\ y_B=200.00\ \text{m}\end{cases}$ $\begin{cases}x_C=155.37\ \text{m}\\ y_C=756.06\ \text{m}\end{cases}$ $\begin{cases}\alpha_{AB}=45°00'00''\\ \alpha_{CD}=116°44'48''\end{cases}$

观测：$\begin{cases}\beta_B=239°30'00''\\ \beta_1=147°44'30''\\ \beta_2=214°49'00''\\ \beta_C=189°41'30''\end{cases}$ $\begin{cases}D_{B1}=297.26\ \text{m}\\ D_{12}=187.81\ \text{m}\\ D_{2C}=93.40\ \text{m}\end{cases}$

试按本章表 6-7 的格式自行列表计算点 1、2 的坐标。

8. 经纬仪前方交会、侧方交会和后方交会各适合于何种情况？

9. 线形锁有何特点？它为什么在图根控制测量中能广泛使用？

10. 简述 GPS 系统由哪几部分组成，各部分的作用是什么？

第七章　大比例尺地形图的测绘

第一节　地形图的基本知识

一、平面图、地形图和地图

为了将地物地貌绘到图上，理论上必须从地面各特征点向水准面作铅垂线，铅垂线与水准面的交点称为地面各特征点的垂直投影。若测区很小，水准面可以用水平面代替，所以，可以认为地面各特征点是垂直投影在水平面上的。如图7-1所示，a、b、c、d、e、f 各点为地面相应点 A、B、C、D、E、F 的垂直投影。

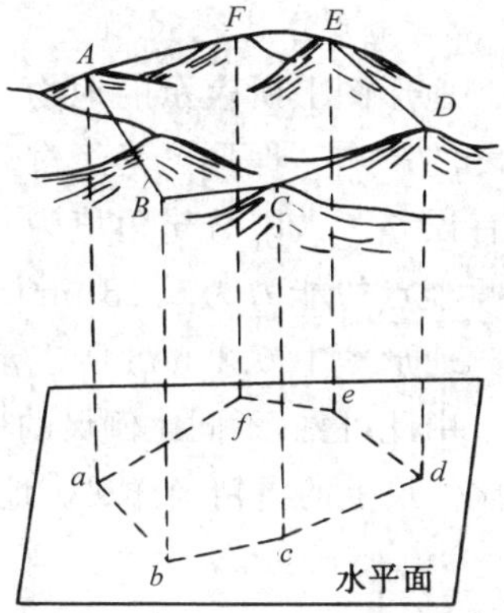

图 7-1　地形特征点垂直投影示意

在小区域内，由于水准面可用水平面代替，因此，将地面的点位和图形垂直投影到水平面上，然后，相似地将图形按一定比例尺缩小绘在图纸上，这样制成的图称为平面图。一般在平面图上仅表示地物，不表示地貌。如在工程建设中使用的只表示房屋、道路、河流等地物平面位置的图就是平面图。如果图上不仅表示出地物的位置，而且还用特定符号把地面上高低起伏的地貌表示出来，这种图称为地形图。因此，地形图是最详细的图，其用途也最广。

在大区域内或整个地球范围内测图时，必须将地面各点投影到地球椭圆体面上，然后，用特殊的投影方法展绘到图纸上，这样制成的图称为地图。地图上各处的比例尺是不同的，而平面图上各处的比例尺是相同的。

二、图的比例尺

绘制各种图时，实地的形状必须经过缩小后才能绘在图纸上。图上某一线段的长度与地面上相应线段的水平长度之比，称为图的比例尺(或称缩尺)。

图的比例尺有两种表示方法，即数字比例尺和图示比例尺。

1. 数字比例尺

凡比例尺用分子为 1，分母为整数的分数表示的，称为数字比例尺。设图上的线段长度为 S，地面上相应线段的水平长度为 l，M 为比例尺的分母，则图的数字比例尺为：

$$\frac{1}{M}=\frac{S}{l}=\frac{1}{\dfrac{l}{S}}$$

2. 图示比例尺

一般说来，在图上除写有数字比例尺外，还有用线段表示的比例尺，这就是图示比例尺。它的优点是，可以减少计算和避免图纸变形的影响。图示比例尺，有直线比例尺和复式比例尺两种。最常用的是直线比例尺，如图 7-2 所示。

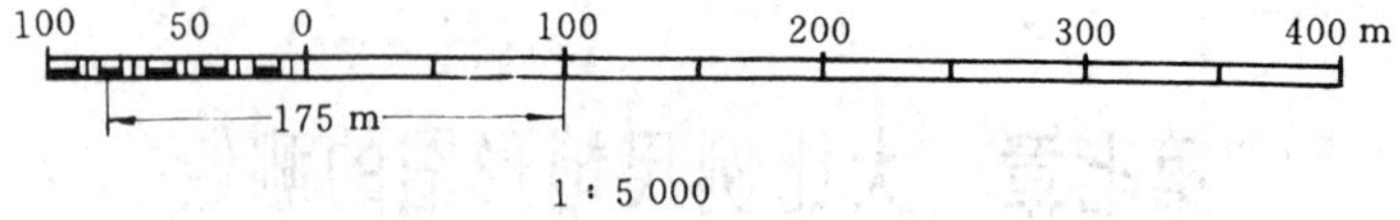

图 7-2 直线比例尺示意图

地形图按比例尺的不同，可以分为大、中、小三种。1∶500、1∶1 000、1∶2 000、1∶5 000的地形图，称为大比例尺图；1∶1 万、1∶2.5 万、1∶5 万、1∶10万的地形图，称为中比例尺图；1∶20 万、1∶50 万、1∶100 万的地形图，称为小比例尺图。本章主要叙述大比例尺地形图的测绘问题。

3. 地形图比例尺精度

地形图上所表示的地物、地貌细微部分与实地有所不同，其精确与详尽程度，受比例尺精度的影响。地形图是经过人眼用绘图工具将测量成果绘于图上。测量有误差，人眼绘图亦有误差。人眼分辨角值为 60″，在明视距离(25 cm)内辨别两条平行线间距为 0.1 mm，区别两个点的能力为 0.15 mm。因此，通常将 0.1 mm 称为人眼分辨率。

地形图上 0.1 mm 所表示的实地水平长度，称为地形图的比例尺精度。

由此可见，不同比例尺的地形图其比例尺精度不同。大比例尺地形图上所绘地物、地貌较小比例尺上的更精确详尽。地形图比例尺精度数值列于表 7-1 中。

表 7-1　　地形图比例尺精度

地形图比例尺	1∶500	1∶1 000	1∶2 000	1∶5 000	…
地形图比例尺精度	5 cm	10 cm	20 cm	50 cm	…

据上所述，地形图的比例尺精度与量测关系有二：其一，根据地形图比例尺确定实地量测精度，例如在比例尺为 1∶500 的地形图上测绘地物，量距精度只需达到±5 cm 即可；其二，可根据用图需要表示地物、地貌的详细程度，确定所选用地形图的比例尺。如要求测量能反映出量距精度为±10 cm 的图，应选比例尺为 1∶1 000 的地形图。同一测区范围的大比例尺测图要比小比例尺测图更费工时。

三、地形图符号

地球表面的形状是非常复杂的，既有高山、溪流，又有森林、房屋，等等。但总的来说，可将其分为地物和地貌两大类。所谓地形，就是地物和地貌的总称。地物指的是地球表面各种自然物体和人工建(构)筑物，如森林、河流、街道、房屋、桥梁等；地貌是指地球表面高低起伏的形态，如高山、丘陵、平原、洼地等。地形测量工作者的任务，就是把错综复杂的地形测量出来，并用最简单、明显的符号表示在图纸上，最后完成一张与实地相似的地形图。上述符号称为地形图符号，只要我们熟悉了这些符号，就可以看懂地形图。

地形图符号可分为地物符号、地貌符号和注记符号三大类。地形图符号的大小和形状，均视测图比例尺的大小不同而异。各种比例尺地形图的符号、图廓形式、图上和图边注记字体的位置与排列等，都有一定的格式，总称为图式。为了统一全国所采用的图式以及用图的方便起见，国家测绘地理信息局制定了几种比例尺地形图图式，以供全国各测绘单位使用。表 7-2 是 2007 年制定的《1∶500、1∶1 000、1∶2 000 地形图图式》(GB/T 20257.1—2007)

表 7-2　　**地形图符号**

编号	符号名称	图例
1	**单幢房屋** a.一般房屋 b.有地下室的房屋 c.突出房屋 d.简易房屋 混、钢——房屋结构 1、3、28——房屋层数 —2——地下房屋层数	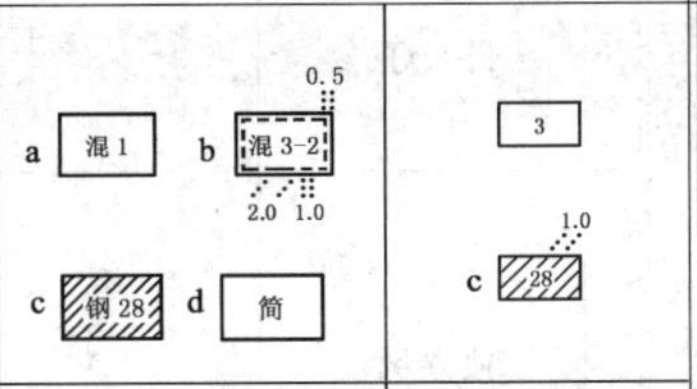
2	**窑　洞** a.地面上的 a1.依比例尺的 a2.不依比例尺的 a3. 房屋式的窑洞 b.地面下的 b1.依比例尺的 b2.不依比例尺的	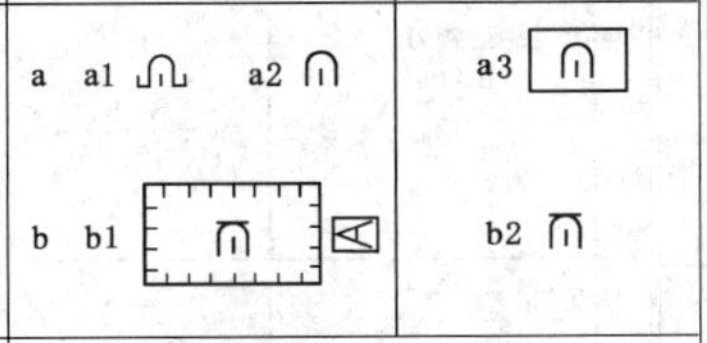
3	台　阶	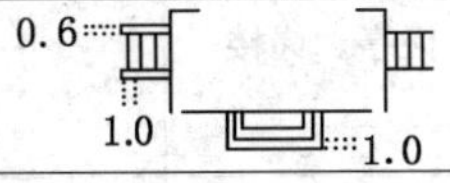
4	花圃、花坛	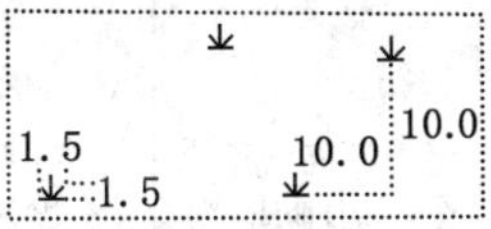
5	草　地 （天然草地）	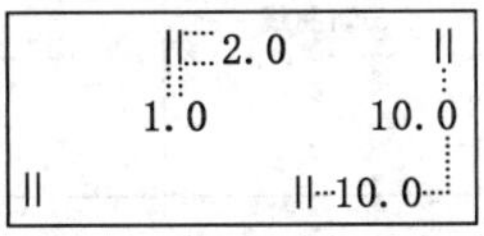
6	经济林 （果园）	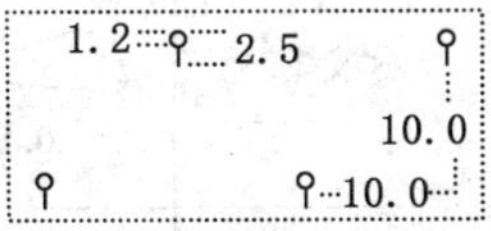
7	水生作物地 菱——品种名	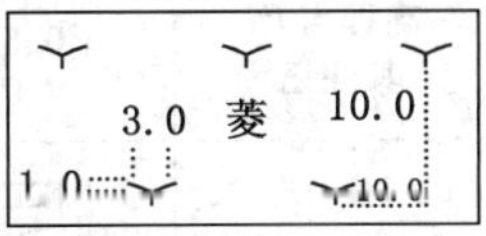
8	稻　田 a.田埂	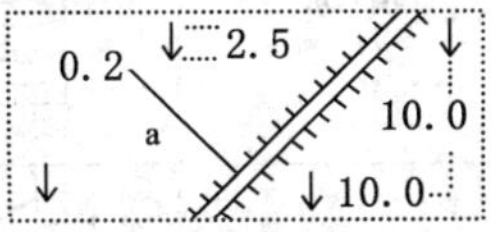
9	旱　地	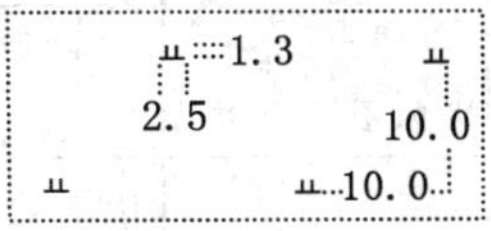
10	灌木林 （大面积的）	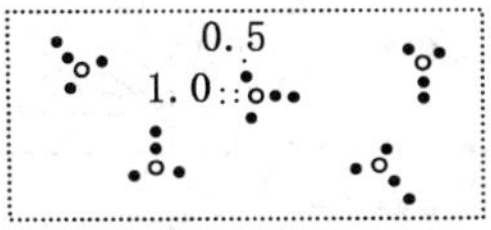
11	菜　地	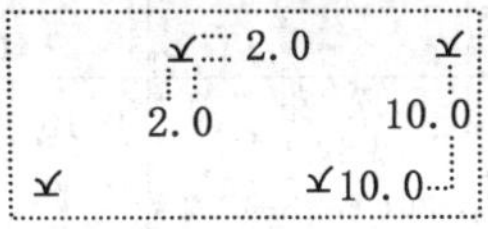
12	高压线	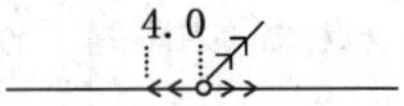
13	低压线	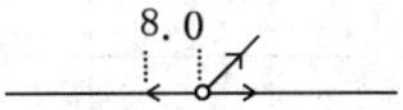
14	电　杆	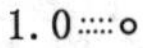
15	电线架	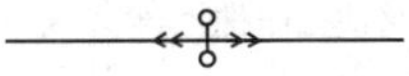
16	**围　墙** a.依比例尺的 b.不依比例尺的	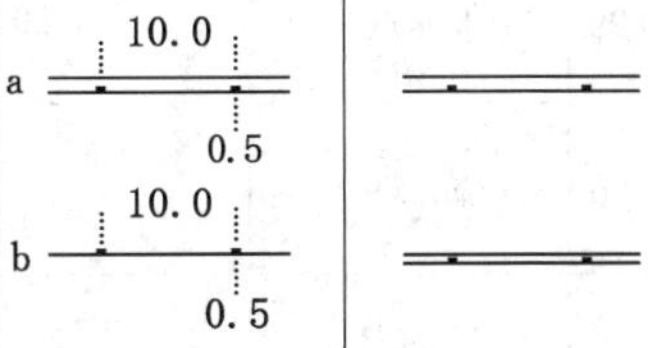
17	栅栏、栏杆	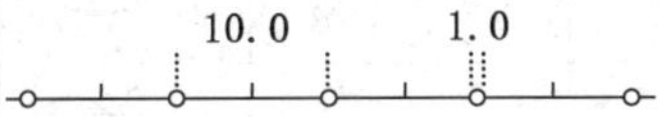
18	篱　笆	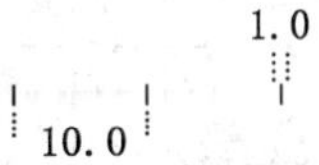
19	活树篱笆	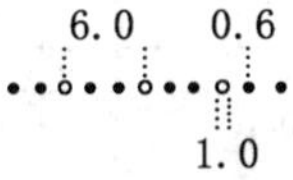
20	运河、沟渠 a.运河 b.沟渠	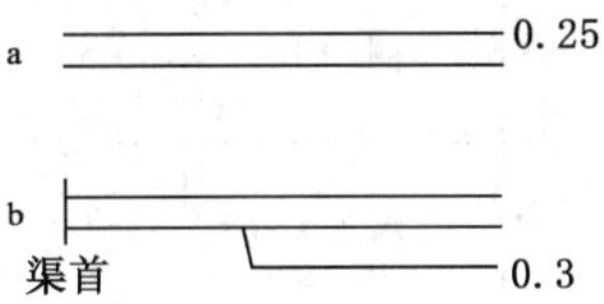
21	沟堑	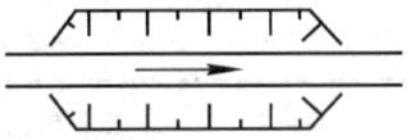

续表 7-2

编号	符号名称	图例
22	铁 路	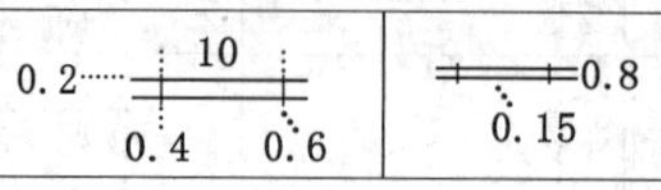
23	公 路 ② 技术等级代码 (S301)省道代码及编号	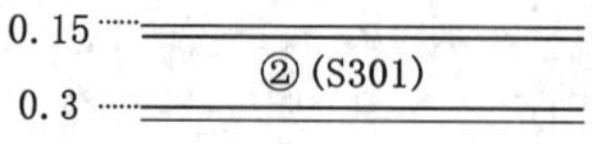
24	机耕路（大路）	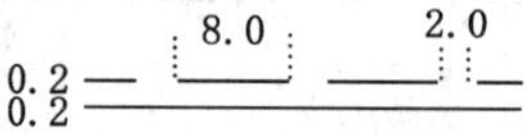
25	小路、栈道	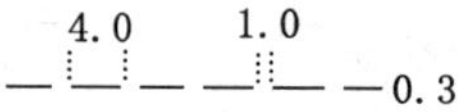
26	三角点	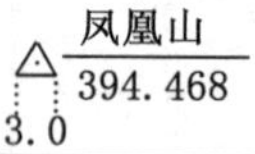
27	导线点	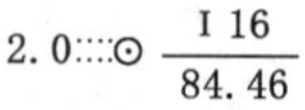
28	不埋石图根点	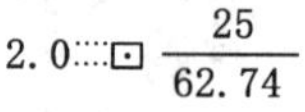
29	水准点	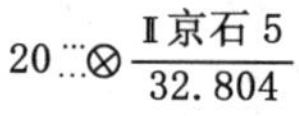
30	旗 杆	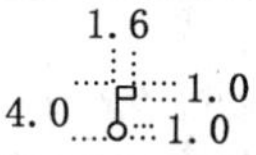
31	水 塔	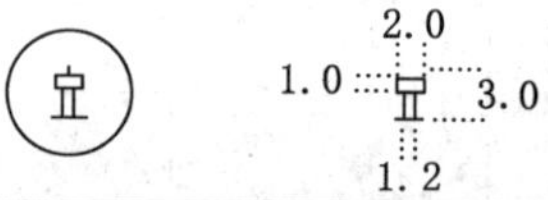
32	烟囱及烟道	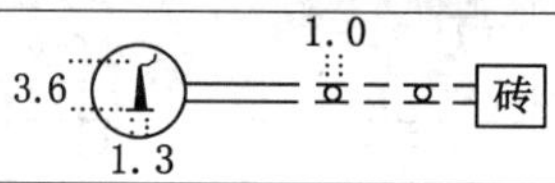
33	气象台（站）	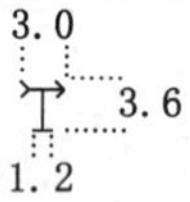
34	消火栓	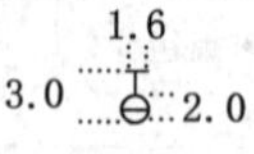
35	阀 门	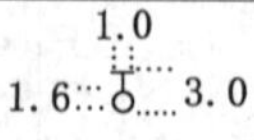
36	水龙头	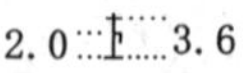
37	钻 孔	
38	路 灯	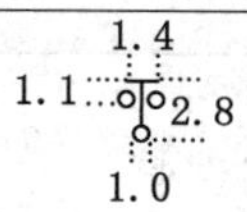
39	独立树 a.阔叶 b.针叶	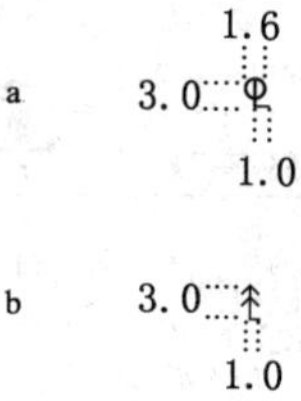
40	岗亭、岗楼	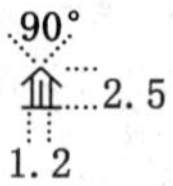
41	等高线 a.首曲线 b.计曲线 c.间曲线	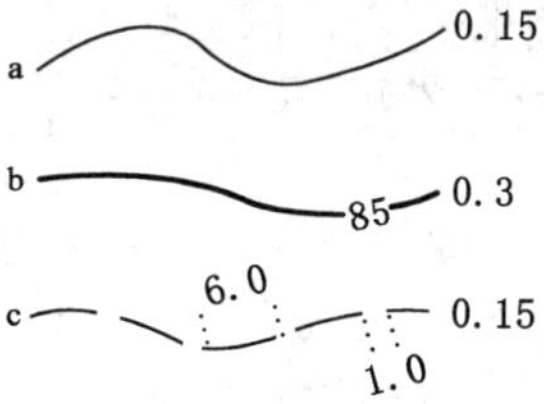
42	示坡线	
43	高程点及其注记	0.5 • 1520.3 • -15.3
44	滑 坡	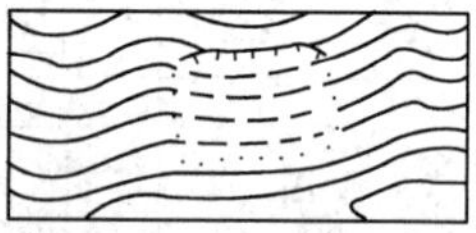
45	陡崖、陡坎 a.土质的 b.石质的 18.6、22.5——比高	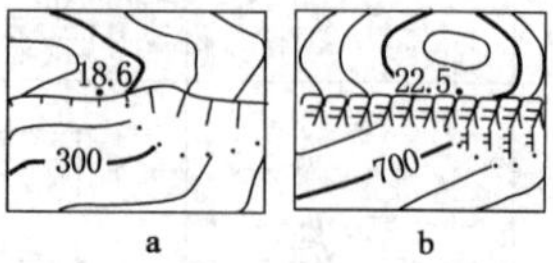
46	冲 沟 3.4、4.5——比高	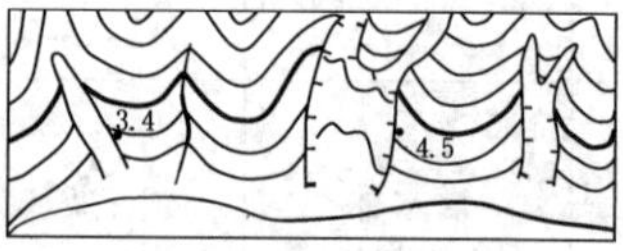

中的部分地形图符号(符号上所注尺寸,均以毫米为单位)。现将地物符号、地貌符号和注记符号分别说明如下。

(一) 地物符号

地物符号一般分为比例符号、非比例符号和线状符号三种。

1. 比例符号

将地面上实物的轮廓,按测图比例尺缩小,然后绘制在图上的符号称为比例符号,又称轮廓符号,如房屋、果园、树林、江河等。这些符号与地面上实际地物的形状相似。

2. 非比例符号

当地物的轮廓很小,以至于不能按照测图比例尺缩小,但这些地物又很重要,不能舍掉时,则需按统一规定的符号描绘在图上,这种符号称为非比例符号,如测量控制点、钻孔、矿井和烟囱等。有些比例符号和非比例符号,随着测量比例尺的不同是可以互相转化的。

非比例符号在地形图上的位置,必须与实物位置一致,这样才能在图上准确地反映实物的位置。为此,应该规定符号的定位点,这些定位点在地形图图式上规定如下:

① 几何图形符号(圆形、矩形、三角形等),在其几何图形中心。

② 宽底符号(蒙古包、烟囱、水塔等),在底线中心上。

③ 底部为直角形的符号(风车、路标等),在直角的顶点。

④ 几种几何图形组成的符号(气象站、无线电杆等),在其下方图形的中心点或交叉点。

⑤ 下方没有底线的符号(窑、亭、山洞等),在其下方两端点间的中心点。

3. 线状符号

长度能依比例,而宽度不能缩绘的狭长地物符号,称为线状符号或半比例符号。这种符号的长度依真实情况测定,而其宽度和符号样式有专门规定。因此,根据这类符号可以在图上量测地物的长度,但不能量测其宽度,如铁路、高压电线和围墙等。

(二) 地貌符号

最常用的地貌符号是等高线,关于等高线的原理及其种类,将在下一节作详细介绍。

(三) 注记符号

注记符号是地物符号和地貌符号的补充说明,如城镇、铁路等的名称,以及河流的流向及流速。注记符号可用文字、数字或线段表示。

四、地形图的图幅、图号和图廓

(一) 图幅

图的量词为“幅”,一张地形图称为一幅地形图。图幅指图的幅面大小,即一幅图所测绘地貌、地物的范围。图幅形状有梯形和矩形两种,其确定图幅大小方法各不相同。

现将大比例尺地形图矩形图幅大小及其代表的实地面积列于表 7-3。

表 7-3　　地形图矩形图幅大小与实地面积关系

比例尺	图幅大小/cm	实地面积/km^2
1∶5 000	40×40	4.0
1∶2 000	50×50	1.0
1∶1 000	50×50	0.25
1∶500	50×50(50×40)	0.062 5(0.05)

(二) 图名

一般地形图的图名,用本幅图内最大的城镇、村庄、名胜古迹或突出的地物、地貌的名称来表示,图名写在图幅上方中央(图 7-3)。

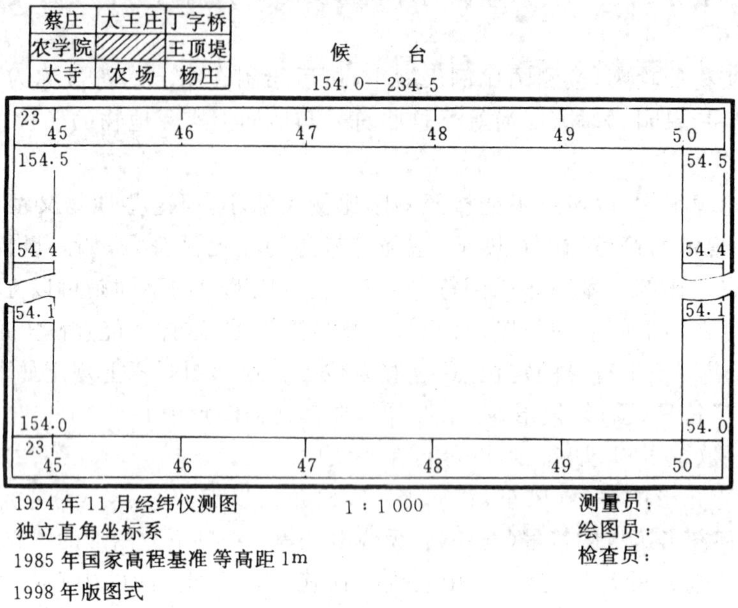

图 7-3 地形图要素

(三) 图号

在保管、使用地形图时,为使图纸有序地存放和便于检索,要将地形图进行编号。此编号称为地形图图号。图号标注在图幅上方图名之下,如图 7-3 所示。地形图编号方法详见第 8 章。

(四) 接图表

接图表是本幅图与相邻图幅之间位置关系的示意图,供查找相邻图幅之用。接图表的位置是在图幅左上方,它给出了与本幅相邻 8 幅图的图名,见图 7-3。

(五) 图廓

图廓有内、外图廓之分。内图廓线就是测量边界线。内图廓之内绘有 10 cm 间隔互相垂直交叉的短线,称为坐标格网。矩形图幅内图廓线也是公里格网线。梯形分幅图廓线为经纬线。因受子午线收敛角影响,经纬线方向与坐标网格方向不一致。故在 1∶10 万及其以下比例尺地形图图廓内既有公里格网又有经纬线,大于 1∶5 万比例尺地形图上则不绘经纬线。其图廓点坐标用查表方法找出(参见第 8 章第 2 节)。外图廓线是一幅图最外边界线,以粗实线表示。有的地形图(如 1∶1 万、1∶2.5 万)在内外图廓线间尚有一条分图廓线。在外图廓线与内图廓线空白处,与坐标格网线对应地写出坐标值,见图 7-3。

外图廓线外,除了有接图表、图名、图号,尚应注明测量所用的平面坐标系、高程坐标系、比例尺、测绘日期和测绘单位等。

第二节　地貌与等高线

一、等高线原理

等高线，就是地面上高程相等的各相邻点所连成的闭合曲线，也就是水平面(严格来说应是水准面)与地面相截所形成的闭合曲线。我们日常见到的池塘或蓄水库的水面与岸边的交线，就是一条等高线。

我们设想有一个山头被水淹了(图7-4)，如该水平面的高程为80 m，这时水平面和山头相交所形成的闭合曲线，就是一条高程为80 m的等高线，即在这条曲线上的各点高程都是80 m。如水位上涨了10 m，则该水平面的高程为90 m，这时水平面又和山头相交又形成一条高程为90 m的等高线。依次类推，可以得出一系列不同高程的等高线，这些等高线的形状，代表了山头各部位的形状。把这些等高线都垂直投影在同一个水平面上，并按测图比例尺缩小绘在图纸上，就得到用等高线表示的山头的地形图。

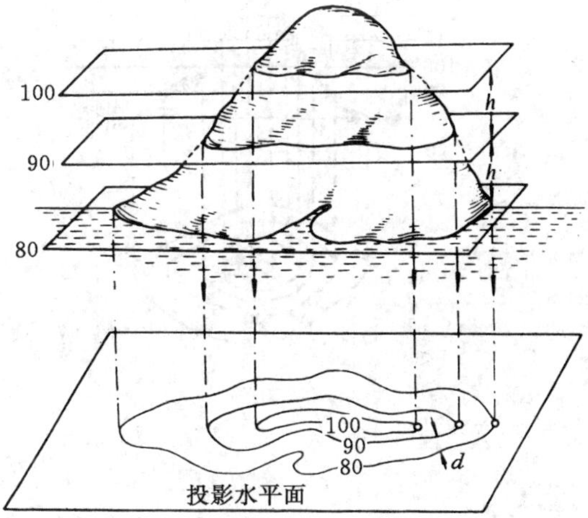

图7-4　等高线投影过程示意

用等高线表示地貌，不但能简单而正确地显示地貌的形状，而且还能根据它较精确地求出图上任意点的高程。因此，工程上用的地形图，都用等高线表示地貌。

二、等高距和等高线平距

相邻等高线间的高差，称为等高距(或称等高线间隔)，如图7-4中的h。相邻等高线在水平面上的垂直距离，称为等高线平距，如图7-4中的d。为了使用方便，《规范》规定，在一个测区内只能采用一种等高距。

用等高线表示地貌时，对于等高距的选择，具有重要意义。若选择的等高距过大，则不能精确地表示地貌的形状；如等高距过小，虽能较精确地表示地貌，但这不仅会增大工作量，而且还会影响图的清晰度，给使用地形图带来不便。因此，在选择等高距时，应结合图的用途、比例尺以及测区地形坡度的大小等多种因素综合考虑。表7-4所列为大比例尺地形测量规范中关于等高距的规定。

表7-4　　**等高距的规定**

等高距/m（地形类别／比例尺）	平　地	丘陵地	山地和高山地
1∶1 000	0.5	1	1
1∶2 000	0.5	1	2
1∶5 000	1	2	5

三、典型地貌的等高线

将地面起伏和形态特征分解观察，不难发现它是由一些地貌组合而成的。会用等高线表示各种典型地貌，才能够用等高线表示综合地貌。

凡是凸出而且高于四周的高地称为山地，高大的称为山峰，矮小的称为山丘。比周围地面低，而且经常无水的地势较低的地方称为凹地，大范围低地称为盆地，小范围低地称为洼地。图 7-5(a)是山丘断面图及其等高线图；图 7-5(b)是盆地的断面图及其等高线图。

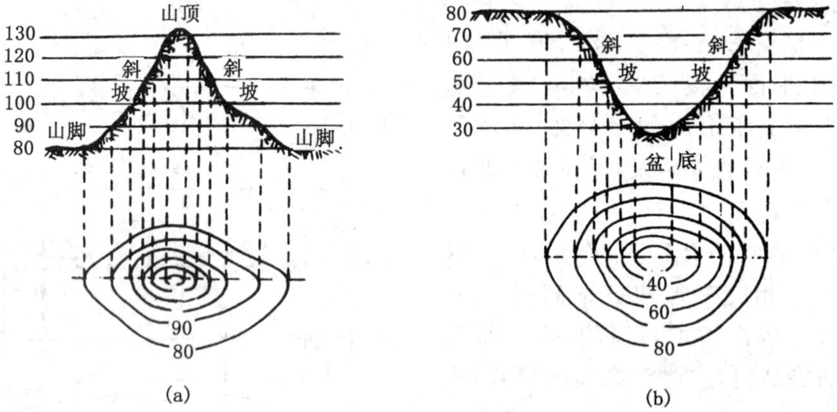

图 7-5　山峰和盆地等高线

山脊是从山顶到山脚的凸起部分，山脊最高点间的连线称为山脊线。以等高线表示的山脊是等高线凸向低处，雨水以山脊为界流向两侧坡面，故山脊线又称为分水线。山脊及其等高线如图 7-6(a)所示，图中虚线为山脊线。

山谷是沿着一个方向延伸下降的洼地。山谷中最低点连成的谷底线称为山谷线或集水线。如图 7-6(b)所示，图中的虚线为山谷线。

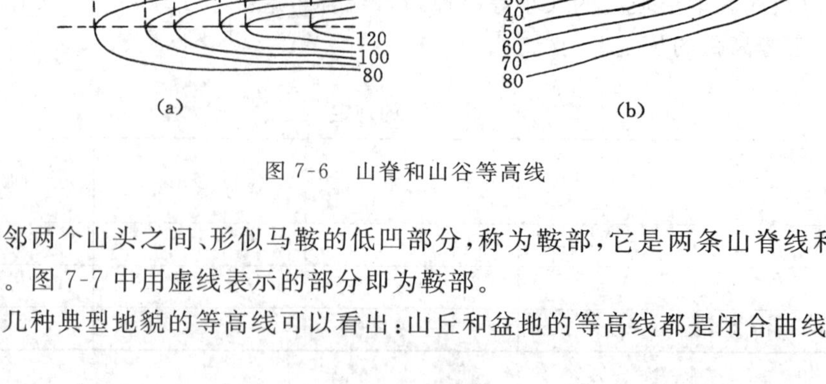

图 7-6　山脊和山谷等高线

介于相邻两个山头之间、形似马鞍的低凹部分，称为鞍部，它是两条山脊线和两条山谷线相交之处。图 7-7 中用虚线表示的部分即为鞍部。

从上述几种典型地貌的等高线可以看出：山丘和盆地的等高线都是闭合曲线，两者形状

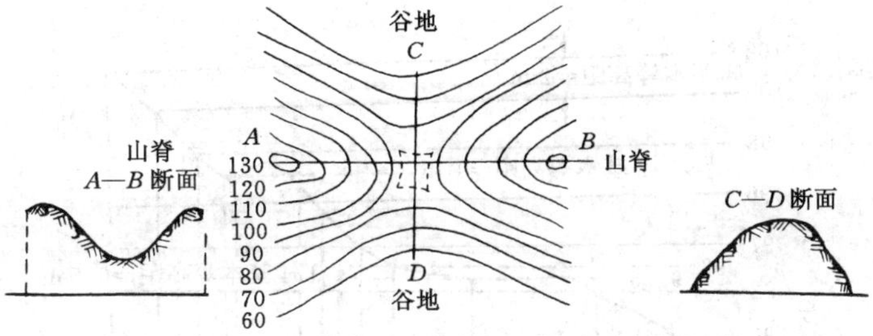

图 7-7　示坡线示意图

很相似。为了区别起见,必须在等高线上注记高程或画出示坡线。示坡线是垂直于等高线而指向下坡的短线,如图 7-5 中的短线。

山脊和山谷的等高线,都是朝着一个方向凸出的曲线,两者的形状也很相似。但是,山脊的等高线是向着山脊线降低的方向凸出,山谷的等高线则是向着山谷线升高的方向凸出。山脊和山谷,同样可以根据等高线上的高程注记或画示坡线来加以区别。

有些特殊地貌,如悬崖、峭壁、冲沟、雨裂等,不能用等高线表示,而要用地形图图式中规定的特殊符号来表示,请参阅地形图图式。

四、等高线的特性

根据前述用等高线表示地貌的情况,可以归纳等高线的特性如下:

① 在同一条等高线上的各点,其高程相等。

② 等高线必定是一条闭合曲线,不会中断,由于一幅图所示的范围有限,如在本图幅内不闭合,则在相邻图幅内仍最终自成闭合。

③ 一条等高线不能分叉为两条;不同高程的等高线,不能相交或者合并成一条;在悬崖处的等高线虽然相交,但必须有两个交点。

④ 等高线愈密则表示坡度愈陡,等高线愈稀则表示坡度愈缓,等高线之间平距相等则表示坡度相等。

⑤ 经过河流的等高线不能直接跨越而过,应该在接近河岸时,渐渐折向上游,直到与河底等高处才能越过河流,然后再折向下游渐渐离开河岸。

⑥ 等高线通过山脊线时,与山脊线成正交,并凸向低处;等高线通过山谷线时,则应与山谷线成正交,并凸向高处。

五、等高线的种类

1. 首曲线

按规定的基本等高距测绘的等高线称为首曲线(或基本等高线),如图 7-8 中的 88,90,92,…,102 等,其基本等高距为 2 m。

2. 计曲线

为了用图方便,每隔四级首曲线描绘一根较粗的等高线,称为计曲线(或加粗等高线)。如图 7-8 中高程为 90 m、100 m 的等高线,就是计曲线。地形图上只有计曲线注记高程,首曲线上不注记高程。

3. 间曲线

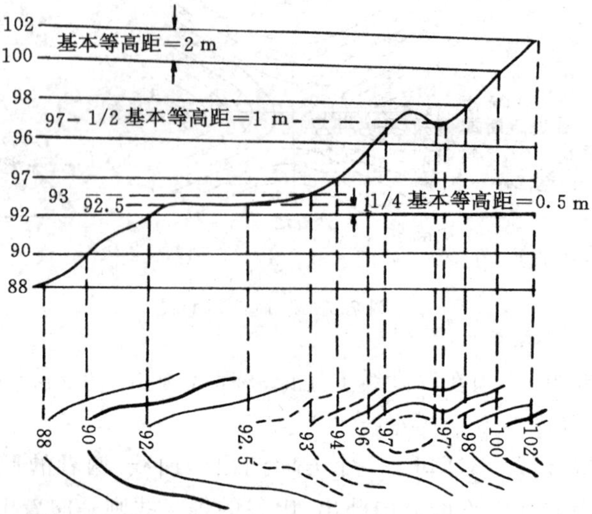

图 7-8　等高线分类示意图

当首曲线不能详细表示地貌特征时，则需在首曲线间加绘间曲线。其等高距为基本等高距的 1/2，故也称半距等高线，一般用长虚线表示，如图 7-8 中高程为 93 m 和 97 m 的等高线。

4. 助曲线

如采用了间曲线仍不能表示较小的地貌特征时，则应当在首曲线和间曲线间加绘助曲线。其等高距为基本等高距的 1/4，一般用短虚线表示。如图 7-8 中高程为 92.5 m 的等高线，即为助曲线。

六、等高线的描绘方法

用等高线表示地貌的程序是先测定后绘图。测定对象是地貌的特征点。所谓地貌特征点是指山顶、鞍部、山脊线与山谷线上的坡度变换点和山脚点、山脚坡度变换点和山坡面倾斜变换点等。将测定的地貌特征点的平面位置按比例尺以垂直投影方法缩绘到图纸上，并在其旁注记该点高程(高程注记按图式规定)，上述工作完成后便可进行等高线描绘。

1. 连接地性线

山顶、鞍部、山脚点与地性线，这些地貌因素决定着山脉的大小、形状和走向。自山顶至山脚用细实线连接山脊线上各变坡点，用细虚线将山谷线上各变坡点连结。通常地貌形态是山脊与山谷间隔排列，即两条分水线夹一条合水线，两条山谷线夹一条山脊线。

2. 求等高线通过点

地性线上各点均为坡度变换点，即相邻两点之间为同一坡度。通常变坡点高程不等于基本等高线高程，需要先求出等高线通过点，再求出基本等高线的位置。在两个变坡点之间的等高线通过点的高程可按比例内插求得。

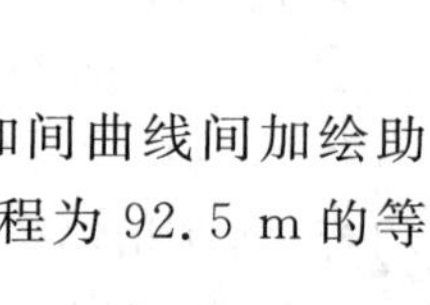

图 7-9　等高线通过点求取过程示意

如图 7-9，A、B 为两个相邻变坡点，$H_A=40.8$ m，$H_B=36.2$ m，$AB=9.2$ mm，基本等高距为 1 m。求各等高线通过点。

先求 37 m 与 40 m 等高线通过点。

由 $\frac{x_1}{0.8\ \text{m}}=\frac{9.2\ \text{mm}}{40.8\ \text{m}-36.2\ \text{m}}$ 得出 $x_1=1.6\ \text{mm}$。

自 A、B 分别在直线内量 1.6 mm，即得出 37 m、40 m 等高线通过点。38 m、39 m 等高线通过点则可用 37 m、40 m 等高线通过点确定，其 1 m 高差值对应平距为 2 mm。在熟练内插计算后，再用目估法确定等高线通过点。

3. 勾绘等高线

在绘图现场图纸上连接地性线，求等高线通过点与勾绘等高线，应边测边绘等高线，对照实地勾绘等高线可逼真地显示地貌形态，并便于检查测绘中的各种错误。对照实地勾绘等高线时要运用概括原则。山坡面上小起伏与变化，按等高线总体走向进行制图综合。特别要注意的是，描绘等高线时要均匀圆滑，不要有死角或有出刺现象。图 7-10(a)为连接地性线和求等高线通过点示意图，7-10(b)为勾绘等高线图。

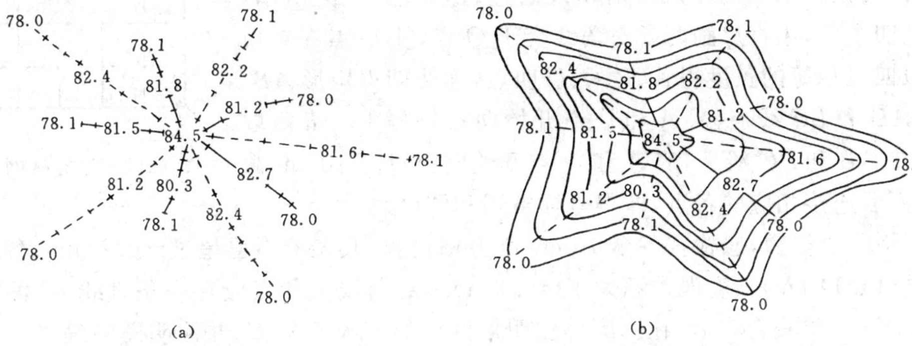

图 7-10　勾绘等高线过程示意

上述为用等高线表示地貌的方法。如果在平坦地区测图，很大范围内绘不出一条等高线，为表示地面起伏，则需用高程碎部点表示。高程碎部点简称高程点。高程点位置应均匀分布在平坦地区内，各高程点在图上间隔以 2～3 cm 为宜。平坦地区有地物时则以地物点高程为高程碎部点，无地物时则应单独测定高程碎部点。

第三节　常规测图方法

地形图测绘是表示地面点位置及各地面点之间相互位置关系的图解方法，也是将地面点测量成果图解地绘在图上。地形图测绘分为测量和绘图两大步骤。

地形图测绘是对地物、地貌特征点（亦称碎部点）进行测绘。地形图测绘亦称碎部测量，测定出各碎部点的平面位置和高程并按比例缩绘于图纸上。由于按规定比例尺缩绘，图上碎部点连接成图形与实地碎部点连接图形呈相似关系，其相似比值即为地形图比例尺数值。

一、测图前的准备工作

测图前，须踏勘了解测区的地形，抄录控制点的平面及高程成果，了解其完好的程度，并检查和校正仪器，准备工具材料，拟定作业计划以及在图纸上绘制坐标格网、图廓线和展绘控制点。

1. 图纸

地形测图一般选用一面打毛的乳白色半透明聚酯薄膜图纸，其厚度为 0.07～0.1 mm，经过热定型处理，变形率小于 0.04%。用聚酯薄膜作为原图纸，有透明度好、伸缩性小、耐湿等优点，便于使用和保管。图面不洁，可用清水或淡肥皂水洗涤，并可直接在底图上上墨、复晒蓝图，加快了出图速度。但薄膜怕折、易燃，这是使用和保管时要注意的。

当缺乏聚酯薄膜图纸时，可选用优质的绘图纸作为原图纸进行测绘。对一些临时性的测图，可将绘图纸直接用图夹或透明胶纸固定在图板上进行测绘。而对于需要长期保存的图纸，为了减少图纸伸缩，则应将图纸裱糊在锌板、铝板或胶合板上。

2. 绘制坐标格网

为了准确地将控制点（图根点）展绘在原图上，首先要在测图纸上精确地绘制 10 cm×10 cm 的直角坐标方格网。展绘方格网可用直角坐标展点仪、格网尺等专用工具。当缺少这类工具时，也可以用比较精确的直尺按对角线法进行，如图 7-11 所示，依图纸的四个角，用直尺画两条对角线交于 O 点，从 O 点在对角线上量取四段相等的长度得 A、B、C、D 四点，连线即得矩形 $ABCD$。在 AD 和 BC 线上，从 A 和 B 点开始向右每隔 10 cm 截取一点；再在 AB 和 DC 线上，从 A 和 D 点开始向上每隔 10 cm 截取一点，而后连接相应的各点，即得坐标格网和图廓线。

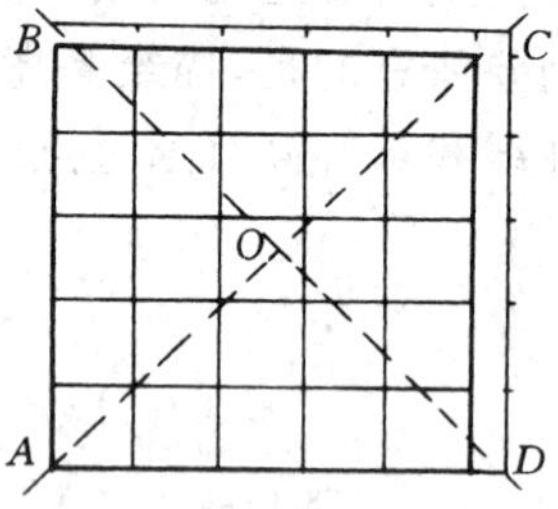

图 7-11 坐标格网绘制

坐标格网绘好后，应检查各个 10 cm 小方格边长，其误差不得超过±0.2 mm；各小方格的对角线(14.14 cm)长度误差不大于±0.3 mm；对角线上各点应在一条直线上，偏离不得大于 0.2 mm。检查合格后，在图廓外注明格网线的 x、y 坐标值，并注明图幅编号。如能购到印有坐标格网的聚酯薄膜图纸，就大大简化了测图的准备工作，但对这种图纸，仍需作精度检查，以确保质量。

3. 展绘控制点

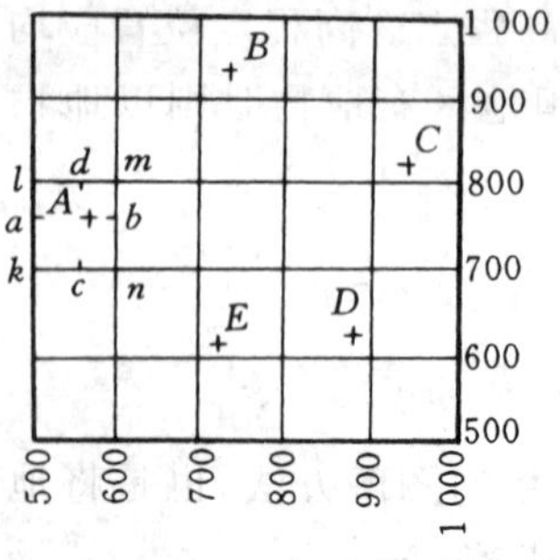

图 7-12 控制点展绘过程示意

展绘控制点时，首先确定该点所在的方格，如图 7-12 中，设 A 为图根点，其坐标 x_A＝764.30 m，y_A＝566.15 m，因此确定该点应落于 $lmnk$ 这一方格内，从 k、n 两点向上按比例尺量 64.30 m，定 a、b 两点，再从 k、l 两点向右按比例尺量 66.15 m，定 c、d 两点，连接 ab 和 cd，其交点即为图根点 A 的位置。用同样的方法再展绘其他图根控制点。全部点展绘好后，要用比例尺在图纸上量取所绘控制点之间的相邻距离，比较是否与实际距离相符，其限差为±0.3 mm，对超过限差的控制点应重新展绘。经检核无误后，即可用细针刺出点位（刺孔应小于 0.1 mm），并按图式的规定注记点号及其高程。

二、小平板仪测图原理

小平板仪构造很简单，主要由图板 1，照准器 2 和三脚架 3 所组成(图 7-13)。附件有对点器 4 和长盒罗盘 5。设地面上有 A、B、C 三点，需将这三点展绘到图纸上(图 7-14)，B 为测站。在 B 点安置一块贴有测图纸的平板，板面水平，将图纸上的 b 点对中实地的 B 点。设通过 BA 和 BC 两方向的竖直面与平板的交线为 bm 和 bn，则这两交线的夹角即为

$\angle ABC$ 的水平投影。若同时又用视距法(参见第 4 章第 7 节)或测距仪测出 BA 和 BC 的水平距离,并按一定的比例尺在 bm 和 bn 方向线上画出 a、c 两点,则图上 a、b、c 三点组成的图形就与地面 A、B、C 三点的水平投影相似,此即为平板仪测量的原理。

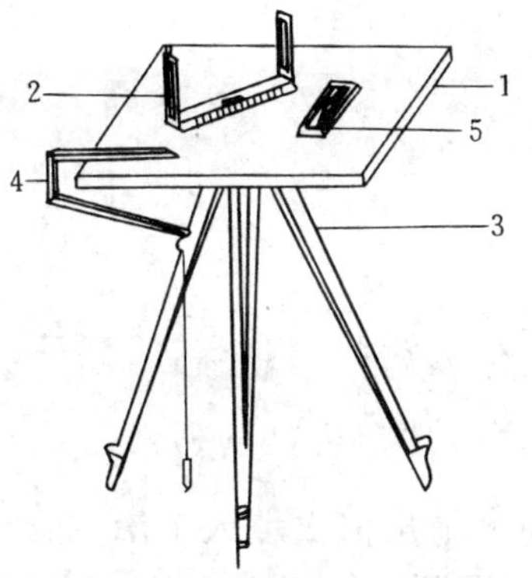

图 7-13　小平板仪构造图

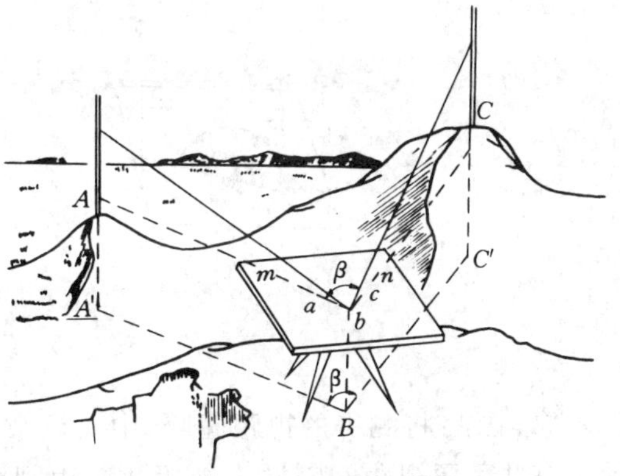

图 7-14　平板仪测量原理示意

小平板仪的安置主要包括对点、整平和定向三项工作。对点,就是使图板上的控制点(如 b 点)和实地相应的控制点(如 B 点)在同一铅垂线上;整平,就是将图板置于水平位置;定向,就是使图上的方向线(如 ba 线)与地面上的相应方向线(如 BA)在同一竖直面内。这三项工作要在一起做,应重复做几次才能完成。

测图前的准备工作完成后,并了解了测图原理,就可以进行野外测图。野外测图的目的,就是在野外根据已展绘在图板上的控制点,测绘附近的地物、地貌于图纸上,最后完成铅笔地形原图。测绘地物和地貌的工作,又称为碎部测量,其主要工作是测绘地物和地貌特征点的位置。对于地物,特征点主要是地物轮廓线的方向变化点,如房角点、道路转折点、交叉点、河岸线转弯点以及独立地物的中心点等。对于地貌来说,特征点主要在能反应地貌特征的山脊线、山谷线等地性线上,如山顶、鞍部、山脊、山谷、山坡、山脚等坡度变化及方向变化处,在地面平坦或坡度无显著变化的地区,为了真实地表示实地,也应测绘一定的地形点。下面介绍几种大比例尺地形图测绘的常规方法。

二、经纬仪测绘法

经纬仪测绘法的实质是按极坐标定点进行测图。观测时先将经纬仪安置在测站上,绘图板安置于测站旁,用经纬仪测定碎部点的方向与已知方向之间的夹角、测站点至碎部点的距离和碎部点的高程。然后根据测定数据用量角器和比例尺把碎部点的位置展绘于图纸上,并在点的右侧注明其高程,再对照实地描绘地形。此法操作简单、灵活,适用于各类地区的地形图测绘。操作步骤如下:

① 安置仪器:如图 7-15 所示,安置仪器于测站点(控制点 A)上,量取仪器高 i,填入记录手簿。

② 定向:置水平度盘读数为 $0°00'00''$,后视另一控制点 B。

③ 立尺:立尺员依次将尺立在地物、地貌特征点上。立尺前,立尺员应弄清实测范围和实地情况,选定立尺点,并与观测员、绘图员共同商定跑尺路线。

④ 观测:转动照准部,瞄准点 C 的标尺,读视距间隔 l,中丝读数 V,竖盘读数 L 和水平角 β。

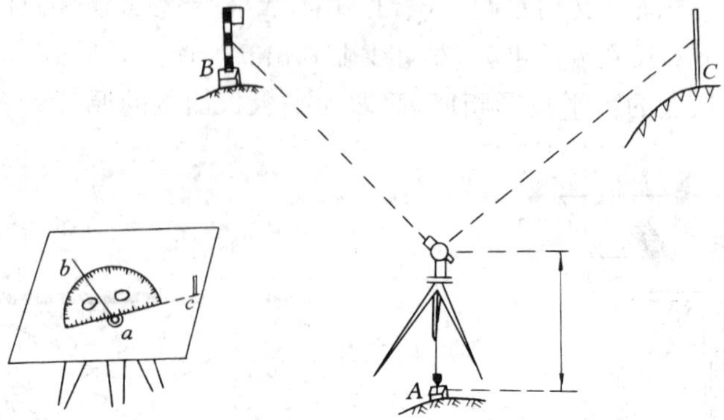

图 7-15 经纬仪测绘法示意

⑤ 记录:将测得的视距间隔、中丝读数、竖盘读数和水平角依次填入手簿,如表 7-5 所示。有些手簿视距间隔栏为视距 Kl,由观测者直接读出视距值。对于有特殊作用的碎部点,如房角、山头、鞍部等,应在备注中加以说明。

⑥ 计算:依据视距 Kl,竖盘读数 L 或竖直角 α,按第 4 章第 6 节所述方法用计算器计算出碎部点的水平距离和高程。

⑦ 展绘碎部点:用细针将量角器的圆心插在图上测站点 a 处,转动量角器,将量角器上等于 β 角值(碎部点 C 为 114°00′)的刻划线对准起始方向线 ab(图 7-16),此时量角器的零方向便是碎部点 C 的方向,然后用测图比例尺按测得的水平距离在该方向上定出点 c 的位置,并在点的右侧注明其高程。

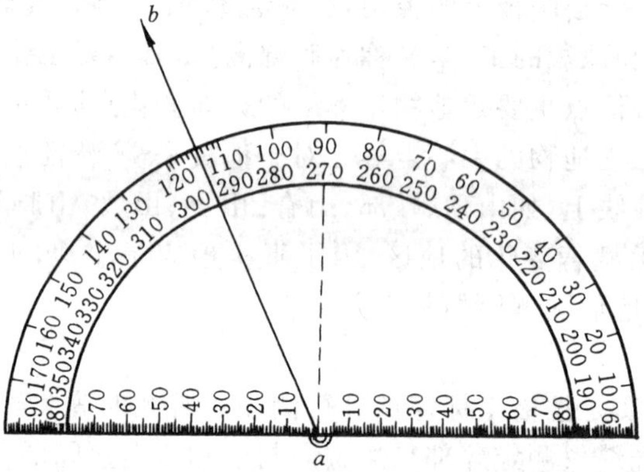

图 7-16 量角器展绘碎部点原理示意

使用 CASIO fx-4800P 计算器编制一个程序来计算碎部点的水平距离 l 和高程 H,这样可极大地提高工作效率。程序及其输入方法可参见附录例 20。

同法,测出其余各碎部点的平面位置和高程,绘于图上,并随测随绘等高线和地物。为了检查测图质量,仪器搬到下一测站时,应先观测前站所测的某些明显碎部点,以检查由两个测站测得该点的平面位置和高程是否相符。如相差较大,则应查明原因,纠正错误,才能继续进行测绘。若测区面积较大,可分成若干图幅,分别测绘,最后拼接全区地形图。为了相邻图幅的拼接,每幅图应测出图廓外 5 mm。

表 7-5　　**经纬仪测绘法记录手簿**

测站：A　　后视点：B　　仪器高 $i=1.42$ m　　指标差 $x=0$　　测站高 $H_A=207.40$ m

点号	视距间隔 l/m	中丝读数 V/m	竖盘读数 L	竖直角 α	初算高差 h'/m	改正数 $i-V$/m	改正后高差 h/m	水平角 β	水平距离 /m	高 程 /m	点号	备注
1	0.760	1.42	93°28′	−3°28′	−4.59	0	−4.59	114°00′	75.7	202.81	1	山脚
2	0.750	2.42	93°00′	−3°00′	−3.92	−1.00	−4.92	132°30′	74.8	202.48	2	山脚
3	0.514	1.42	91°45′	−1°45′	−1.57	0	−1.57	147°00′	51.4	205.83	3	鞍部
4	0.257	1.42	87°26′	+2°34′	+1.15	0	+1.15	178°25′	25.6	208.55	4	山顶

用光电测绘仪来代替上述的经纬仪测角和视距测量，称为光电测距仪测绘法，其测绘步骤和计算绘图过程与经纬仪测绘法类似。

四、小平板仪与经纬仪联合测图法

这种方法的特点是将小平板仪安置在测站上，以描绘测站至碎部点的方向，而将经纬仪安置在测站旁边，以测定经纬仪至碎部点的距离和高差。最后用方向与距离交会的方法定出碎部点在图上的位置。

具体做法如下：如图 7-17 所示，先将经纬仪安置在距测站 A 1～2 m 的 A'点，量得 AA'的距离和经纬仪的高度 i。立尺于 A 点上，经纬仪视线水平时瞄准尺子并读取中丝读数 l，求得 A'点的高程（$H_A'=H_A+l-i$）。然后将小平板仪安置于 A 点上，以图纸上已知直线 ab 瞄准 B 点进行定向。再用照准器瞄准经纬仪的垂球线，在图纸上画出方向线 aa'并按测图比例尺将 A'点缩绘在图上，定出 a'点。测图时，观测员以照准器直尺边缘切于图上 a 点，瞄准碎部点 C 的尺子，在图纸上画出方向线 ac。此时经纬仪也瞄准 C 点，用视距法测出 A'点至 C 点的水平距离和高差。在图纸上以 a'为圆心，以 $A'C$ 的距离为半径，与 ac 方向交出 c 点，点旁注以高程。同法，可测得其他碎部点的位置。

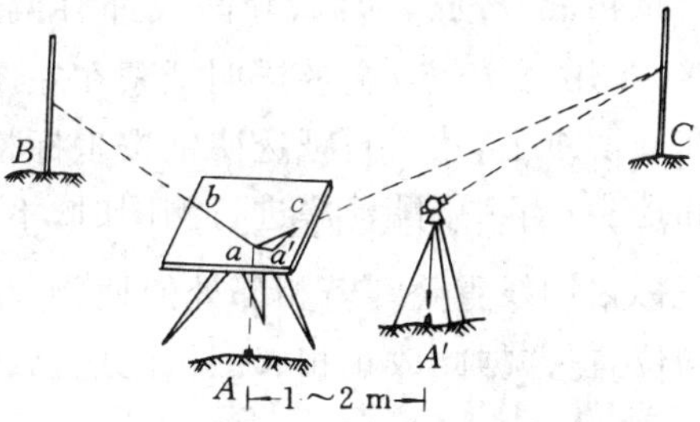

图 7-17　小平板仪与经纬仪联合测图示意

工矿企业测绘地形图时，为了满足改建或扩建的需要，对于厂房角点、地下管线检查井中心和烟囱中心等主要地物，要测出其坐标和高程。在此情况下，水平角要用经纬仪观测半个测回，距离用钢尺丈量，高程用水准测量方法观测。

五、碎部点测量注意事项

① 观测人员在读取竖盘读数时，要注意检查竖盘指标水准管气泡是否居中；每观测 20～30 个碎部点后，应重新瞄准起始方向检查其变化情况。经纬仪测绘法起始方向度盘读数偏差要小于 4′，小平板仪测绘时起始方向偏差在图上不得大于 0.3 mm。

② 立尺人员应将标尺竖直，并随时观察立尺点周围情况，弄清碎部点之间的关系，地形复杂时还需绘出草图，以协助绘图人员做好绘图工作。

③ 绘图人员要注意图面正确整洁，注记清楚，并做到随测点、随展绘、随检查。

④ 在每站工作结束时，应进行检查，在确认地物、地貌无测错或漏测时，方可迁站。

六、铅笔原图的绘制

地形原图的绘制包括勾绘地物和勾绘等高线。

1. 地物描绘

地物要按地形图图式规定的符号表示。房屋轮廓线需用直线连接起来，而道路、河流的弯曲部分则要逐点连成光滑的曲线。不能依比例描绘的地物，应按规定的非比例符号表示。

2. 地貌符号——等高线的勾绘

勾绘等高线时，首先用铅笔轻轻描绘出山脊线、山谷线等地性线，再根据碎部点的高程内插等高线通过的点，然后勾绘等高线(参见等高线的绘制部分)。

七、地形图的拼接、检查与验收

1. 地形图的拼接

测区面积较大时，整个测区必须划分为若干幅图进行施测。这样，在相邻图幅连接处，由于测量误差和绘图误差的影响，无论是地物轮廓线，还是等高线往往不能完全吻合。图 7-18 表示相邻左、右两图幅相邻边的衔接情况，房屋、河流、等高线都有偏差。拼接时，用宽 5～6 cm 的透明纸蒙在左图幅的接图边上，用铅笔把坐标格网线、地物、地貌描绘在透明纸上，然后再把透明纸按坐标格网线位置蒙在右图幅衔接边上，同样用铅笔描绘地物和地貌；当用聚酯薄膜进行测图时，不必描绘图边，利用其自身的透明性，可将相邻两幅图的坐标格网线重叠。若相邻处的地物、地貌偏差不超过表7-6中规定的 $2\sqrt{2}$ 倍时，则可取其平均位置，并据此改正相邻图幅的地物、地貌位置。

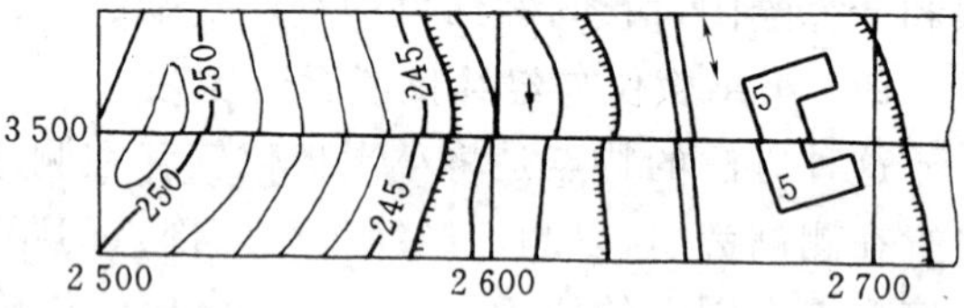

图 7-18　地形图拼接偏差示意

表 7-6　　地形图拼接偏差的规定

地区类别	点位中误差(图上)/mm	邻近地物点间距中误差(图上)/mm	等高线高程中误差(等高距)			
			平　地	丘陵地	山　地	高山地
山地、高山地和设站施测困难的旧街坊内部	0.75	0.6	1/3	1/2	2/3	1
城市建筑区和平地、丘陵地	0.5	0.4				

2. 地形图的检查

为了确保地形图的质量，除施测过程中加强检查外，在地形图测完后，必须对成图质量作一次全面检查。

① 室内检查：检查的内容有：图上地物、地貌是否清晰易读；各种符号注记是否正确；等高线与地形点的高程是否相符，有无矛盾可疑之处；图边拼接有无问题等。如发现错误或疑点，应到野外进行实地检查修改。

② 外业检查：巡视检查——根据室内检查的情况，有计划地确定巡视路线，进行实地对照查看，主要检查地物、地貌有无遗漏，等高线是否逼真合理，符号、注记是否正确等。仪器

设站检查——根据室内检查和巡视检查发现的问题，到野外设站检查，除对发现的问题进行修正和补测外，还要对本测站所测地形进行检查，看原测地形图是否符合要求。仪器检查量每幅图一般为10%左右。

3. 地形图整饰

当原图经过拼接检查后，还应清绘和整饰，使图面更加合理、清晰、美观。整饰的顺序是先图内后图外、先地物后地貌、先注记后符号。图上的标记、地物以及等高线均按规定的图式进行注记和绘制，但应注意等高线不能通过注记绘制。最后，应按图式要求写出图名、图号、比例尺、坐标系统及高程系统、施测单位、测绘者和测绘日期等。

4. 验收

验收是在上级检查的基础上进行的，以达到最后消除错误，鉴定各项成果是否合乎规范及有关技术指标的要求。验收时，首先检查成果资料是否齐全，然后在全部成果中抽出一部分再作全面的室内、外检查，其余则进行一般性检查，以便对全部成果质量作出正确的评价。对成果质量的评价，一般分优、良、中三级。

第四节　数字化测图技术介绍

科学技术的进步促进了测绘仪器及测量技术方法的发展，数字测图已成为当前地形图测量的主要技术方法。数字测图的基本程序是：通过全站仪、RTK GPS、CORS、摄影测量等先进技术方法进行地形图信息采集并实时传输至数据终端（存贮媒介、便携机或计算机等），然后可用计算机及相关成图软件在野外实时处理，或事后在室内处理与编辑形成地形图数据文件，除以数字文件形式保存外，也可由绘图仪自动绘制所需的地形图。

数字测图实质上是一种全解析机助测图法，相对于传统地形测量方法，数字测图是一次测图技术的革命。传统图解法测图的最终成果是地形图，图纸是地形信息的唯一载体；数字测图不但改变了地形信息的载体，使地形图存贮由单一纸图形式变为纸图加电子存储介质形式，极大方便了图的编辑、传输和成果的多方共享，还可将地形信息作为地理空间数据的基本信息，为GIS建设提供基础资料。

一、数字测图系统的组成

数字测图（Digital Surveying and Mapping，简称DSM）系统是以计算机为核心，连接测量仪器的输入、输出设备，在硬、软件的支持下，对地面地形空间数据进行采集、输入、编辑、成图、输出、管理的测绘系统。

数字测图系统主要由地形数据采集系统、数据处理与成图系统、图形输出设备三部分组成。

（一）地形数据的采集

数字测图系统因空间数据来源的不同、数据采集所采用的仪器和方法也不同，目前主要有以下几种方式。

1. 野外数据采集

用全站仪（或RTK GPS）在野外采用编码进行数据采集和草图绘制，利用电子手簿、仪器内部存储器或者掌上电脑记录，将数据输入计算机进行数据处理和图形处理，经过屏幕编辑后，由数控绘图仪输出数字地形图，这种测图方法也称全野外数据采集式地形测图。所采集的数据可绘制成不同比例尺的地形图或其他专用图，也可进入数据库或专用 GIS。

由于采用全站仪(或 RTK GPS)直接测定细部点具有很高的精度，所以全野外数据采集式地形测图是几种测图方法中精度最高的一种，也是目前城市大比例尺数字测图中最主要的测图方法。

2. 原图(底图)数据采集

在已进行过测绘工作的测区，使用存档的地形原图进行数据采集，并将采集的数据输入计算机。这种方法主要应用于计算机存档、图纸更新、修测，也是建立该区 GIS 或进行工程 CAD 时数据录入的重要手段。

原图(底图)数字化的方法有数字化仪数字化和扫描仪数字化两种。

3. 数字摄影测量

以航空摄影测量获得的立体像对为数据源，采用解析测图仪或全数字化摄影测量系统采集地形特征点数据，并自动传输到计算机，经过软件处理，自动生成数字地形图，并由数控绘图仪输出，这种测图方法也称航空数字测图。

航空数字测图适合大面积中、大比例尺地形图测制和更新，是当前城市地形测量的重要手段和先进方法。它可以提供数字的、影像的、线划的等多种成图成果，还可以直接进入 GIS，这也将是城市 GIS 数据获取的主要方法。我国目前城市较大面积的大比例尺航空摄影测图多为几年一次，在利用新的航测数据建立 GIS 以后，只要用野外数字测图系统作为 GIS 地形数据的更新系统，用地面测绘的数字图作局部更新，即可保证 GIS 地形数据的现势性。

(二) 数据处理与成图系统

数据处理与成图系统是指对野外直接采集到的点位信息和属性信息进行编码处理，生成数字地形图的计算机软件系统。在这类系统中，电子计算机是进行数据采集、储存、处理的基本设备，而专业的数字化成图软件则是系统的核心，其功能大体上可以分为数据输入、编辑处理、成果输出三大块。目前国内市场上比较成熟的数字化成图软件主要有：南方测绘仪器有限公司的“数字化地形地籍成图系统 CASS”；清华山维自主开发的 EPSW 系统；武汉瑞得测绘自动化公司的 RDMS；北京威远图公司的 CitoMap 和广州开思测绘软件公司的 SCS G2005。

(三) 图形输出设备

图形输出设备指绘图仪、图形显示器、投影仪等数字化地形图打印输出设备。

综上所述，广义地理解数字测图系统如图 7-19 所示。采集地形数据输入计算机，由机内的成图软件进行处理、成图、显示、屏幕编辑，输出符合测图规范与图式要求的数字地形图。

二、野外数据采集模式

所谓野外数据采集是指在图根控制点基础上，使用全站仪和 RTK GPS 等测绘仪器和设备对绘制地形图所需的地物、地貌特征点(也称碎部点)的空间位置数据进行采集，野外采集的数据以电子数字形式记录，这些数据是生成数字地形图的基础数据，野外数据采集的作业模式，取决于使用的仪器和数据记录方式。目前野外数据采集有四种模式：草图法数字测记模式、电子平板测绘模式、RTK GPS 测绘模式和 CORS 系统。

(一) 草图法数字测记模式

草图法数字测记模式的实质是野外测记、室内成图，使用的仪器为全站仪，作业模式为：

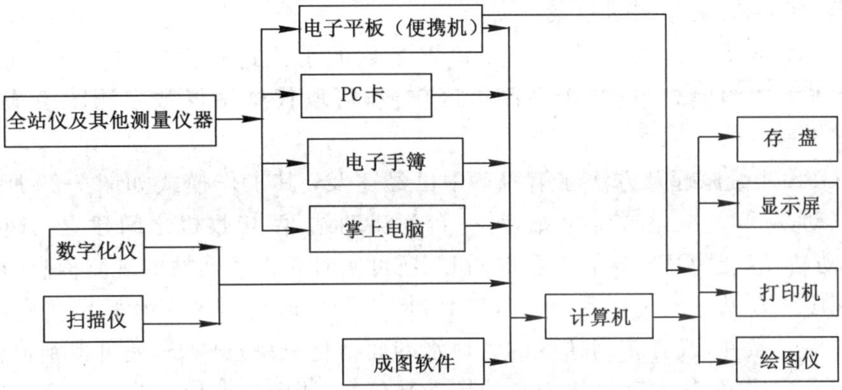

图 7-19　数字测图系统构成

① 使用全站仪测定地物、地貌特征点的位置参数（坐标、高程），再按一定规则赋予其编号与编码，编号可由人工输入或由全站仪自动生成，编码则需人工输入，将野外采集的特征点位置参数、连同的特征点编号及编码一起记录在全站仪的内存中，同时配画标注特征点编号的地形图工作草图，这一过程称为外业数据采集。

② 在室内通过通信电缆将全站仪野外采集的数据传输到计算机。

③ 根据外业采集的碎部点位置参数和绘制的工作草图，使用数字化成图软件，经人机交互编辑形成数字地图。

这种作业模式的特点是精度高，内外业分工明确，便于人员分配，具有较高的成图效率。

特征点（或碎部点）的编号一般可按自然数顺序编号，编码需按特定规则进行。由于实际作业中，野外数据采集时也可不进行编码，所以，数据采集又分为有码作业和无码作业两种方式。

有码作业是指在野外给特征点赋予由成图软件特别约定的、表示地形实体地理属性和测点连接关系的编码，需在特征点位置参数测定后由操作员输入到全站仪内存，最后与位置参数一起传输至计算机，数字化成图软件可通过识别编码自动生成数字地图。有码作业时，对于地形复杂的区域，仍需绘制简易工作草图用于内业处理后图形检查和图形编辑时参考。如果测站观测人员观测经验丰富且能熟练地使用相应数字化成图系统的编码方法，采用有码作业的方式具有作业效率高、成图方便等特点，但该方法需要记忆和输入编码，对人员素质要求较高，作业难度大，成图过程不够直观，数据出错不易检查，因此实际作业中很少使用有码作业的方法。

无码作业中，野外不进行特征点编码操作，仅用草图来描述测点的连接关系和实体的地理属性，全站仪仅记录碎部点的坐标、高程和点编号数据。这种作业模式下，要求工作草图上要绘制详尽的测点编号、测点间的连接关系和地物实体属性，在内业工作中，再将草图上的信息与全站仪内存中的测量数据传入计算机进行联合处理。无码作业采集数据比较方便、可靠，这是目前大多数数字化成图系统和作业单位的首选作业方式。同时，由于无码作业将属性和连接关系的采集放在测站进行，一方面可以使采集工作比较直观，另一方面可以减轻测站观测人员的压力。

（二）RTK GPS 数字测图模式

以 RTK GPS 系统作为获取碎部点位置参数的手段进行数字测图的作业模式称为 RTK GPS 数字测图模式，适合于开阔地区作业，可取代全站仪数字测图模式，作业效率更高。

RTK GPS 测量原理及方法在第六章中已经述及，其工作模式如图 7-20 所示，一台接收机固定不动，称为基准站或参考站，另一台为流动站，两接收机之间建立实时数据通讯。作业时，流动站在接收 GPS 导航信息的同时，还可实时获得基准站的观测信息，经差分处理得到较高精度流动站三维坐标系（可经坐标转换获得当地高斯平面坐标），在有合适的高程拟合模型和拟合条件，或有较高精度的大地水准面精化成果条件下，还可得到符合测图精度要求的碎部点高程值，从而获得碎部点位置参数信息，测图作业模式为：

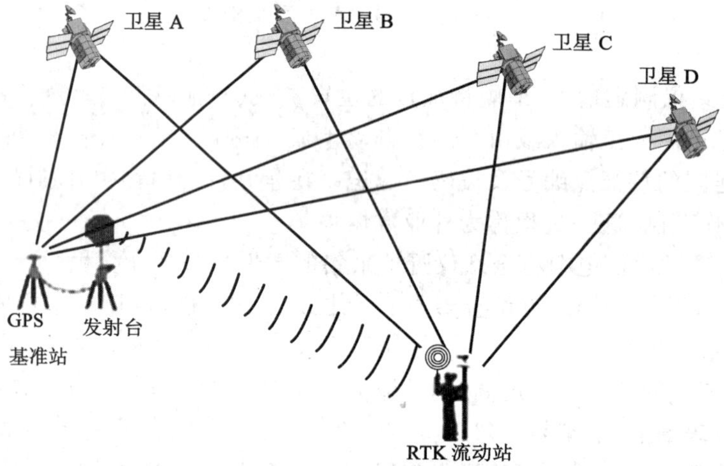

图 7-20　RTK GPS 测量原理示意图

① 在测区的一个位置较高的点（一般为已知点）上安置 GPS 基准站，并进行 RTK GPS 测量的坐标系设置、坐标及高程转换参数设置或直接测定，以及初始化工作。

② 将流动站测杆立在地形特征点上，实时测定碎部点的位置参数并记录。

③ 在室内将用 RTK GPS 系统测定碎部点位置参数下载至计算机，再利用计算机中的成图软件绘制地形图；也可在野外实时传输数据至安装有数字成图软件的笔记本电脑或掌上电脑中，用成图软件绘制地形图。

RTK GPS 作业可全天候进行，并且可以多个流动站同时进行碎部测量，效率可以成倍提高。RTK 测量不要求点间通视，也不受基准站和流动站之间的地物影响，设一基准站后可以在半径 10 km 内采集任意碎部点，当 RTK 作业模式与电子平板测图系统连接时，可直接在野外成图。

三、野外数据采集原理

（一）碎部点的描述

测图最基本的工作是测定地物、地貌特征点（碎部点）的空间位置，并将特征点按实际情况连接形成表示地物、地貌的地形图符号，从而描述地物、地貌。数字测图中碎部点的描述必须具备三类信息：

① 碎部点的空间位置，一般用高斯平面坐标和高程三个参数表示。

② 碎部点属性，即点的特征信息。

③ 碎部点连接关系，按照这个连接关系，可将相关的点连成一个地物或表述一个完整的地貌特征。

其中，第一项是定位信息，后两项则是绘图信息。

碎部点的位置信息用测绘仪器在外业测量中测得，同时还要标明碎部点的点号，点号在测图系统中是唯一的，根据它可以提取点位坐标、高程；碎部点的属性是用地形编码表示的，在数字测图系统中有一套完整的地物编码来代替地物的属性，即地物名称和相应的图式符号；碎部点的连接信息，是用连接点的连接线型表示的。

（二）地形图要素分类和编码

计算机是通过碎部点的属性信息来识别碎部点属于哪一类特征点并采用何种图式符号来表示。为此，不论是各测绘企业的数字测图软件，还是《基础地理信息要素分类与代码》(GB/T 13923—2006)都设计了一套完整的地形编码，以标明测点的属性信息。

地形图的地形要素很多，《国家基本比例尺地图图式》中已规定用以表达的图式符号，如第1部分大比例尺地形图图式符号。地形编码设计应遵循如下的原则：

① 符合图式符号设计中对地形的分类，符合地形图绘图的规则。

② 各级比例尺地形要素统一考虑，具有唯一性、可扩展性。

③ 应设计类别、等级明确的代码结构，满足地理信息系统对地形要素的采集、建库以及数据交换、应用等需求。

地形编码是指采用英文字母、数字或其综合按一定规则构成的符号串。地形编码的方法很多，基本上采用整数编码，主要有三位整数编码法、四位整数编码法、六位整数编码法等。

1. 三位整数编码

三位整数是最少位数的地形编码，也是最早的一种编码方法，根据地形图图式符号的排列顺序对地形要素进行分类、排序编码。

不论哪个版本的地形图图式符号，其地形要素都不超过9大类，如水系、交通、管线等，在每一大类中又有许多不同的地形元素。在设计三位整数编码时，第一位为类别号，代表上述大类；第二、三位为顺序号，即地形符号在某大类中的序号。如：编码105，1为大类，即控制点类；05为图式符号中顺序为5的控制点即导线点(以1995年版图式为例)。

三位整数编码的每一大类的编码个数不能超过99个。而地形图图式中水系的符号就超过99个，有130多个；符号最少的是控制点，只有9个。因此，在实际测图软件的编码系统中，为了用三位编码概括以上需要，在上述分类的基础上要作适当的调整，各系统详细的编码需参阅各自测图系统的编码表。

三位整数编码的优点：编码位数最少，外业观测使用编码法作业时操作人员易于记忆和输入。缺点：同一大类符号数量相差较大，需进行调整，造成编码分类不统一。

2. 四位整数编码

四位整数编码制定的原则同前，只是考虑到发展，多留一些编码以便扩展。第一位为地形要素的大类别号，第二位为小类别码，第三、四位分别为一、二级代码。此外，还考虑到与原图式中编号的相似性，原图式的编号就有三位，在一个编号下还要细分几种类型。如图式中烟囱的编号为327，此编号下还分三种：A、烟囱，B、烟道，C、架空烟道。若采用三位编码，则按顺序依次编下去，而四位编码则可编为 3271，3272，3273(以 1995 年版图式为例)。

三位整数编码和四位整数编码的思路和原则是一致的，所以，在需要统一时，通过转换程序，即可方便地将三位码转换为四位码。

3. 六位整数编码

新的《基础地理信息要素分类与代码》对地形要素的编码是采用 6 位十进制数字码，是现行多数测图软件采用的编码方法。它将图式符号按大类、中类、小类和子类进行分类，大类、中类各占 1 位，小类、子类各占 2 位，如图 7-21 所示。

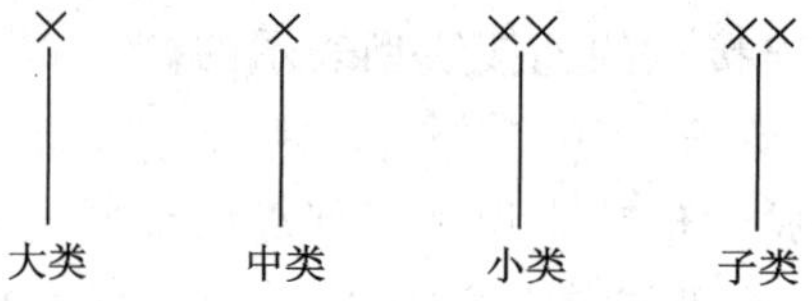

图 7-21 六位编码结构图

代码的每一位均用 0～9 表示，大类包括定位基础、水系、居民地及设施、交通、管线、境界与政区、地貌、植被与土质等 8 大类；中类在上述基础上又分为 46 类，见表 7-7。

表 7-7 **地形要素分类(大类、中类)表**

地形要素大类	大类编号	地形要素中类	中类编号	小类个数
定位基础	1	测量控制点	1	5
		数学基础	2	4
水系	2	河流	1	3
		沟渠	2	11
		湖泊	3	4
		水库	4	4
		海洋要素	5	8
		其他水系要素	6	14
		水利及附属设施	7	9
居民地及设施	3	居民地	1	12
		工矿及其设施	2	17
		农业及其设施	3	7
		公共服务及其设施	4	8
		名胜古迹	5	3
		宗教设施	6	6
		科学观测站	7	4
		其他建筑物及其设施	8	7

续表 7-7

交通	4	铁路	1	4
		城际公路	2	8
		城市道路	3	8
		乡村道路	4	7
		道路构造及附属设施	5	11
		水运设施	6	7
		航道	7	3
		空运设施	8	2
		其他交通设施	9	6
管线	5	输电线	1	5
		通信线	2	3
		油、气、水输送主管道	3	4
		城市管线	4	19
境界与政区	6	国外地区	1	3
		国家行政区	2	4
		省级行政区	3	4
		地级行政区	4	4
		县级行政区	5	4
		乡级行政区	6	4
		其他区域	7	6
地貌	7	等高线	1	5
		高程注记点	2	3
		水域等值线	3	3
		水下注记点	4	3
		自然地貌	5	11
		人工地貌	6	4
植被与土质	8	农林用地	1	7
		城市绿地	2	4
		土质	3	5

小类、子类按照 1∶500～1∶2 000，1∶5 000～1∶10 万，1∶25 万～1∶100 万 3 个比例尺分段进行了类别的划分，并实现了统一。例如，大类（水系）下中类（河流）的小类（常年河，编号 01）之子类（地面河流，编号 01），其编码为 210101。

六位编码法在对地形要素进行系统而全面的整理、归类的基础上，更加注重与各比例尺地形图图式符号体系的对应性，与地物、地貌类型的一致性，既反映要素的类型特征，又反映要素的相互关系，并留有足够的扩展冗余。其分类科学、结构严谨、类型一致、体系完整。

（三）连接信息

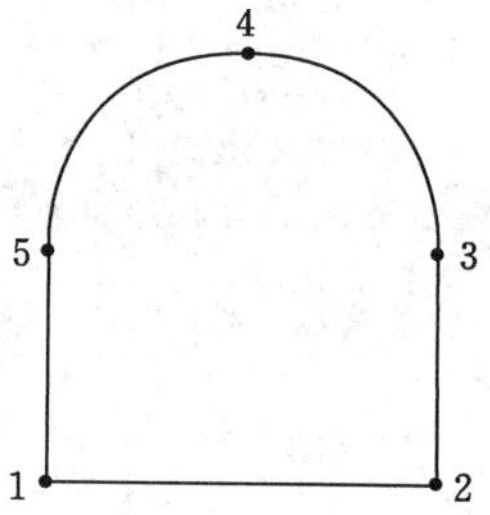

图 7-22　地形图连接线型示意图

连接信息可分解为连接点和连接线型。当碎部点是独立地物时，只要用地形编码来表明它的属性，即知道这个地物是什么，应该用什么样的符号来表示。如果测的是一个线状或面状地物，这时需要明确本测点与哪个点相连，以什么线型相连，才能形成一个地物。所谓线型是指直线、曲线或圆弧线等。如图 7-22 所示，测第 2 点，必须与 1 点以直线相连，3 点须与 2 点直线相连，5 点与 4 点，4 点与 3 点则以圆弧相连（圆弧至少需要测 3 个点才能绘出），5 点与 1 点以直线相连。有了点位、编码，再加上连接信息，就可以正确地绘出地物了。

为了便于计算机的自动识别，对线型可作数字代码的规定。如 1 为直线；2 为曲线；3 为圆弧；空为独立点。为了使一个地物上的点由点记录按顺序自动连接起来，形成一个图块，需要给出连线的顺序码，例如用 0 表示开始，1 表示中间，2 表示结束。

（四）数据记录内容和格式

数字测图的外业测量数据记录是由电子手簿等记录器或电子平板通过所配置的软件来实现的。大比例尺数字测图野外采集的数据包括：

① 一般数据，如测区代号、施测日期、小组编号等。

② 仪器数据，如仪器类型、仪器误差、测距仪加常数、乘常数等。

③ 测站数据，如测站点号、零方向点号、仪器高、零方向读数等。

④ 方向观测数据，如方向点号、目标的觇标高、方向、天顶距和斜距的观测值等。

⑤ 细部点观测数据如点号、连接点号、连接线型、地形要素分类码、方向、天顶距和斜距的观测值以及觇标高（或者是计算的 x、y 坐标和高程）等。

⑥ 控制点数据，如点号、类别、平面坐标和高程等。

在数字测图外业中用以描述某一测量要素（如测站或细部点）有关信息的若干信息元的组合称作记录，在采集软件中一般规定若干种记录，如测站信息、碎部点信息等，以保证外业能完整地记录所有成图信息。测绘市场使用较多的中国南方测绘仪器公司开发的测图精灵野外数据采集软件的数据记录格式如表 7-8 和表 7-9 所示。

表 7-8　　CASS 测图精灵测站点记录格式

测站点	测站点坐标	测站点坐标	测站点高程	定向点 X 坐标	定向点 Y 坐标	定向水平角	仪器高
(S)	(X 站)	(Y 站)	(Z 站)	(X 定)	(Y 定)	(H)	(I)

表 7-9　　CASS 测图精灵碎部点记录格式

点号	编码	水平角	天顶距	斜距	觇标高
(P)	(C)	(H)	(V)	(D)	(h)

在上述记录格式中：

点号——碎部点的测量顺序号。第一个点号输入以后，其后不必再人工输入。每观测一个点，点号自动累加1，也可以手工输入，一个测区内点号不能重复，点号是唯一的。

编码——顺序测量时，同类编码只需输入一次，其后编码有程序自动默认。只有在编码改变时，再键入新的编码。

H，V，D各项——由全站仪观测后自动输入。

觇标高——由人工键入，输入一次以后，其余测点的觇标高则由程序自动默认，如觇标高改变了，才需再键入新觇标值。

连接点——凡与上一测点相连时，程序自动默认上一点点号；当需与其他点相连时，则需输入该连接点的点号；在便携机的显示屏上，用鼠标或光笔捕捉连接点，则其点号将自动填入记录框。记录连接点的点号有时是比较困难的。用测记法（野外测记，室内成图模式）时，必须查看现场绘制的草图上已标注的点号来帮助连接。线型由系统默认。

四、计算机成图

通过各种数据采集手段获取了各种地形信息数据并传输到计算机之后，还需要对这些数据进行加工处理，提取对绘图有用的各种信息，对其进行计算和整理，再按规定的数据结构存储，建立起适合绘图、编辑处理和能与GIS接轨的地图数据库，生成数字地形图。这种利用计算机随原始数据进行计算、整理和地形图绘制的过程称为地形图的计算机编辑。

计算机地形图编辑可用数字测图软件来完成，常规数字测图软件一般具有数据传输、符号绘制、等高线生成、图形编辑、地形图注记、图廓生成、图形输出等功能，结合南方测绘仪器公司开发的CASS 8.0测图软件简要介绍计算机成图的过程。

1. 无编码法编辑成图

无编码法编辑成图模式在外业工作时，是以“草图”的形式记录定位点之间的连接关系以及地貌、地物的属性信息。由于没有输入系统能够识别的编码，系统不能自动处理观测数据文件并编辑成图，作业人员只能通过草图，在计算机上通过人机交互的方法，一步步编辑成图。其过程如下：

（1）展绘测点

点击“绘图处理”下拉菜单，选择“展野外测点点号”、“展野外测点代码”或者“展高程点”中的一项，选择观测数据文件，即可将测点展绘在计算机屏幕上。

（2）选择定点方式

人机交互成图有“测点点号”和“坐标定位”两种绘图定点方式，通过点击屏幕右侧菜单区的“测点点号\坐标定位”选择。一般而言，直接在屏幕上通过鼠标按点位定点绘图速度较快，但若测区地形比较复杂、测点较多，在屏幕上寻找测点点位困难，则可以选择“点号定位”定点方式。

（3）地形图绘制

完成测点展绘并确定定点方式后，即可根据野外作业时绘制的草图，有秩序、有步骤地编辑地形图。在屏幕上通过人机交互方法编辑地形图是一项繁琐而细致的工作，不仅要求作业人员有熟练的专业技能，还要有严谨、精益求精的工作态度，才能完成高质量的测绘成果。

2. “编码引导”工作方式

“编码引导”工作方式又称为“编码引导文件＋无码坐标数据文件自动绘图方式”，这种方法根据草图编写一种称为“编码引导文件”的特殊文件，然后计算机根据“编码引导文件”和测点坐标文件自动编辑成图。这种作业方法实际上是编码作业，只是将编码工作转移到内业来做，在无码作业、地形复杂、测点众多的条件下，对于人机交互绘图编辑技巧不够熟练的作业人员，有一定实用价值。

3. “简码法”工作方式

此种工作方式也称“带简编码格式的坐标数据文件自动绘图方式”。与无编码法编辑成图模式野外测量时不输入任何属性值不同，“简码法”作业属于编码法作业模式，在野外每测一个点都要输入地物点的简编码。简编码一般由一位字母和一两位数字组成，简编码可以采用CASS系统的定义，用户也可以自行制定野外操作简码。

“简码法”计算机编辑成图的作业程序如下：

① 定显示区：定显示区就是通过坐标数据文件中的最大、最小坐标定出屏幕窗口的显示范围。

② 简码识别：简码识别的作用是将带简编码格式的坐标数据文件转换成计算机能够识别的程序内部码。通过对简编码文件识别后，计算机即自动绘制出相应的平面图形。

“简码法”作业方式虽然外业数据采集工作效率较低，但其内业成图效率高，因此熟练的测量人员常常采用这种作业模式。

第五节　航空摄影测量简介

航空摄影测量是利用航空摄影相片测绘地形图的一种方法，与手工常规测图相比，它不仅可将大量外业测量工作改到室内完成，还具有成图速度快、精度均匀、成本低、不受气候季节限制等优点。因此，国家测绘部门采取这种方法测绘1∶1万～1∶10万国家基本图，工农业部门也用它来测绘1∶2 000、1∶5 000等大比例尺地形图，并编制相片平面图供工程规划设计使用。

一、航空相片的基本知识

(一) 航空相片是地面的中心投影

中心投影的定义是：空间任意点A'与固定点S的连线见图7-23(a)，若为某一给定平面P所截，其交点a'，即为空间点A'的中心投影。固定点S叫做投影中心，直线$A'S$叫做投影光线，平面P叫做投影面。

航空相片是地面的中心投影：航摄仪的镜头中心S即为投影中心，物点A'通过镜头中心S的光线即为投影光线，像面即为投影面。

地形图是地面的垂直投影。垂直投影和中心投影有着本质的区别，即前者的投影光线是相互平行的，而后者的投影光线则是互不平行并交于一点。如图7-23(b)所示，地面有一竖直物体AB，在作垂直投影时，它只是一个点a；而作中心投影时，一般情况下它则是一条直线$a'b'$见图7-23(a)，又如地面有一倾斜地物CD，其两种投影的结果也是不同的。

航空摄影时，地物的光线通过摄影机的物镜中心(投影中心)，在底片P_1(投影平面)上构成负像(图7-24)。经过印晒，在P_2位置上得到正像，其上的影像和实际一致。从投影上来说，正像的位置等于以投影中心S为圆心，以焦距f为半径，将P_1旋转至P_2，故P_2亦可当做投影平面。

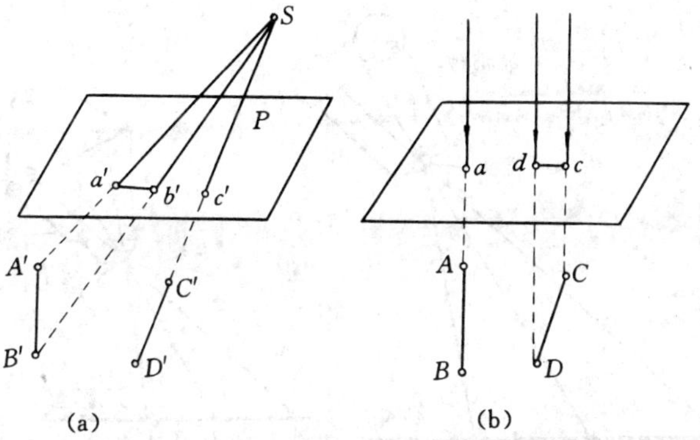

图 7-23　中心投影原理示意

（二）相片倾斜引起的像点位移

1. 倾斜误差

假设在同一摄影站，摄取了水平相片和倾斜相片，以水平相片为标准，将倾斜相片与之比较，则会发现地面点在倾斜相片上的像点位置，对于水平相片上相应点的位置产生了位移，这种像点位移，称为倾斜误差。

如图 7-25 所示，P 为倾斜相片，P_0 为水平相片，SA 为投影光线，地面点在相片 P 和 P_0 上的像点，分别为 a 和 a_0，很明显，在倾斜相片 P 上可以看出像点偏移了 aa_0，即为倾斜误差。

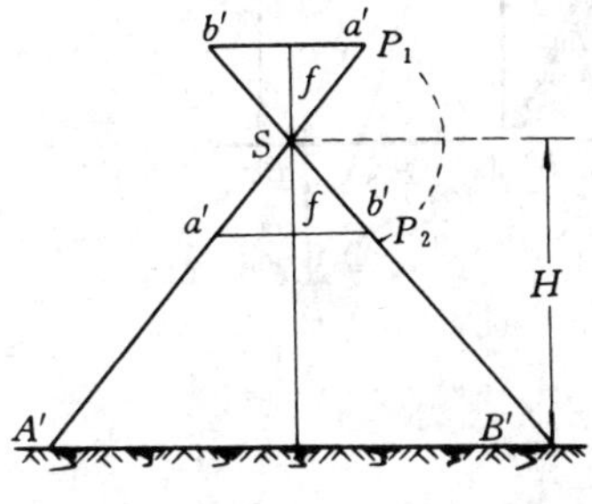

图 7-24　航空影片中心投影效果示意

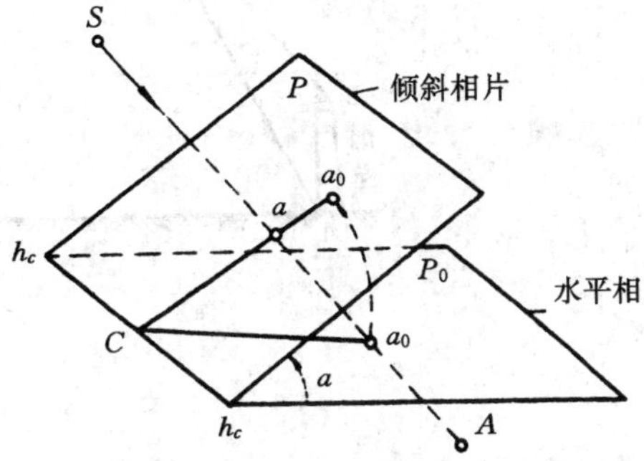

图 7-25　相点倾斜误差原理示意

2. 相片纠正的基本原理

倾斜相片可以通过纠正转化为水平相片，以消除倾斜误差。其原理如下：

图 7-26(a)所示为航空摄影过程，图 7-26(b)所示为航空摄影的反转过程。在用纠正仪将倾斜相片转化为水平相片时，将航摄底片放在纠正仪的底片盘上，由光源照射，使底片上的影像经过镜头投影到水平的承影面上。这时，只要底片盘、镜头、承影面三者之间保持一定的位置关系，就能在水平的承影面上得到规定比例尺的清晰的水平影像。若在承影面上放置相纸，进行曝光、显影和定影，就可得到规定比例尺的水平相片。这个原理的实质，就是通过航空摄影的反转投影过程，将倾斜相片变为规定比例尺的水平相片。

（三）地面起伏引起的像点位移

当相片水平而地面有起伏时，像点也会产生位移。如地面上烟囱的影像，在一般情况下

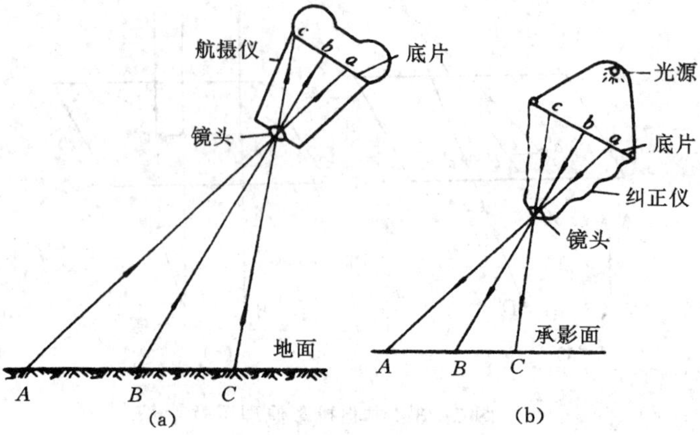

图 7-26 相片纠正原理示意

是一条线，如图 7-27(a)所示。如果我们用烟囱顶部的影像代表烟囱的位置，则点位产生了位移 ab。同样，由于地面起伏不平，它们在相片上的像点也必然要产生位移，这种位移称为投影误差。

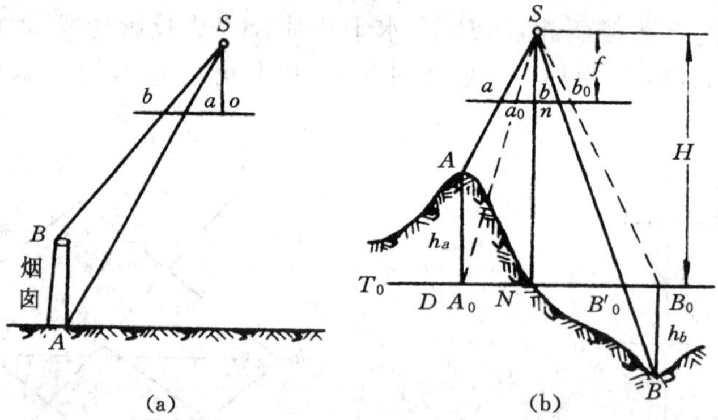

图 7-27 投影误差原理示意

如图 7-27(b)所示，当地面点高于或低于基准面(通常以测区地面的平均高程为航高起算面，即为基准面)时，地面点在相片上的投影虽是一个点，但与其在基准面上垂直投影的点的影像相比，却产生了一段直线位移，这种像点位移就是投影误差。如图 7-27(b)中，T_0 为选择的基准面。地面点 A 高于基准面 h_a，其像点为 a，A 点在基准面上的垂直投影为点 A_0，A_0 的像点为 a_0，线段 aa_0 即为 A 点的投影误差。同理，低于基准面的 B 点，其投影误差为 bb_0。

倾斜误差可以通过纠正仪消除，但投影误差却无法完全消除，只能加以限制，如选择适当的基准面和使用单投影转绘仪进行分带转绘等。

(四) 相片比例尺

当相片水平、被摄地面也水平时，相片上两点间的距离与其相应的地面距离之比，即为相片比例尺，以 $1/M$ 所示。如图 7-28 所示，因△SAB≌△Sab，故$\frac{1}{M}=\frac{ab}{AB}=\frac{d}{D}=\frac{f}{H}$，式中焦

距 f 为一常数，航高 H 越大，则相片比例尺越小。如果地面水平，那么水平相片的比例尺是各处相同的。但由于相片倾斜和地面起伏引起相片上比例尺各处不同。

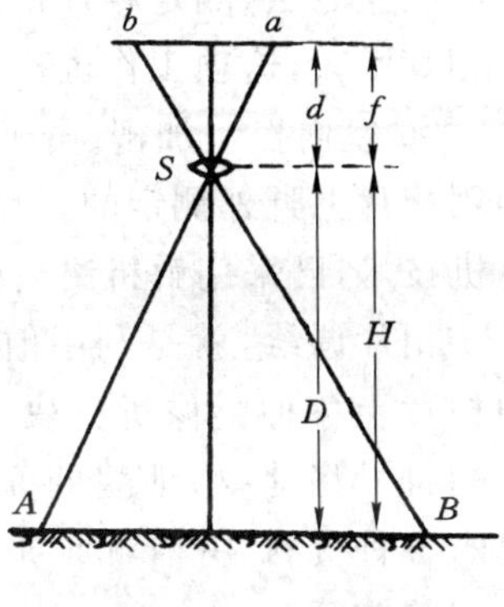

图 7-28　相片比例尺求解示意

二、航空相片与地形图有的区别和影像地图

航空相片能真实而详尽地反映地面情况，有丰富的信息，从相片上可以了解所摄地区的地物、地貌的全部内容，但不能直接用作地形图。航空相片与地形图有以下的区别。

（一）投影方法不同

地形图是地面的垂直投影（正射投影），地形图上的图形与实际形状完全相似，比例尺处处一致。航空相片是地面的中心投影。由于相片上同时存在相片倾斜和地形起伏所引起的两种误差，致使航空相片上的影像有所变形，各处比例尺也不一致。

因此，利用航空相片测制地形图时，必须消除倾斜误差和限制投影误差，统一相片上各处比例尺，使中心投影的航空相片转化为垂直投影的地形图。

（二）表示方法和表示内容不同

在表示方法上，地形图是按成图比例尺所规定的地形图符号来表示地物和地貌的，而相片则是反映实地的影像，它是由影像的大小、形状、色调来反映地物和地貌的。

在表示的内容上，地形图上常用注记符号对地物符号和地貌符号作补充说明，如村名、房屋类型、道路等级、河流的深度和流向、地面的高程等。而这些在相片上是表示不出来的。另外，地形图是经过综合取舍，只表示那些有意义的地物，而所有地物在相片上均有影像。

因此，对航空相片必须进行航测外业的调绘工作。利用相片上的影像进行判读、调查和综合取舍，然后，按统一规定的图式符号，把各类地形元素真实而准确地描绘在相片上。所谓相片判读，就是在航空相片上根据物体的成像规律和特征，识别出地面上相应物体的性质、位置和大小。近年来，国内外应用一种正射投影的新技术，即将中心投影的相片经过微分纠正后，变成正射投影的影像地图。影像地图集中了航空相片和地形图的优点，具有丰富的信息，形象直观逼真，便于阅读和量测。目前，我国有些单位已成功地制成了 1∶1 000～1∶10 000的影像地图，国际上已有五十多个国家生产了影像地图。

三、航测成图过程简介

航测成图，包括航空摄影、控制测量与调绘、测图三个基本过程。

1. 航空摄影

摄影前，需做一系列的准备工作：如制定飞行计划，在地图上标出航线，检验摄影仪等。然后，进行空中摄影，摄取地面的影像，经过显影、定影、水洗和晒干等工序获得底片，晒印成正片后，供各种作业部门使用。

2. 控制测量与调绘

把相片制成地形图是以地面的控制点为基础的，因此用相片制图时，必须具有足够数量的控制点。这些控制点，应该在已有的大地控制点的基础上进行加密，其步骤分为野外控制测量和室内控制加密。

① 野外控制测量：携带仪器和航空相片到野外，根据已知大地控制点，用地形测量中的

控制测量方法，测定相片控制点的平面坐标和高程，并对照实地将所测点的位置，精确地刺到相片上去，这项工作也称相片连测。

② 室内控制加密：由于野外测定的控制点数量还不够，需要在室内进一步加密。这可利用相片上野外测定的相片控制点，用解析法、图解法等加密。近年来，又因应用了电子计算机技术，已采用解析法空中三角测量进行室内加密控制点的工作。

相片调绘，就是利用航空相片进行调查和绘图。具体来说，就是利用相片到实地识别相片上各种影像所反映的地物、地貌，根据用图的要求进行适当的综合取舍，按图式规定的符号将地物、地貌的元素描绘在相应的影像上。同时，还要调查地形图上所必须注记的各种资料，并补测地形图上必须有而相片上未能显示出的地物等，最后进行室内着墨和整饰等。

3. 测图

由于各地区地形不同和测图的要求也不同，目前采用以下三种主要成图方法：

① 综合法：地物的平面位置在室内利用航空相片确定，其名称和类别等通过外业调绘确定，等高线则在野外用平板仪测绘。它综合了航测和地形测量两种方法，故称综合法。此法适用于平坦地区作业。

② 微分法：在野外控制测量和调绘工作完成后，在室内进行控制点的加密工作。然后，在室内用立体测量仪测定等高线，再通过分带投影转绘确定地物、地貌的平面位置。因为立体测量仪的解算公式是建立在微小变量的基础上的，所以称为微分法。又因为确定平面位置和高程分别在不同的仪器上进行，故又称为分工法。微分法采用的仪器比较简单，但因受仪器限制，此法一般适用于丘陵地区。

③ 全能法：在完成野外控制测量和相片调绘后，将具有重叠的航空相片，在全能型的仪器（如多倍仪和各种精密的立体测图仪等）上建立地形立体模型，并在模型上作立体观察，测绘地物和地貌，经着墨、整饰而得地形图。此法适用于山区或高山区。此法所用的仪器比较精密，成图质量比较高，但仪器价格比较昂贵。

复习思考题

1. 何谓平面图、地形图、地图？何谓比例尺、比例尺的精度？按比例尺计算下列各未知数：

比例尺	实地水平距离/m	图上长度/mm
1∶2 000	125	?
1∶5 000	125	?
1∶10 000	?	15
1∶25 000	?	15

2. 何谓地物、地貌？地物符号有几种？试举例说明。

3. 何谓等高线、等高距（等高线间隔、等高差）、等高线平距、首曲线和计曲线？

4. 试绘出山丘、盆地、山脊、山谷、鞍部等五种典型地貌的等高线图。

5. 何谓山脊线（分水线）、山谷线（集水线）、地性线？试举例说明等高线的几个特性。

6. 地形图按比例尺的大小分为几种？各采用何种方法成图？

7. 简述小平板仪和经纬仪联合测图法以及经纬仪测绘法的原理。

8. 根据下列视距测量记录表中的数据，计算水平距离和高程。

测站：A　　后视点：B　　仪器高 $i=1.50$ m　　测站高程 $H=234.50$ m

点号	尺间隔 /m	中丝读数 /m	竖盘读数	竖直角	初算高差 /m	改正数 /m	改正后高差 /m	水平角	水平距离 /m	测点高程 /m	备注
1	0.395	1.50	84°36′					43°30′			
2	0.575	1.50	85°18′					69°22′			
3	0.614	2.50	93°15′					105°00′			
…											

注：望远镜视线水平时，竖盘读数为 90°，望远镜视线向上倾斜时，读数减小。

9. 根据图 7-29 中绘出的地形点，勾绘等高距为 1 m 的等高线；根据图 7-30 中绘出的地形点，勾绘等高距为 10 m 的等高线（图中实线为山谷线，虚线为山脊线）。

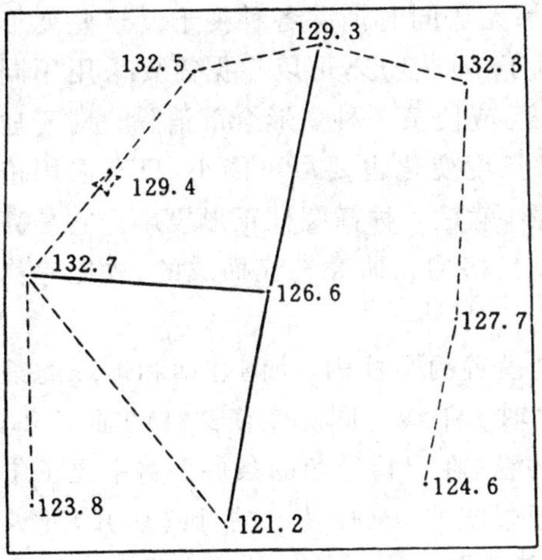

图 7-29　地形点分布图

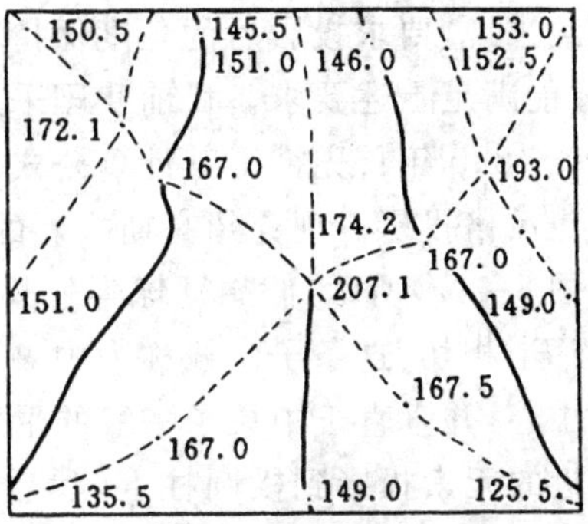

图 7-30　地形点分布图

10. 简述数字测图系统由野外数据采集到内业自动成图的方法和步骤。

第八章 地形图的读法和应用

第一节 高斯平面直角坐标系

我们知道，当测绘地形图的范围较小时，可以把球面当做平面看待，将所测的地面图形用相似的方法缩绘在图纸上。但是，如果测区范围较大（如测区范围大于以 10 km 为半径的圆面积时），就不能再将球面看成平面了。因为球面是一个“不可展曲面”，它像桔子皮一样，如将它剥开并压成平面，必然会产生一些裂口和重叠。为了解决这个矛盾，必须研究地图投影的问题，以便能将球面上的图形合理地展绘到平面上来。

一、高斯投影的概念

地图投影的种类很多，但是任何一种投影方法都无法同时消除各种变形。这些变形概括起来，有长度变形、角度变形和面积变形三种。对于不同变形，可以根据需要采用不同的投影方法加以控制，使全部变形减小到某一适当程度，或使某一种变形全部消除。对于地形图的测绘来说，要求投影后的角度保持不变形，同时长度变化也要尽可能小，只有采用正形投影，才能满足上述要求。目前我国采用的高斯投影，就是一种横圆柱正形投影。它是高斯于 1816～1820 年首先推得其计算公式，1912 年由克吕格加以研究补充而成的，故把它称为高斯—克吕格投影。现介绍高斯投影的概念如下。

如图 8-1(a)所示，假想地球为一圆球，把它放进横置的圆柱内，使圆柱面和地球的某子午线 POP_1 相切，这条子午线称为中央子午线，或称轴子午线。同时使横圆柱的轴 Z_1Z_2 通过地球中心，并垂直于中央子午线的平面。用数学方法，在保持等角的条件下将中央子午线及其附近的元素投影到横圆柱上，然后，将圆柱面通过极点 P（或 P_1）的母线切开，展为平面，就得到投影平面上的元素。图 8-1(b)是中央子午线及其附近的经纬线在投影平面上的图形。高斯投影的规律是：

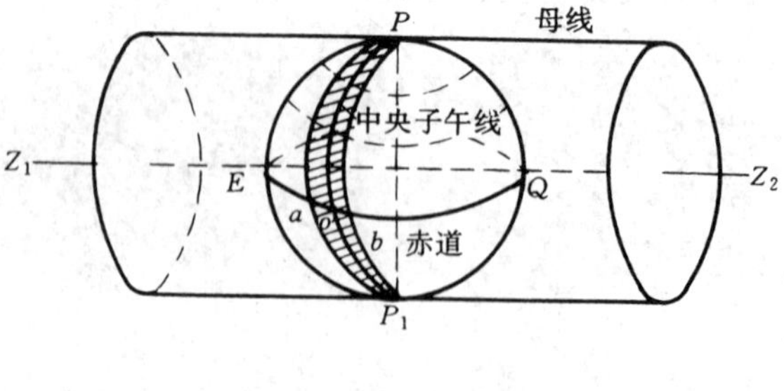

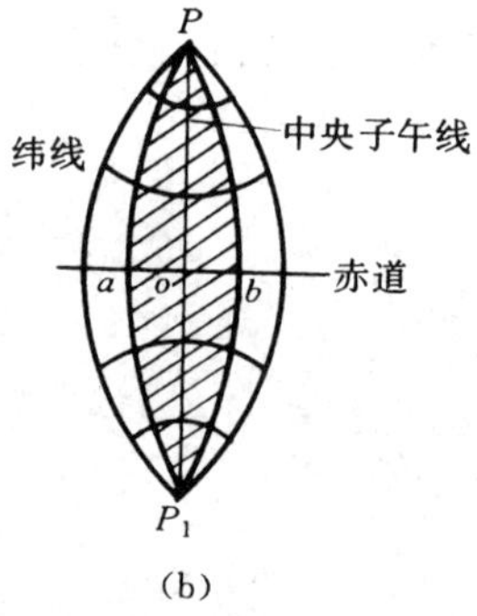

图 8-1 高斯投影原理示意图

① 中央子午线 POP_1 的投影为一条直线，且投影之后的长度无变形；其余子午线的投影均为凹向中央子午线的曲线，且以中央子午线为对称轴，离对称轴越远，其长度变形也就越大。

② 赤道的投影为直线，其余纬线的投影为凸向赤道的曲线，并以赤道为对称轴。

③ 经纬线投影后仍保持相互正交的关系，即投影后无角度变形。

④ 中央子午线和赤道的投影相互垂直。

二、高斯平面直角坐标

由上可知，高斯投影虽能使角度不变形，但却不能使长度不变形，且离中央子午线愈远这种变形愈大。为了限制这种变形，可采用分带投影的办法，使每一投影带只包括中央子午线及其两侧的邻近部分。

在中、小比例尺测图中，大都采用 6°分带法，即从首子午线开始，按经差 6°为一带，将地球分成 60 个投影带，并编号 1、2、…、60，如图 8-2(a)所示。如果将图 8-2(a)中的地球，依次转动 6°的角度，使之与邻带的分带子午线（即邻带的边缘子午线）相切，投影后依前法展为平面，则各投影带在平面上的图形如图 8-2(b)所示。6°带的带号与其中央子午线的经度(L_0)有下列关系：

$$带号 \times 6° - 3° = L_0$$

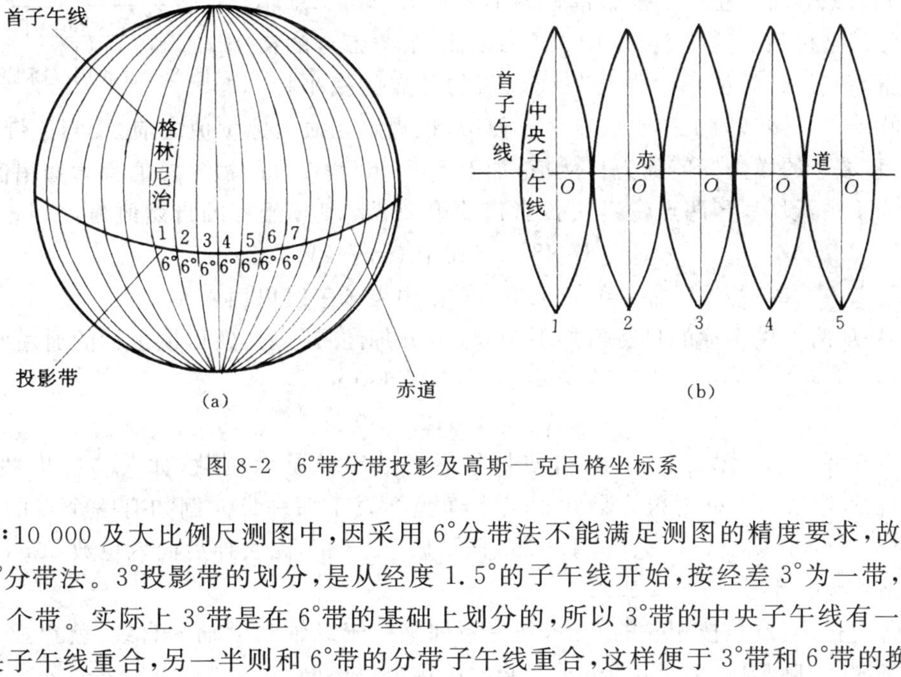

图 8-2　6°带分带投影及高斯—克吕格坐标系

在 1∶10 000 及大比例尺测图中，因采用 6°分带法不能满足测图的精度要求，故又采用 3°或 1.5°分带法。3°投影带的划分，是从经度 1.5°的子午线开始，按经差 3°为一带，把地球分为 120 个带。实际上 3°带是在 6°带的基础上划分的，所以 3°带的中央子午线有一半同 6°带的中央子午线重合，另一半则和 6°带的分带子午线重合，这样便于 3°带和 6°带的换算。

我国地跨 11 个 6°带，6°和 3°带的中央子午线均由经度 75°起，分别每隔经差 6°及 3°至经度 135°止，如图 8-3 所示。3°带的带号与其中央子午线经度(L_0)有下列关系：

$$带号 \times 3° = L_0$$

分带投影后，各带的中央子午线都和赤道垂直，以中央子午线作为纵坐标轴 x，赤道为横坐标轴 y，其交点 O 为坐标原点。这样，在每个投影带内，便构成了一个既和地理坐标有直接关系又有各自独立的平面直角坐标系，称为高斯—克吕格坐标系，如图 8-2(b)所示。

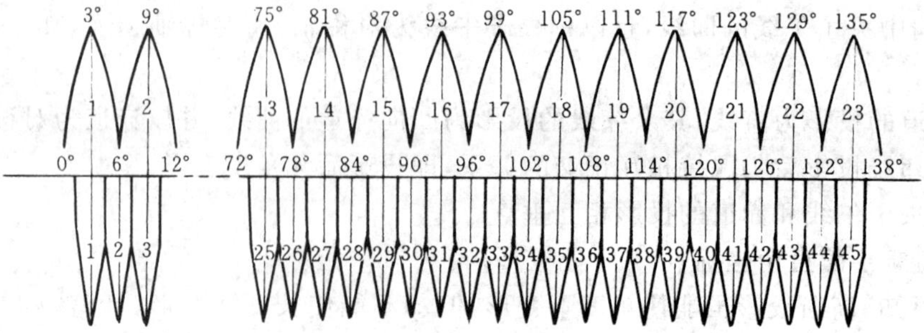

图 8-3 我国境内 6°带及 3°带投影结果

在图 8-4 中，纵坐标 x 由赤道向北为正，向南为负；横坐标 y 由中央子午线向东为正，向西为负。我国位于北半球，所以 x 值均为正值。但每个投影带内的横坐标 y，却有正有负，这个问题需要加以讨论。为了使横坐标 y 不出现负值，则无论 3°或 6°带，每带的纵坐标轴要西移 500 km，即在每带的横坐标上加 500 km。由于在赤道上经差 3°的弧长，经投影后在平面上的长度仅为 333.963 km，因而在一个投影带中加了 500 km 以后，就不会出现负的横坐标值。这样，位于中央子午线以东的各点的横坐标都大于 500 km，而位于中央子午线以西的各点的横坐标，均小于 500 km。另外，为了指明该点属于何带，还规定在横坐标 y 值之前，要写上带号。未加 500 km 和带号的横坐标值称为自然值，加上 500 km 和带号的横坐标值称为通用值。

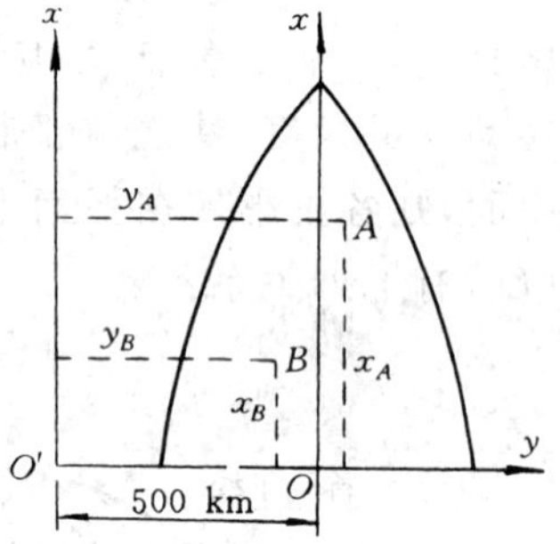

图 8-4 通用坐标原理示意图

图 8-4 中，设 A、B 两点位于 6°投影带的第 20 带，其横坐标的自然值为：

$$y_A = 37\ 680\ \text{m}(\text{在中央子午线以东})$$

$$y_B = -74\ 240\ \text{m}(\text{在中央子午线以西})$$

将 A、B 两点横坐标的自然值加上 500 km 并加注带号后，便得横坐标的通用值，即：

$$y_A = 20\ 537\ 680\ \text{m}$$

$$y_B = 20\ 425\ 760\ \text{m}$$

加上 500 km 的另一个好处是，使带号后的数字总是六位数，如 y_A 在 20 投影带内，537 680是六位数。这样就很容易知道某个横坐标属于那一带。例如有一个点的横坐标 y ＝4 307 000 m，很明显，这一点属于 4 带，而不属于 43 带，因去掉后面六位数 307 000 后，只剩下数字 4，即 4 带。

在每个投影带内，按相等的间隔，作一系列平行于纵轴和横轴的直线，就组成了平面直角坐标格网。其间隔一般为 1 km 或 2 km，故称公里格网。

在我国目前使用的有 1954 年北京坐标系和 1980 年西安坐标系。前者是将我国大地控制网与前苏联 1942 年普尔科沃大地坐标系相联结后建立的我国过渡性大地坐标系。后者采用 1975 国际椭球，以 JYD1968.0 系统为椭球定向基准，大地原点设在陕西省泾阳县永乐镇，采用多点定位所建立的大地坐标系。

第二节　地形图的分幅与编号

在地形图的测绘、使用和管理中，需将各种比例尺地形图按统一方法分成许多幅图，并统一编号。常用的有梯形和矩形两种分幅与编号方法。

一、梯形分幅与编号

梯形分幅是指按经纬线度数与经差、纬差值进行地形图分幅，其图幅形状为梯形。我国采用全球统一的分幅编号方法，即各种比例尺地形图是以百万之一地形图图幅为基础，顺序分幅与编号。现将各比例尺地形图图幅的经纬差列入表 8-1 中。

表 8-1　　各比例尺地形图图幅的经纬差

比例尺	1:100 万	1:50 万	1:20 万	1:10 万	1:5万	1:2.5 万	1:1万	1:5 000	1:2 000
纬差	4°	2°	40′	20′	10′	5′	2′30″	1′15″	25″
经差	6°	3°	1°	30′	15′	7.5′	3′45″	1′52.5″	37.5″

(一) 国际 1:100 万地形图的分幅与编号

国际分幅是将整个地球用经纬线分成格网状。自赤道向两极纬差每隔 4°为一横行，每一横行用大写英文字母表示。即从纬度 0°开始至南北纬 88°为止，南北半球各 22 横行，分别用 A～V 表示。以极点为圆心，纬度 88°的圆用 Z 表示。北半球在英文字母前加 N，南半球加 S。我国国土皆在北半球，故省去字母 N。用每隔 6°的经线从经度 180°起自西向东将地球分成 60 纵行，用数字 1～60 表示。这样每个梯形格网(纬差 4°、经差 6°)可用英文字母与阿拉伯数字进行编号。编号写法为：英文字母在前(即在 4°与 12°之间加上 8°，12°～88°整体向右移动)用“-”连接阿拉伯数字。分幅的表示方法参见图 8-5。

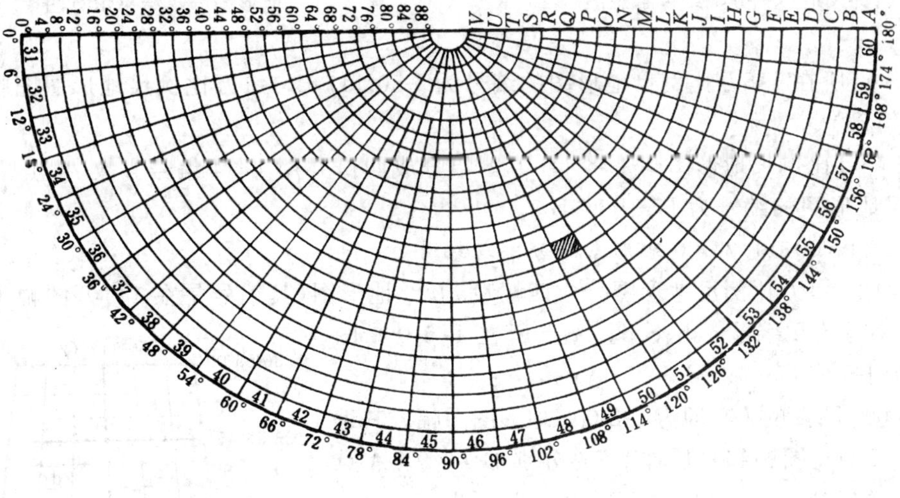

图 8-5　1：100 万地形图分幅结果示意图

例如，已知 A 点经纬度是：北纬 36°52′58″；东经 118°17′40″，则 A 点所在百万分之一图幅编号为 J-50。

（二）1:50 万、1:20 万和 1:10 万地形图的分幅与编号

这三种比例尺的地形图是在百万分之一地形图的基础上进行分幅的。根据经纬差（见表 8-1），可知每幅百万分之一图幅可分别分为 4 幅 1:50 万图幅，36 幅 1:20 万图幅，144 幅 1:10万地形图图幅。其编号方法分别用 A～D、(1)～(36)及 1～144，从左到右、自上而下按顺序编排。书写图幅时，应先写出该幅图所在百万分之一图幅的编号再用“-”连接该幅图在百万分之一图幅中的编号（图 8-6）。仍以 *A* 点为例，*A* 点所在 1:50 万、1:20 万和 1:10 万地形图的图幅号分别写为：J-50-D、J-50-(29)和 J-50-117。

（三）1:5万、1:2.5 万和 1:1万地形图的分幅与编号

这三种比例尺地形图是以 10 万分之一地形图为基础，在 1:10 万图幅编号内继续进行分幅编号的。其分幅方法亦是按经差、纬差将 1:10 万地形图图幅分成四等份。用 A～D、(1)～(64)表示 1:5万、1:1万比例尺图在 1:10 万地形图中的编号。编号顺序亦采用从左到右、自上而下依次排列（参见图 8-7）。书写图幅时，先写出所在 10 万分之一图幅号，再用“-”连接本幅图在 1:10 万图幅内编号。

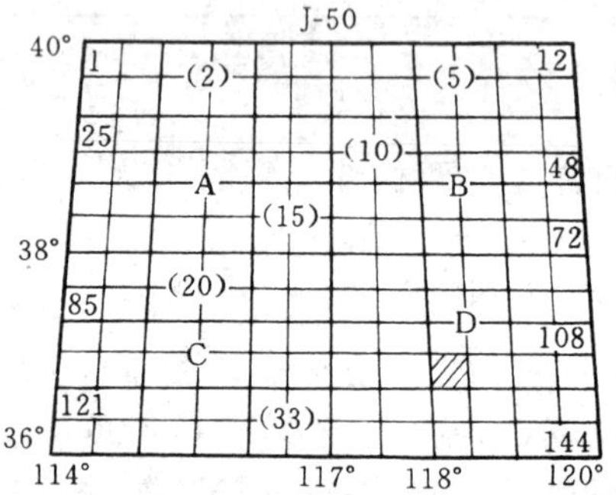

图 8-6 1:50 万 1:20 万 1:10 万比例尺地形图分幅结果示意图

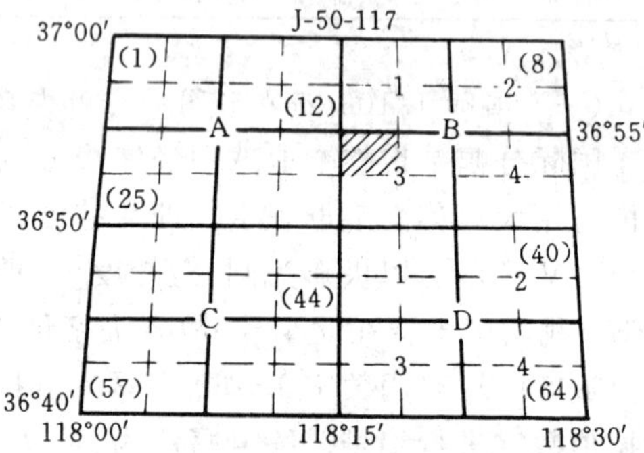

图 8-7 1:10 万 1:5 万 1:1 万比例尺地形图分幅结果示意图

如 *A* 点所在 1:5万比例尺地形图的编号为 J-50-117-B，1:1万比例尺地形图图幅编号为 J-50-117-(21)。

1:2.5 万比例尺地形图则是将 1:5万图幅分成四份并用 1～4 编号。故 *A* 点所在1:2.5 万比例尺地形图的编号为 J-50-117-B-3。

（四）1:5 000、1:2 000 地形图的分幅与编号

将每幅 1:1万比例尺地形图分成四幅1:5 000 地形图，其编号是在 1:1万图幅编号后加“-”再加小写英文字母 a、b、c、d。*A* 点所在 1:5 000 图幅编号为 J-50-117-(21)-d。

1:5 000 图幅的 1/9 即为 1:2 000 地形图图幅。其编号是在 1:5 000 图幅编号后加“-”再分别加 1～9。*A* 点所在 1:2 000 图幅编号为 J-50-117-(21)-d-5（图 8-8）。

由于统一分幅是梯形分幅，图廓点坐标是按经纬度查表得出的，故各种比例尺的图廓尺寸不尽相同。

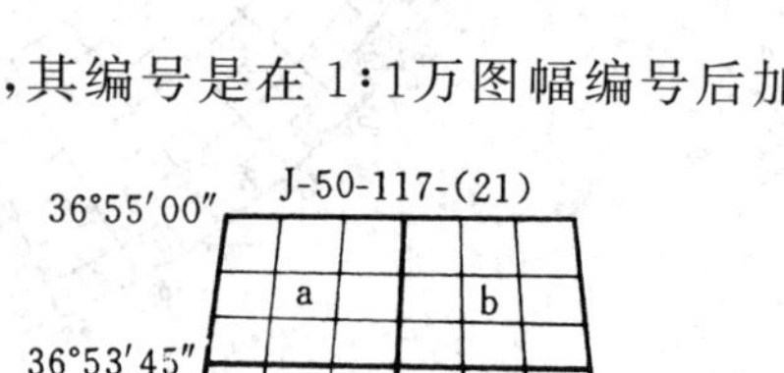

图 8-8 1:5 000 比例尺地形图的分幅和编号

二、地形图的矩形分幅与编号

大比例尺地形图大多采用矩形分幅法，它是按统一的直角坐标格网划分的。图幅大小如表 8-2 所示。

采用矩形分幅时，大比例尺地形图的编号，一般采用图幅西南角坐标公里数编号法，x 坐标在前，y 坐标在后。比例尺为 1∶500 的地形图，坐标值取至 0.01 km(如 10.40—21.75)，而比例尺为 1∶1 000 和 1∶2 000 的地形图取至 0.1 km(如 10.0—20.0)。

表 8-2　　**地形图矩形分幅之规格**

比　例　尺	图幅大小/cm	实地面积/km^2	1∶5 000 图幅内的分幅数
1∶5 000	40×40	4	1
1∶2 000	50×50	1	4
1∶1 000	50×50	0.25	16
1∶500	50×50	0.062 5	64

某些工矿企业和城镇的面积较大，而且测绘几种不同比例尺的地形图，编号时是以比例尺为 1∶5 000 的地形图为基础，并作为在本幅图内的较大比例尺图幅的基本图号。例如，某 1∶5 000图幅西南角的坐标值 $x=20$ km，$y=10$ km，则其图幅编号为 20-10(图 8-9)，该图幅内 1∶2 000 比例尺图幅编号为在 1∶5 000 图号的末尾分别加上罗马字Ⅰ、Ⅱ、Ⅲ、Ⅳ，如图8-9中的甲图幅，其编号为 20-10-Ⅰ。同样，在 1∶2 000图幅编号的末尾分别再加上Ⅰ、Ⅱ、Ⅲ、Ⅳ，就是 1∶1 000图幅的编号，如图 8-9 中的乙图幅，其编号为 20-10-Ⅳ-Ⅲ。同理，在 1∶1 000比例尺的图号末尾加上Ⅰ、Ⅱ、Ⅲ、Ⅳ，就是 1∶500 图幅的编号，例如图 8-9 中的丙图幅，其编号为 20-10-Ⅳ-Ⅱ-Ⅱ。

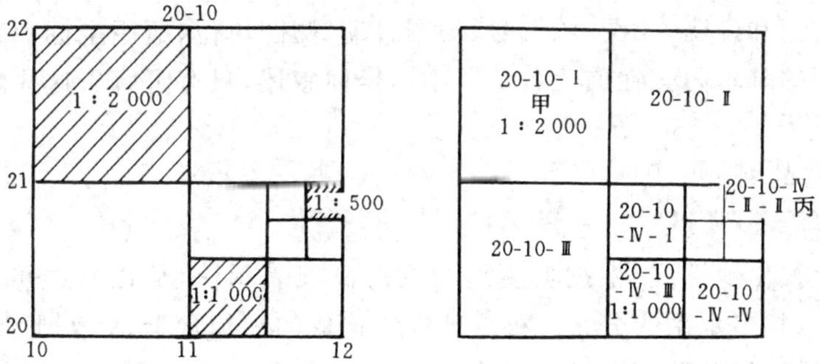

图 8-9　大比例尺地形图矩形分幅及编号

目前，实际应用中，大比例尺地形图的编号也可选用流水编号法或行列编号法等。流水编号法，可按测区统一顺序进行编号，一般从左到右，从上到下用阿拉伯数字 1，2，3，…，如图 8-10：＊＊—15(＊＊为测区)。

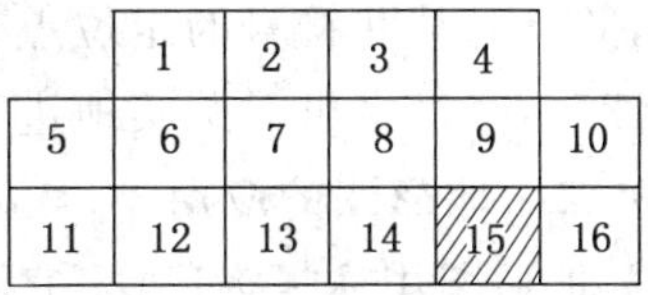

图 8-10　流水编号法示意图

行列编号法一般以代号(如 A、B、C、D、…)的横行，由上到下排列，以阿拉伯数字为代号的纵列，从左到右排列来编定的，以先行后列，如图 8-11：A—4。

A-1	A-2	A-3	A-4	A-5	A-6
B-1	B-2	B-3	B-4		
	C-2	C-3	C-4	C-5	C-6

图 8-11 行列编号法示意图

采用国家统一坐标系时，图廓间的公里数根据需要加注带号和百公里数。如 X：$^{43}27.8$，Y：$^{374}57.0$。

我国的地形图编号方法，具体可参阅 GB/T 13989—1992 国家基本比例尺地形图分幅与编号。

第三节 地形图的判读与应用

一、地形图的读法

前已叙述，地形图是反映相应地面上的地物和地面高低起伏的地貌相关位置关系的图纸，是进行工程规划和设计的重要基础资料之一。要正确识读地形图，首先必须了解地形图所包含的内容。

（一）地形图的内容

地形图的基本内容主要包括：① 数学要素，即图的数学基础，如坐标网、投影关系、图的比例尺和控制点等；② 自然地理要素，即表示地球表面自然形态所包含的要素，如地貌、水系、植被和土壤等；③ 社会经济要素，即地面上人类在生产活动中改造自然界所形成的要素，如居民地、道路网、通讯设备、工农业设施、经济文化和行政标志等；④ 注记和整饰要素，即图上的各种注记和说明，如图名、图号、测图日期、测图单位、所用坐标和高程系统等。

以上地形图的基本内容在前面各章节中已全面叙述，只有了解了这些内容，才能全面地识读地形图。

（二）地形图的判读

1. 地貌的判读

首先在图上找出地性线，根据典型地貌的等高线表示法，从山脊线可以看出山脉的连绵，从山谷线可以找出水系的分布。根据地性线构成的地貌骨干，对实地地貌有一个比较全面的了解，而不致被复杂的等高线图所迷惑。

2. 地物的判读

判读地形图上的地物，主要靠地物的符号和注记。因此，对于常用的符号一定要很熟悉，并且对某些符号的定位点也应了解。此外，还应充分利用地物符号的颜色和注记来帮助判读。有时，也可对照实地进行判读。

二、地形图的应用

地形图用途极为广泛，它不仅是设计和施工的重要资料，而且还用来解决各种工程技术问题。

（一）在地形图上量取点的坐标和确定点的高程

1. 在地形图上量取点的坐标

如图 8-12 所示，欲求 p 点的坐标，首先根据 p 点在图上的位置，将该点所在的方格按坐标网的十字交点绘出方格，如 $abcd$。然后过 p 点分别作平行于纵、横坐标轴 x、y 的两条直线，交方格于 e、g 和 f、h。量取 af 和 ae 的长度，为了防止错误，以及考虑图纸变形的影响，还应量出 fb 和 ed 的长度进行检核，即：

$$af + fb = ae + ed = 10\ \text{cm}$$

若检核无误，则 p 点的坐标为：

$$\begin{cases} x_p = x_a + af \times M \\ y_p = y_a + ae \times M \end{cases} \tag{8-1}$$

式中，M 为地形图比例尺的分母。

若考虑图纸的伸缩变形，使图上的方格长度不等于 10 cm，这时 p 点的坐标可以按下式计算：

$$\begin{cases} x_p = x_a + \dfrac{10}{ab} \times af \times M \\ y_p = y_a + \dfrac{10}{ad} \times ae \times M \end{cases} \tag{8-2}$$

2. 在地形图上确定点的高程

求图上任一点的高程，如图 8-13 所示。如果所求点恰在等高线上，则等高线的高程即为该点的高程，如图 8-13 中之 M 点恰好在 26 m 等高线上，则 M 点的高程为 26 m。

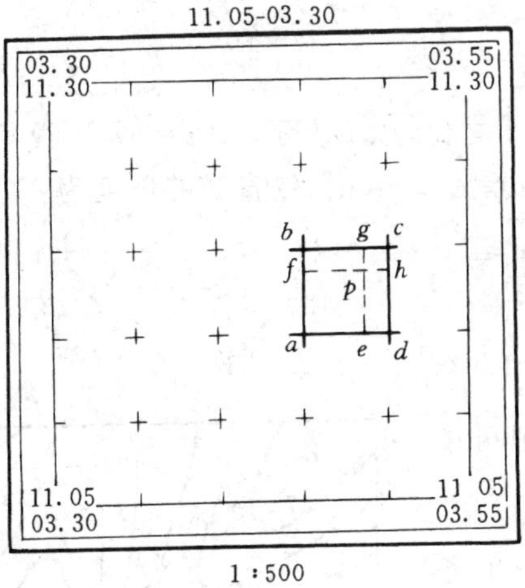

图 8-12 点坐标量取过程示意图

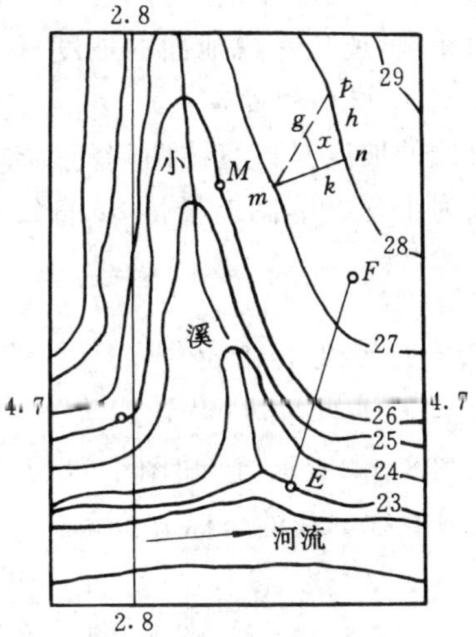

图 8-13 点高程确定过程示意图

若所求点位于两等高线之间，如图 8-13 中 k 点，则可过 k 点作相邻等高线的垂线 mn，从图上量出 $mk=d_1$ 及 $mn=d$，等高距为 h，则根据内插法，可得 k 点的高程为：

$$H_k = H_m + \frac{d_1}{d} \cdot h \tag{8-3}$$

（二）求图上直线的长度、坡度和坐标方位角

1. 直线长度的确定

如图 8-14 所示，设有一勘探线，在线上 A、B 两钻孔间的水平距离 l_{AB}，可以用两脚规量出，然后按地形图的图示比例尺进行换算，即可读得其长度。对于没有图示比例尺且图纸产生变形的地形图，可用前面介绍的方法，先求出两端点的平面直角坐标，再根据下式计算其长度：

$$l_{AB}=\sqrt{(x_B-x_A)^2+(y_B-y_A)^2} \tag{8-4}$$

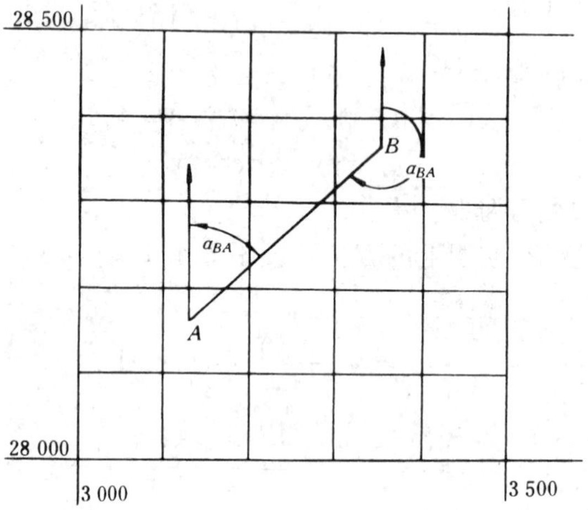

图 8-14　直线坐标方位角计算过程示意图

如果精度要求不高，可用三棱尺直接在图上量出两点之间的长度，如果要求 A、B 两点的倾斜距离，还应考虑地面的坡度。

2. 直线坡度的确定

直线的坡度是该直线两端的高差 h 和水平距离 l 之比，以 i 表示，即 $i=h/l$。设某图的比例尺为 1∶5 000，图上量得 dc 直线长为 16 mm，高差为 4 m，则 dc 直线的坡度为：

$$i=\frac{h}{l}=\frac{4}{(0.016\times 5\ 000)}=\frac{1}{20}=5\%$$

因 $\tan\delta=i$，所以 $\delta=2°52'$。

3. 坐标方位角的确定

如图 8-14 所示，已知图上 A、B 两点的坐标，则可按下式计算直线 AB 的坐标方位角：

$$\tan\alpha_{AB}=\frac{y_B-y_A}{x_B-x_A} \tag{8-5}$$

用式(8-5)计算其坐标方位角要注意其取值的有效范围[参见第 6 章中式(6-24)]，如果精度要求不高，坐标方位角可用量角器直接在图上量出。为此，先过 A 点作平行于坐标纵线的直线，设用量角器直接量得 $\alpha_{AB}=48°30'$，并可量出 $\alpha_{BA}=228°30'$ 作为校核。

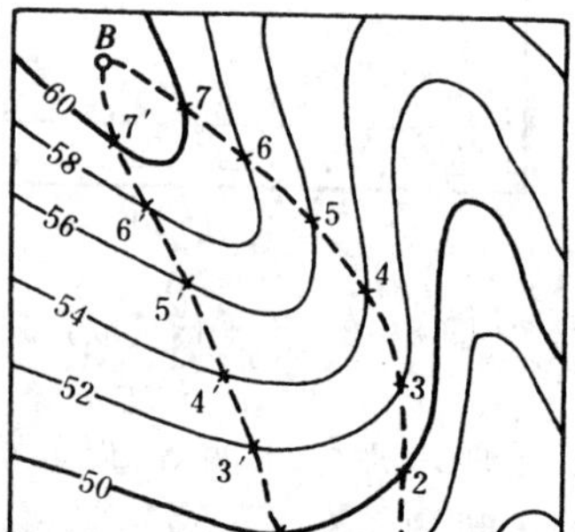

图 8-15　最短路线示意图

（三）按设计坡度在地形图上选定最短路线

如图 8-15 所示，设欲从河边 A 点起向山上 B 点选一条路线，以便把煤运下山。已知等高距 $h=2$ m，设计坡度 $i=5\%$，则路线通过两相邻等高线的平距为：

$$d=\frac{h}{i}=\frac{2}{5\%}=40\ \text{m}$$

这 40 m 也可用图上的坡度尺直接用两脚规量得。然后，以 A 点为圆心，以 40 m 为半径（按地形图比例尺缩小），作圆弧，交 48 m 等高线于 1（或 1′）点，又以 1（或 1′）点为圆心，以 40 m 为半径交 50 m 等高线于 2（或 2′）点，以此类推。把这些相邻点连接起来，就得到在图上选出的两条路线的大致方向。最后进行实地勘察和比较，选取一条较理想的路线。

（四）根据地形图作剖面图

如图 8-16(a)，由于工程设计需要了解沿 AB 方向的地形起伏情况，可在地形图上按 AB 方向作一剖面图（断面图）。绘图时，先在地形图上绘直线 AB，并标出 AB 线与各等高线的交点 c、d、…、p 等。然后在另一张纸上，作互相垂直的坐标轴，如图 8-16(b)所示。横坐标表示水平距离 l，纵坐标表示高程 H，按规定的比例尺，将 A、c、…、p、B 等点转绘在横

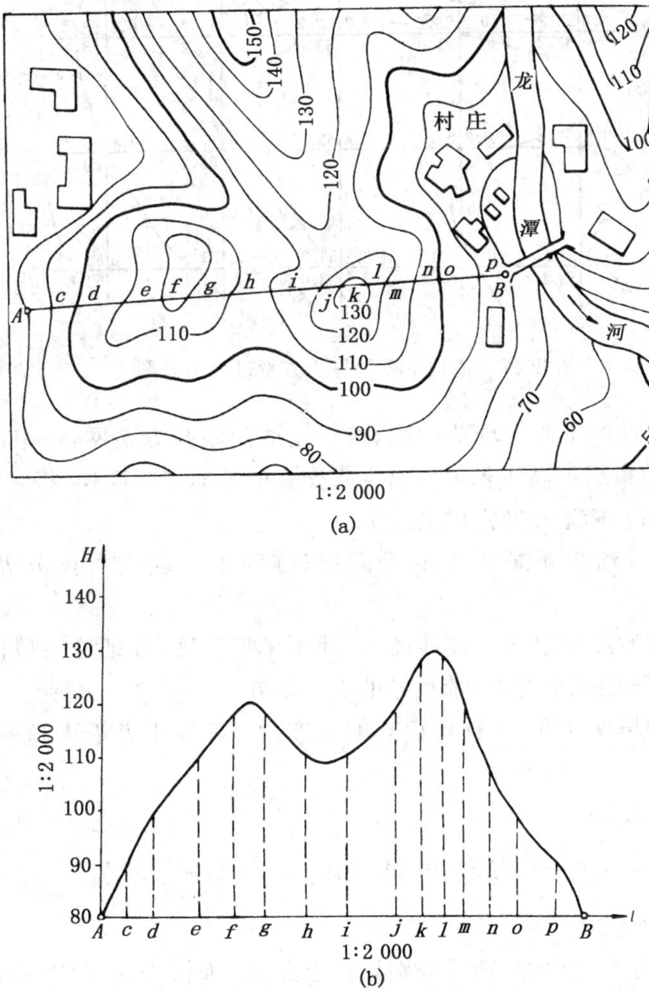

图 8-16　地形图中剖面图制作过程示意图

坐标轴上(若剖面图比例尺与地形图比例尺相同,可作横坐标轴平行于 AB,直接投点),由所得各点作垂线,根据各点的高程,在垂线上按高程比例尺(一般高程比例尺应和水平比例尺相同,但为了明显表示出地形的高低起伏,也可将高程比例尺放大 5～10 倍),标出各点的位置,最后用平滑的曲线连接这些点,便得到 AB 直线的剖面图,如图 8-16(b)所示。

(五) 根据地形图计算平整场地的土方量

在布置矿区工业广场时,必须对用地进行竖向规划。一般需将地面平整成水平面、等斜面和不等斜面三种情况。

图 8-17 为某矿工业广场地形图,今欲平整成高程为 53.2 m 的平面,计算其土方量的步骤为:

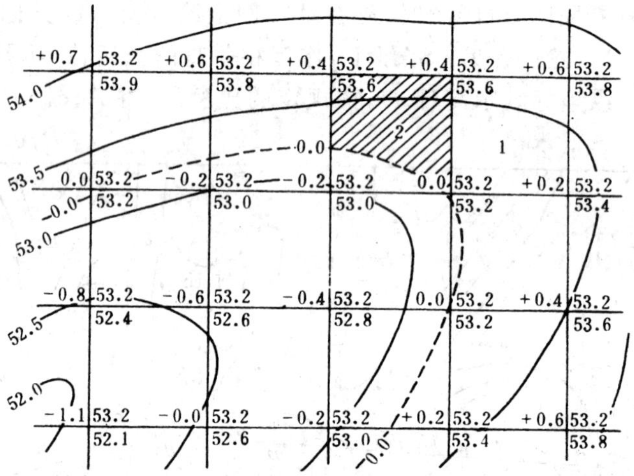

图 8-17 依地形图计算土方量过程示意图

① 在地形图上设计的工业广场范围内,按一定的间距打方格网,方格网的大小视计算土方量的精度而定,并根据等高线求出方格网各交点的地面实际高程;将实际高程标记在交点的右下方,将设计高程标记在交点的右上方。

② 根据设计高程,绘出不填不挖的等高线(称为零点线或填挖分界线),如图中的虚线。

③ 各交点的地面实际高程减去设计高程,即得填挖高度,并把这些数值注在各交点的左上方。数字前带正号的表示挖方,带负号的表示填方。

④ 根据各交点的填挖高度,计算填挖方的土方量。现以小方格 1 和 2 为例,说明土方量计算的方法。

小方格 1 的挖方量为:

$$V_{1挖} = \frac{1}{4}(0.4 + 0.6 + 0 + 0.2)A_1 = 0.3A_1$$

式中,A_1 为小方格的面积。

若小方格既有挖方又有填方,则需分别计算土方量。如小方格 2 中画斜线部分为挖方,另一部分是填方,则:

$$V_{2挖} = \frac{1}{4}(0.4 + 0.4 + 0 + 0)A_{2挖} = 0.2A_{2挖}$$

$$V_{2填} = \frac{1}{3}(0 + 0 + 0.2)A_{2填} = 0.067A_{2填}$$

式中 $A_{2挖}$——小方格 2 内的挖方面积；

$A_{2填}$——小方格 2 内的填方面积。

（六）确定汇水面积

在修建道路的桥涵或建筑水库的水坝等工程中，需要知道有多大面积的雨水通过这个桥涵或在谷地汇集，这个面积就称为汇水面积。汇水面积的界线是由一系列相邻的分水线（山脊线）连接而成的。

如图 8-18 所示，A 处为道路跨过山谷时建造的一座涵洞。涵洞孔径的大小，应根据该处的水流量来确定，而这个水流量除与最大降雨量有关外，还与汇水面积有关。由图 8-18 可以看出，分水线都与等高线正交，且经过一系列的山头和鞍部。由分水线 $BCDHEF$ 及道路 FB 所围成的面积，即为汇水面积。汇水面积可用求积仪量测，也可用图解或解析法求得。在地形图上求面积的方法将在以后叙述。

（七）图形面积的量算

1. 透明方格纸法

如图 8-19 所示，要计算曲线内的面积，先将毫米透明方格纸覆盖在图形上，数出图形内完整的方格数 n_1 和不完整的方格数 n_2，则面积 A 可按下式计算：

$$A = \left(n_1 + \frac{1}{2}n_2\right)\frac{M^2}{10^6}\ (\text{m}^2) \tag{8-6}$$

式中，M 为地形图比例尺分母。

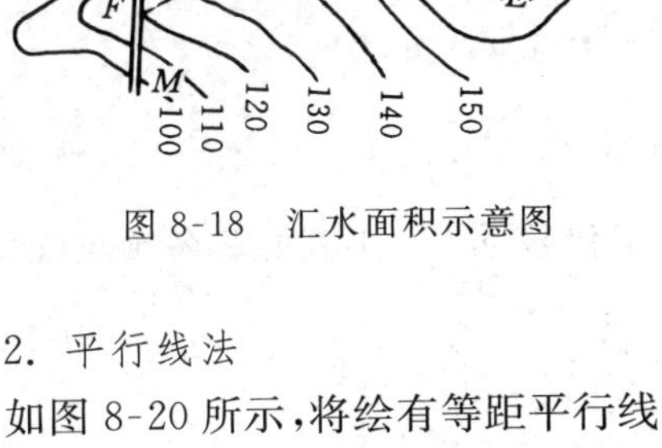

图 8-18 汇水面积示意图

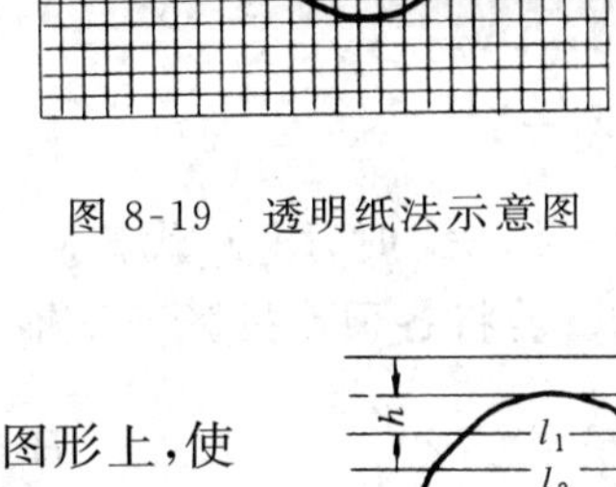

图 8-19 透明纸法示意图

2. 平行线法

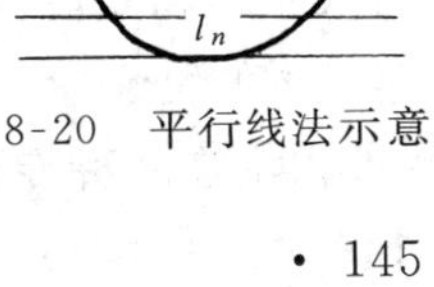

图 8-20 平行线法示意图

如图 8-20 所示，将绘有等距平行线的透明纸覆盖在图形上，使两条平行线与图形边缘相切，则相邻两平行线间截割的图形面积可近似视为梯形。梯形的高为平行线间距 h，图形截割各平行线的长度为 l_1、l_2、…、l_n，则各梯形面积分别为：

$$S_1 = \frac{1}{2}h(0 + l_1)$$

$$S_2 = \frac{1}{2}h(l_1 + l_2)$$

$$\cdots$$

$$S_n = \frac{1}{2}h(l_{n-1} + l_n)$$

$$S_{n+1} = \frac{1}{2}h(l_n + 0)$$

则总面积 A 为：

$$A = S_1 + S_2 + \cdots + S_n + S_{n+1} = h\sum_{i=1}^{n} l_i \tag{8-7}$$

3. 解析法

如果图形为任意多边形，且各顶点的坐标已在图上量出或已在实地测定，可利用各点坐标以解析法计算面积。

如图 8-21 所示，为一任意四边形 $ABCD$，各顶点编号按顺时针编为 1、2、3、4。可以看出，$ABCD$ 的面积(P)等于 $C'CDD'$ 的面积(P_1)加 $D'DAA'$ 的面积(P_2)再减去 $C'CBB'$ 的面积(P_3)和 $B'BAA'$ 的面积(P_4)，即：

$$P = P_1 + P_2 - P_3 - P_4$$

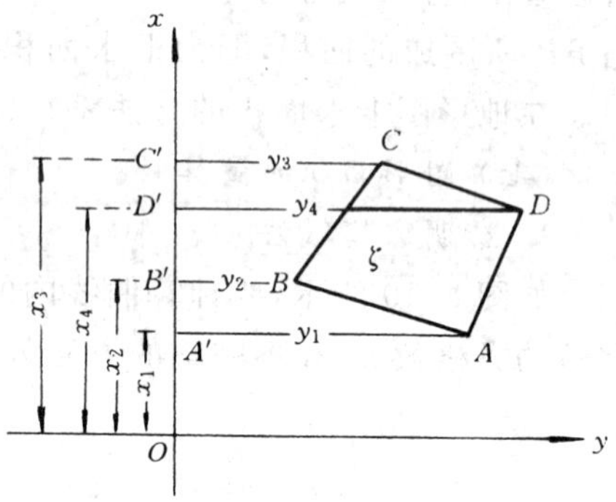

图 8-21 解析法示意图

设 A、B、C、D 各顶点的坐标为(x_1，y_1)、(x_2，y_2)、(x_3，y_3)、(x_4，y_4)，则：

$$\begin{aligned}2P =& (y_3 + y_4)(x_3 - x_4) + (y_4 + y_1)(x_4 - x_1) - \\ & (y_3 + y_2)(x_3 - x_2) - (y_2 + y_1)(x_2 - x_1) \\ =& - y_3x_4 + y_4x_3 - y_4x_1 + y_1x_4 + y_3x_2 - y_2x_3 + y_2x_1 - y_1x_2 \\ =& x_1(y_2 - y_4) + x_2(y_3 - y_1) + x_3(y_4 - y_2) + x_4(y_1 - y_3)\end{aligned}$$

若图形有 n 个顶点，则上式可扩展为：

$$2P = x_1(y_2 - y_n) + x_2(y_3 - y_1) + \cdots + x_n(y_1 - y_{n-1})$$

$$P = \frac{1}{2}\sum_{i=1}^{n} x_i(y_{i+1} - y_{i-1}) \tag{8-8}$$

注意：当 $i=1$ 时，用 y_n 代替 y_{i-1}；当 $i=n$ 时，用 y_1 代替 y_{i+1}。上式是将各顶点投影于 x 轴算得的。若将各顶点投影于 y 轴，同法可推出：

$$P = \frac{1}{2}\sum_{i=1}^{n} y_i(x_{i-1} - x_{i+1}) \tag{8-9}$$

注意：当 $i=1$ 时，式中用 x_n 代替 x_{i-1}；当 $i=n$ 时，用 x_1 代替 x_{i+1}。

式(8-8)和式(8-9)可以互为计算检核。

4. 求积仪法

求积仪是一种专门供图上量算面积的仪器，其优点是操作简便、速度快，适用于任意曲线图形的面积量算，且能保证一定的精度。具体方法参见有关求积仪的使用说明书。

（八）在地形图上确定通视情况

在工程建设中，如架空索道和输电线路的设计及测量方案设计等，常常要了解两点间地面的通视情况来考虑工程的施工方法。根据地形图确定自观测点至任一点是否通视，很多情况下可以通过分析地形图上的地势来解决。如在开阔地区内，两点位于两反向的山谷斜坡上，如图 8-22 中的 A、D 点和 C、B 点之间就可通视。反之，如果有些点位于同一山岭或分水岭的两反向山坡上，如 A 和 B 点，则这种点之间就不能通视。

但在某些情况下，两点之间是否通视用分析和观察的方法很难确定，如图 8-22 中 B、D 两点之间是否通视。为了解决这个问题，必须沿线段 BD 绘制简略断面图，如图 8-23 所示。在断面图上用直线把 B、D 两点连接起来，因为该直线在任何地方都不与断面图的线段相交，所以可决定 B、D 之间能够通视。

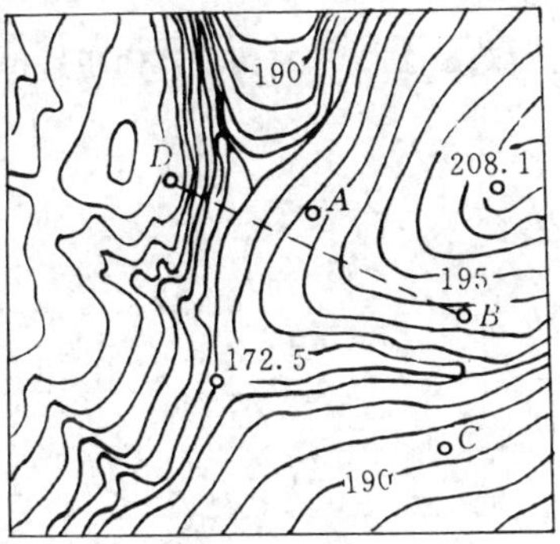

图 8-22　点位分布

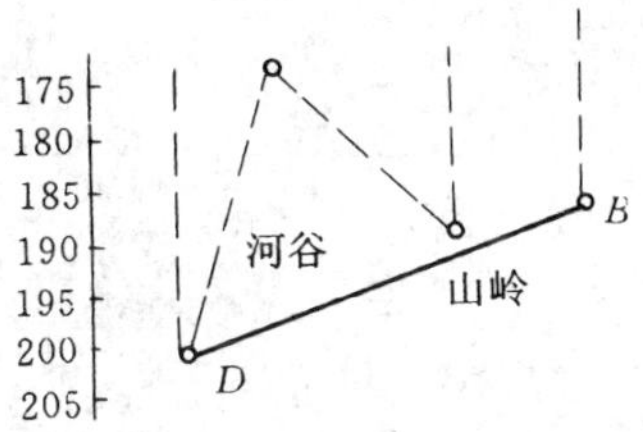

图 8-23　线段 BD 简略断面图

这种问题也可用构成三角形的方法来解决，如图 8-24 求 A、B 两点间的通视情况。其方法是在图上先用直线连接 A、B 两点，并在该直线上标出可能影响直线通视的障碍物位置，如 C 点。把最低的 A 点设为零，自 B 点和 C 点作垂直于 AB 的垂线，在垂线上用同一的任意比例尺量取 B 和 C 点相对于 A 点的高差，设从 B 点和 C 点引垂线 BD 和 CE，使其长度分别等于所量取的 B 和 C 相对于 A 点的高差。作直线 AD，因与垂线 CE 相交，所以可知 A、B 两点之间不通视。

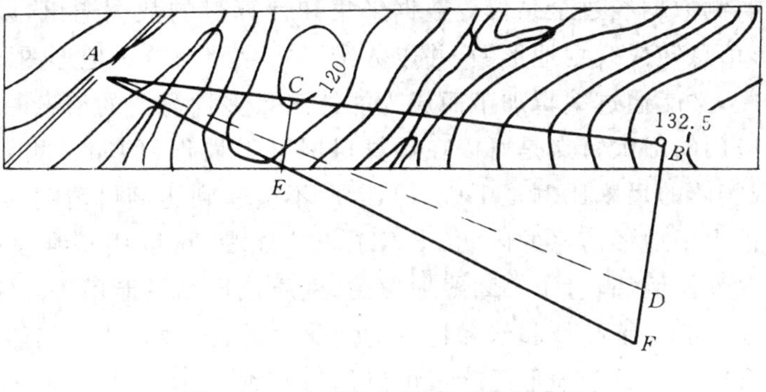

图 8-24　点间通视判断过程示意图

从所作三角形也可确定为了自 B 点能看到 A 点，应在 B 点升高其高度。其方法是通过 A、E 两点作一直线与 BD 垂线的延长线相交于 F 点。按原作 CE 和 BD 垂线所用比例尺，量取 DF 线段长，即为从 B 点要看到 A 点应升高的高度。

（九）根据等高线计算体积

在地质勘探和工程建设中，常需根据地形图计算土方和矿产储量等。根据等高线计算体积是计算土方和储量的方法之一。图8-25为一矿堆的等高线计算图。由等高线计算体积时，首先计算各等高线范围内的面积，面积的计算方法很多，有图解法、解析法和求积仪求面积法等。求出面积后，再以等高距相乘求出每一等高线层的体积，将各层体积相加，即得总的体积。如图 8-25 所示，设 F_0、F_1、F_2 及 F_3 为各等高线范围内的面积，h 为等高距，V_{01}、V_{12}、V_{23} 为各等高线层的体积，V_k 为上层等高线以上部分的体积，则：

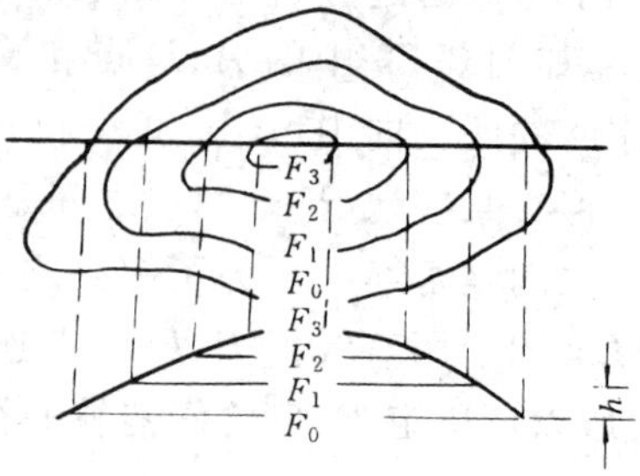

图 8-25　等高线计算体积过程示意图

$$V_{01}=\frac{1}{2}(F_0+F_1)h$$

$$V_{12}=\frac{1}{2}(F_1+F_2)h$$

$$V_{23}=\frac{1}{2}(F_2+F_3)h$$

$$V_k=\frac{1}{3}F_3h_k$$

h_k 为上层等高线至山顶的高度。将以上各式相加则得该等高线图所包围的总体积 V 为：

$$\begin{aligned}V&=V_{01}+V_{12}+V_{23}+V_k\\&=\frac{1}{2}(F_0+2F_1+2F_2+F_3)h+\frac{1}{3}F_3h_k\end{aligned}$$

土方的计算与此相仿。

三、数字地形图的应用

（一）数字地形图应用的特点

地形测量的实测数据经过全站仪等数据采集和计算机的数据通讯，以及计算机软件的编辑处理，将地形信息转成线划地形图，并以数字形式存储。数字地形图既可以保持现有数据在采集时的精度，又能通过编辑加工而成为能够满足多种需要的信息源。

数字地形图应用的最大特点是可以在计算机屏幕上操作，例如量测数据、工程设计、内容改编；图与客观实体的尺度比例是 1∶1 的，因此不会受到比例尺精度的限制。

数字地形图扩大了地形信息的内涵，丰富了表达能力，可以用三维表达方式，更真实和完备地反映客观世界。例如，对于等高线地形图，纸质地形图只能用等高线的线条和一些特定的符号来表示地貌的连续高低起伏和特殊的变化之处，这种表达虽然能够反映实际地形，但是不够直观和形象。而数字地形图除了可以用等高线表示以外，还可以根据采集的地形点数据，利用绘图软件建立三维图形的数字地面模型（DTM），相当于得到了地面的立体形态。

（二）数字地形图的应用范围

在地形图应用上，数字地图比纸质地图具有更多的优势，借助于数字化成图软件CASS系统，数字地形图的内容和功能大大提升，其应用范围也变得更加宽广。

1. 在地理信息系统中的应用

地理信息系统（GIS）是用于地理空间数据采集、存储、处理、查询、分析、利用和可视化的电子计算机信息系统，主要用于国土整治、环境保护、资源开发、城市规划、灾害预报、农作物估产等。其原始的数据采集主要依据测绘和遥感技术。相对于GIS来说，测绘资料是一种与空间分布有关的基础数据源，而这种数据源的主要内容和表现形式是数字地形图。

2. 在工程建设中的应用

利用AutoCAD等三维图形处理功能，可以建立数字地面模型（DTM），相当于得到了地面的立体形态。利用该模型，可以绘制各种比例尺的等高线地形图、地形立体透视图、地形断面图，确定汇水范围和计算面积，确定场地平整的填挖边界和计算土方量。在公路和铁路设计中，可以绘制地形的三维轴测图和纵、横断面图，进行自动选线设计。

在建筑工程中，利用数字地形测量的原理和方法扩充为建筑工程测绘。除了获得建筑物的平面图形外，还可以得到三维立体图形和虚拟现实的建筑模型。

3. 在土地规划中的应用

数字地形图不仅能够满足土地规划管理的需要，而且易于维持内容的现势性，并且可以根据需要，编辑出多种专题地图。并且可以在数字地形图上进行距离、面积、体积、坡度等数据的量算，可进行路径查询，可进行土地的各种数量和属性的统计和分析。

4. 在导航中的应用

数字地形图可以帮助选择行车路线，制定旅行计划。数字地形图能在行进中接通全球定位系统，将目前所处位置显示在图上，并指明前进路线和方向。在航海中，数字地形图可将船的位置实时显示在地图上，并随时提供航线和航向。可用于船舶进港时的实时导航，以免触礁或搁浅。在航空领域，数字地形图可以将飞机的位置实时显示在地图上，可随时提供航线和航向。

5. 在交通旅游中的应用

数字地形图可将与交通旅游有关的空间信息通过网络发布给用户，也可以通过机场、火车站、码头、广场、宾馆、商场等公共场所的触摸屏显示电子地图，为人们提供交通、旅游、购物等信息。通过多媒体数字地形图，可了解旅游景点的基本情况，帮助人们选择旅游路线，制定最佳的旅游计划。

6. 在农业和气象部门的应用

农业部门可用数字地形图预测粮食产量和各种经济作物产量情况，各种作物播种面积分布，为各级政府决策服务。气象部门将数字地形图与气象信息处理系统相连接，把气象信息处理结果可视化，向人们实时发布天气预报和灾害性的气象信息，为国民经济建设和人们日常生活服务。

7. 在防洪救灾中的应用

专用于防洪救灾的数字地形图可显示各种等级堤防分布、险段分布和交通路线分布等详细信息，为各级防汛指挥部门具体布置抗洪救险方案提供支持。

8. 在军事指挥中的应用

数字地形图与卫星系统连接,指挥员可以从屏幕上观察战局变化,指挥部队行动。电子地图系统可安装在飞机、战舰、装甲车、坦克车上,随时将自己的位置显示在作战指挥的电子地图中,使指挥员随时了解和掌握战局情况,为指挥决策服务。电子地图还可以模拟战场实况,为军事演习和训练服务。

随着科学技术的高速发展和社会信息化程度的不断提高,数字地形图将会应用于更多的领域,发挥更重要的作用。

复习思考题

1. 设某点的高斯平面直角坐标为:x=5 060 000 m,y=9 307 000 m,则这一点在第几投影带?绘一草图,表示这一点在投影带中的位置。

2. 中、小比例尺地形图为什么要采用梯形分幅?设某点的经度为东经106°42′,纬度为北纬29°35′,试写出该点所在的1∶2.5万地形图的编号。

3. 高斯投影属于哪种投影?其投影特征是什么?

4. 采用矩形分幅,左下角坐标是否可采用国家统一平面坐标系中的坐标值?

5. 地形图的基本应用有哪些?

6. 平整土地的原则是什么?计算挖填方量的方法有哪几种?

第九章　测设的基本工作

测设工作与测图工作恰好相反，它是根据工程设计图纸上待建的建筑物、构筑物的轴线位置、尺寸及其高程或设计图纸上的点、线位置，算出待建的建、构筑物各特征点（或轴线交点）与控制点（或原有建、构筑物特征点）之间的距离、角度、高差等测设数据，然后以地面控制点为依据，将待建的建、构筑物的特征点或设计点位在实地标定出来，以便施工。

不论测设对象是建筑物还是构筑物或设计点，测设的基本工作是测设已知的水平距离、水平角度和高程。本章除介绍这三项基本工作的测设以外，还介绍点的平面位置和设计坡度线的测设工作。

第一节　水平距离、水平角度和设计高程的测设

一、水平距离的测设

在地面上丈量两点间的水平距离时，首先是用尺子量出两点间的距离，再进行必要的改正，以求得准确的实地水平距离。而测设已知的水平距离时，其程序恰恰相反，现将其作法叙述如下。

（一）一般方法

当测设已知距离 $AB=D$ 时，线段的起点 A 和方向 α_{AB} 是已知的（图 9-1）。若要求以一般精度进行测设，可在给定的方向，根据给定的距离值，从起点 A 用钢尺丈量的一般方法，测得线段的另一端点 B。为了进行检核，应往返丈量测设的距离，往返丈量的较差，若在限差之内，则取其平均值作为最后结果。

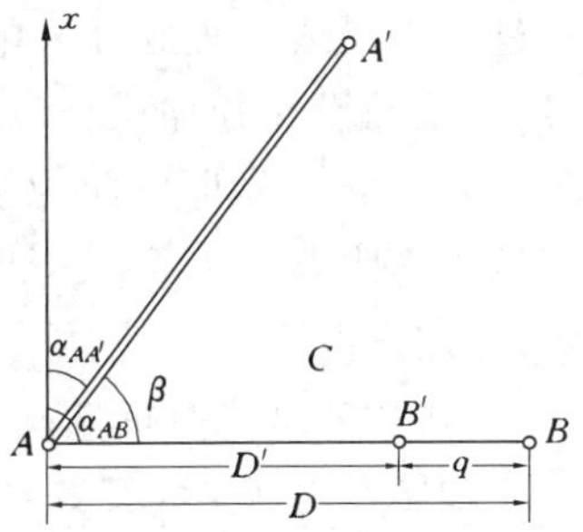

图 9-1　钢尺量距测设直线原理示意图

（二）精确方法

当测设精度要求较高时，应按钢尺量距的精密方法进行测设，具体作业步骤如下：

① 将经纬仪安置在已知的起点 A 上，并标出给定直线的方向，沿该方向进行概量并在地面上打下尺段桩和终点桩，在桩顶刻十字标志。

② 用水准仪测定各相邻桩桩顶之间的高差。

③ 按精密丈量的方法先量出整尺段的距离，并加尺长改正、温度改正和高差改正，计算每尺段的长度及各尺段长度之和，得最后结果为 D_0。

④ 用已知应测设的水平距离 D 减去 D_0 得余长 q，即 $D-D_0=q$。然后计算余长段应测设的距离 q'：

$$q' = q - \Delta l_d - \Delta l_t - \Delta l_h \tag{9-1}$$

式中，Δl_d、Δl_t、Δl_h 为余长段相应的三项改正。

⑤ 根据 q' 在地面上测设余长段，并在终点桩上作出标志，即为所测设的终点 B。如终

点超过了原打的终点桩时，应另打终点桩。

设已知 $D=25.000$ m，所用名义长度为 30 m 的钢尺在 $t_0=20$ ℃时与标准尺比较，其检定长度 l_t 为 30.003 m，测设时温度 $t=+30$ ℃，钢尺的膨胀系数 $a=0.000\ 012\ 5$ m/1 ℃，测得两点的高差 $h=-1.00$ m，又测设时拉力与钢尺检定时拉力（10 kg）相同，试计算测设时在地面上应量出的斜距 L。

解 首先计算各项改正数：

① 尺长改正数：

$$\Delta L=-\frac{l_t-l_0}{l_0}D=-0.003\ \text{m}$$

② 温度改正数：

$$\Delta D_t=-a(t-t_0)D=-0.003\ \text{m}$$

③ 倾斜改正数：

$$\Delta D_h=+\frac{h^2}{2D}=+0.020\ \text{m}$$

故得测设长度：

$$\begin{aligned}L&=D+\Delta L+\Delta D_t+\Delta D_h\\&=25.000-0.003-0.003+0.020=25.014\ \text{m}\end{aligned}$$

由于每把钢尺的尺长方程式在一定时期内是固定的，因此，实际工作中可利用 CASIO fx-4800P 计算器的程序编制与计算功能，针对某把钢尺编制专用程序计算各项改正数，这样可在野外快速求取测设长度。

（三）归化方法

归化法属精确测设已知距离的方法。先用前述直接测设法概略测设一点 B'，然后用检定过的钢尺或短程红外光电测距仪或全站仪精密测定 AB'之距离（注意，此时是测量未知距离，不是测设），并加尺长、温度和倾斜改正数，其值设为 D'，将 D'与设计距离 D 比较，得出较差 $q=D-D'$，即以此为依据进行改正，以确定 B 点位置。改正时，从 B 点起沿 AB 方向补量水平距离 q。当 $q>0$ 时，应向 AB'延长线方向补量，即向外改正；反之，则缩短所量的距离，向内改正。

（四）用红外测距仪或全站仪测设水平距离

如图 9-2 所示，安置红外测距仪或全站仪于 A 点，瞄准已知方向。沿此方向移动反光棱镜的位置，使仪器显示值略大于测设的距离 D，定出 C'点。在 C'点安置反光棱镜，测出反光棱镜的竖直角 α 及斜距 S（加气象改正）。计算水平距离 $D'=S\cos\alpha$，求出 D'与应测设的水平距离 D 之差 $q=D-D'$。根据 q 的符号在实地用小钢尺沿已知方向改正 C'至 C 点，并用木桩标定其点位。为了检核，应将反光棱镜安置于 C 点再实测 AC 的距离，若不符合应再次进行改正，直到测设的距离符合限差为止。

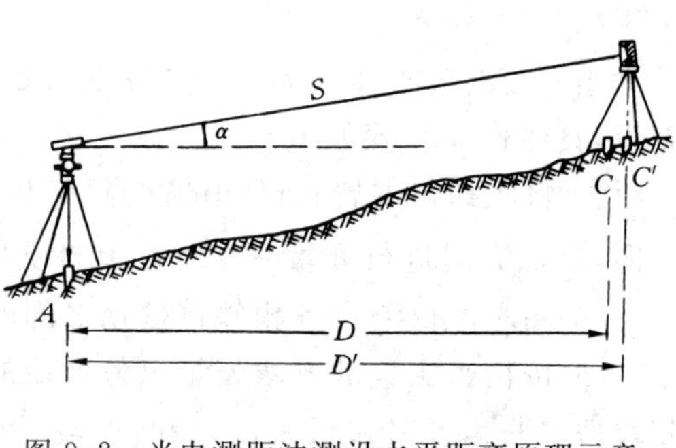

图 9-2 光电测距法测设水平距离原理示意

二、水平角度的测设方法

测设已知水平角与测量未知水平角不同。它系根据地面上一个已知方向（该角之始边）和图纸上设计的角值用经纬仪在地面上标出设计方向（该角之终边），作为施工之依据。

（一）一般方法

如图 9-3 所示，设 OA 为地面上的已知方向，β 为设计的角度，今求设计方向 OB。测设时，在 O 点安置经纬仪，盘左时，置水平度盘读数为 $0°00'00''$，瞄准 A 点。然后转动照准部，使水平度盘读数为 β，在视线方向上标定 B' 点；用盘右位置再测设 β 角，标定 B'' 点；由于存在测量误差，B' 与 B'' 点往往不重合，取中点 B，则 $\angle AOB$ 即为 β，OB 方向就是要求标定于地面上的设计方向。

（二）精确方法

如图 9-4 所示，可先用盘左测设出概略方向 OB'，标定 B' 点，再用测回法（测回数根据精度要求而定）测量 $\angle AOB'$ 的角值为 β'。并用钢尺量出 OB' 之长度，则支距 $B'B \approx OB' \cdot \frac{\Delta\beta}{\rho''}$，其中 $\Delta\beta = \beta - \beta'$（$\Delta\beta$ 的单位为秒）。

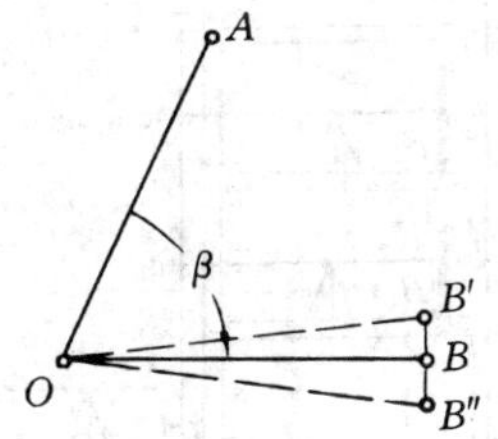

图 9-3　水平角一般测设法原理示意图

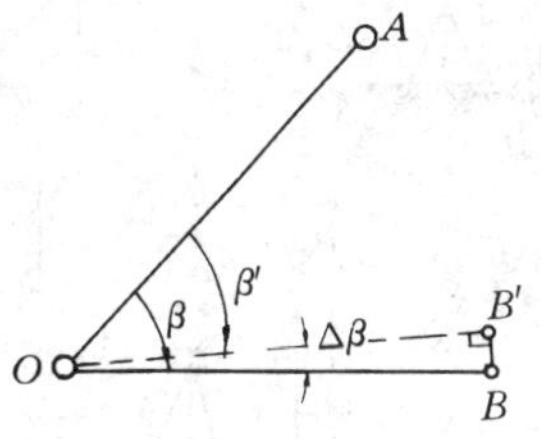

图 9-4　水平角精确测设法原理示意图

以 $B'B$ 为依据改正点位 B'。若 $\beta > \beta'$，$\Delta\beta$ 为正值时，则按顺时针方向改正点位，即沿 OB' 之垂线方向，从 B' 起向外量取支距 $B'B$，以标定 B 点；反之则向内量取 $B'B$ 以定 B 点。则 $\angle AOB$ 即为所要测设的 β 角。

三、设计高程的测设方法

在测设中，经常要把设计的室内地坪高程（±0）和房屋其他各部位的设计高程（在工地上亦称高程为标高）在地面上标定出来，作为施工的依据。这项工作称为测设已知高程。

（一）一般方法

如图 9-5 所示，安置水准仪于水准点 R 与待测设高程点 A 之间，得后视读数 a，则视线高程 $H_{视} = H_R + a$；前视应读数 $b_{应} = H_{视} - H_{设}$，$H_{设}$ 为待测设点高程。

此时，在 A 点木桩侧面，上下移动标尺，直至水准仪在尺上截取的读数恰好等于 $b_{应}$ 时，紧靠尺底在木桩侧面画一横线，此横线即为设计高程的位置。为了醒目，还要在横线下用红油漆画一"▼"，若 A 点为室内地坪，则在横线上注明"±0"。

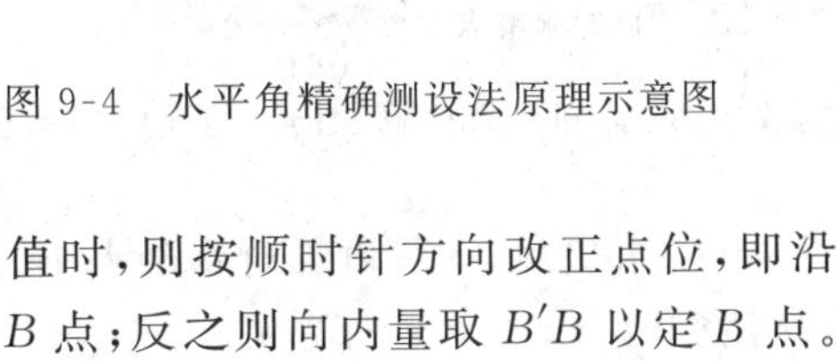

图 9-5　水准仪测设高程一般方法原理示意图

（二）高程上下传递法

若待测设高程点的设计高程与水准点的高程相差很大，如测设较深的基坑标高或测设高层建筑物的标高，只用标尺已无法测设，此时可借助钢尺将地面水准点的高程传递到在坑底或高楼上所设置的临时水准点上，然后再根据临时水准点测设其他各点的设计高程。

如图 9-6 所示，是将地面水准点 A 的高程传递到基坑临时水准点 B 上。在坑边木杆上悬挂经过检定的钢尺，零点在下端并挂 10 kg 重锤。为减少摆动，重锤放入盛废机油或水的桶内。在地面上和坑内同时安置水准仪，瞄准水准尺和钢尺读数 a、b 和 c、d，则：

$$H_B = H_A + a - (c - d) - b \tag{9-2}$$

H_B 求出后，即可以临时水准点 B 为后视点，测设坑底其他各待测设高程点的设计高程。

图 9-7 是将地面水准点 A 的高程传递到高层建筑物上，其方法与上述方法相仿，任一层上临时水准点 B_i 的高程为：

$$H_{B_i} = H_A + a + (c_i - d) - b_i \tag{9-3}$$

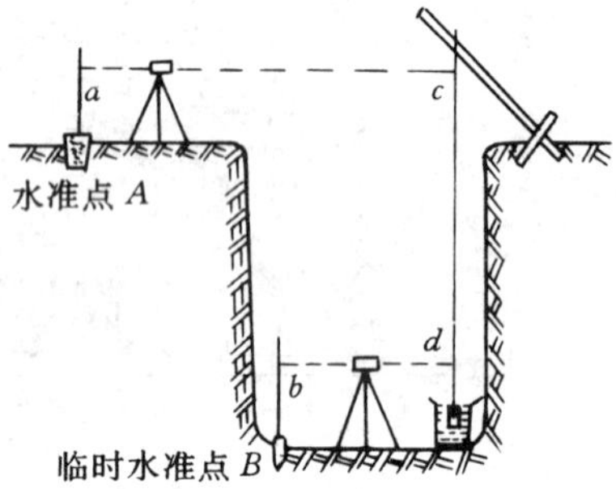

图 9-6　水准仪测设高程向下传递原理示意图

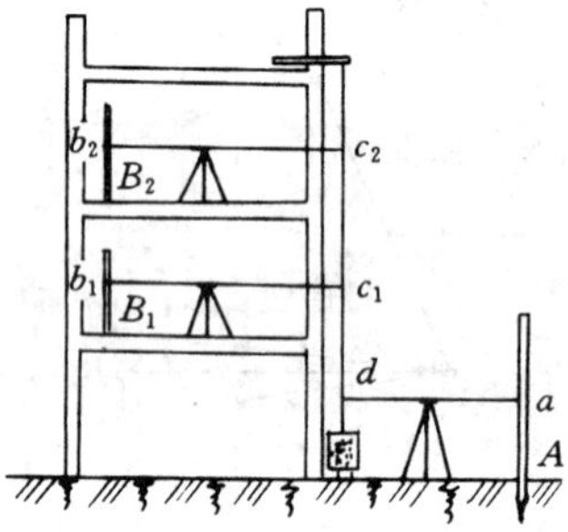

图 9-7　水准仪测设高程向上传递原理示意图

H_{B_i} 求出后，即可以临时水准点 B_i 为后视点，测设第 i 层高楼上其他各待测设高程点的设计高程。

当临时水准点高程测设精度要求较高时，对使用的钢尺应加入尺长、温度、拉力、钢尺自身重量等改正。

第二节　点的平面位置的测设方法

施工之前，需将图纸上设计建(构)筑物的平面位置测设于实地，其实质是将该房屋诸特征点(例如各转角点)在地面上标定出来，作为施工的依据。测设时，应根据施工控制网的形式、控制点的分布、建(构)筑物的大小、测设的精度要求和施工现场条件等因素，选用合理的、适当的方法。

一、直角坐标法

用已知坐标差 Δx、Δy 测设点位。当根据建筑方格网或矩形控制网测设时，采用此法准确而简便。如图9-8所示，已知某厂房矩形控制网四角点 A、B、C、D 的坐标，设计总平面图中已确定某车间四角点 1、2、3、4 的设计坐标。现以根据 B 点测设点 1 为例，说明其测设的步骤：

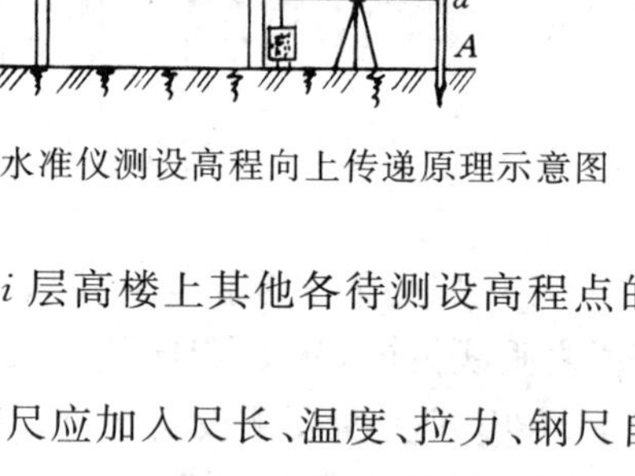

图 9-8　直角坐标法测设点位原理示意图

① 先算出 B 与点 1 的坐标差：$\Delta x_{B1} = x_1 - x_B$，$\Delta y_{B1} = y_1 - y_B$。

② 在 B 点安置经纬仪，瞄准 C 点，在此方向上用钢尺量 Δy_{B1} 得 E 点。

③ 在 E 点安置经纬仪，瞄准 C 点，用盘左、盘右位置两次向左测设 90°角，在两次平均方向 $E1$ 上从 E 点起用钢尺量 Δx_{B1}，即得车间角点 1。

④ 同法，从 C 点测设点 2，从 D 点测设点 3，从 A 点测设点 4。

⑤ 检查车间的四个角是否等于 90°，各边长度是否等于设计长度，若误差在允许范围内，则认为测设合格。

二、极坐标法

本法是根据已知水平角度和水平距离测设点位。测设前需根据施工控制点(例如导线点 A)和测设点 P 的坐标，按坐标反算公式求出 AP 方向的坐标方位角 α_{AP} 和水平距离 D_{AP}，再根据两条边的坐标方位角求出水平角。在使用坐标反算坐标方位角时，注意坐标方位角的象限和有效取值范围[参见第 6 章式(6-24)]。如图 9-9 所示，水平角 $\beta=\alpha_{AP}-\alpha_{AB}$，水平距离为 D_{AP}。

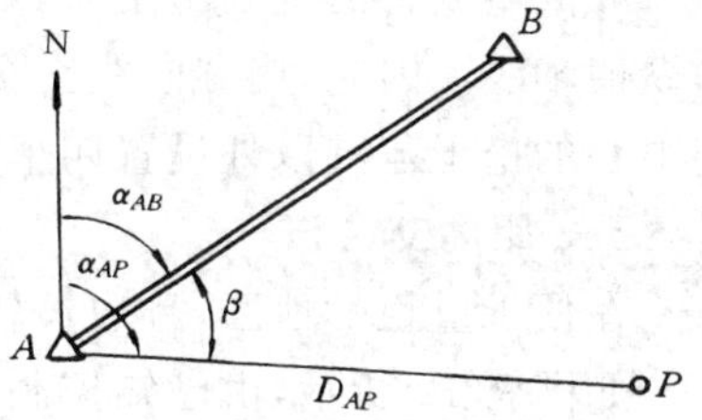

图 9-9　极坐标法测设点位原理示意图

求出测设数据 β、D_{AP} 后，即可安置经纬仪于控制点 A，按第一节所述方法测设 β 角，以定出 AP 方向。在 AP 方向上，从 A 点起用钢尺测设水平距离 D_{AP} 定出 P 点的位置。

设计建筑物上各点测设之后，应按设计建筑物的形状、尺寸检核角度和长度误差，若在允许范围内，才认为测设合格。

三、角度交会法

本法系在量距困难地区用两个已知水平角度测设点位的方法，颇有成效。但必须有第三个方向进行检核，以免出现错误。

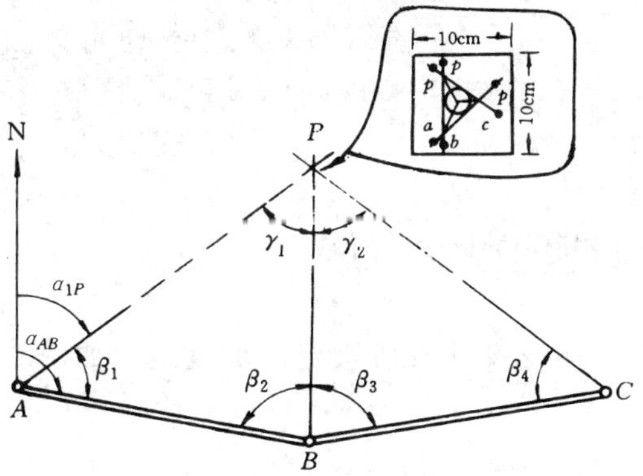

图 9-10　角度交会法测设点位原理示意图

如图 9-10 所示，A、B、C 为三个控制点，其坐标已知，P 为待测设点，其设计坐标亦为已知。先用坐标反算公式求出 P 点至 A、B、C 三个控制点的坐标方位角 α_{AP}、α_{BP} 和 α_{CP}，然后各由相应坐标方位角之差求出测设数据 β_1、β_2、β_3 与 β_4，并按下述步骤测设：用经纬仪按角度和概略距离先定出 P 点的概略位置，在概略位置处打一个顶面积约为 10 cm×10 cm 的大木桩，然后在大木桩的顶面上精确测设。由操作仪器者指挥，用铅笔在顶面上分别在 AP、BP、CP 方向上各标定两点(见小图中 a、p、b、p、c、p)。将各方向上的两点连起来，就得 ap、bp、cp 三个方向线，三个方向线理应交于一点，但实际上由于控制点和测设等误差的影响，将形成一个示误三角形。一般规定，若示误三角形的最大边长不超过 3～4 cm 时，则取示误三角形内切圆的圆心或示误三角形角平分线的交点作为 P 点的最后位置。

应用此法测设时，宜使交会角 γ_1、γ_2 在 30°～150°之间，最好使交会角 γ 近于 90°，以提高交会点的精度。

四、方向线交会法

方向线交会法就是利用两条相互垂直的方向线相交来定出测设点。一般在需要测设点和线很多的情况下采用。例如，根据厂房矩形控制网和柱列轴线进行柱基测设时，采用本法具有计算简便、交会精度高等优点。如图9-11所示，T、U、R、S为某厂房矩形控制网角点，为了测设P点，先在矩形网的边上量距，确定方向线的定向点1、$1'$和2、$2'$的位置。然后在定向点1与2上安置经纬仪瞄准对应的定向点$1'$与$2'$，形成方向线$11'$与$22'$，两方向线的交点就是所需的测设点P。

在大型设备的基础施工时，不仅要定出基础中心P的位置，而且要定出通过基础中心的纵横轴线。因此，用方向线交会法测设时，除了交会出中心点P以外，还要沿方向线在基础中心的挖土范围以外设置四个定位点a、b、c、d，并打定位小木桩，以便测设基础的轮廓。

五、距离交会法

在便于量距的地区，且边长较短时(例如不超过一钢尺长)，宜用本法。

如图9-12所示，由已知控制点A、B、C测设房角点1、2，根据控制点的已知坐标和1、2点的设计坐标，反算出测设数据：D_1、D_2、D_3和D_4。分别从A、B、C点用钢尺测设已知距离D_1、D_2和D_3、D_4。D_1和D_2的交点即为点1；D_3和D_4的交点即为点2。最后量点1至点2的长度，与设计长度比较作为校核。

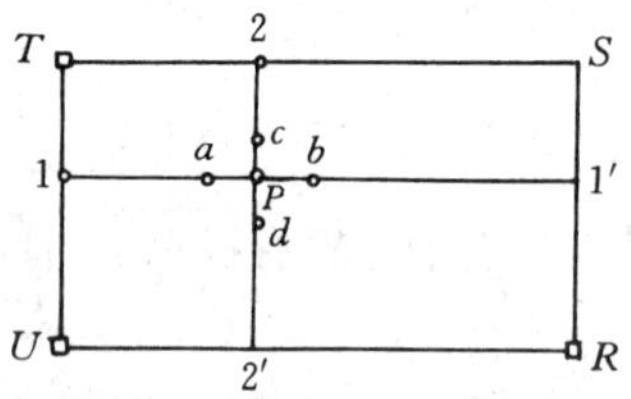

图9-11　方向线交会法测设点位原理示意图

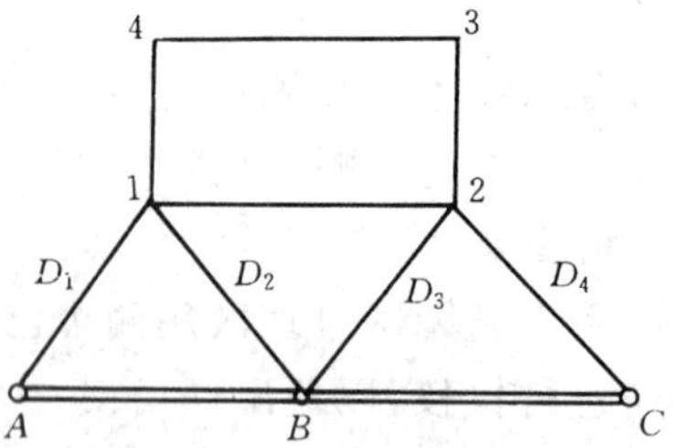

图9-12　距离交会法测设点位原理示意图

第三节　设计坡度线的测设方法

在修筑道路、敷设排水管道等工程中，经常要测设设计时所指定的坡度线。如图9-13

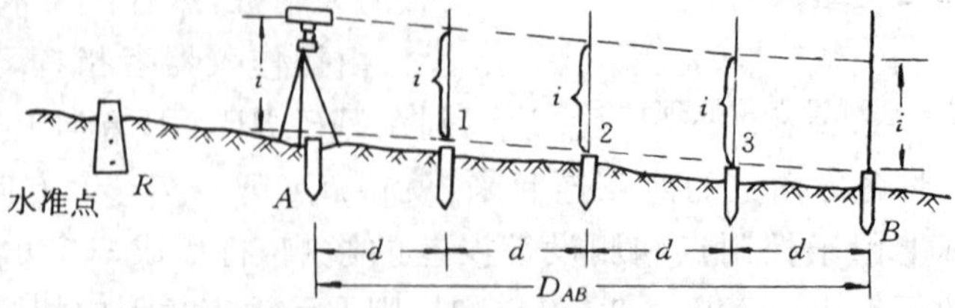

图9-13　设计坡度线测设过程示意图

所示，A 和 B 为设计坡度线的两端点，若已知 A 点设计高程为 H_A，设计坡度 $i_{AB}=-1\%$，则可求出 B 点的设计高程：

$$H_B = H_A + i_{AB} \cdot D_{AB} = H_A - 0.01D_{AB}$$

为了施工方便，每隔一定距离 d（一般取 $d=10$ m）打一木桩，测设方法可用水准仪（若地面坡度较大，亦可用经纬仪）设置倾斜视线法，其测设步骤如下：

① 先用第一节所述已知设计高程的测设方法，根据附近水准点 R 将设计坡度线两端点的设计高程 H_A、H_B 测设于地上，并打木桩。

② 将水准仪安置在 A 点上并量取仪器高 i，安置时使一个脚螺旋在 AB 方向上，另两个脚螺旋的连线大致与 AB 方向线垂直。

③ 旋转 AB 方向上的脚螺旋和微倾螺旋，使视线在 B 点标尺上所截取的读数等于仪器高 i，此时水准仪的倾斜视线与设计坡度线平行，当中间各桩点 1、2、3 上的标尺读数都为 i 时，则各桩顶的连线就是要测设的设计坡度线。若各桩顶的标尺实际读数为 b_i（$i=1,2,3$），则各桩的填挖尺数按下式计算：

$$H_{填挖尺数} = i - b_i \tag{9-4}$$

上式表明：$i=b_i$ 时，不填不挖；$i>b_i$ 时，需挖；反之，则需填。

复习思考题

1. 在地面上要设置一段 25.000 m 的水平线段 AB，所使用的钢尺方程式为：

$$l_t = 30 + 0.005 + 0.000\,12(t-20) \times 30$$

测设时钢尺的温度为 15 ℃，所施于钢尺的拉力与检定时的拉力相同。概量后测得 AB 两点间桩顶的高差 $h=+0.20$ m，试计算在地面上需要量出的长度。

2. 在地面上要求测设一个直角，先用一般方法测设出 $\angle AOB$，再测量该角若干测回取平均值为 $\angle AOB=90°00'20''$，又知 OB 的长度为 150 m，问在垂直于 OB 的方向上，B 点应该移动多少距离才能得到 90°的角？（注：$\rho''=206\,265''$）

3. 利用高程为 34.937 m 的水准点，测设高程为 35.500 m 的室内±0.000 标高。设尺立在水准点上时，按水准仪的水平视线在尺上画了一条线，问在该尺上的什么地方再画一条线，才能使视线对准此线时，尺子底部就在+0.000 高程的位置。

4. 已知 $\alpha_{MN}=300°40'$，点 M 的坐标为 $x_M=14.22$ m，$y_M=86.71$ m；若要测设坐标为 $x_A=42.34$ m，$y_A=85.00$ m 的 A 点，试计算仪器安置在 M 点用极坐标法测设 A 点所需的数据。

第十章 工业与民用建筑施工测量

第一节 概 述

在各种建筑物施工阶段所进行的测量工作称为施工测量。其内容主要包括施工控制网的建立、实地测设、竣工测量以及变形观测等。施工测量也必须遵循"由整体到局部,先控制后碎部"的原则,以避免测设误差的积累。其精度要求可视测设对象的定位精度和施工现场的面积大小,并参照有关测量规范加以规定。一般来说,建筑物本身各细部之间或各细部对建筑物主轴线相对位置的测设精度,应高于建筑物主轴线相对于场地主轴线或它们之间相对位置的精度。总之,一个合理的设计方案,必须通过精心施工付诸实现,故应根据测量对象所要求的精度进行测设,并随时进行必要的校核,以免产生错误。

第二节 建筑场地施工测量

在建筑场地勘测时期已建立有控制网,但由于它是为测图而建立的,并未考虑施工的要求,故其控制点的分布、密度和精度,都难以满足施工测量的要求。另外,由于平整场地时控制点大多易被破坏。因此,在施工之前,建筑场地上要重新建立专门的施工控制网。

在面积不大又不十分复杂的建筑场地上,常布置一条或几条基线,作为施工测量的平面控制,称为建筑基线。在大中型建筑施工场地上,施工控制网多用正方形或矩形格网组成,称为建筑方格网(或矩形网)。下面分别简单地介绍这两种控制形式。

一、建筑基线

建筑基线的布置应根据建筑物的分布、场地的地形和原有控制点的状况而定。建筑基线应靠近主要建筑物并与其轴线平行,以便采用直角坐标法进行测设,通常可布置成图10-1所示的各种形式。

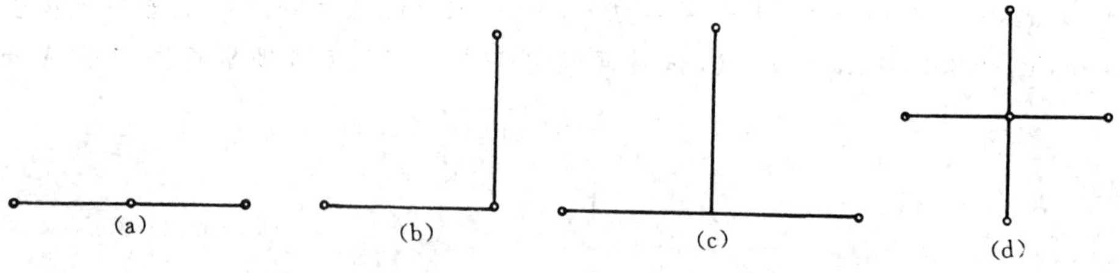

图 10-1 建筑基线布设类型

(a) 三点直线形;(b) 三点直角形;(c) 四点倒 T 字形;(d) 五点十字形

为了便于检查建筑基线点有无变动,基线点数不应少于三个。

根据建筑物的设计坐标和附近已有的测量控制点,在图上选定建筑基线的位置,求算测设数据，并在地面上测设出来。如图 10-2 所示，根据测量控制点 1、2，用极坐标法分别测设出 A、O、B 三个点。然后把经纬仪安置在 O 点，观测 $\angle AOB$ 是否等于 90°，其差值不得超过 ±24″。丈量 OA、OB 两段距离，分别与设计距离相比较，其相对误差不得大于 $\frac{1}{10\ 000}$。否则，应进行必要的点位调整。

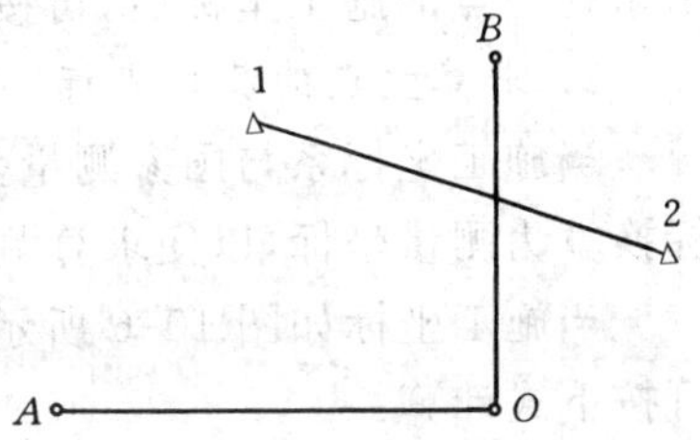

图 10-2　建筑基线与已知点相对位置分布示意图

二、建筑方格网

（一）建筑方格网的坐标系统

在设计和施工部门，为了工作方便，常采用一种独立的坐标系统，称为施工坐标系或建筑坐标系，如图 10-3 所示。施工坐标系的纵轴通常用 A 表示，横轴用 B 表示，施工坐标也叫 A、B 坐标。

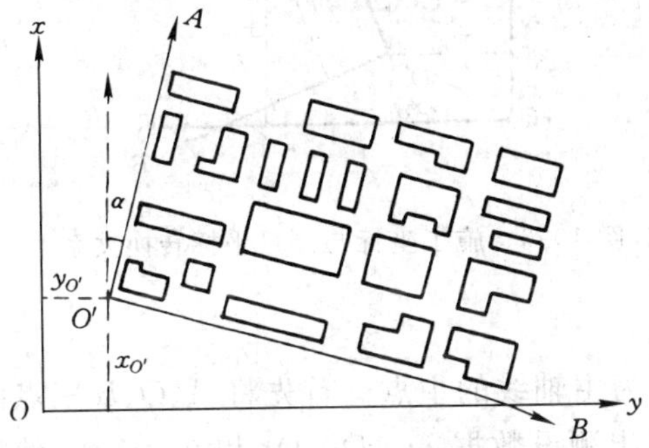

图 10-3　施工坐标系与设计坐标系

施工坐标系的 A 轴和 B 轴，应与厂区主要建筑物或主要道路、管线方向平行。坐标原点设在总平面图的西南角，使所有建筑物和构筑物的设计坐标均为正值。施工坐标系与国家测量坐标系之间的关系，可用施工坐标系原点 O' 的测量系坐标 $x_{O'}$、$y_{O'}$ 及 $O'A$ 轴的坐标方位角 α 来确定。在进行施工测量时，上述数据由勘测设计单位给出。

（二）建筑方格网的布设

1. 建筑方格网的布置和主轴线的选择

建筑方格网的布置，应根据建筑设计总平面图上各建筑物、构筑物、道路和各种管线的布设情况，结合现场的地形情况拟定。如图10-4所示，布置时应先选定建筑方格网的主轴线 MN 和 CD，然后再布置方格网。方格网的形式可布置成正方形或矩形，当场区面积较大时，常分两级布设。首级可采用“十”字形、“口”字形或“田”字形，然后再加密方格网。当场区面积不大时，尽量布置成全面方格网。

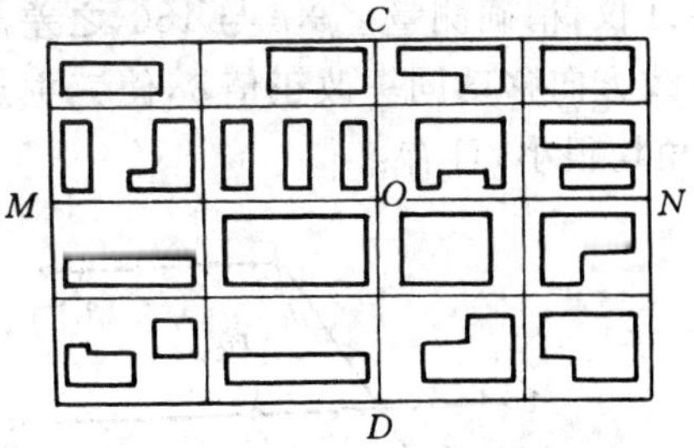

图 10-4　建筑方格网布设示意图

布网时方格网的主轴线应布设在厂区的中部，并与主要建筑物的基本轴线平行。方格网的折角应严格成 90°。方格网的边长一般为 100～200 m；矩形方格网的边长视建筑物的大小和分布而定，为了便于使用，边长尽可能为 50 m 或它的整倍数。方格网的边应保证通视且便于量距和测角，点位标石应能长期保存。

2. 确定主点的施工坐标

如图 10-5 所示，MN、CD 为建筑方格网的主轴线，它是建筑方格网扩展的基础。当场区很大时，主轴线很长，一般只测设其中的一段，如图中的 AOB 段，该段上 A、O、B 点是主轴线的定位点，称主点。主点的施工坐标一般由设计单位给出，也可以在总平面图上用图解法求得一点的施工坐标后，再按主轴线的长度推算其他主点的施工坐标。

3. 求算主点的测量坐标

当施工坐标系与国家测量坐标系不一致时，在施工方格网测设之前应把主点的施工坐标换算为测量坐标，以便求算测设数据。

当施工坐标如图 10-6 所示，设已知 P 点的施工坐标为 A_P 和 B_P，换算为测量坐标时，可按下式计算：

$$\begin{cases} x_P = x_{O'} + A_P \cos\alpha - B_P \sin\alpha \\ y_P = y_{O'} + A_P \sin\alpha + B_P \cos\alpha \end{cases} \tag{10-1}$$

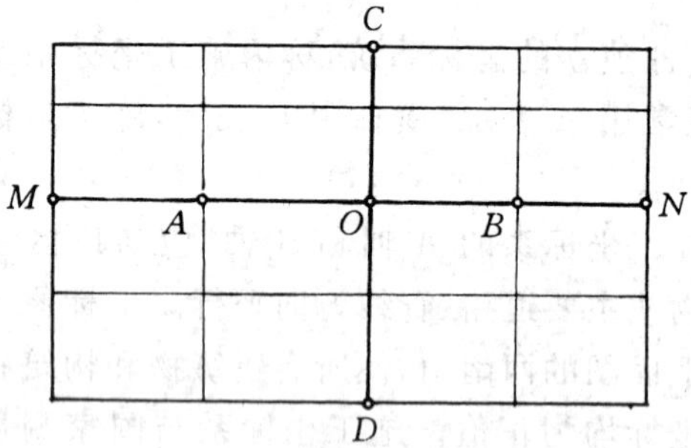

图 10-5 建筑方格网主要轴线分布

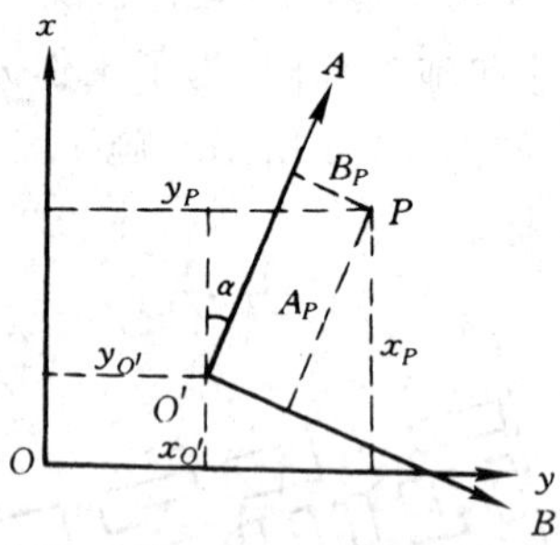

图 10-6 施工坐标与测量坐标转换关系

（三）建筑方格网的测设

图 10-7 中的 1、2、3 点是测量控制点，A、O、B 为主轴线的主点。首先将 A、O、B 三点的施工坐标换算成测量坐标，再根据它们的坐标反算出测设数据 D_1、D_2、D_3 和 β_1、β_2、β_3，然后按极坐标法分别测设出 A、O、B 三个主点的概略位置（图 10-8），以 A'、O'、B' 表示，并用混凝土桩把主点固定下来。混凝土桩顶部常设置一块 10 cm×10 cm 的铁板，供调整点位使用。由于主点测设误差的影响，致使三个主点一般不在一条直线上，因此需在 O' 点上安置经纬仪，精确测量$\angle\beta$，β 与 180°之差超过限差时应进行调整。调整时，各主点应沿 AOB 的垂线方向移动同一改正值 δ，使三主点成一直线。δ 值可按式(10-2)计算。图 10-8 中，u 和 r 角均很小，且有：

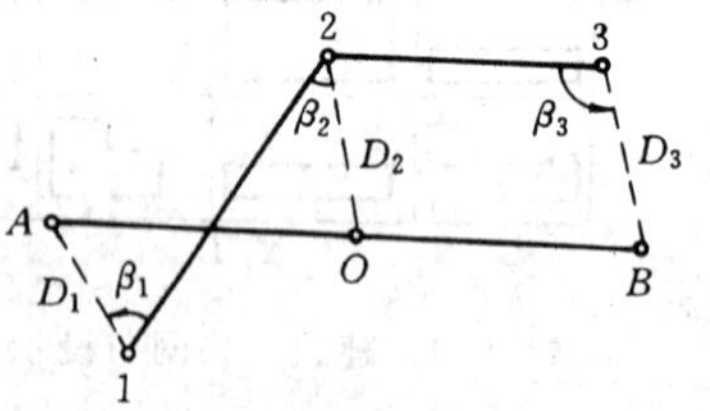

图 10-7 轴线主点与已知点间关系要素示意图

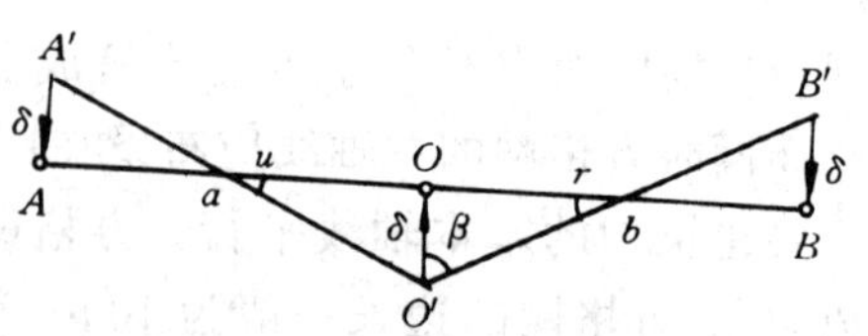

图 10-8 测设轴线点位调整过程示意图

$$\begin{cases} u = \dfrac{\delta}{\dfrac{a}{2}}\rho'' = \dfrac{2\delta}{a}\rho'' \\ r = \dfrac{\delta}{\dfrac{b}{2}}\rho'' = \dfrac{2\delta}{b}\rho'' \end{cases}$$

而
$$180°-\beta=u+r=\left(\frac{2\delta}{a}+\frac{2\delta}{b}\right)\rho''=2\delta\left(\frac{a+b}{ab}\right)\rho''$$

$$\delta=\frac{ab}{2(a+b)}\frac{1}{\rho''}(180°-\beta) \tag{10-2}$$

移动 A'、O'、B' 三点，再测量 $\angle AOB$，如果测得的结果与180°之差仍超限，应按上述方法再进行调整，直到误差在允许范围之内为止。

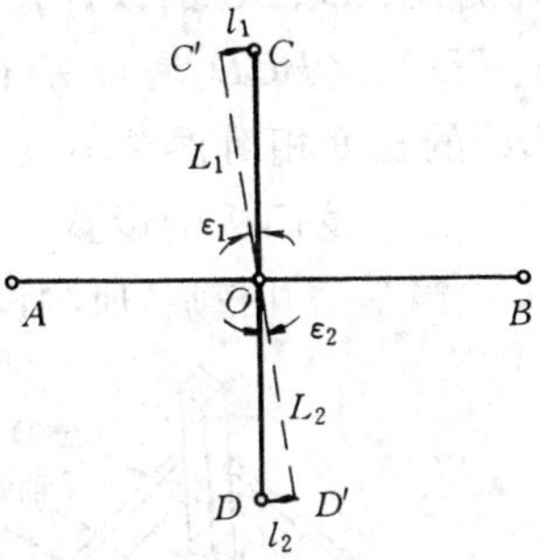

图 10-9　主轴线 COD 测设点位调整过程示意图

如图 10-9 所示，A、O、B 三个主点测设好后，将经纬仪安置在 O 点，瞄准 A 点，分别向左、向右转 90°，测设出另一主轴线 COD，同样用混凝土桩在地上定出其概略位置 C' 和 D'，再精确测出 $\angle AOC'$ 和 $\angle AOD'$，分别算出它们与 90°之差 ε_1 和 ε_2，并计算出改正值 l_1 和 l_2：

$$l=L\frac{\varepsilon}{\rho''} \tag{10-3}$$

式中，L 为 OC' 或 OD' 间的距离；ε 的单位为秒；$\rho''=206\ 265''$。

C、D 两点定出后，还应实测改正后的 $\angle COD$，它与 180°之差应在限差范围内。然后精密丈量出 OA、OB、OC、OD 间的距离，在铁板上刻出其点位。

主轴线测设好后，分别在主轴线端点上安置经纬仪，均以 O 点为起始方向，分别向左、向右测设出 90°角，这样就交会出田字形方格网点。为了进行校核，还要安置经纬仪于方格网点上，测量其角值是否为 90°，并测量各相邻点间的距离，看它是否与设计边长相等，误差均应在允许范围之内。此后再以基本方格网点为基础，加密方格网中其余各点。

三、测设工作的高程控制

在建筑场地上，水准点的密度应尽可能满足安置一次仪器即可测设出所需的高程点。而测绘地形图时敷设的水准点往往是不够的，因此，还需增设一些水准点。在一般情况下，建筑方格网点也可兼做高程控制点。只要在方格网点桩面上中心点旁边设置一个突出的半球状标志即可。

在一般情况下，采用四等水准测量方法测定各水准点的高程，而对连续生产的车间或下水管道等，则需采用三等水准测量的方法测定各水准点的高程。

此外，为了测设方便和减少误差，一般在厂房的内部或附近应专门设置±0.000水准点。但需注意设计中各建、构筑物的±0.000 的高程不一定相等，应严格加以区别。

第三节　民用建筑施工测量

民用建筑有单层、低层(2～3 层)、多层(4～8 层)和高层(9 层以上)建筑。由于楼层不同，其施工测量方法和精度要求亦有所不同。这里着重介绍多层民用建筑的施工测量。

一、民用建筑物定位

建筑物定位就是根据施工平面控制网(建筑基线或施工导线网等)或地面上原有建筑物将拟建的建筑物基础轴线或边线的交点测设在地面上，然后根据这些点进行房屋细部测设。图 10-10 是根据施工导线点Ⅱ、Ⅲ用极坐标法测设房屋基础轴线 AB 的情况。经纬仪在Ⅱ

站，测设数据 β_1（向左测设）、D_1 以标定 A 点；经纬仪在Ⅲ站，测设 β_2、D_2 以标定 B 点。然后在 AB 线上，以 A 为基准，精确测设 AB 的设计长度以修正 B 点的位置。再分别安置仪器于 A、B，测设 90°角，在 AD、BC 线上精确测设 AD、BC 的设计长度，以桩钉标出 D、C 点。检核 $\angle CDA$、$\angle BCD$ 是否等于 90°，不符值不应超过 ±40″；DC 的长度相对误差不应大于1/5 000。

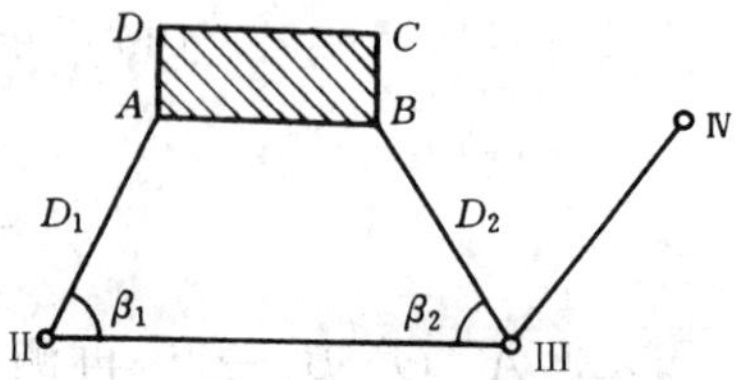

图 10-10 极坐标法测设轴线示意图

二、龙门板的设置

当基槽开挖后，所测设的轴线交点桩都将被挖掉，为了便于随时恢复点位，就要在基槽以外一定距离（至少 1.5 m）处打下支桩（图 10-11），并在支桩外侧钉上横木板，一般叫龙门板。为了控制室内地坪标高，可用水准仪测设 ±0 于支桩上，并使龙门板上边缘与支桩上室内地坪的标高线比齐。为了控制房屋基础轴线，可用经纬仪将房屋墙的中线投射到龙门板上（图10-11）。投射的方法是：安置经纬仪于 A 点，严格整平对中，望远镜照准 D 点上的测钎，转动望远镜在龙门板上用小钉标出 d 点；照准 B 点上测钎，转动望远镜在龙门板上用小钉标出 b'点。依次安置经纬仪于 B、C、D 站，同法标定出 a'、c、b、d'、a、c'于龙门板上。所钉之小钉，称为轴线钉。在轴线钉之间拉紧钢丝，其交点即房角点。可在交点上挂垂球随时恢复房角点（图 10-12）。

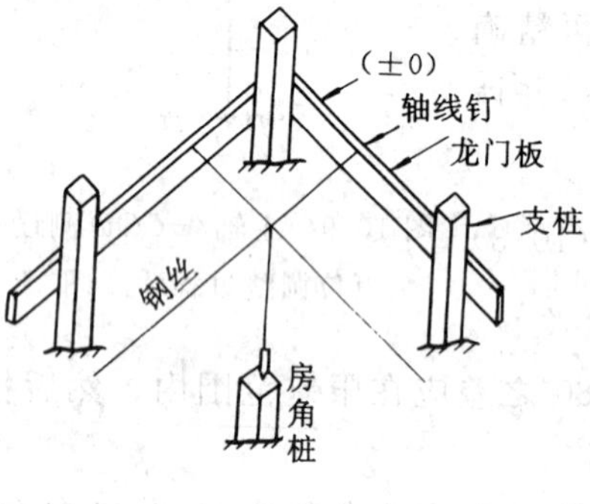

图 10-11 龙门板布设示意图

应当指出，为了节约木材，目前常用轴线控制桩（又称引桩）来代替龙门板。如图 10-13 所示，轴线控制桩应设在轴线延长线上，在基槽开挖边界线的 2～4 m 外。可用经纬仪在轴线上测设 1、2、3、4、…、16 等轴线控制桩，并以桩钉标记。

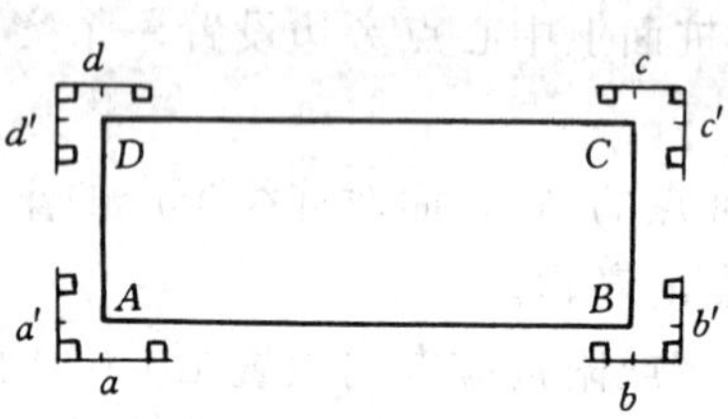

图 10-12 龙门板标定/恢复房角点示意图

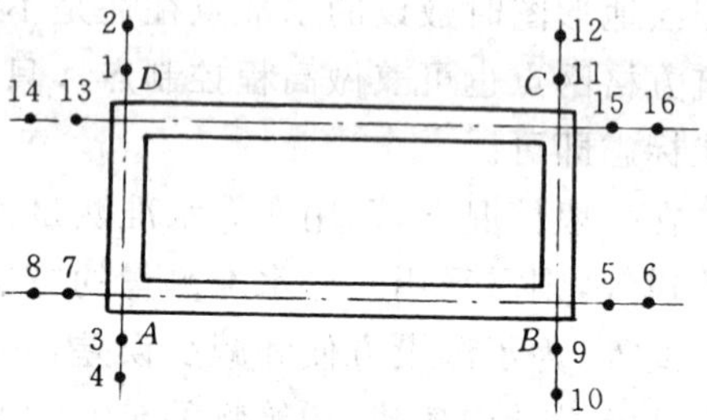

图 10-13 控制桩标定轴线原理示意图

三、基础槽施工测量

基槽开挖前，要根据龙门板或轴线控制桩的轴线位置和基础宽度，并顾及到基槽挖深和应留出坡度的尺寸，在地面上用白灰放出基槽的开挖线。

（一）基槽及基坑抄平

为了控制基槽开挖深度，当快挖到基底设计标高时，可用水准仪根据地面 ±0 水准点，在基槽壁上每隔 3～5 m 及转角处测设一个腰桩（图10-14），使桩的上表面离槽底的设计标高为整分米数（图中为 0.500 m），以作为清理槽底和打基础垫层控制标高的依据，其测量限差一般为 ±10 mm。若基坑过深，可用第九章第一节所述高程上下传递法施测。

（二）垫层中线的测设

在垫层浇灌之后，根据龙门板上的轴线钉或轴线控制桩，用经纬仪把轴线投测到垫层上去。然后在垫层上用墨线弹出墙中心线和基础边线，以便砌筑基础。

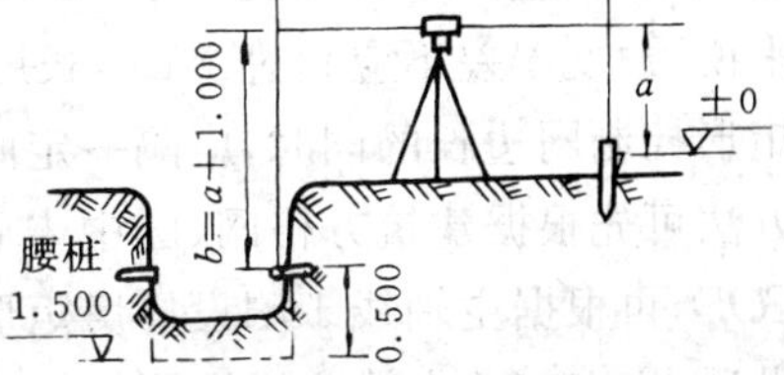

图 10-14　基坑抄平中腰桩布设示意图

（三）防潮层抄平与轴线投测

当基础墙砌筑到±0 标高下一层砖时，使用水准仪测设防潮层的标高，其测量限差为±5 mm。防潮层做好后，根据龙门板上轴线钉或轴线控制桩进行轴线投测，限差为±5 mm。然后将墙轴线和墙边线用墨线弹在防潮层面上，并把这些线延伸和画到基础墙的立面上，以便于下步墙身砌筑。

四、楼层轴线投测

投测轴线的最简便方法是吊垂线法。即将垂球悬吊在楼板或柱边缘的位置（即楼层轴线端点位置），画短线做标志。同法投测轴线另一端点，两端点的连线即为定位轴线。检查其间距后即可继续施工。当楼层较多，不便用垂球投测时，可应用经纬仪逐层投测中心轴线。如图 10-15 所示，将经纬仪安置在 A 轴和 B 轴的轴线控制桩 A、A' 和 B、B' 上，瞄准底层轴线标志 a、a'，b、b'，用正倒镜投点法向上投测到每层楼面上，并取正倒镜平均位置作为该层中心轴线的投影点，如图中的 a_1、a'_1 和 b_1、b'_1，$a_1a'_1$ 和 $b_1b'_1$ 的交点 o' 即为该层中心点。此时，轴线 $a_1o'a'_1$、$b_1o'b'_1$ 便是该层细部测设的依据。同法，随着建筑物的不断升高，可逐层向上投测轴线。

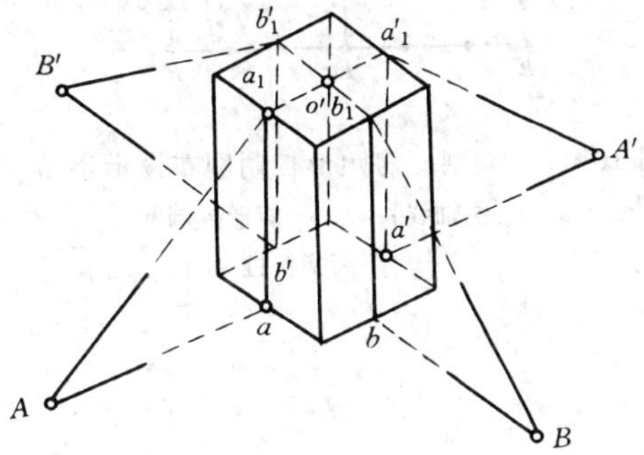

图 10-15　经纬仪投测轴线原理示意图

五、楼层高程传递

使用第九章第一节介绍的高程上下传递法，用水准仪和钢尺将地面上水准点高程传递到楼层上，在各层上设立临时水准点，然后以此为依据，测设各层细部的设计标高。

第四节　工业厂房施工测量

一、厂房矩形控制网的测设

由于厂房内部柱列轴线之间要求有较高的测设精度，故应在现场施工平面控制网的基础上，建立厂房矩形控制网，作为测设厂房柱列轴线的依据。

对于单个的中小型厂房，仅测设一个矩形控制网（图10-16）即可满足测设要求。对于大型厂房或连续生产系统工程，则应测设由四个矩形组成的控制网（图 10-17）。现以图10-16为例简要介绍矩形控制网的设计和测设方法。

由于厂区先布设了建筑方格网 1，再根据车间 4 的房角点设计坐标，在基坑边线外 4 m 处布设厂房矩形控制网 2，其角点 Q 的设计坐标为：$A=255$ m，$B=104$ m；S 的设计坐标为：$A=211$ m，$B=196$ m。有了设计坐标值，即可根据地面上已有的建筑方格网的一条边 MN，用直角坐标法将矩形控制网四角点 P、S、R、Q 测设于实地，具体测设方法，参阅第九章第二节。测设后，应检测∠Q、∠R 是否等于 90°，QR 和 RS 是否等于设计长度 92 m 和 44 m。对于一般厂房来说，角度误差不应超过±10″，长度相对误差不应大于 1/10 000。为了便于测设细部，在测设矩形控制网边长的同时，应隔一定间隔测设距离指标桩 3，并埋设临时标志。图 10-17 的测设方法可先根据建筑方格网（图中未画出）或其他已有控制点，测设厂房控制网的主轴线 AOB、COD，再根据主轴线 1 测设厂房矩形控制网 2，图中 E、F、G、H 是矩形控制网的四个角点。测设后，主点和角点均应埋设固定标志，距离指标桩 3 处埋设临时标志。

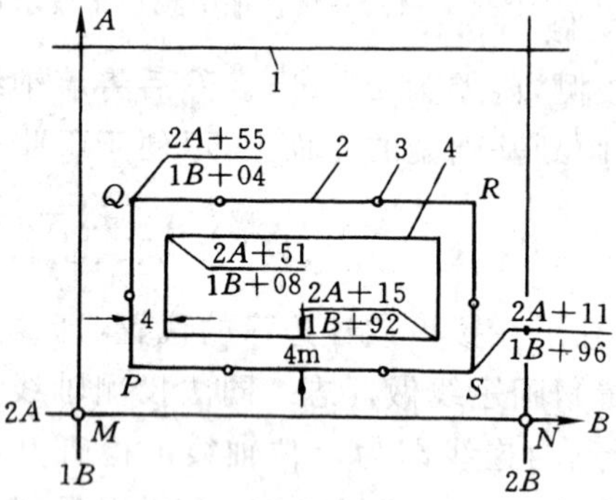

图 10-16　中小型厂房矩形控制网布设示意图

1——建筑方格网；2——矩形控制网；
3——距离指标桩；4——制作车间

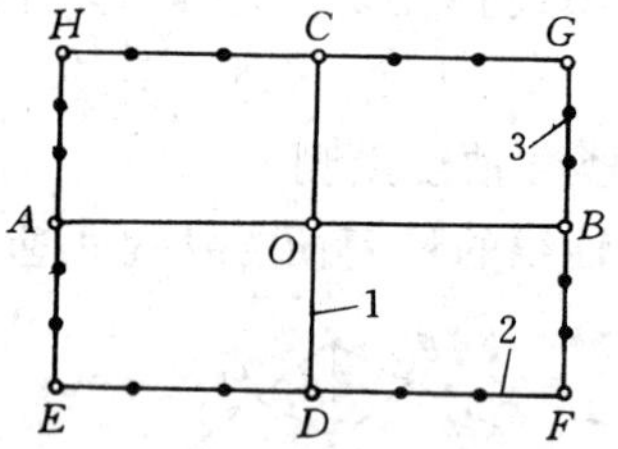

图 10-17　大型厂房距形控制网布设示意图

1——主轴线；　2——矩形控制网
3——距离指标桩

二、厂房柱列轴线和柱基的测设

（一）柱列轴线的测设

根据柱列中心线与矩形控制网的尺寸关系，把柱列中心线一一测设到矩形控制网的边线上（距离应从靠近的距离指标桩量起），并打下大木桩，以小钉标明点位，如图10-18中的 A、A′，B、B′，1、1′，…，15、15′等点。然后以这些轴线控制桩为依据，测设柱基。

（二）柱基的测设

用两架经纬仪安置在两条互相垂直的柱列轴线的轴线控制桩上，沿轴线方向交会出每一个柱基中心的位置，并在距柱基挖土开口 0.5～1 m 处，打四个定位小木桩，钉小钉标明，作为修坑和立模的依据，并按柱基图上的尺寸用白灰线标出挖坑范围，如图 10-18 所示。

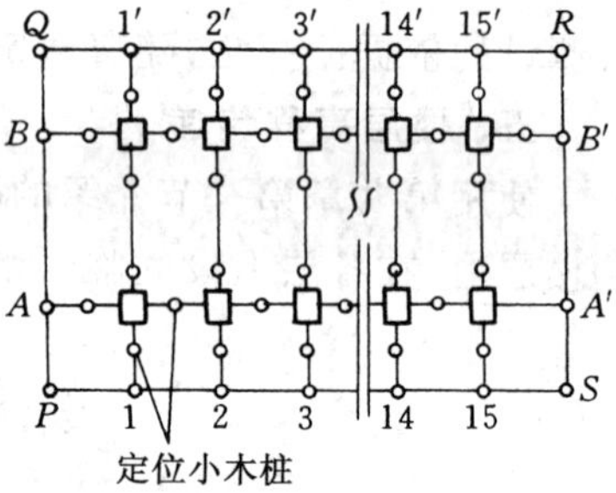

图 10-18　柱列轴线及柱基测设过程示意图

在进行柱基测设时，应注意柱列定位轴线不一定都是基础中心线，一个厂房的柱基类型很多，尺寸不一，测设时切勿弄错。

（三）基坑的高程测设

当基坑挖到一定深度时，要在基坑四壁离坑底 0.3～0.5 m 处测设几个腰桩（参见图 10-14），作为基坑修坡和检查坑深的依据。此外，还应在基坑内测设垫层的标高，即在坑底设置小木桩，使桩顶高程恰好等于垫层的设计标高。

（四）基础模板的定位

打好垫层后，根据坑边定位小木桩，用拉线的方法，吊垂球把柱基定位线投到垫层上（图

10-19)，用墨斗弹出墨线，并用红漆画出标记，作为柱基立模板和布置钢筋的依据。立模板时，将模板底线对准垫层上的定位线，并用垂球检查模板是否竖直，最后将柱基顶面设计标高测设在模板内壁。

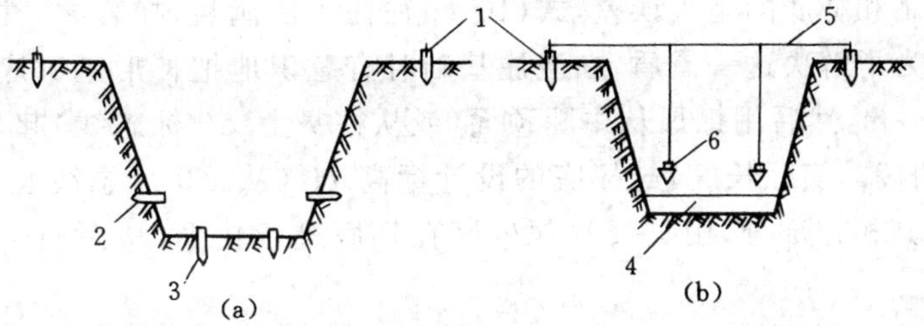

图 10-19　拉线垂球法投测基础模板定位线

1——柱基定位小木桩；2——腰桩；3——垫层标高桩；4——垫层；5——钢丝；6——垂球

三、柱子吊装测量

（一）柱子吊装应满足的要求

① 柱子中心线必须对准柱列轴线，允许偏差为±5 mm。

② 柱身必须竖直，柱的全高竖向允许偏差为柱高的 1/1 000，但不应超过 20 mm。

③ 牛腿面标高必须等于它的设计标高，柱高 5 m 以下限差为±5 mm，柱高在 5 m 以上限差为±8 mm。

（二）吊装准备工作

1. 弹出杯口定位线和柱子中心线

根据轴线控制桩用经纬仪将柱列轴线投测在杯形基础顶面上作为定位线。当柱列轴线不通过柱子中心线时，应在杯基顶面上加弹柱子中心定位线，并用红油漆画"▶"标明，如图 10-20 所示。另外，在柱子的三个侧面上弹出柱中心线，并在每条线的上端和近杯口处用红油漆画"▶"作为标志，以便校正时照准。

2. 在杯口内壁测设标高线

为了修平杯底标高，应在杯口内壁用水准仪测设一标高线，并画"▼"作为标志(图 10-20)，该线至杯底设计标高为整分米数。

3. 柱身长度的检查与杯底找平

检查柱身长度的目的是使吊装后牛腿面标高等于其设计标高 H_2，由图10-21可见：

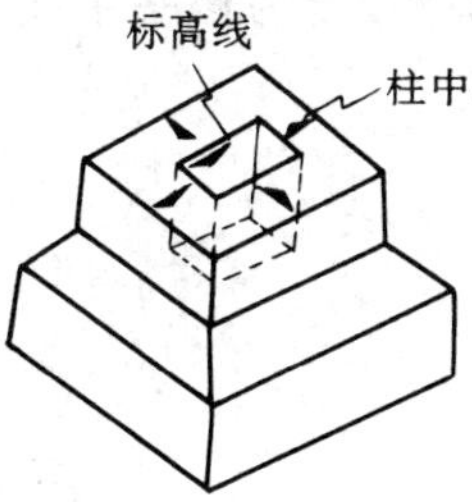

图 10-20　基桩中心标定

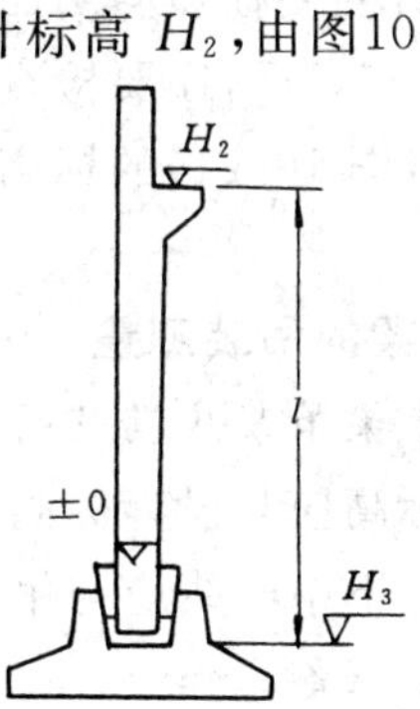

图 10-21　中腿面标定

$$H_2 = H_1 + l \tag{10-4}$$

式中 H_1——杯底设计标高；

l——柱底到牛腿面的设计长度。

由于柱子预制和杯底的施工误差，式(10-4)往往不能满足，换言之，柱身的实际长度不等于设计长度。为了解决这一矛盾，在浇注基础时有意识地把杯形基础底面标高比原设计的标高降低 2～5 cm，然后用钢尺从牛腿顶面(或从柱身上±0 标志线)起，沿柱子四棱量距到柱底，将柱子四棱的实际长度，与杯底的设计标高 H_1(从±0 标志线起算，例如 H_1 为－1.60 m)相比较，其相差部分，用1∶2水泥砂浆在杯底进行找平，从而使牛腿面的标高符合设计要求。

(三) 柱子吊装时垂直度校正

柱子吊入杯口后，先使柱脚中心线与杯口定位轴线对齐，并在杯口处用木楔临时固定，将两台经过严格检校的经纬仪安置在互相垂直的柱列轴线附近，距柱子的距离约为柱高的 1.5 倍，如图 10-22 所示。先照准柱脚中心线，固定照准部，逐渐抬高望远镜，检查柱上部中线"▶"标志是否在视线上，若有偏差，则指挥吊装人员调节缆绳或用千斤顶进行调整，直到两个互相垂直的方向都符合要求为止。

为了提高吊装速度，常先将若干柱子分别吊入杯口内，临时固定，将经纬仪安置在柱列轴线的一侧，夹角 β 最好不超过 15°，如图 10-23 所示，然后成排进行校正。

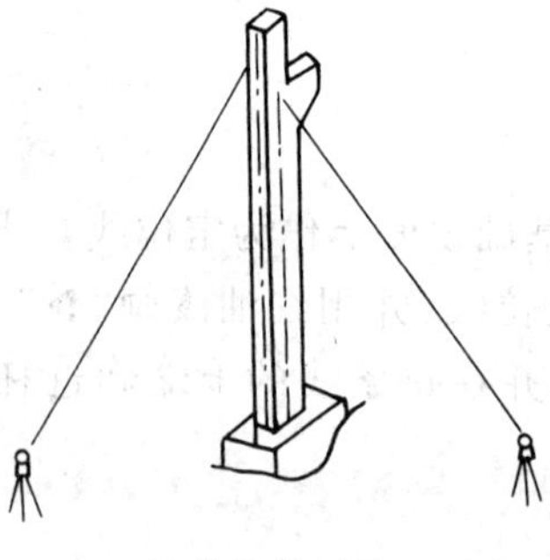

图 10-22 经纬仪安置位置示意图

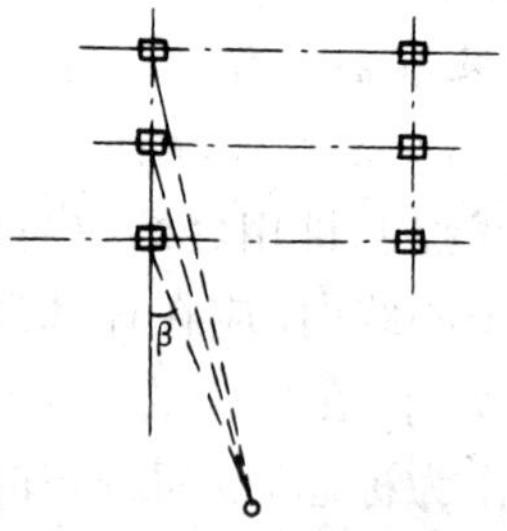

图 10-23 经纬仪校正柱桩垂直度示意图

应当注意，在校正变截面的柱子时，经纬仪必须安置在轴线上，以免发生差错；在日照下校正，应顾及日照使柱顶向阴面弯曲的影响，为避免此种影响，宜在早晨或阴天校正。

柱子竖直校正后，还要检查一下牛腿面的标高是否正确，方法系用水准仪检测柱身下部±0 标志"▼"(图 10-21)的标高，其误差即为牛腿面标高的误差，作为修平牛腿面或加垫块的依据。

四、吊车梁的吊装测量

(一) 吊车梁吊装应满足的要求

① 梁面标高应与设计标高一致。

② 梁的上下中心线应与吊车轨道中心线在同一竖直面内。

(二) 吊装准备工作

① 弹出吊车梁顶面中心线和吊车梁两端中心线。

② 将吊车轨道中心线投测到牛腿面上。如图 10-24(a)所示，利用厂房中心线 A_1A_1，根

据设计轨道跨距(图中设为 $2d$)在地面上测设出吊车轨道中心线 $A'A'$ 和 $B'B'$。然后分别安置经纬仪于吊车轨道中心线的一个端点上,瞄准另一个端点,抬高望远镜,即可在每根柱子的牛腿面上用墨线弹出吊车轨道中心线。

(三) 吊装吊车梁

准备工作做好之后,吊装便较为简单了,即使梁端中心线与牛腿面上的中心线对齐。关于吊车梁的竖直校正,可用经纬仪进行,亦可用吊垂球的方法,使梁的上下中心线在同一竖直面内。

吊车梁吊装之后,可将水准仪直接放在吊车梁上检测梁面标高,每隔 3 m 测一点,与设计标高的差值应在−5 mm 之内,然后在梁下用铁垫板调整梁的高度,使之符合设计要求。

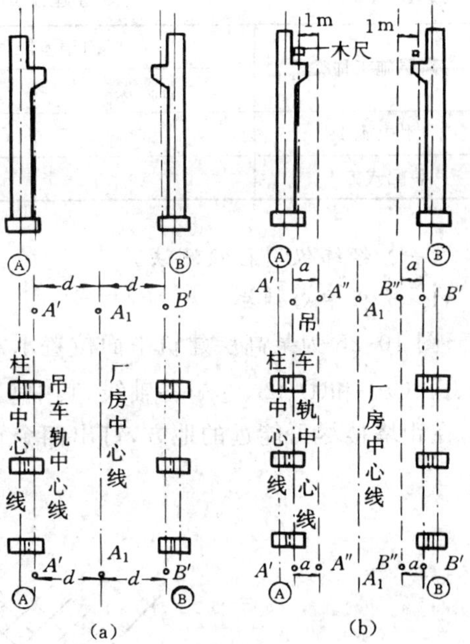

图 10-24　吊车梁的吊装测量

五、吊车轨道的安装测量

(一) 轨道安装应满足的要求

① 每条轨道的中心线应是直线,轨道长 18 m,允许偏差为±2 mm。

② 每隔 20 m 检查一次跨距,与设计值较差,不得超过 3～5 mm。

③ 每隔 6 m 检测一点轨顶标高,允许误差为±4 mm。

④ 两根钢轨接头处各测一点标高,允许误差为±1 mm。

(二) 准备工作

主要是对梁上的吊车轨道中心线进行检测,此项检测多用平行线法(俗称借线)。如图 10-24(b)所示,首先在地面上从吊车轨道中心线向厂房中心线量出 1 m 得平行线 $A''A''$、$B''B''$。然后安置经纬仪于平行线一端 A'' 上,瞄准另一端点,固定照准部,抬高望远镜投测,这时一人在梁上移动横放的木尺,当视线正对准木尺上 1 m 刻划时,尺的零点应正在吊车轨道中心线上。若有误差应加改正,再弹出墨线。

(三) 安装吊车轨道

吊车轨道按校正的梁上轨道中心线进行安装就位。然后用水准仪检测轨顶标高,用钢尺检测跨距,用经纬仪检测轨道中心线,看其是否符合要求。

第五节　高层建筑施工测量

一、高层建筑物的轴线投测

高层建筑物施工测量中的主要问题是控制竖向偏差,也就是各层轴线如何精确地向上引测的问题。国家建筑施工规范中对上述高层建筑结构的施工质量标准规定如表 10-1 所示。

高层建筑物轴线的投测,一般分为经纬仪引桩投测法和激光铅垂仪投测法两种,下面分别介绍这两种方法。

表 10-1　　高层建筑结构的施工质量标准规定

高层施工种类	竖向偏差限值/mm		高层偏差限值/mm	
	各　层	总累计	各　层	总累计
滑模施工	5	$H/1\,000$(最大 50)	10	50
装配式施工	5	20	5	30

(一) 经纬仪引桩投测法

1. 选择中心轴线

图 10-25 为某高层建筑平面位置示意图，用经纬仪将建筑物定位之后，地面上已标出Ⓐ、Ⓑ、Ⓒ…和①、②、③…各轴线，其中Ⓒ轴与③轴为中心轴线。根据楼层的高度和场地情况，在距塔楼尽可能远的地方，钉出四个轴线控制桩 C、C'、3 和 $3'$。

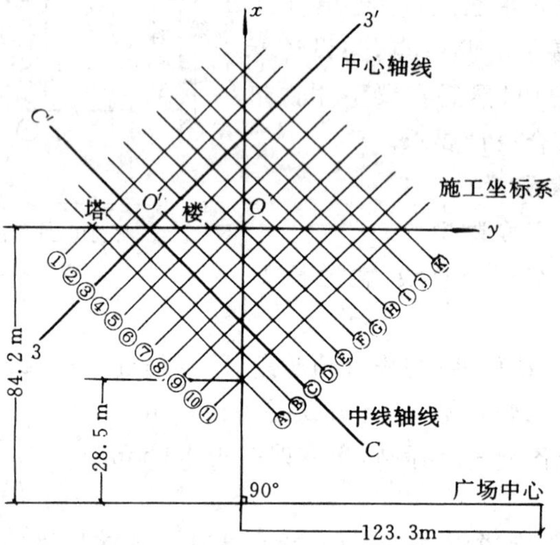

图 10-25　某高层平面位置示意图

当基础工程完工之后，用经纬仪将③轴和Ⓒ轴精确地投测在塔楼底部，并标定之，如图 10-26 中的 a、a'、b 和 b'。

2. 向上投测中心轴线

随着建筑物不断增高，要逐层将轴线向上传递，可将经纬仪安置在③轴和Ⓒ轴的控制桩上，瞄准塔楼底部的标志 a、a'、b 和 b'，用盘左和盘右两个竖盘位置向上投测到每层楼板上，并取其中点作为该层中心轴线的投影点，如图 10-26 的 a_1、a'_1、b_1、b'_1，$a_1a'_1$ 和 $b_1b'_1$ 两线的交点 o' 即为塔楼的投测中心。

3. 增设轴线引桩

当楼房逐渐增高，而轴线控制桩距建筑物又较近时，望远镜的仰角较大，操作不便，且投测精度将随仰角的增大而降低。为此，要将原中心轴线控制桩引测到更远的安全地方，或者引测到附近大楼的屋顶上。具体做法是将经纬仪安置在已经投上去的中心轴线上，瞄准地面上原有的轴线控制桩 C 和 C'、3 和 $3'$，将轴线引测到远处，如图 10-27 的 C_1 和 C'_1 即为新的 C 轴控制桩。更高的各层中心轴线可将经纬仪安置在新的引桩上，按上述方法继续进行投测。

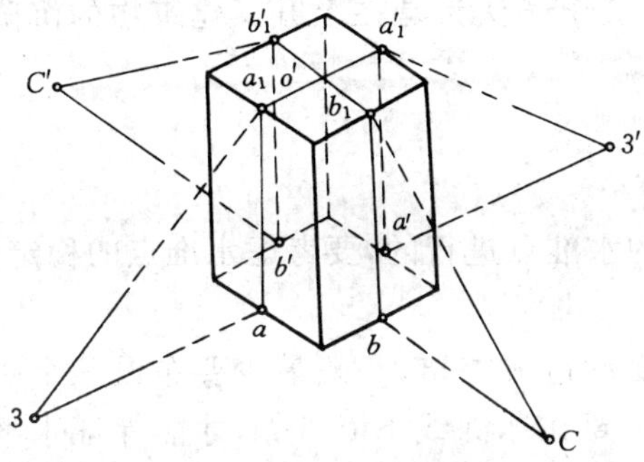

图 10-26　中心轴线向上投测过程示意图

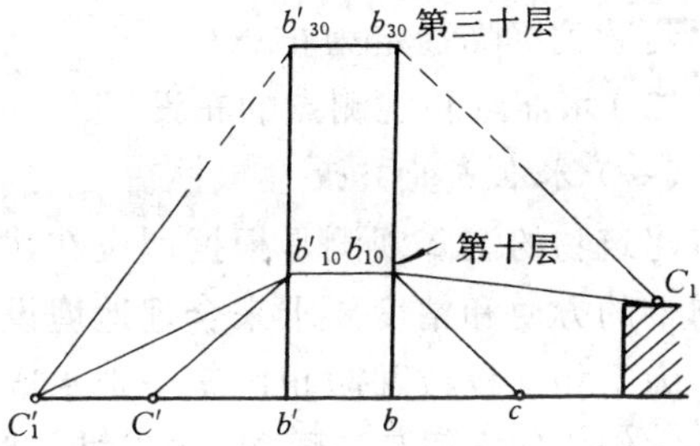

图 10-27　轴线引桩投测过程示意图

4. 注意事项

① 经纬仪一定要经过严格检校才能使用，尤其是照准部水准管轴应严格垂直于竖轴，作业时要仔细整平。

② 为了减小外界条件（如日照和大风等）的不利影响，投测工作应在阴天和无风天气进行为宜。

（二）激光铅垂仪投测法

激光铅垂仪是一种专用的铅直仪器，可提供一条铅直的垂线，适用于高烟筒、高塔架和高层建筑的铅直定位测量。

为了把建筑物的平面定位轴线投测至各层上去，每条轴线至少需要两个投测点。根据梁、柱的结构尺寸，投测点距轴线 500～800 mm 为宜，其平面布置如图 10-28 所示。

为了使激光束能从底层投测到各层楼板上，在每层楼板的投测点处，需要预留孔洞，洞口大小一般在 300 mm×300 mm 左右，这一点容易被忽视，要预先特别注意。

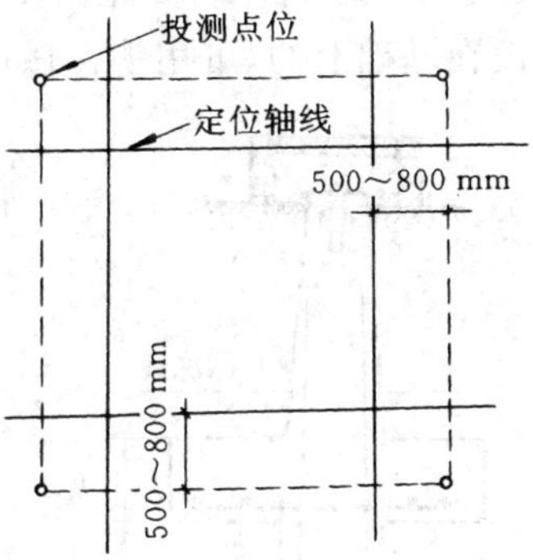

图 10-28　激光铅垂仪投测点平面布置图

二、高层建筑物的高程传递

首层墙体砌到 1.5 m 高后，用水准仪在内墙上测设一条“+50”的水平线，作为首层地面施工和室内装修的标高依据。以后每砌高一层，就从楼梯间用钢尺从下层的“+50”标高线，向上量出层高，测出上一楼层的“+50”标高线。根据情况也可用第九章第一节介绍的方法向上传递高程。

第六节　建筑物的沉降观测

一、概述

高层建筑物、重要厂房的柱基和主要设备基础以及高大整体建筑物（如水塔、烟囱）等，在施工过程直到使用的最初阶段，会逐渐下沉。为了掌握建筑物的沉降情况、及时发现建筑物是否均匀沉降、有无危害的下沉现象，以便采取措施，来保证工程质量和安全生产，同时也为今后合理设计积累资料，在一段时间内，要对建筑物进行连续的沉降观测。

建筑物的沉降量一般都很小，要通过精确的观测才能发现，特别要注意尽量消除观测中的误差，其中包括仪器误差，搞不好，会把下沉的建筑物误认为是在上升。建筑物的沉降观测要延续到沉降稳定为止。

二、水准点和观测点的布设

（一）水准点的布设

建筑物的沉降观测是根据埋设在建筑物附近的水准点进行的，要考虑水准点的稳定性、观测上的方便和精度要求来合理地埋设水准点。

为了相互校核并防止由于个别水准点的高程变动造成差错，一般最少要布设三个水准点。它们应埋在受压、受震范围以外，埋设深度至少要在冰冻线下 0.5 m，才能保证水准点的稳定性，但又不能离开观测点太远（不应大于 100 m），以便提高观测精度。图 10-29 就是这种水准点的一种结构形式。

（二）观测点的布设

观测点的数目和位置应能全面反映建筑物沉降的情况，这与建筑物的大小、荷重、基础形式和地质条件等有关。一般沿房屋四周每隔 15～30 m 应设立一个观测点。另外，在最容易变形的地方，例如设备基础、柱子基础、伸缩缝两旁、基础形式改变处、地质条件改变处等等，均要设立观测点。

观测点分两种形式：一种是设在墙上的，用角钢做成，最好在砌墙时就埋上，与墙成 60°角（图 10-30），否则，要先凿 100～150 mm 深的孔眼，放入角钢后，用水泥砂浆填实；另一种是设在基础上的，可用铆钉做成，埋深 60 mm，上加保护盖（图 10-31）。

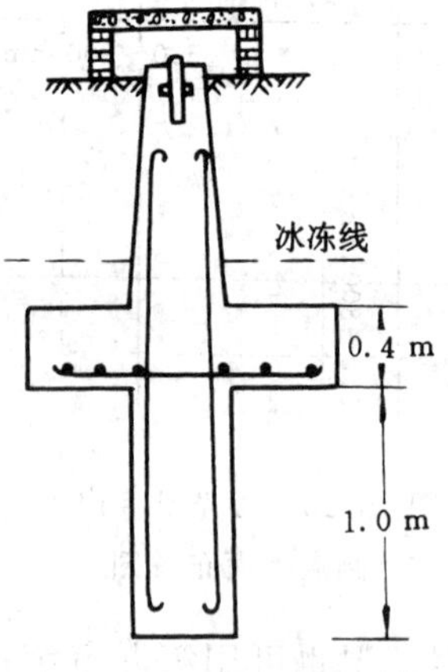

图 10-29 水准点结构示意图

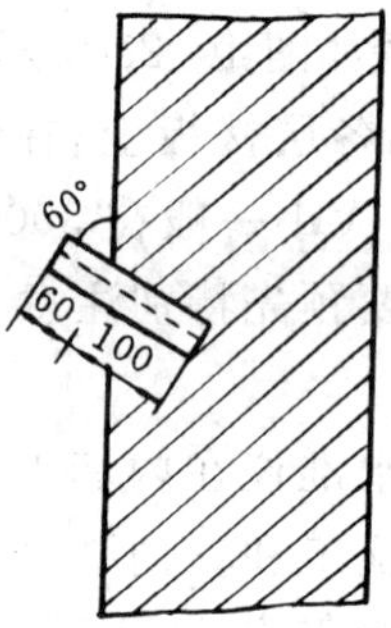

图 10-30 墙面观测点埋设示意图

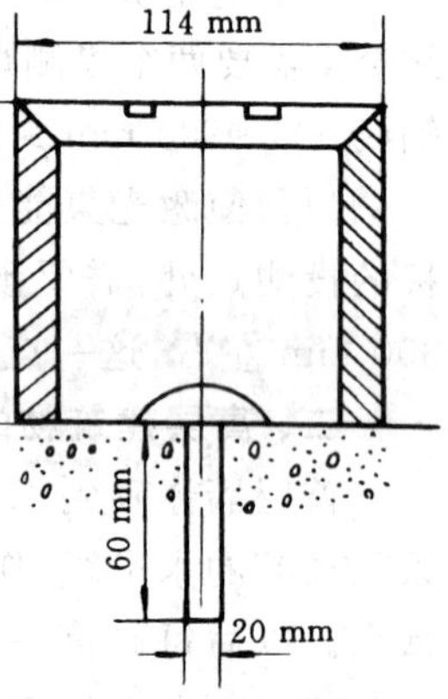

图 10-31 基础观测点埋设示意图

三、观测时间、观测方法和精度要求

一般在增加较大荷重（如浇灌基础、安装柱子和屋架、砌筑砖墙、铺设屋面、安装吊车等）之后要进行沉降观测。竣工后要按沉降量的大小，定期进行观测。开始，可每隔 1～2 月观测一次，以每次沉降量在 5～10 mm 以内为限度，否则要增加观测次数。以后，随着沉降量的减小，可逐渐延长观测周期，直至沉降稳定为止。

对重要厂房和重要设备基础的沉降观测，要求能反映出 1～2 mm 的沉降量。对一般厂房，精度要求就可放宽些。

对一般精度要求的沉降观测，要求仪器的望远镜放大率不小于30倍，符合水准管分划值不大于20″/2 mm。可以采用适合四等水准测量的国产水准仪。前、后视观测最好用同一根水准尺。水准尺离仪器的距离应小于40 m，仪器离前、后视水准尺的距离要用皮尺丈量，使它们相等。

观测应在成像清晰、稳定时进行。读完各观测点后。要回测后视点，同一后视点两次的读数相差不得超过±1 mm。观测的闭合差不得超过$\pm 2\sqrt{n}$ mm，其中n是观测站数。

水准点的高程变化将直接影响沉降观测的结果，应定期进行检查。

四、沉降观测的成果整理

每次观测结束后，应检查记录手簿中的数据和计算是否正确、合理，精度是否合格，文字说明是否齐全。然后把各观测点历次的高程列入成果表（表10-2）中，计算两次观测之间的沉降量和累计沉降量，并注明观测日期和荷重情况。为了更清楚地表示沉降、荷重与时间之间的关系，还要画出各观测点的沉降—荷重—时间关系曲线图（图10-32）。

表10-2　　**观测点高程观测成果表**

日期			荷重/t	观测点												备注
				50			51			52			53			
年	月	日		高程/m	沉降量/mm	累计沉降量/mm	高程/m	沉降量/mm	累计沉降量/mm	高程/m	沉降量/mm	累计沉降量/mm	高程/m	沉降量/mm	累计沉降量/mm	
1986	9	10		44.624			44.528			44.652			44.666			
1986	10	10		44.621	3	3	44.525	3	3	44.651	1	1	44.661	5	5	
1986	11	10	400	44.613	8	11	44.519	6	9	44.646	5	6	44.651	10	15	
1987	12	10		44.603	10	21	44.511	8	17	44.644	2	8	44.643	8	23	
1987	1	10	800	44.595	8	29	44.505	6	23	44.641	3	11	44.639	4	27	
1987	2	10	1200	44.589	6	35	44.501	4	27	44.635	6	17	44.638	1	28	
1987	3	10		44.585	4	39	44.497	4	31	44.634	1	18	44.636	2	30	
1987	4	10		44.582	3	42	44.494	3	34	44.631	3	21	44.635	1	31	
1987	5	10		44.500	2	44	44.492	2	36	44.629	2	23	44.632	3	34	
1987	6	10		44.577	3	47	44.490	2	38	44.626	3	26	44.627	5	39	
1987	7	10		44.574	3	50	44.488	2	40	44.623	3	29	44.625	2	41	
1987	8	10		44.572	2	52	44.487	1	41	44.622	1	30	44.623	2	43	
1987	9	10		44.571	1	53	44.486	1	42	44.621	1	31	44.622	1	44	
1987	10	10		44.570	1	54	44.485	1	43	44.620	1	32	44.621	1	45	
1987	12	10														
1988	2	10		44.569	1	55	44.484	1	44	44.619	1	33	44.620	1	46	
1988	4	10														
1988	6	10		44.569	0		44.484	0	44	44.619	0	33	44.620	0	46	
1988	8	10														
1988	10	10		44.569	0	55	44.484	0	44	44.619	0	33	44.620	0	46	

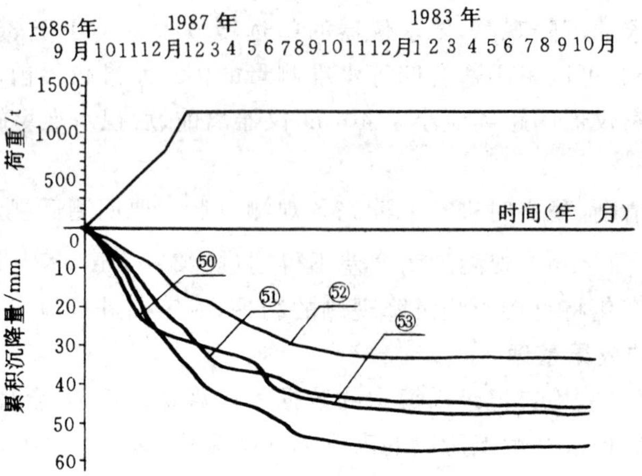

图 10-32 观测点沉降—荷重—时间关系曲线图

五、建筑物的倾斜观测和裂缝观测

不均匀的沉降将使建筑物倾斜，对高大建筑物影响更大，严重的不均匀沉降会使建筑物产生裂缝，因此，必须及时观测和处理，以保证建筑物的安全。

（一）倾斜观测

① 对需要进行倾斜观测的一般建筑物，要在几个侧面观测。在距离墙面大于墙高的地方选一点 A（图 10-33）安置经纬仪，照准墙顶一点 M，向下投影得一点 N，作一标志。过一段时间，用经纬仪再照准同一点 M（由于建筑物有倾斜，所以 M 点实际上已发生移位），向下投点得 N'。以 a 代表 N 和 N' 间的水平距离，H 代表墙的高度，则倾斜度为：

$$i = \frac{a}{H}$$

② 当测定圆形建筑物，如烟囱、水塔等的倾斜度时，首先要求得顶部中心对底部中心的偏距。为此，可先在建筑物底部放一块木板，用经纬仪把顶部边缘两点 A、A'（图 10-34）投影到木板上而得中心位置 A_0，再把底部边缘两点 B、B' 投到木板上，得另一个中心位置 B_0。B_0A_0 之间的距离 a 就是在 AA' 方向上顶部中心偏离底部中心的距离。同样在垂直方向上

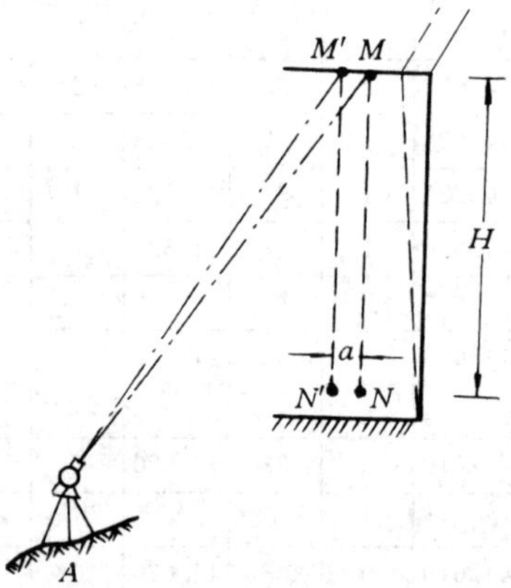

图 10-33 倾斜观测示意图

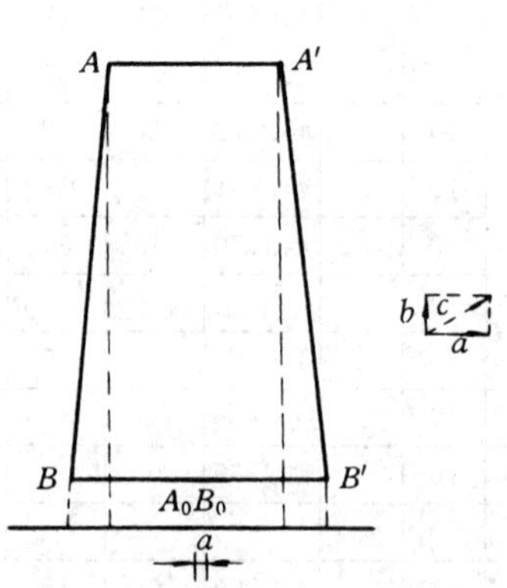

图 10-34 圆形建筑物倾斜观测示意图

测定顶部中心的偏心距 b。则总偏心距 $c=\sqrt{a^2+b^2}$。此建筑物的倾斜度 $i=\frac{c}{H}$,式中 H 是建筑物的高度。

（二）裂缝观测

如果发现裂缝,应立即进行全面检查,画出裂缝的分布图,量出每一裂缝的长度、宽度和深度。

为了观测裂缝的发展情况,要在裂缝处设置观测标志(图 10-35)。观测标志可用两片白铁片制成,一片面积为 150 mm×150 mm,固定在裂缝的一侧,并使其一边和裂缝的边缘对齐,另一片面积为 50 mm×200 mm,固定在裂缝的另一侧,并使其一部分紧贴在 150 mm×150 mm 的白铁片上,白铁片的边缘彼此平行。标志固定好后,在两片白铁皮露在外面的表面涂上白色油漆,并用黑油漆在矩形白铁皮上写明编号和标志设置日期。

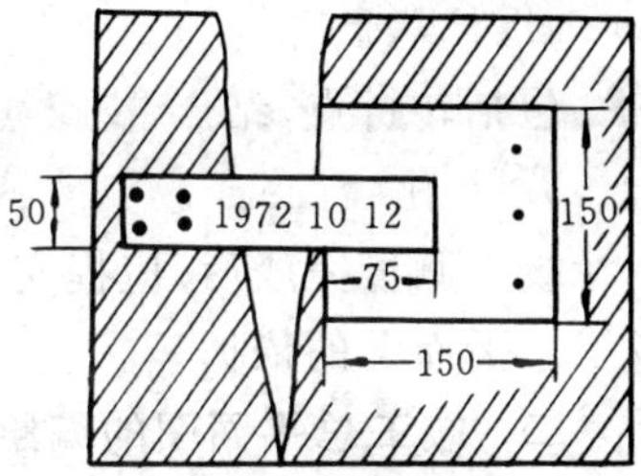

图 10-35　裂缝观测标志埋设示意图

标志设置后,如果裂缝继续发展,白铁皮将逐渐拉开,露出正方形白铁皮上没有涂油漆部分,它的宽度就是裂缝加大的宽度,可以用尺子直接量出。

第七节　竣工总平面图的编绘

竣工测量是指建筑工程在竣工验收时所进行的测量工作。竣工总平面图是设计总平面图在施工后实际情况的全面反映,所以设计总平面图不能完全代替竣工总平面图。编绘竣工总平面图的目的在于:首先,在施工过程中可能由于设计时没有考虑到的问题而使设计有变更,这种临时变更设计的情况必须通过测量反映到竣工总平面图上;其次,竣工总平面图可用于以后进行各种设施的维修工作,特别是地下管道等隐蔽工程的检查和维修工作;同时还为企业的扩建提供了原有各项建筑物、构筑物、地上和地下各种管线及交通线路的坐标、高程资料。

新建的企业竣工总平面图的编绘,最好是随着工程的陆续竣工相继进行编绘。一面竣工,一面利用竣工测量成果编绘竣工总平面图。如发现地下管线的位置有问题,可及时到现场查对,使竣工图能真实反映实际情况。边竣工边编绘的优点是:当企业全部竣工时,竣工总平面图也大部分编制完成,既可作为交工验收的资料,又可大大减少实测工作量,从而节约了人力和物力。

竣工总平面图的编绘,包括室外实测和室内资料编绘两方面的内容。现分别介绍如下。

一、竣工测量

在每一个单项工程完成后,必须由施工单位进行竣工测量,提交工程的竣工测量成果。其内容包括以下各方面。

1. 工业厂房及一般建筑物

包括房角坐标,各种管线进出口的位置和高程,并附房屋编号、结构层数、面积和竣工时间等资料。

2. 铁路和公路

包括起止点、转折点、交叉点的坐标,曲线元素,桥涵等构筑物的位置和高程。

3. 地下管网

窨井、转折点的坐标，井盖、井底、沟槽和管顶等的高程，并附注管道及窨井的编号、名称、管径、管材、间距、坡度和流向。

4. 架空管网

包括转折点、结点、交叉点的坐标，支架间距，基础面高程。

5. 其他

竣工测量完成后，应提交完整的资料，包括工程的名称、施工依据和施工成果，作为编绘竣工总平面图的依据。

二、竣工总平面图的编绘

竣工总平面图上应包括建筑方格网点、水准点、厂房、辅助设施、生活福利设施、架空及地下管线、铁路等建筑物或构筑物的坐标和高程，以及厂区内空地和未建区的地形。有关建筑物、构筑物的符号应与设计图例相同，有关地形图的图例应使用国家地形图图式符号。

厂区地上和地下所有建筑物、构筑物绘在一张竣工总平面图上时，如果线条过于密集而不醒目，则可采用分类编图，如综合竣工总平面图、交通运输竣工总平面图和管线竣工总平面图等等。比例尺一般采用 1∶1 000。如不能清楚地表示某些特别密集的地区，也可在局部采用 1∶500 的比例尺。

复习思考题

1. 图 10-36 中已绘出新建筑物与原建筑物的相对位置关系(墙厚 37 cm，轴线偏里)，试叙述测设新建筑物的方法和步骤。

2. 已知某厂加工车间两个相对房角的坐标为：

x_1＝8 551.00 m；x_2＝8 486.00 m；y_1＝4 332.00 m；y_2＝4 440.00 m 测设时顾及基坑开挖范围，拟将矩形控制网设置在厂房角点以外 6 m 处，如图 10-37 所示，求出厂房控制网四角点 T、U、R、S 的坐标值。

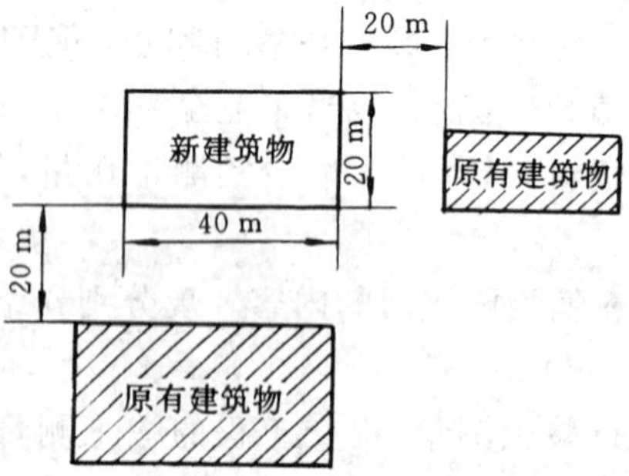

图 10-36 新、旧建筑物位置示意图

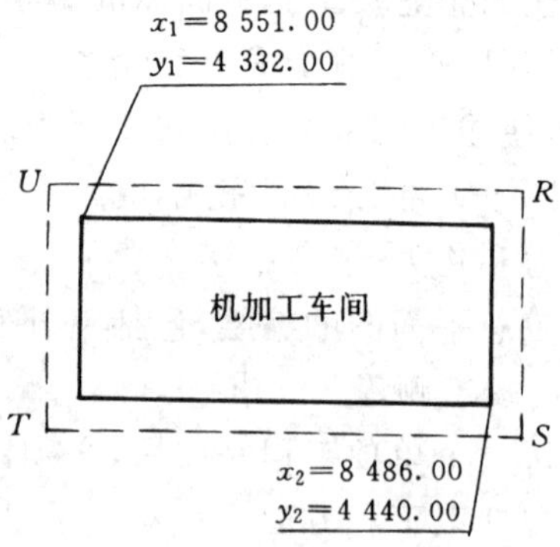

图 10-37 车间及控制网示意图

3. 图 10-38 中 OA、OB 是主轴线，如何进行楼房甲、乙的放线、抄平测量，又如何根据已测设的甲楼房的轴线测设附属房屋？

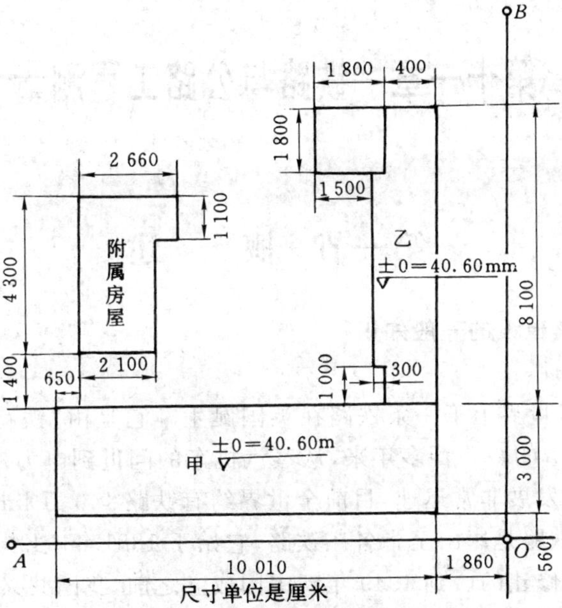

图 10-38　厂房及轴线分布图

4. 如图 10-39 所示，要确定厂房主轴线定位点 A、O、B，现根据控制网测设出 A'、O'、B' 三点，测得 $\angle A'O'B'=179°59'25''$，已知 $a=100$ m，$b=200$ m，求各点的移动量 δ。

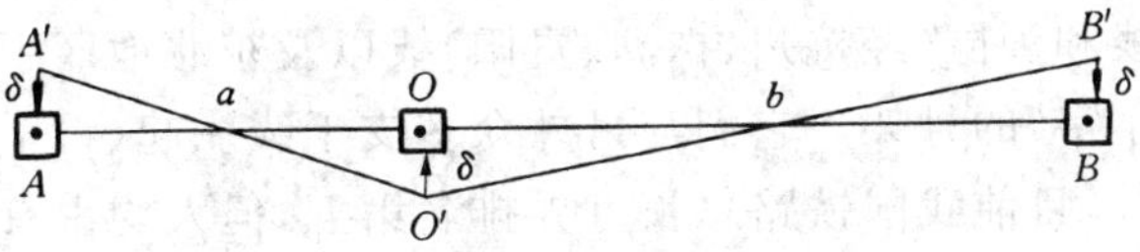

图 10-39　轴线投测点位分布图

5. 试述矩形控制网的测设方法。
6. 试述柱基杯口的测设方法。
7. 如何进行柱子的竖直校正测量工作？
8. 试述吊车梁的吊装测量工作。
9. 试述高层建筑施工测设的主要工作。
10. 建筑物沉降观测的目的是什么？有什么特点和要求？

第十一章 铁路与公路工程测量

第一节 概 述

一、铁路工程及其建设的一般知识

（一）我国铁路建设

1825 年 9 月 27 日世界上第一条铁路在英国诞生。它是由“铁路之父”、英国著名发明家 George Stevens 建造的。一百多年来，从蒸汽机车的问世到电力机车、内燃机车、动车的广泛应用，世界铁路的发展非常迅速，目前全世界约有铁路 140 万 km。

我国正式修建的铁路是唐山至胥各庄铁路，它始于 1881 年，比英国第一条铁路晚了 56 年，而且是英国人负责修建的。到 1949 年新中国成立之前，我国共兴建铁路 28 604 km，但能够通车的不过 11 000 km。历史上由日、俄、英、法、德等帝国主义直接经营管理的铁路曾高达 46.6%，受外国资本控制的铁路占44.1%，而完全由我国经营管理的不过 9.3%。更严重的是，整个线路布局极不合理，主要位于华北、东南沿海和东北地区。

新中国成立后，铁路事业得到飞速发展。几十年来，新建、扩建铁路 45 000 余千米，以关内南北走向五条即京广线、京九线、京沪线、太(焦)柳线和宝(成)昆线，东西走向三条即陇海兰新线、京包包兰线和沪昆(经杭州、株洲、贵阳)线以及东北地区丁字形铁路网，构成了全国铁路“五竖三横一丁字”的骨架。它们与另外众多支干线一起，将全国主要大中城镇、重要生产基地连接成一体。目前我国铁路总长世界排名第五，但人均占有量很少，因此大力发展铁路交通，保证国民经济大动脉的持续高效运转是我们肩负的历史责任。

解放后新建铁路所经过的地区，大部分地形、地质和气候条件十分复杂，高填深挖，桥隧相连，工程浩大。例如，南疆铁路从戈壁滩进入天山峡谷，高程由 800 m 上升到 3 000 m，越过天山冰达板后，再由 3 000 m 下降到 1 200 m，山势险峻，坡陡沟窄，盘山展线，迂回曲折，11 次跨阿拉沟，25 次跨乌拉斯台沟，桥隧密集，其中奎先隧道长达 6 km 以上，在焉耆附近通过 52 km 宽的盐渍地带。再如成昆铁路出川西平原后，逆大渡河、牛日河而上，穿小相岭，经大凉山，沿安宁河，跨金沙江，溯龙川江登滇中高原而达昆明，有 2/3 地段是山岭河谷，共 4 次越岭，7 处展线，有 427 座隧道，991 座桥梁，隧道长度占总长的 40%。因此，铁路工程建设技术难度大、要求高，其中测量的作用显得非常重要。

除了常规铁路的发展，我国高速铁路的建设也进入了新时期。根据我国 2016 年制定的《中长期铁路网规划》(2016～2025)，到 2020 年，为满足快速增长的旅客运输需求，建立省会城市及大中城市间的快速客运通道，规划“八纵八横”铁路快速客运通道以及四个城际快速客运系统。新增客运专线 2.9 万 km，客车速度目标值达到每小时 200 km 及以上。2008 年，中国拥有了第一条时速超过 300 km 的高速铁路——京津城际铁路，拉开了中国高速铁路建设和运营的序幕，2009 年中国又拥有了世界上一次建成里程最长、运营速度最高的高速铁路——武广客运专线。而 2010～2012 年，中国建成了以北京为中心的 8 小时高速铁路交通圈。根据2016年新调整的《中长期铁路网规划》，到2020年，中国铁路网规模达到15万km，其中高速铁路客运专线建成3万km；到2025年，铁路网规模达到17.5万km，其中高速铁路3.8万km左右。

目前中国拥有的高速铁路有京津城际、昌九城际、哈大线、武广客运专线、郑西高速铁路、温福线、京石线、汉宜线、港深广、京沪线等。截至2015年年底，中国新建高铁运营里程已经达到1.9万km，占世界高铁运营里程的60%以上，是全世界高铁运营里程最长、发展最快、规模最大的国家，同时也是技术最全、集成能力最强、运行速度最高的国家。

中国铁路事业的高速发展，对测绘行业也提出了更高的要求和挑战，如何解决发展中出现的问题，不断提高工程质量，是铁路测量面临的重大任务和发展机遇。

（二）铁路的基本组成

铁路主要是由线路、桥涵、隧道、站场等工程建筑物所组成的一项综合工程，此外还有附属的设备和房屋如行车信号、车站内的站台、天桥、地道、水塔等。

1. 线路

行驶火车的路叫铁路线路，简称线路。线路是铁路的主要构成部分，由路基和轨道组成。铁路工程测量中的线路还有另一种意义，就是指表示铁路走向和它的空间位置的铁路中心线。

1）路基

路基是轨道的基础，包括路基本体、排水设备和防护加固建筑物等。

（1）路基本体

铺设轨道的部分叫路基本体。路基本体承担着轨道和列车的重量，同时还受水流、雨雪、高温、严寒和风沙的侵袭，因此路基本体必须修筑坚实，具有足够的强度。

在原地面上用土石填筑起来的路基本体叫路堤；原地面高，将之开挖建成的叫路堑；在陡坡地段，一侧填土一侧挖方建成的叫半路堤半路堑（图11-1）。路基上各个部分的名称如图11-2所示。路基面宽度随铁路等级、轨道类型、线路平面位置和土质的不同而不同。直线地段路基面宽度单线一般在4.9～6.7 m之间，双线一般在9.2～10.8 m之间，曲线地段比直线地段最多可宽0.5 m。

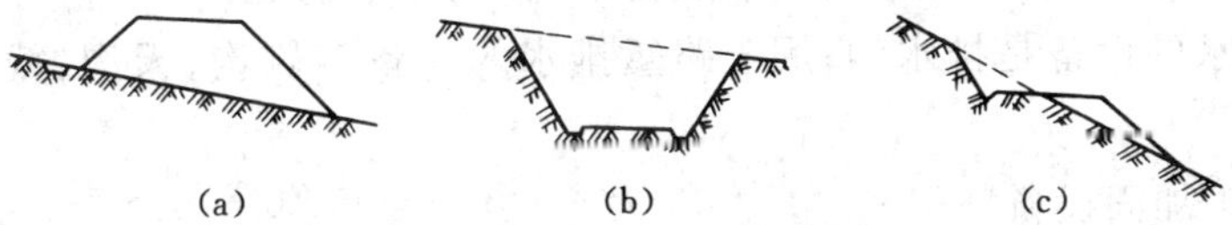

(a)　(b)　(c)

图11-1　路基本体种类示意图

(a) 路堤；(b) 路堑；(c) 半堤半堑

通常以路肩边缘的标高表示路基顶面标高，也就是纵断面图上线路设计标高，它应超过当地最高洪水位。而地面标高是线路中心处原地面的标高。

路拱的作用是把路基面上的雨水排走，如果用普通土壤填筑，则路基顶面应修成梯形的路拱，高0.15 m，沙石路基则可不修路拱。路肩主要是为了加大路基的断面，增加路基的稳定性。路肩的宽度，Ⅰ、Ⅱ级铁路路堤不少于0.6 m，路堑不少于0.4 m；Ⅲ级铁路路堤路堑均不少于0.4 m。

路堤边坡大小与路堤高低和填料性质有关。一般情况下，不易风化的石块路堤边坡可

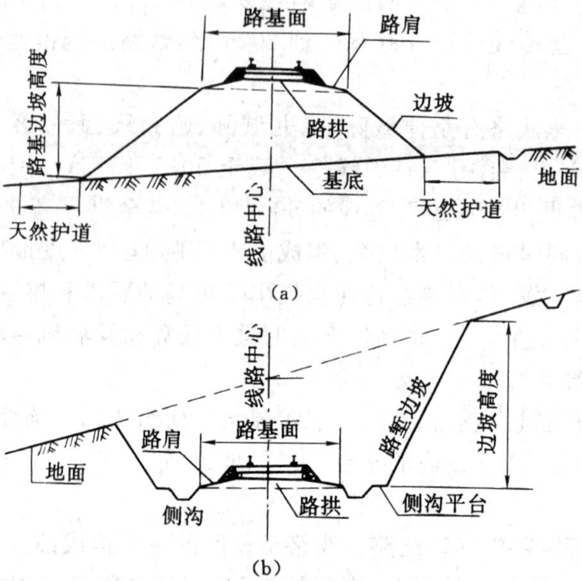

图 11-2 路基各部分名称示意图

(a) 路堤;(b) 路堑

采用 1∶1.3 或1∶1.5;一般黏土、碎石土、砾石土、中粗沙可采用 1∶1.5 或1∶1.75。当路堤很高时,可分段采用不同的坡度,上坡较陡,下坡较缓。

路堑边坡受雨水冲刷和地下水渗透比路堤边坡严重,其边坡坡度的选择更加重要。通常情况下,均质黏土、沙黏土坡度采用 1∶1～1∶1.5,中粗沙坡度采用 1∶1.5～1∶1.75,黄土坡度采用 1∶0.3～1∶1.25,岩石坡度采用 1∶0.1～1∶1。

(2) 路基排水设备

路基是土石工程,最怕雨水冲刷和地下水的浸泡。其排水设备分地面排水设备和地下排水设备。各种排水设备要互相配合,形成排水网,使排水畅通。

用于路堤排水的设备是排水沟;用于路堑排水的设备有侧沟、天沟、截水沟、水槽、跌水和急流槽等。

(3) 路基防护加固设备

坡面防护设备主要有:在坡面上铺种的草皮,用喷浆、抹面、捶面、砌石等方法做成的坡面防护层,用来拦截和遮挡路堑边坡崩塌的拦石墙、落石坑等。冲刷防护设备有沿河边投放的石笼、块石,沿河砌筑的顺坝、挑水坝等。支撑加固设备包括各种类型的挡土墙和支顶墙、支柱等。防沙防雪设备包括各种栅栏和防护林等。

2) 轨道

轨道是指线路在路基以上的部分,包括钢轨、轨枕、道床、连接零件、防爬设备、附属设备和道岔等(图 11-3)。

轨道是直接承受列车重量的部分,要求有足够的强度,保持一定的线形和尺寸。钢轨两轨头内侧之间的距离称为“轨距”。我国规定铁路直线地段的轨距为 1 435 mm,称为标准轨距。在曲线上为了减小机车车辆对钢轨的磨损,当曲线半径小于 350 m 时要加宽轨距 5～

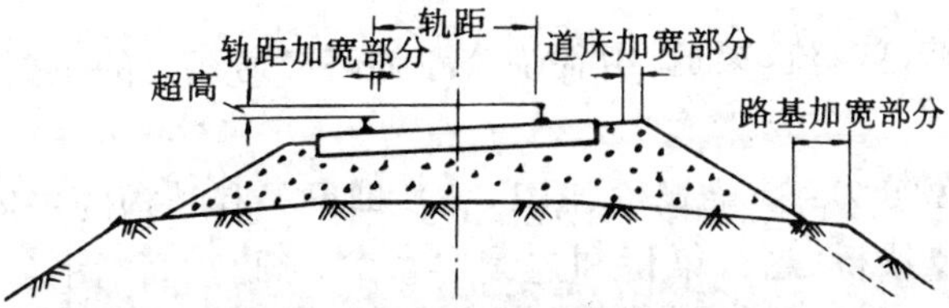

图 11-3　轨道结构示意图

15 mm。加宽的办法是把曲线内侧钢轨向内侧移动，同时把外轨抬高以减少曲线上列车离心力的影响。

钢轨按每米长的重量来分类。我国生产的定型钢轨有 60 kg、50 kg、43 kg 和 38 kg 四种，钢轨的标准长度有 12.5 m 和 25 m 两种。

轨枕的作用是支撑钢轨、固定两股钢轨的相对位置。轨枕有木枕和钢筋混凝土轨枕，目前大量采用的是钢筋混凝土轨枕，每公里需 1 600～1 840 根。

道床是轨枕以下路基以上的部分，通常以石渣铺设而成。道床用以传播压力、固定轨枕、排除积水、缓冲列车冲击和振动以及便于维修。道床顶宽一般为 2.9～3.1 m，厚度为 200～500 mm。另一种新型道床是不用轨枕和石渣，而在钢轨下用混凝土灌注成整体基础，故称整体道床。它坚固耐久，行车平稳，养护维护工作量小，多用于较长的隧道和车站中。

列车在轨道上运行时，由于车轮对钢轨接头的不断撞击，钢轨会发生纵向移动，甚至连同轨枕一起移动，这种现象叫做轨道爬行。防止轨道爬行的有效措施是安装防爬器和防爬支撑。一般每根 12.5 m 长的钢轨安装两组防爬设备，每组包括四个防爬器和六个防爬支撑。防爬器安装在轨底，紧靠轨枕。防爬支撑安装在道心轨枕间。

道岔是使列车由一条线路转到另一条线路的设备。道岔种类很多，最常用的是单开道岔(图 11-4)，用中心线表示时，是由道岔中心向一侧转一个辙叉角 α。辙叉号数 N 用辙叉角 α 的余切值表示，即：

$$N = \cot \alpha \tag{11-1}$$

辙叉号数越大，辙叉角越小，侧向通过道岔的允许速度越高。除单开道岔外还有双开道岔、三开道岔、交分道岔、交叉渡线等(图 11-4)。

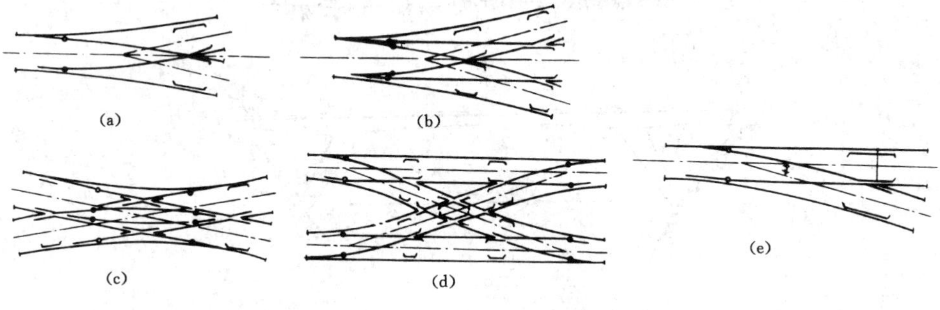

图 11-4　不同种类道岔示意图

(a) 对称双开道岔；(b) 对称三开道岔；(c) 复式交分道岔；(d) 交叉渡线；(e) 单开道岔

2. 桥梁

桥梁是铁路线路跨越河流、渠道、山谷或公路铁路交通线时的主要建筑。

(1) 桥梁的种类

按桥梁的结构类型分为:① 梁式桥(图 11-5),即梁是其结构的主体,支承在桥墩和桥台上。梁桥又可分为简支梁桥、悬臂梁桥和连续梁桥等。② 拱桥(图11-6),桥跨结构的主体是拱。拱上结构有实腹和空腹两种。③ 刚架桥,桥跨和桥台连接成整体的刚性结构(图11-7)。④ 斜拉桥,由梁、斜拉索和高出桥面的墩塔组成(图 11-8)。

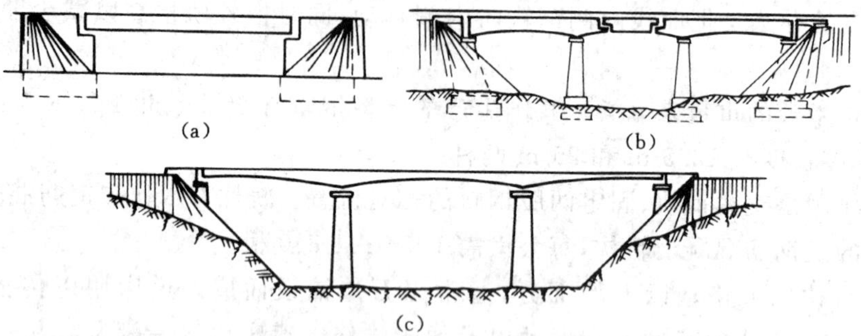

图 11-5　梁式桥分类示意图

(a) 简支梁桥;(b) 悬臂梁桥;(c) 连续梁桥

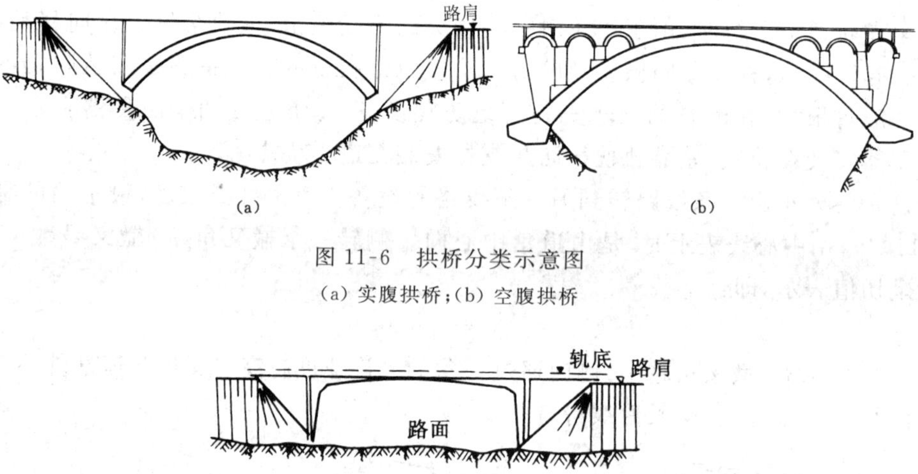

图 11-6　拱桥分类示意图

(a) 实腹拱桥;(b) 空腹拱桥

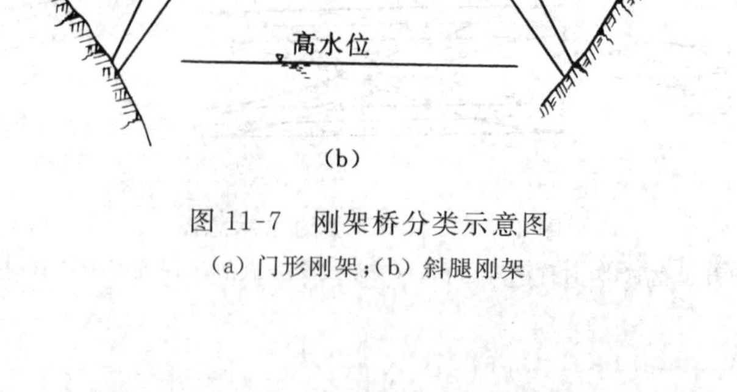

图 11-7　刚架桥分类示意图

(a) 门形刚架;(b) 斜腿刚架

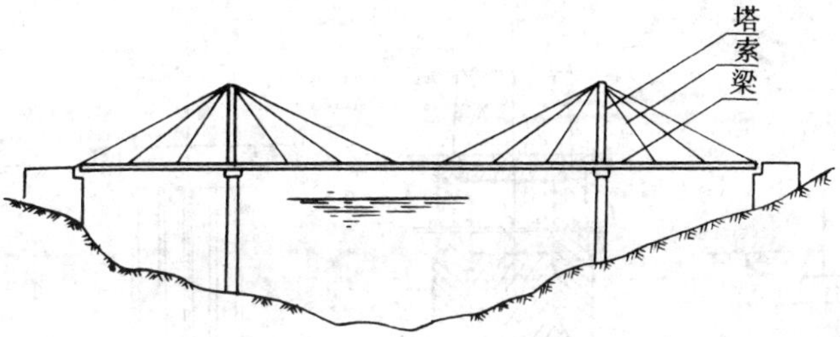

图 11-8　斜拉桥示意图

按桥跨结构的建筑材料分为:① 钢桥,桥跨结构的主体是钢梁,钢梁由型钢拼接而成,常见的有钢桁梁和钢板梁两种;② 钢筋混凝土桥;③ 石桥;④ 木桥。

按桥面所在位置分:① 上承式桥,桥面位于主梁之上(图 11-9);② 下承式桥,桥面位于两主梁或两拱肋之间(图 11-10);③ 中承式桥,在一孔桥中,桥面在桥跨结构的中部通过(图 11-11)。

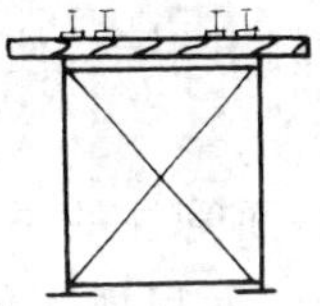

图 11-9　上承式桥

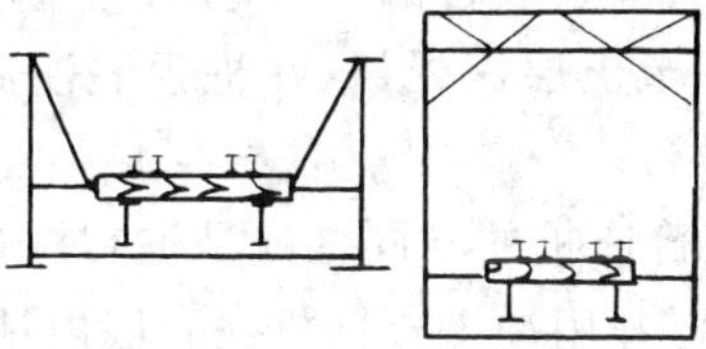

图 11-10　下承式桥

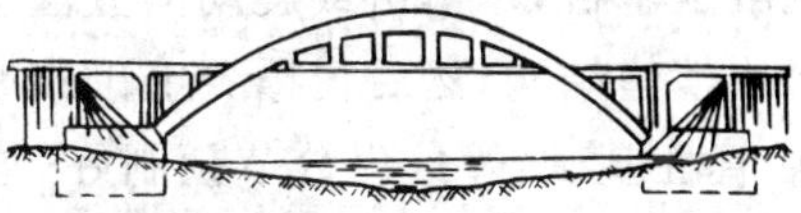

图 11-11　中承式桥

(2) 桥梁结构

桥梁结构分为上部结构和下部结构。上部结构是桥台以上各部分的总称,也叫桥跨结构,一般包括梁、拱、桥面和支座等;下部结构包括桥墩、桥台和它们的基础。此外,桥头锥体防护建筑也属于桥梁范围。桥梁各组成部分如图 11-12 所示。

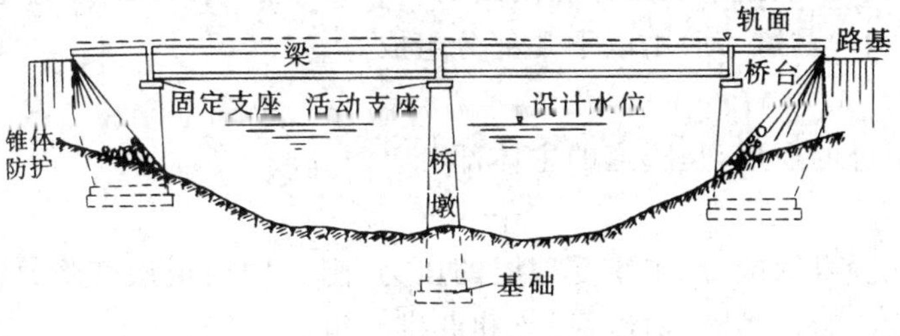

图 11-12　桥梁结构示意图

(3) 桥梁基础

桥梁基础即桥梁墩台的基础,是桥梁保持稳定和耐久的重要条件。铁路桥梁基础有明挖基础、沉井基础、桩基础和管柱基础,如图 11-13 所示。

① 明挖基础:即在墩台所在位置先挖所需要的基坑,然后浆砌片石或灌注混凝土。

② 沉井基础:为深水基础的一种。先在墩台位置做好上下开口的重型井筒,然后在

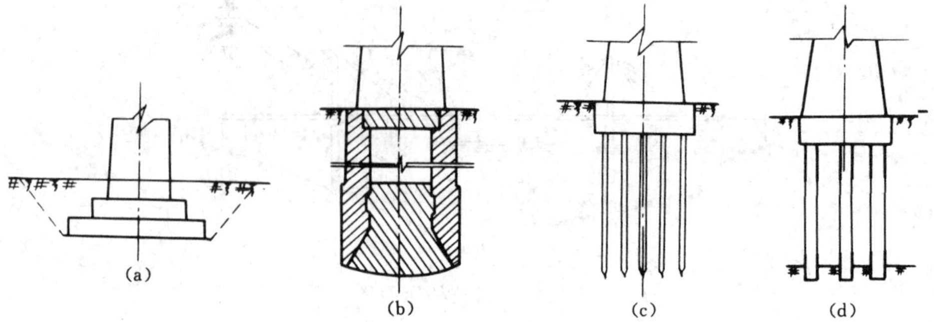

图 11-13　桥梁基础分类示意图

(a) 明挖基础；(b) 沉井基础；(c) 桩基础；(d) 管柱基础

井筒内挖土，使井筒靠自重下沉。随着井筒不断下沉，在上面一节一节地接筑井筒。待沉至要求的深度后，进行封底、填充和封顶，成为完整的基础。

③ 桩基础：桩基础是靠许多桩来支承桥梁墩台的一种基础类型。它是将木桩、钢桩或钢筋混凝土基桩，用锤击或震动的方法下至土层深处，再在桩顶灌注混凝土平台，使基桩与承台形成整体结构，然后在撑台上砌筑墩台。

④ 管柱基础：管柱先分节预制好，与普通桩的不同之处是桩有桩靴，而管柱的下端是开口的，在其下沉的过程中将管中的土排出，并用冲击式钻机往岩层内钻孔，而后插入钢筋笼，灌注水下混凝土，将管柱和基岩连成一体。

3. 涵洞

涵洞是当线路跨过较小的溪流或水渠时，设置在路基下的过水构筑物。涵洞的孔径一般较小，用石砌、混凝土或二者兼用。常见的涵洞形式有：钢筋混凝土管涵、混凝土拱涵、钢筋混凝土盖板箱涵。为了挡住路堤不致塌陷，使水流畅通，涵洞两端都建有端墙。

4. 隧道

隧道是在山区修建铁路时从山体中凿出的一个地下通道，使线路能比较直顺而平缓地通过，如图 11-14 示。隧道一般由以下几部分组成。

(1) 洞身

洞身是列车通过的通道，是隧道的主体部分。

(2) 衬砌

衬砌是建筑在洞身周围、用来承受地层的压力、阻止四周地层变形、防止岩石风化和坍落的永久性建筑物。它由拱圈、边墙、托梁和仰拱等组成(图 11-15)。

(3) 洞门

洞门是隧道进出口的标志。它的主要作用是用来保证洞口土体仰坡和边坡的稳定，并将仰坡流下的水，通过洞门位置的排水沟引离隧道，保证隧道的正常使用。

此外，隧道内还有一些附属建筑物，如设在洞内两侧的大小避车洞，为防止洞内积水而设置的排水建筑和大型隧道内的通风建筑。

(三) 铁路建设的基本程序

铁路建设的基本程序可划分为三个大的阶段：第一阶段为前期工作，以可行性研究为核

图 11-14　隧道

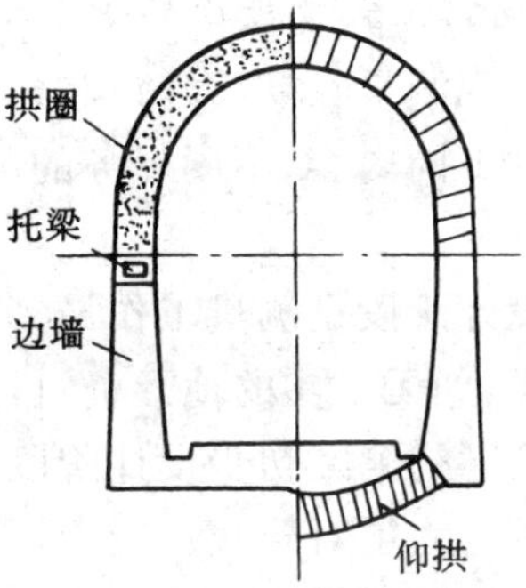

图 11-15　衬砌结构示意图

心，确定建设规模和概算；第二阶段为设计施工的基本建设阶段，是测量工作的主要集中阶段，包括初步设计和施工设计；第三阶段为验收通车与投资效果反馈的投产阶段。

1. 以可行性研究为核心的前期阶段

该阶段主要工作内容包括：路网规划；下达可行性研究计划；编制可行性研究报告。

(1) 路网规划

根据国民经济发展规划、地区发展规划和工业布局等，遵照铁路技术政策，在现有路网的基础上，编制中长期路网发展规划。它由铁道部汇总编制，上报国家发展计划委员会进行综合平衡，经批准后定案。

(2) 下达可行性研究计划

在路网规划的基础上，根据需要与可能条件以及轻重缓急情况，由铁道部计划司提出可行性研究的建设项目，列入勘测设计规划和年度计划，就可作为设计单位编制可行性研究报告的依据。

(3) 编制可行性研究报告

铁路建设项目的可行性研究报告由承担任务的设计单位编制。可行性研究报告经过评估并经国家发展计划委员会（或主管部门）批准后，项目成立，即可进行下一设计阶段。

2. 设计施工阶段

(1) 初步设计阶段

初步设计的主要任务包括：① 基本确定线路位置和重大建设工程；② 确定主要技术标准，如线路等级、正线数目、限制坡度、最小半径、牵引种类、机车类型和股道长度等；③ 提出重点工程的初步设计和工程概算。

(2) 施工设计阶段

施工设计是根据前期测量资料对线路全线和所有个体工程作出详细设计，并提出工程数量和各种报表，如线路的平面和纵断面设计、桥涵、隧道、特殊路基以及车站设计等。

以上设计工作由铁道设计研究院承担。

(3) 施工阶段

铁路施工是一项复杂的技术工作和组织工作。施工前有一系列的准备工作，如施工机具和材料的准备，施工场地的布置，临时房屋、仓库和施工便道的建筑以及施工组织设计的编制等。为保证全线按时完成，施工时一般要把大桥、长隧道和重点土石方工程等重点工程先行开工。施工任务主要由铁路工程局承担。

（四）铁路工程建设中的测量工作

铁路工程测量在铁路建设和运营中占有非常重要的地位。在铁路设计、施工和运营中要进行各种不同内容、不同任务的测量，其中线路、桥涵、隧道等不同工程的测量有不同的要求和方法。

勘测设计阶段是测量工作最集中的时期，有草测、初测和定测等不同阶段的工作。可行性研究阶段，如无足够的地形资料，就要进行草测。草测时要进行基本控制测量和小比例尺的地形测绘。初测在初步设计阶段以前进行，包括插大旗、控制点加密、导线测量、高程测量和地形测量。为了对导线进行检核，要进行导线与国家控制点的联测。初测目前较多采用航测方法测绘地形图，有时也采用地面摄影测量方法。定测在施工设计前进行，包括交点放线、中线测设（直线和曲线测设）、纵断面测量和横断面测量等。勘测设计阶段的测量任务由设计部门负责。

施工阶段测量的任务主要是保证各种建筑物能按照设计位置准确地建立起来。施工阶段的首项工作是进行交桩和复测。交桩是设计部门向施工部门移交测量资料和各类控制桩点。复测是检查线路主要控制桩的正确性和补设缺损的桩橛。在施工前要做好固桩和护桩工作，以保证施工过程中桩点不致丢失或便于随时恢复。路基施工前要进行路基边桩的放样。在施工过程中要随时进行中线和高程方面的检测。对于大型桥隧工程，施工前需作施工控制网。施工阶段的测量主要由承担工程的工程局负责。

验收阶段的测量任务是进行贯通全线的竣工测量，辅助验收部门检查施工质量，提交施工成果图纸资料等。

运营阶段经常需要进行线路的维修和改扩建，也需要一系列的测量，包括既有线路的详细测量和施工放样等，与新建铁路设计施工阶段测量任务一样，只是其集中程度不同。

二、公路工程及建设的一般知识

（一）我国的公路建设

据确切的记载，道路出现于公元前2000年到公元300年这一时期。最早的是在欧洲中部和东部的四条经商道路，即“琥珀道路”。

我国是一个历史悠久的文明古国，道路业发展很早。相传公元前2000多年就有轩辕氏造舟车。到周朝又有“周道如砥，其直如矢”的记载。公元前50年左右出现的“丝绸之路”更是举世闻名。

随着公元1886年第一辆汽车在德国问世，公路建设进入了一个新纪元。我国在1913年建成了第一条公路即长沙—湘潭公路。到1949年解放前夕，我国公路通车里程达8万km。新中国成立后，我国公路发展很快，特别是十一届三中全会以来，我国的公路建设更是日新月异。到2015年止，全国公路达457万km，其中高速公路里程突破12万km。

（二）公路等级和技术标准

1. 公路的定义

公路是指连接城市、乡村和工矿基地等，主要供汽车行驶，具备一定技术和设施的道路。按其重要性和使用性质，公路可划分为：国家干线公路（国道）、省干线公路（省道）、县公路（县道）以及专用公路等。

2. 公路等级的划分

公路根据其使用任务、功能和适应的交通量分为高速公路、一级公路、二级公路、三级公路、四级公路五个等级。

高速公路为专供汽车分向、分车道行驶并全部控制出入的干线公路。

四车道高速公路一般能适应按各种汽车折合成小客车的远景设计年限年平均昼夜交通量为 25 000～55 000 辆。

六车道高速公路一般能适应按各种汽车折合成小客车的远景设计年限年平均昼夜交通量为 60 000～100 000 辆。

其他公路分为除高速公路以外的干线公路、集散公路、地方公路四个等级。

一级公路为供汽车分向、分车道行驶的公路，一般能适应按各种汽车折合成小客车的远景设计年限年平均昼夜交通量为 15 000～30 000 辆。

二级公路一般能适应按各种车辆折合成中型载重汽车的远景设计年限年平均昼夜交通量为 5 000～15 000 辆。

三级公路一般能适应按各种车辆折合成中型载重汽车的远景设计年限年平均昼夜交通量为 2 000～6 000 辆。

四级公路一般能适应按各种车辆折合成中型载重汽车的远景设计年限年平均昼夜交通量为：双车道 2 000 辆以下；单车道 400 辆以下。

3. 公路工程技术标准

根据我国现行《公路工程技术标准》(JTG B01—2014)，各级公路主要技术指标汇总如表 11-1 所示。

(三) 公路和结构组成

公路的结构组成主要包括：路基、路面、桥涵、隧道、路线交叉及沿线设施等。

路基由行车道、中间带、路肩、边沟、边坡、截水沟、碎落台、护坡道等部分组成，如图 11-16所示。

路面指在路基表面用各种材料分层铺筑的结构物。路面按其力学性能可分为柔性路面和刚性路面两类。常用的路面材料有沥青、水泥、碎(砾)石、砂、黏土等。路面结构层构成一般如图11-17所示。

公路沿线设施包括：交通安全设施、交通管理设施、防护设施、停车设施、绿化带、收费站、加油站等。

公路的其他构成与铁路构成一致。

(四) 公路基本建设程序

公路建设全过程包括：公路规划、公路勘测设计、公路施工及公路养护四个环节。

根据我国《公路工程基本建设管理办法》(1983 年 2 月 17 日交通部颁)规定，公路基本建设程序为：

① 根据长远规划或项目建议书，进行可行性研究。

② 根据可行性研究，编制计划任务书(也称设计计划任务书，下同)。

③ 根据批准的计划任务书，进行现场勘测，编制初步设计文件和概算。

④ 根据批准的初步设计文件，编制施工图和施工图预算。

⑤ 列入年度基本建设计划。

⑥ 进行施工前的各项准备工作。

⑦ 编制实施性施工组织设计及开工报告，报上级主管部门审批。

表 11-1 各级公路主要技术指标

公路等级		高速公路						一级		二级		三级		四级	
计算行车速度/(km/h)		120			100	80	60	100	60	80	60	40	30	30	20
车道数		8	6	4	4	4	4	4	4	2	2	2	2	1 或 2	
行车道宽度/m		2×15.0	2×11.25	2×7.5	2×7.5	2×7.5	2×7.0	2×7.5	2×7.0	9.0	7.0	7.0	6.0	3.5 或 6.0	
路基宽度/m	一般值	42.50	35.00	27.50 或 28.00	26.00	24.50	22.50	25.50	22.50	12.00	8.50	8.50	7.50	6.50	
	变化值	40.50	33.00	25.50	24.50	23.00	20.00	24.00	20.00	17.00				4.50 或 7.00	
极限最小半径/m		650			400	250	125	400	125	250	60	125	30	60	15
停车视距/m		210			160	110	75	160	75	110	40	75	30	40	20
最大纵坡/%		3			4	5	5	4	6	5	7	6	8	6	9
车辆荷载	计算荷载	汽车—超 20 级						汽车—超 20 级 汽车—20 级		汽车—20 级		汽车—20 级		汽车—10 级	
	验算荷载	挂车—120						挂车—120 挂车—120		挂车—100		挂车—100		履带—50	

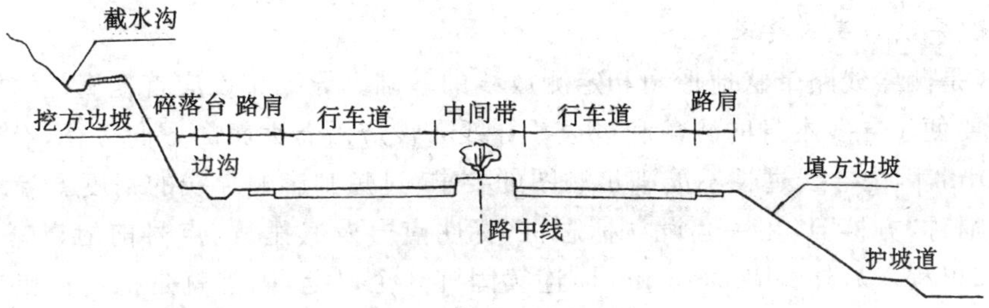

图 11-16　公路路基结构示意图

⑧ 严格执行有关施工的规程和规定，坚持正常施工程序，做好施工记录，建立技术档案。

⑨ 编制竣工图表和工程决算，办理竣工验收。

（五）公路工程建设中的主要测量工作

公路工程建设中的测量工作与铁路建设基本一致，包括初测、定测、建设过程和施工测量、竣工测量等过程，具体见本节第一部分中“铁路工程建设中的测量工作”。

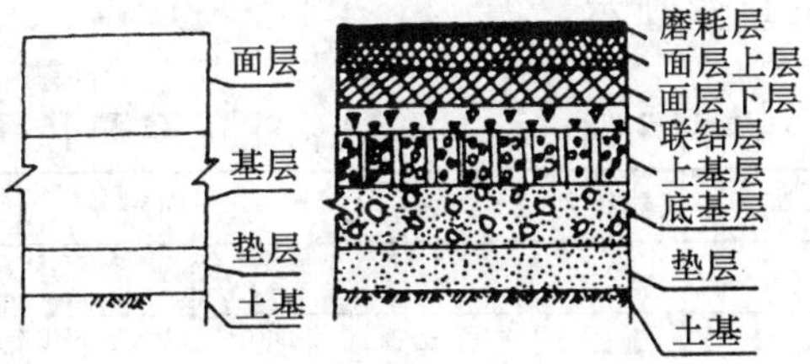

图 11-17　路面结构层示意图

第二节　铁路初测中的测量工作

初测是铁路与公路设计中一个的重要勘测阶段，是初步设计的基础和依据，决定着线路的基本方向。其中导线和水准测量是以后各种测量工作的基础；地形测量则是设计工程师进行纸上定线的依据。

一、初测中的大旗组

大旗组的任务是在野外标出线路的走向和大概位置，为导线测量和各种专业勘测指出前进方向。在拟定线路转向点和长直线的重要转点处插上标旗，故这项工作称为“插大旗”。插旗工作应按照预定方案并结合实际的地形和地质条件选出线路的大致位置。插大旗具有双重任务：一方面要选定线路的基本走向，另一方面又要选出导线点的位置。一般情况下插旗的地点也就是考虑要设立导线点的地点，因此应考虑到导线测量的基本要求，即平面控制测量中的选点要求。另外为了使线路最后位置能包括在所测地形图的范围内，导线点应尽可能接近线路位置。

插大旗时要考虑经济、技术等许多问题，要补充或修正在方案研究中没有发现或没有考虑到的问题。一般按导线的边长（不大于 400～500 m）来插旗，对于光电测距导线可根据仪器测程适当延长，但应在每隔 400 m 左右加设转点。

插旗是一项十分重要的技术工作，比一般地形测量中布设控制点的选点工作复杂得多。通常由有经验的线路人员来负责，在有桥梁、隧道或地质条件不良的地段，则应由各方面的专业人员配合进行。

二、初测中的导线测量

（一）布设导线的基本要求

初测导线是测绘线路带状地形图和定测放线的基础。导线布设应首先满足这两项基本要求，同时还要便于导线本身的测角和量边。导线布设应沿着大旗的方向进行，导线边长一般在 50～400 m，因为导线过长不能满足测图的要求，过短则影响导线的精度。导线点要钉设大木桩（习惯称“方桩”），在一旁设立标志桩，标明点号及其里程，点号前冠以“C”表示初测导线点号和里程。另外每隔 3～5 km 应连续固桩 3 个以上，固桩就是把木桩更换成永久性标石。初测导线布设的其他要求与地形测量的图根控制导线的布设要求相似。

（二）导线测量方法

水平角测量主要应用 J2 和 J6 经纬仪或相应测角精度的全站仪，测量一个测回，限差如表 11-2 所示。

表 11-2　J2 和 J6 经纬仪测量限差要求

仪器级别	半测回限差	检测限差	导线角度闭合差
J2	20″	30″	$\pm 30''\sqrt{n}$
J6	30″	30″	$\pm 30''\sqrt{n}$

边长测量应用光电测距仪或全站仪往返测量各一测回，每测回读数两次，限差要求如表 11-3 所列。

表 11-3　边长测量限差要求

各次读数较差/mm	测回间较差/mm	往返较差/mm
±10	±7	$\pm(20+\Delta D)$

（三）导线的检核

初测导线一般都延伸很长，所以要有一定的检核方法。例如《铁路测量技术规程》规定在导线的起讫点以及导线中间，与国家平面控制点或同等精度的其他平面控制点不远于 30 km 时应联测。联测可采用 GPS 测量、导线测量、后方交会、前方交会或侧方交会等方法。联测后将分段形成附合导线，可检查导线测量的精度。线路测量的平面坐标很难完全采用国家统一坐标，因为采用统一坐标的投影，使导线长度产生变形，而采用实际长度更切合工程设计的使用。此外，统一坐标是按投影带分带表示坐标，而线路平面图则需要连续的坐标，故联测计算导线总闭合差时须进行投影换算。

附合导线的角度闭合差应不超过表 11-2 的限值。导线、闭合差不超过导线长度的1/2 000。计算导线总闭合差时应将导线测量成果改化到大地水准面和高斯平面上去，其公式为：

$$\begin{cases} \sum \Delta x_S = \sum \Delta x + \left(\dfrac{y_m^2}{2R^2} - \dfrac{H_m}{R}\right)\sum \Delta x \\ \sum \Delta y_S = \sum \Delta y + \left(\dfrac{y_m^2}{2R^2} - \dfrac{H_m}{R}\right)\sum \Delta y \end{cases} \tag{11-2}$$

式中　$\sum \Delta x_S$，$\sum \Delta y_S$——两次改化后纵横坐标增量之和；

$\sum \Delta x, \sum \Delta y$—— 未改化前纵横坐标增量之和；

y_m——导线距中央子午线的平均距离；

H_m——导线的平均高程；

R——地球的平均半径。

最后用经过改化的坐标增量来计算导线的闭合差。

当附合导线两端点的已知控制点不在同一投影带时，应先将邻带的控制点换算到同一带，然后再进行计算。

(四) 导线点的展绘

目前，无论是铁路还是公路的测量作业和组织的方式都是分组按顺序前进的，大旗领先，后面是导线、水准、地形组。由于导线每天测出一段后就得展绘在图纸上，供后面的地形测绘之用，因此导线联测前地形图已完成相当部分。导线都是未经平差而直接按观测数据计算的坐标绘制的。每次联测后将按新的控制点继续计算坐标，这样底图上在联测处往往存在一段较大的误差。解决此问题的常规办法是在绘制透明纸图时将导线进行平差，按平差后计算出的坐标把导线点展绘到透明纸上，地形则分段描绘到透明纸图上。但是这种习惯作法也存在以下问题：

① 高斯投影改算后的长度与实际长度不符，每千米可相差 1 m 左右，同时由于投影误差的分布不均，导致全线长度比例的不均匀。

② 在高原地区，因改化到大地水准面后长度也将产生变形。高程为 2 000 m 时，每千米可以相差 0.31 m。

③ 当线路跨越不同投影带时，坐标不连续。

长度变形和坐标的不连续给设计和施工用图都带来不便。随着测量技术水平的提高，特别是 GPS 测量、数字地形测图等先进测量技术的应用，上述问题可以得到较好地解决。

三、初测中的水准测量

在初测阶段所进行的水准测量任务有两类：一是沿线建立高程控制点，为地形测量和以后定测、施工测量、竣工测量等服务；二是测定导线点的高程。

水准测量在线路测量中习惯上称作“抄平”。根据工作目的和精度的不同，水准测量又分为水准点高程测量(通称基平，即水准基点的抄平)和中桩高程测量(通称中平，即中线桩的抄平)。初测中的水准测量按等外水准的要求进行。

(一) 基平

基平的任务是在沿线附近建立水准点并测定其高程。水准路线应起始并闭合于国家水准控制点上，线路较长时应与国家水准点联测。

水准点一般每隔 2 km 设置一个，在大桥、隧道等工程集中地段应加设。水准点埋设要求与一般地形测量高程控制点的要求相同，水准点号前冠以 BM(Benchmark)表示水准点。

水准测量的限差要求见表 11-4。

表 11-4　　水准测量的限差要求

水准等级	每千米高差中误差/mm	边长/m	往返高差限差/mm	检测限差/mm	联测闭合差/mm
等外	7.5	<200	$\pm 30\sqrt{R}$	$\pm 30\sqrt{R}$	$\pm 30\sqrt{R}$

注：R 为两点间的长度，km；L 为附合路线长度，km。

（二）中平

中平在初测中的任务是测定导线点的高程。

中桩高程测量采用单程水准路线，附合于水准基点，允许闭合差为$\pm 50\sqrt{L}$ mm。在地形起伏较大的丘陵和山区地段，可采用三角高程测量。

四、初测中的地形测量

初测中的地形测量是测量沿线带状地形图，作为线路设计和方案比较的依据。比例尺一般为1∶2 000，地形简单的地区可用1∶5 000，地形复杂的地区使用1∶1 000。测量宽度，在平坦地区为每侧200～300 m，丘陵地区为150～200 m。测量方法同一般地形测量的碎部测量。

第三节 定线测量

定线测量的任务是把图纸上设计好的线路中心线（即纸上定线）或在野外实地选定的线路中心线（即现地定线）的位置在地面上标定出来，也就是要把确定线路各直线段的控制点和交点测设到地面。

定线测量是在初步设计和施工设计中间进行的测量工作。

一、穿线法放线

线路由直线和曲线所组成。在没有测设曲线之前，线路的位置由一系列连续的折线所确定。因此，此时放线的任务就是把线路的各直线段在地面上测设出来。在地形开阔和通视良好的地段，如果相邻两交点之间能互相通视，则只需钉出该两交点。在地形起伏通视不良地段，若相邻交点间不能通视，则在直线上必须加设若干个转点。因此具体说来，定线的任务就是测设各个交点和直线上必要的转点。

穿线法放线就是先根据控制导线测设出线路直线上必要的转点，然后用经纬仪检查这些标定点是否在一条直线上，并延长相邻两直线得到直线的交点，从而达到定线的目的，如图11-18所示。

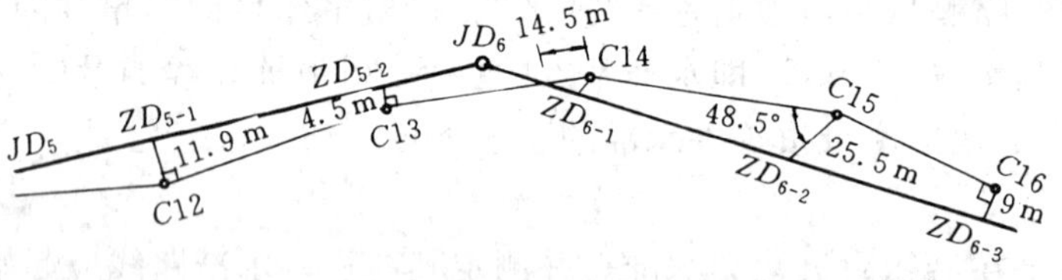

图11-18 线路转点标定过程示意图

（一）放线的步骤

① 室内选点：在室内根据初测地形图上设计好的线路中心线与初测导线之间的关系，选择线路中线转点的位置。转点位置一般要选在地势高、能互相通视的地方，点尽量选在直线的两端并且每一直线段保证有3个以上转点，以便核对。

② 计算标定要素：选择适当的标定平面点的方法（如极坐标法、交会法、平面直角坐标法等），在图上计算出相应的标定要素。

③ 现场放线：用全站仪或经纬仪和光电测距仪实地标设线路中转点，如图11-18中的

ZD_{5-1}、ZD_{5-2}、ZD_{6-1}、ZD_{6-2}、ZD_{6-3} 等。如个别点位置不合适，可以根据现场实际情况进行调整。

④ 穿线：在现场放完一条直线后，用全站仪、经纬仪检查这些点是否在一条直线上。如果不在则应重新标定。

⑤ 确定交点：延长相邻两条直线便得到线路的交点，如图 11-18 中的 JD_6。如果交点遇到障碍或位于不能置镜处或交点很远时，一般都采用测设副交点方法。副交点通常选在便于测角量边处，并注明副交点与交点的关系。

（二）穿线法放线的特点

① 每一条直线是根据初测的导线独立放出的，一条直线的误差不会影响到下一条直线，测量误差不会积累，精度比较均匀。

② 适用于地形起伏较大、直线端点通视不良的地段。

③ 要求设计路线与初测导线相距较近，如很远，将影响放线精度和效率。

④ 步骤多，工序较复杂，工效较低。

二、拨角法放线

拨角法放线是根据纸上定线先计算出各交点的转向角和相邻交点间的距离，然后在野外按照标定要素依次测设各交点。例如，图 11-19 中 C_1、C_2…为初测导线点，A、B、C 为纸上定线的各直线交点。其测设的步骤为：

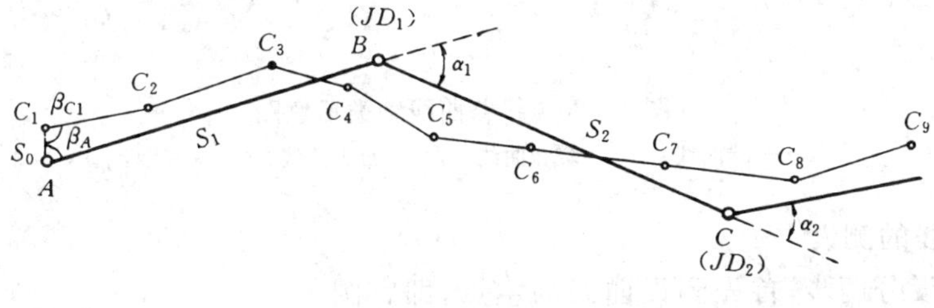

图 11-19　纸上定线元素示意图

① 计算标定要素 β_{C1}、S_0、β_A、S_1、α_1、S_2、α_2 等。先在图纸上或数字地形图上量取 A、B、C 的坐标，再用坐标反算得到这些标定要素。

② 现场放线。首先根据标定要素 β_{C1}、S_0 定出线路交点 A；然后在 A 点设站，根据标定要素 β_A、S_1 得到交点 B，同时测设直线上的中线桩、转点桩等；接下来将仪器搬到 B 点，根据标定要素 α_1、S_2 得到交点 C 点，如此继续下去。

③ 连续测设 3～5 km 后与初测导线附合一次，进行检查。容许角度闭合差见表 11-2。

拨角法放线较之穿线法省略了放转点、穿线、交点等多项工作，同时可使放线和中线测设同步进行，大大提高了工作效率。该方法的缺点是误差随着线路的延伸而不断增加，导致测量精度不均匀。

三、中线测设

中线测设的任务是把线路中线的位置在地面上详细标定出来。在地面上标定线路是用一系列木桩钉在中心线上，这些桩称为中线桩（简称中桩）。中桩除了标定线路的平面位置外，还标记着线路的里程。所谓里程是指从线路起点到该桩点的距离，通常用 3＋492.17 这种形式表示该点里程为 3492.17 m。里程前冠以 CK、DK 等符号表示初测导线的里程和定测中线的里程。中桩沿直线或曲线每 20 m 或 50 m 设置一个。里程为整百米的中桩又称为百米桩，整公里的称公里桩。

直线段的中桩测设方法是，将全站仪或测距仪设在直线段起始控制点，瞄准直线另一端的控制点，然后在二者中间每隔一定距离标定中桩位置。

曲线段中桩测设方法将在下节作详细介绍。

第四节 曲线测设

在线路转向处（两条直线相交处）应设置平面曲线。线路的平面曲线有圆曲线、缓和曲线和回头曲线等。圆曲线又分为单曲线和复曲线两种，如图 11-20 所示。在变坡点处，必须用曲线连接不同坡度，此种曲线称为竖曲线。

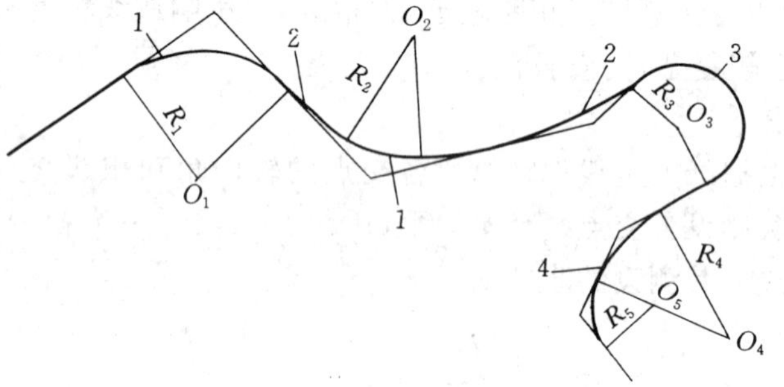

图 11-20 线路曲线种类示意图

1——圆曲线；2——缓和曲线；3——回头曲线；4——复曲线

一、圆曲线的测设

圆曲线测设分两步，首先测设曲线的主点，即直圆点（ZY）、曲线中点（QZ）和圆直点（YZ），如图11-21所示。然后进行曲线的详细测设，即在曲线上每相距 10 m 或 20 m 测设一个曲线桩。在实测之前，必须进行曲线要素及主点里程的计算。

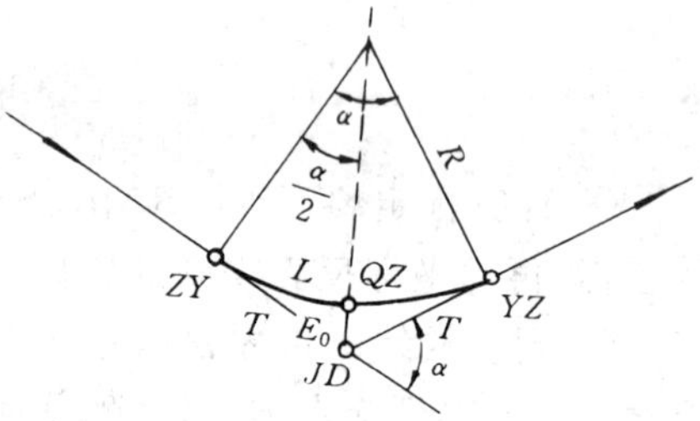

图 11-21 圆曲线要素示意图

（一）圆曲线主点标定要素及其计算

如图 11-21 所示，圆曲线的半径 R、线路转向角 α、切线长 T、曲线长 L、外矢距 E_0 及切曲差 q 等称为圆曲线的标定要素。其中 R 是已知的设计值，线路转向角 α 是在线路定测时测出的。其余要素可按下式计算：

$$
\begin{cases}
T = R \cdot \tan \dfrac{\alpha}{2} \\
L = \dfrac{\pi}{180} \cdot \alpha \cdot R \\
E_0 = R \cdot \left(\sec \dfrac{\alpha}{2} - 1 \right) \\
q = 2T - L
\end{cases}
\tag{11-3}
$$

（二）圆曲线主点里程的计算

根据圆曲线的标定要素计算各主点的里程，计算方法见下面实例。

【例 11-1】 某矿区专用线 $JD5$ 的转向角 $\alpha=52°21'10''$，圆曲线设计半径 R 为 450 m，$JD5$ 的里程为 $DK5+687.22$，求圆曲线的标定要素和各主点里程。

利用公式(11-3)计算得圆曲线的标定要素为：

$$T=221.20\ \text{m}\qquad E_0=51.43\ \text{m}\qquad L=411.18\ \text{m}\qquad q=31.22\ \text{m}$$

$JD5$	DK5 +687.22
$-T$	−221.20
ZY	DK5 +466.02
$+L/2$	+205.59
QZ	DK5 +671.61
$+L/2$	+205.59
YZ	DK5 +877.20

$JD5$	DK5 +687.22
$+T$	+221.20
	DK5+908.42
$-q$	−31.22
YZ	DK5+877.20

（三）主点测设

测设主点时，在转向点 JD 安置经纬仪，顺次瞄准两切线方向，沿切线方向丈量切线长 T，标定曲线的起点 ZY 和终点 YZ。然后再照准 ZY 点，测设 $(180°-\alpha)/2$ 角，得分角线方向 JD—QZ，沿此方向丈量外矢距 E_0，即得曲线中点 QZ。

（四）用偏角法详细测设圆曲线

如图 11-22 所示，圆曲线的偏角指弦线和切线的夹角即弦切角，用 δ_i 表示。用偏角法测设圆曲线的实质是以方向和长度交会的方法获得放样点位。例如欲测设曲线上的一点 i，在 ZY 点设站，瞄准转点 JD，转动 δ_i，再从 $(i-1)$ 点量一规定长度 C（$C=20$ m 或 10 m），长度与方向交会即得出 i 点。

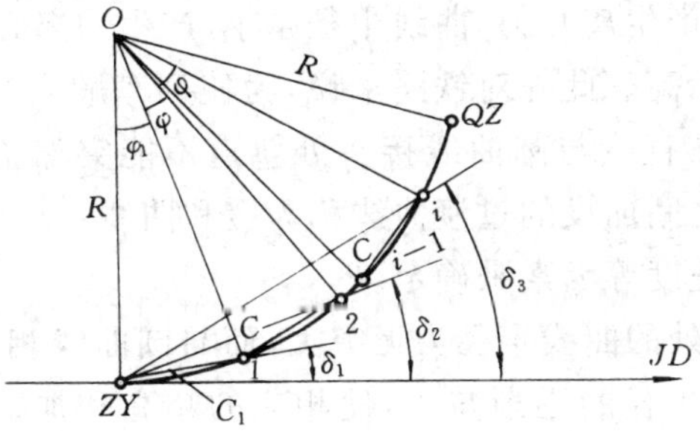

图 11-22　偏角法测设圆曲线原理示意图

1. 标定要素的计算

前面已经说过，曲线桩每隔 20 m（或 10 m）钉一个，即相邻两桩之间的弧长为 20 m（或 10 m），由于圆曲线半径远远大于这一数字，因此可以近似认为圆弧对应的弦长 C 等于弧长。在实际工作中，为了便于测量和施工，要求圆曲线上各曲线桩的里程尾数为 20 m（或 10 m）的整数倍，但曲线的起点（ZY）和终点（YZ）及曲线中点（QZ）的里程常常不是 20 m（或 10 m）的整倍数，所以在曲线两端就会出现小于 20 m（或 10 m）的弦，线路中称之为破链。例如 ZY 的里程为 DH3＋12.345，则 ZY 控制桩过去的第一个曲线桩的里程应为 DH3＋20.000，

于是 C_1 等于 7.655 m。

设首末两端的弦长分别为 C_1、C_n，对应的圆心角为 φ_1、φ_n。其余的弦长为 C，对应的圆心角 φ，则偏角分别为：

$$\begin{cases} \delta_1 = \dfrac{\varphi_1}{2} = \dfrac{90°\cdot C}{\pi R} \\ \delta_2 = \delta_1 + \dfrac{\varphi}{2} = \delta_1 + \delta \\ \delta_3 = \delta_1 + 2\cdot\dfrac{\varphi}{2} = \delta_1 + 2\delta \\ \cdots\cdots\cdots\cdots \\ \delta_i = \delta_1 + (i-1)\cdot\dfrac{\varphi}{2} = \delta_1 + (i-1)\delta \end{cases} \tag{11-4}$$

2. 测设步骤

① 在 ZY 点安置经纬仪，照准切线方向(JD)，并使读盘读数为 0；

② 拨偏角 δ_1，沿视线方向自 ZY 点起量取 C_1，得第 1 个曲线桩点位置；

③ 拨偏角 δ_2，从 1 点起量取 C，与视线相交得第 2 个曲线桩点位置；

④ 同法可测设出其余各点，一直测设到曲线中点(QZ)，并与 QZ 校核；

⑤ 将仪器搬到曲线另一端 YZ 点，同样测设另一半曲线。

用偏角法测设圆曲线的计算和操作方法都比较简单、灵活，故应用比较广泛。如果使用光电测距仪或全站仪进行作业，可直接用极坐标法进行曲线测设。由于使用极坐标法测设曲线，各细部点是独立测设的，它不能自行检核，因此需对已测设的细部点实量其与相邻点的距离，以作检核。

二、带有缓和曲线的圆曲线的测设

(一) 缓和曲线的性质和形状

车辆在曲线上行驶会产生离心力，曲线半径越小，产生的离心力越大。为了抵消离心力的影响，要把道路的外侧抬高。此外对铁路来说，为使列车顺利通过曲线，曲线上的轨距要有一定量的加宽。但是，在直线与圆曲线接头处轨道不能突然抬高，必须有一段过渡曲线段，这种在直线与圆曲线之间加设的过渡曲线称为缓和曲线。缓和曲线的长度，应根据线路等级、圆曲线半径和行车速度等因素来确定。

缓和曲线与直线相接处的曲线半径为无穷大，而与圆曲线相接处的曲线半径等于圆曲线的半径。这样随着曲线半径的逐渐减小，使相应的超高和加宽逐渐增大，起到了过渡作用。至于缓和曲线的形式，我国所采用的是辐射螺旋线，其方程为：

$$\begin{cases} x = l - \dfrac{l^5}{40R^2 l_0^2} \\ y = \dfrac{l^3}{6Rl_0} \end{cases} \tag{11-5}$$

在直线和圆曲线之间加入缓和曲线的方法是(图 11-23)：原来的圆曲线半径保持不变，而向内侧移动，在垂直于切线方向上移动的距离为 p；整个曲线的起点和终点沿切线方向在圆曲线外延伸一段距离 m；原来圆曲线的两端长各为 $\dfrac{l_0}{2}$ 的一段(圆心角为 β_0)均为缓和曲线所代替。故缓和曲线大约有一半在原圆曲线范围内，而另一半在原直线范围内。缓和曲线

终点的倾角 β_0、圆曲线内移量 p 和切线延伸量 m 是确定缓和曲线的主要参数，称缓和曲线常数。其计算公式为：

$$\begin{cases}\beta_0=\dfrac{90l_0}{\pi R}\\ p=\dfrac{l_0^2}{24R}\\ m=\dfrac{l_0}{2}-\dfrac{l_0^3}{240R^2}\end{cases}\tag{11-6}$$

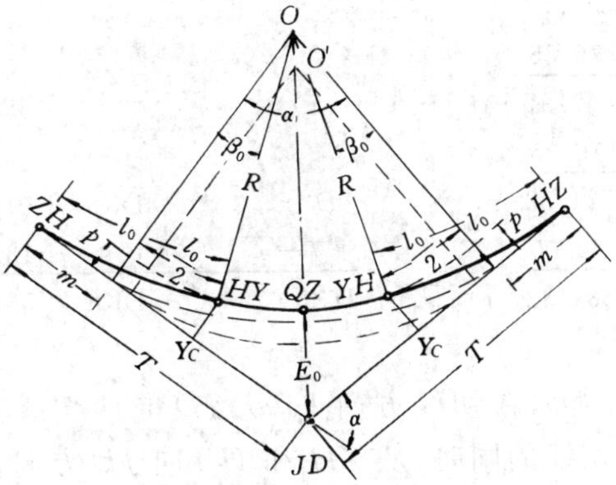

图 11-23　缓和曲线要素示意图

其中，R 和 l_0 为已知设计数据。

（二）带有缓和曲线的圆曲线主点的测设

1. 标定要素的计算

如图 11-23 所示，缓和曲线的主点有直缓点 ZH、缓圆点 HY、曲线中点 QZ、圆缓点 YH 和缓直点 HZ。其标定要素有切线长 T、曲线长 L、外矢距 E_0 和切曲差 q 等，计算公式如下：

$$\begin{cases}T=(R+p)\tan\dfrac{\alpha}{2}+m\\ L=\dfrac{R(\alpha-2\beta_0)\pi}{180}+2l_0\\ E_0=(R+p)\sec\dfrac{\alpha}{2}-R\\ q=2T-L\\ x_0=l_0-\dfrac{l_0^3}{40R^2}\\ y_0=\dfrac{l_0^2}{6R}\end{cases}\tag{11-7}$$

2. 主点里程的计算

主点里程的计算方法同圆曲线。

例如，已知 $R=600$，$l_0=60$，$\alpha=20°18'40''$，JD 的里程为 DK8＋449.14。试求标定要素和主点里程。

根据式(11-6)、式(11-7)求得标定要素为：

$\beta_0=2°51'53''$　　$m=29.9975$

$p=0.25$　　$T=137.52$

$L=272.70$　　$E_0=9.80$

$q=2.34$

JD	DK8	+449.14
$-T$		−137.52
ZH	DK8	+311.62
$+l_0$		+ 60.00
HY	DK8	+371.62
$+L/2-l_0$		+ 76.35
QZ	DK8	+447.97
$+L/2-l_0$		+ 76.35
YH	DK8	+524.32
$+l_0$		+ 60.00
HZ	DK8	+584.32

JD	DK8	+449.14
$+T-q$		+135.18
HZ	DK8	+584.32

3. 主点测设方法

首先将经纬仪安置在 JD，在切线方向上，从 JD 向两切线方向量出切线长 T，定出 ZH 点和 HZ 点。在丈量切线的同时，从 ZH 和 HZ 向 JD 方向量 x_0，定出 HY 和 YH 点在切线上的垂足 Y_C，然后将仪器搬到 Y_C，在切线的垂直方向上量出 y_0，定出 HY 和 YH 点。仪器安置在 JD 时定出分角线 $(180-\alpha)/2$，沿分角线方向量 E_0，定出 QZ，重复上述操作两次。

（三）切线支距法详细测设带有缓和曲线的圆曲线

切线支距法即直角坐标法，支距即垂距，相当于直角坐标中的 y 值。此方法以 ZH 和 HZ 为原点，过 ZH 和 HZ 的切线（即定测的直线段）为 x 轴，和垂直于 x 轴的 y 轴组成直角坐标，计算出缓和切线和圆曲线上各曲线桩的坐标 x、y 值，根据平面直角坐标法定出各曲线桩，如图 11-24 所示。

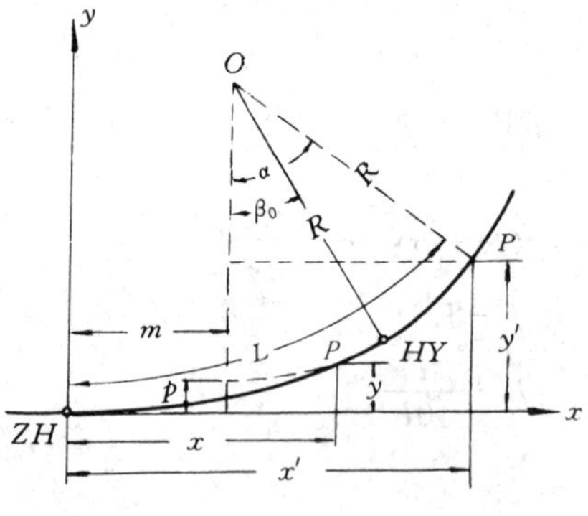

图 11-24　平面直角坐标法测定各曲线桩原理示意图

缓和曲线段各点坐标的计算公式见式(11-5)。

圆曲线段各点坐标的计算公式为：

$$\begin{cases} x = R \cdot \sin \alpha + m \\ y = R(1 - \cos \alpha) + p \\ \alpha = \dfrac{(L - l_0) \cdot 180}{\pi R} + \beta_0 \end{cases} \tag{11-8}$$

具体测设步骤为：

① 将 $L=0,10,20\cdots$ 代入式(11-5)和式(11-8)，求得各桩点的坐标(x,y)。

② 将仪器安置在 ZH 点，瞄准 JD，沿此方向量取 x，得到各曲线桩在切线上的垂足。

③ 在各垂足处测设直角，并在垂线方向上量出相应的 y 值，即得各切线桩的位置。

④ 将仪器搬到 HZ 点，用同样方法测设切线的另一半。

除切线支距法外，也可以用偏角法测设缓和切线，其方法与圆曲线测设相同。

回头曲线、复曲线等平面曲线的测设方法与圆曲线和带有缓和曲线的圆曲线的测设方法相同，在此不再叙述。

三、竖曲线的测设

在铁路和公路纵断面上，相邻两坡段在变坡点处坡度发生急剧变化。为了保证列车安全平稳地运行，在Ⅰ、Ⅱ级铁路，相邻坡度相差大于3‰，Ⅲ级铁路大于4‰时，相邻坡段应以竖曲线相连。我国竖曲线都采用圆曲线，其半径在Ⅰ、Ⅱ级铁路为 10 000 m，Ⅲ级铁路为 5 000 m。公路竖曲线最小半径和最小长度如表11-5所示。一般情况下，当公路纵坡的两相邻坡度的代数差，高速公路、一级和二级公路大于 0.5%、三级和四级公路大于 1 时，应以竖曲线相连。

表 11-5　　公路竖曲线最小半径和最小长度

公路等级		高速公路				一		二		三		四	
计算行车速度/(km/h)		120	100	80	60	100	60	80	40	60	30	40	20
凸形竖曲线半径/m	极限最小值	11000	6500	3000	1400	6500	1400	3000	450	1400	250	450	100
	一般最小值	17000	10000	4500	2000	10000	2000	4500	700	2000	400	700	200
凹形竖曲线半径/m	极限最小值	4000	3000	2000	1000	3000	1000	2000	450	1000	250	450	100
	一般最小值	6000	4500	3000	1500	4500	1500	3000	700	1500	400	700	200
竖曲线最小长度/m		100	85	70	50	85	50	70	35	50	25	35	20

（一）竖曲线要素的计算(图 11-25)

1. 变坡角 α

$$\alpha = \Delta_i = i_1 - i_2 \tag{11-9}$$

式中　i_1、i_2——两相邻的坡度；

Δ_i——变坡点的坡度代数差。

2. 竖曲线切线长 T

$$T = R \cdot \tan \frac{\alpha}{2}$$

因 α 很小，有：

$$\tan\frac{\alpha}{2}\approx\frac{\alpha}{2}=\frac{1}{2}(i_1-i_2)$$

所以

$$T=\frac{1}{2}R(i_1-i_2)=\frac{R}{2}\Delta_i \qquad (11\text{-}10)$$

3. 竖曲线长度 L

由于 α 很小，所以：

$$L\approx 2T \qquad (11\text{-}11)$$

4. 竖曲线上各点的高程及外矢距 E_0

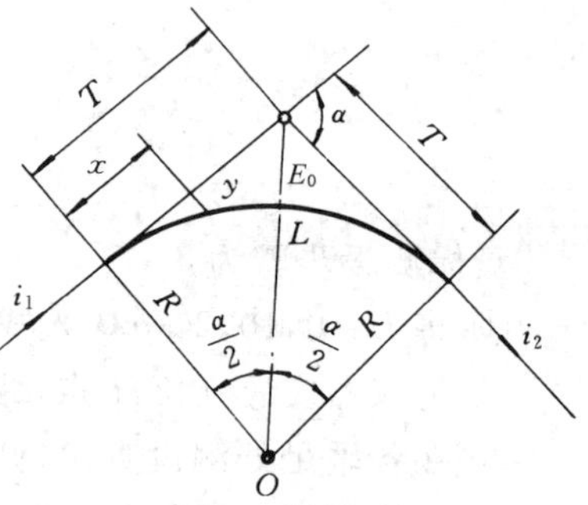

图 11-25　竖曲线要素示意图

因为 α 很小，故可以认为 y 轴与半径方向一致，也可认为 y 值是切线与曲线的高程差，如图 11-25 所示，于是有：

$$(R+y)^2=R^2+x^2$$
$$2Ry=x^2-y^2$$

因 y 与 x 相比较很小，故 y^2 可忽略不计，于是有：

$$y=\frac{x^2}{2R} \qquad (11\text{-}12)$$

将各点切线上的高程加上 y，即得曲线上各点的高程。x 为曲线起点到曲线桩的距离（曲线桩在定测的中桩测设中已经定出）。

从图中还可看出，$V_{max}\approx E_0$，故：

$$E_0=\frac{T^2}{2R} \qquad (11\text{-}13)$$

（二）竖曲线的测设

在纵断面图上和设计标高中一般不考虑竖曲线，在施工和计算填挖高度时均应考虑竖曲线，即在竖曲线范围内，路肩的设计标高以竖曲线的标高为准。曲线放样时，先标出竖曲线的起讫点，再在中桩测设的同时标出其填挖高度。施工时以此为标准。

第五节　线路纵横断面图的测绘

一、线路纵断面的测绘

线路纵断面测绘的任务是沿着地面上已经定出的线路测出所有中线桩的高程，并根据测得的高程和各桩的里程绘制线路的纵断面图（图 11-26），为线路纵断面设计服务，以确定线路的坡度、路基的标高和填挖高度以及沿线桥梁隧道的位置等。

线路纵断面测量从初测建立的水准基点起，用水准测量方法测量。当进行到前一个水准基点时，应使水准路线附合一次，允许闭合差为 $\pm 50\sqrt{L}$ mm，L 为水准路线长度，以千米计。中桩高程测量不需进行平差。

线路纵断面图是表示线路中线上地面起伏变化情况的断面图。它以线路的里程为横坐标，中桩的高程为纵坐标。横坐标的比例尺一般为 1∶10 000 或1∶5 000，高程比例尺为 1∶1 000或 1∶500。按线路前进方向自左向右绘制。纵断面图如图 11-26 所示。

① 图下面第一栏为“公里标”，载明了里程标的位置。它一般是与百米桩一致的。

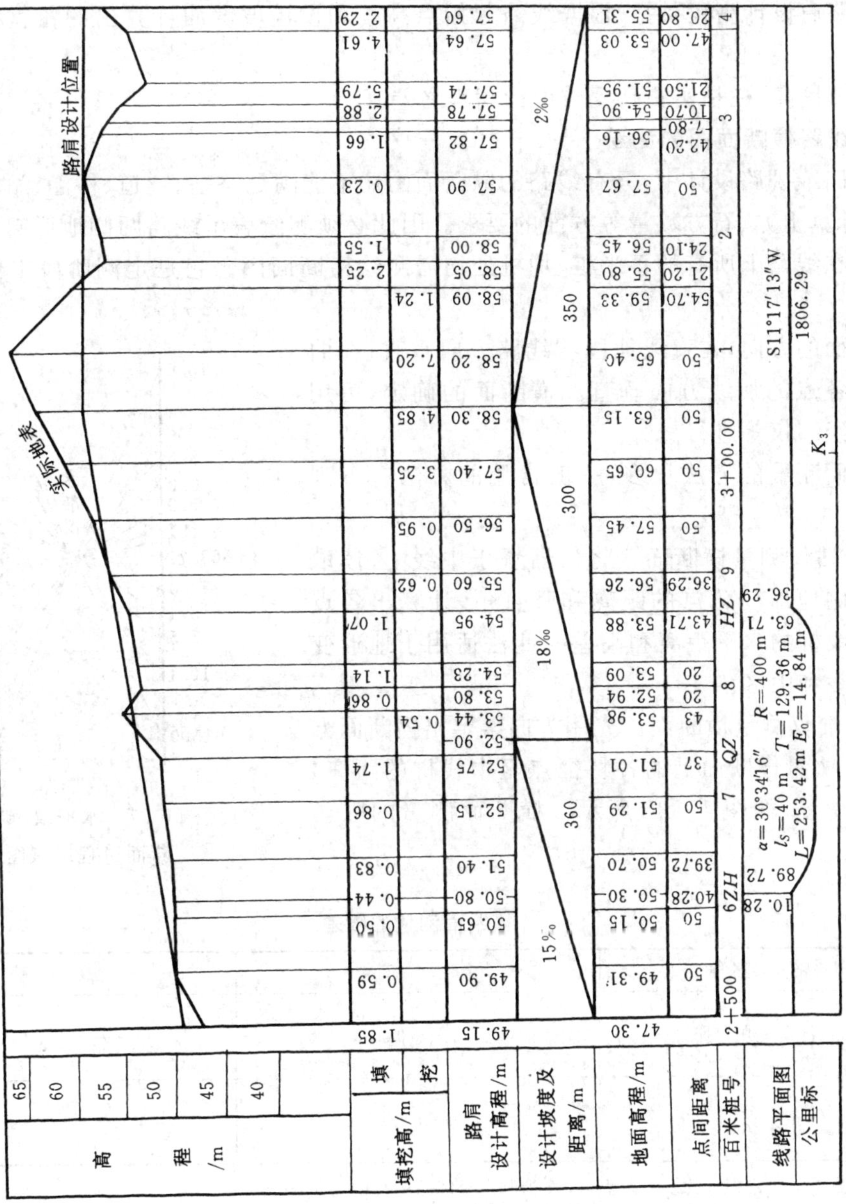
实际地表
路肩设计位置
高程/m
填挖高/m
填
挖
路肩设计高程/m
设计坡度及距离/m
地面高程/m
点间距离
百米桩号
线路平面图
公里标
15‰
360
18‰
300
350
2‰
$\alpha=30°34'16''$　$R=400$ m
$l_S=40$ m　$T=129.36$ m
$L=253.42$m　$E_0=14.84$ m
S11°17′13″W
1806.29
K_3

图 11-26　线路断面图

②“线路平面图”栏内载明了直线的长度和方向及曲线的要素符号和数值。在前进的方向上，曲线向下凹，表示线路向左拐弯；曲线向上凸，表示线路向右拐弯。

③“百米桩号”和“点间距离”栏内分别注明了百米桩的编号和桩间距离。

④“地面高程”栏为各里程桩的实测高程。

⑤“设计坡度及距离”栏注明了各段的距离及设计坡度。

⑥“路肩设计高程”栏为根据线路起始点高程和设计坡度而计算出的各里程桩处的路肩高程。

⑦“填挖高”栏是实测高程与设计高程之差。

二、线路横断面图的测绘

在铁路或公路设计中，只有线路的纵断面图还不能满足路基、隧道、桥涵、站场等专业设计，以及计算土方、石方数量等方面的要求。因此必须测绘表示线路两侧地形起伏情况的横断面图。在线路上所有的百米桩、加桩处均需测绘横断面图。它是定测阶段工作量很大的一项工作。

横断面的方向，在直线地段与线路方向垂直；在曲线地段与各点的切线方向垂直。横断面的确定，可用方向架和经纬仪等进行。

横断面测量的方法很多，一般常用的方法有下列两种：

① 全站仪测量横断面。将仪器置于中线上，读取中线桩两侧地形变化点的距离和竖直角，计算出各点相对于中线桩的水平距离和高差。此法适用于地形变化大的丘陵和山区。

② 水准仪测量横断面。先用方向架定出横断面方向，用皮尺丈量横断面上的各特征点至中线桩的距离，再测出其高差，如图 11-27 所示。横断面测量的限差见表 11-6。

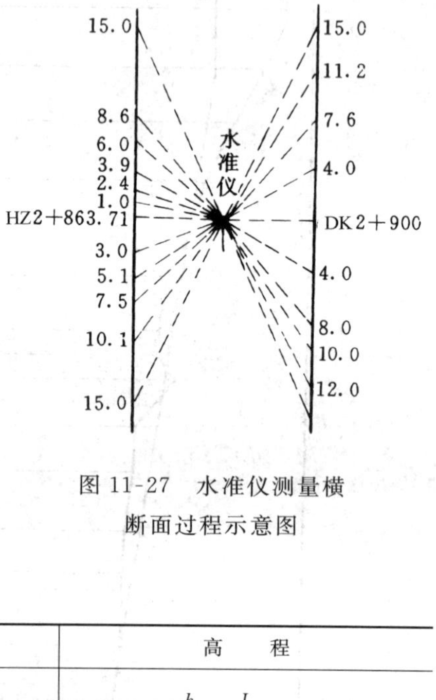

图 11-27 水准仪测量横断面过程示意图

表 11-6 **横断面测量的限差**

线路名称	距离	高程
铁路、汽车专用公路	$\frac{L}{100}+0.1$	$\frac{h}{100}+\frac{L}{200}+0.1$
一般公路	$\frac{L}{50}+0.1$	$\frac{h}{50}+\frac{L}{100}+0.1$

注：L 为测点至线路中桩的水平距离，m；h 为测点至线路中桩的高差，m。

横断面图一般是绘制在毫米方格纸上。为了便于计算面积和设计路基断面，其水平距离和高程采用同一比例尺，通常是 1∶200。横断面图可在野外绘制，也可在室内绘制。横断面图的格式如图 11-28 所示，按断面里程的顺序逐个绘制在一张图纸上，其排列顺序是由下而上、由左到右，相邻断面间应留有一定空隙，以便绘出路基断面。

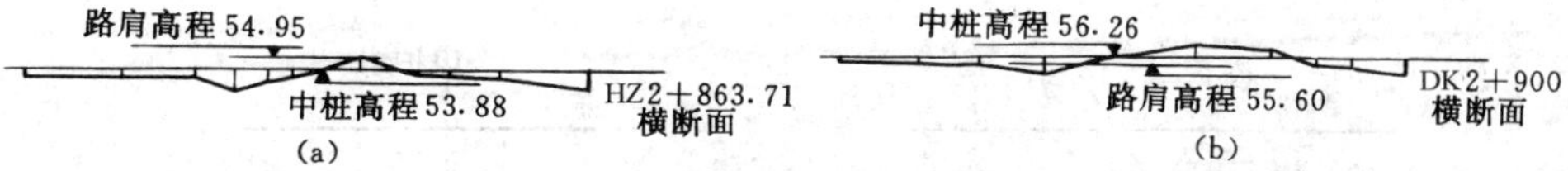

图 11-28　横断面格式图

第六节　铁路施工测量

一、铁路施工的复测

铁路建设过程中的设计和施工往往由设计单位和工程施工单位分别承担。线路定测完毕移交给施工单位前，设计和施工双方应同赴工地，由设计单位按图表(包括线路平面图、线路控制桩表、三角点、GPS点和导线点以及水准点成果表等)进行交接桩工作。交接的桩点有：直线上的中线桩、转向点桩、曲线桩、曲线主点控制桩和隧道洞口附近与桥梁两端设置的控制桩、站场基线桩以及平面高程控制点等。

(一) 复测步骤

铁路建设开工前，为保证线路中线位置的正确性，在交接桩后，施工单位必须进行中线复测。线路复测的步骤为：首先，检查相邻两转向点间的中线桩是否在同一直线上；第二，复测转向角，丈量切线长；第三，复测曲线桩；最后，复测固定桩间距，丈量线路实际长度。

(二) 复测精度要求

① 角度测量限差如表 11-7 所示。正交点观测 1 个测回，副交点观测 2 个测回。

表 11-7　　**角度复测限差要求**

仪器等级	半测回限差	测回间限差
J2	20″	15″
J6	40″	30″

② 同一直线上的中桩偏距为±5 mm/100 m。

③ 百米桩和加桩的点位误差为：

$$横向误差：\pm 10\ (cm) \qquad 纵向误差：\frac{S}{2\,000}+0.1\ (m)$$

④ 曲线闭合差：

$$横向误差：\pm 10\ (cm) \qquad 纵向误差：\pm 1/2\,000$$

(三) 中线固定桩的保护

中线固定桩是确保线路按正确位置施工的主要依据。在施工过程中，要经常用它来恢复中线位置，所以必须妥善保护。转向点、曲线主点等必须为固定桩，并且要设保护桩，以便随时检查和恢复固定桩的位置。保护桩的布置形式如图11-29 所示。

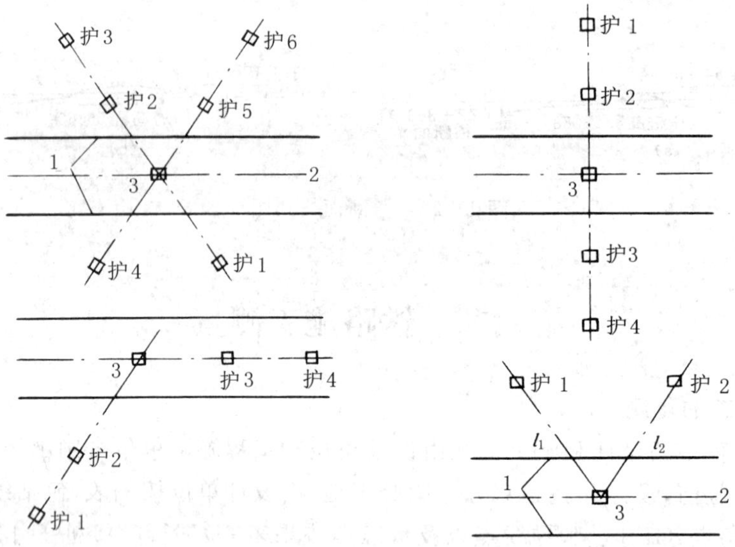

图 11-29 中线保护桩布置形式

1——施工范围；2——线路中线；3——固定桩

二、路基的施工放样

路基施工放样就是在线路中线桩两侧垂直线路的方向上，用边桩或边坡样板等标出路堤的坡脚位置和路堑的坡顶位置。在路基放样之前必须熟悉设计图纸，了解路基面的宽度、边坡坡度、曲线加宽值、中心填挖高等资料。

（一）直接丈量法

根据横断面设计图中的尺寸，直接在工地上量出路肩、坡脚、排水沟等各特征点至中线桩的距离，定出边桩位置。此方法简单迅速，适合于地形平坦处。

（二）逐渐接近法

此方法是通过计算来放边桩，是目前工地上最常用的方法，尤其适合于地形复杂的地区。若在平地上放边桩，边桩的距离可按下式计算：

$$L = \frac{b}{2} + mh \tag{11-14}$$

式中，L、b、m、h 的含义如图 11-30 所示。

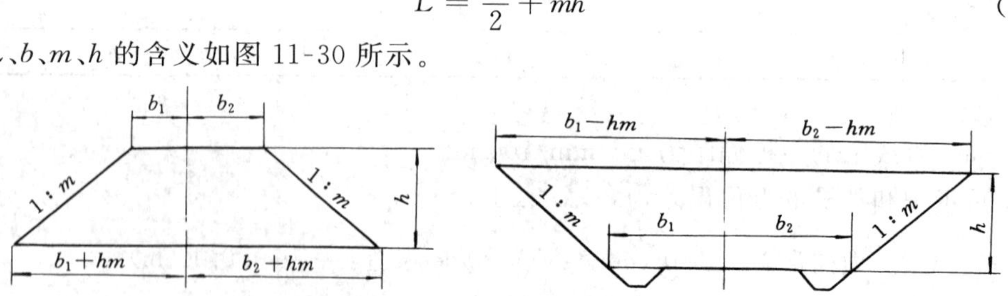

图 11-30 边桩距离计算要素示意图

但当两侧地面起伏不平时，地面的高程随着中线桩平距的不同而变化，因此不能直接测设边坡点。此时必须首先根据设计的线路中心标高和地面的变化情况，估计边桩与中线桩之间的高差，然后按式(11-14)计算边界点的位置并在现场标定该点。随后用水准仪测出该点与中线桩的实际高差,并与估计的高差相比较,调整中线桩至边界点的平距。如此反复几次,直到估计高差和实际高差一致时,定出的点位即是边桩位置。

如图 11-31 所示,中线桩左右两侧路肩宽度均为 5.1 m(包括水沟),设计边坡坡度为1∶0.5,中心挖深 4.4 m,标定边桩的方法如下:

① 估计边桩在实地的大致位置。根据地形情况,假设边桩点处至中线桩的高差约 1.6 m,故对应的边桩点距中桩的平距为:5.1+(4.4+1.6)×0.5=8.1 m。

② 从中桩向右量平距 8.1 m,在地面标出 1 点,用水准仪测得此点较中桩高 2.2 m,故该点与设计路基面的高差为 4.4+2.2=6.6 m,因此边桩的中心距应为 5.1+6.6×0.5=8.4 m。

③ 从中桩处向右丈量 8.4 m 再标设 2 点,测出该点与中桩的高差为 2.25 m,则边桩的中心距为 5.1+(4.4+2.25)×0.5=8.425 m。

④ 由于②与③相差小于 0.1 m,故可认为 2 点即为边桩位置。

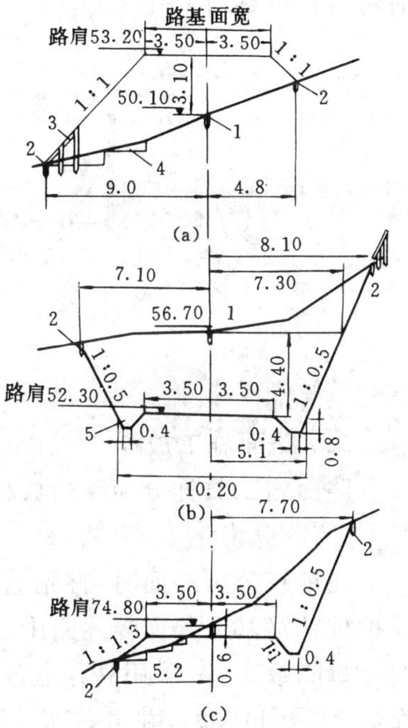

图 11-31　路基施工测量

1——中线桩;2——边桩;3——边坡样板;4——沟底表面;5——水沟

(三) 平行线法

在高路堤或深路堑的放样中,如果每个边桩都从中桩放样,不但费时,而且精度不均。这时可以在边桩附近测设一条平行线,平行线的桩号与中线对应。然后抄平,计算出平行线的标高。由路基面设计高程和平行线中桩标高算出高差,再根据此高差和平行线至中线的平移距离,从平行线处用逐渐接近法放出边桩。

三、竣工测量

线路竣工测量是在路基土石方高程完工之后和铺轨之前进行的。竣工测量的任务是最后确定线路中线位置,供铺轨之用,并检查路基施工质量是否符合设计要求。竣工测量包括中线测量、中平测量和横断面测量。方法和要求同线路复测。

第七节　公路施工测量

在公路施工中,除了路面铺设不同于铁路施工外,其余的施工过程基本相似。其施工测量分为:恢复线路中线、路基边桩的放样、路基边坡的放样、竖曲线放样和路面放样。

恢复线路中线及路基边桩放样与铁路施工测量相同,在此不再重复。下面介绍路基边坡放样和路面施工放样。

一、路基边坡的放样

只放样出路基边桩还不足以指导施工,为使填、挖的边坡符合设计的坡率还应把边坡坡度在实地标定出来,以便于施工。

可利用麻绳竹竿标出边坡,当路堤不高时,可采用一次挂线[图 11-32(a)]。当路堤较高时可分层挂线[图 11-32(b)]。

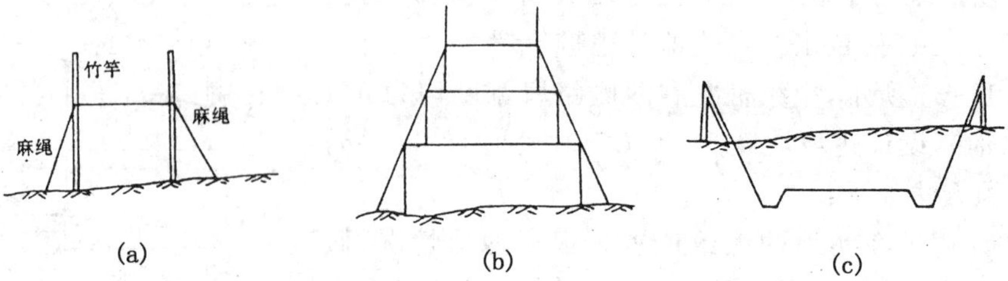

图 11-32　麻绳竹竿法放样边坡

二、路面施工放样

路面施工放样分为路槽放样和路拱放样。

1. 路槽放样

在铺筑公路路面时，首先应放样出路槽宽度和路槽底部高程及路面高程。利用设置的保护桩在路基上部恢复线路中线的百米桩及加桩，并用水准测量实测其高程，然后在路线中线上每隔数 10 m 采用高程点放样的方法测设高程桩，使其桩顶高程等于将来要铺筑的路面标高(图 11-33)，并由各高程沿横断面方向各量出一半路槽宽。根据路面横坡设计的路槽边桩高程标定出路槽边桩，并在上述各桩边挖一小坑，在坑中定桩，使桩顶等于考虑了横坡后槽底的高程，以指导路槽开挖。

2. 路拱放样

为利于路面横向排水通常将路面做成中间高两边低的弧线形(称为路拱)，路拱分为抛物线形和圆曲线形。

当路面为抛物线形拱时(图 11-34)，以路拱为中心为原点 O，以过 O 点的水平线和铅垂线分别作为 x 轴和 y 轴。由抛物线方程 $x^2=2py$，可求出路拱不同点的 y 坐标值。

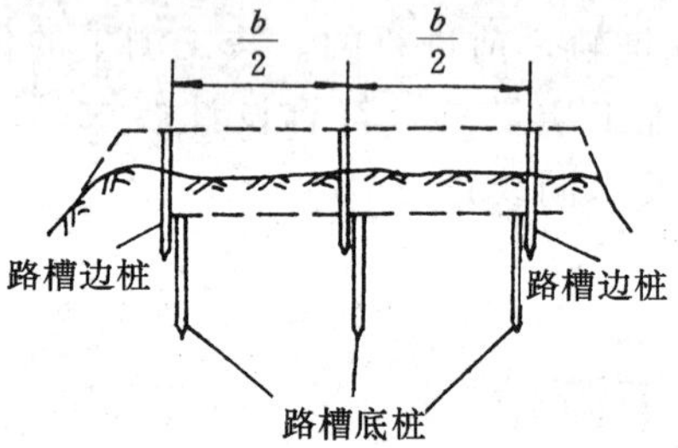

图 11-33　路槽放样示意图

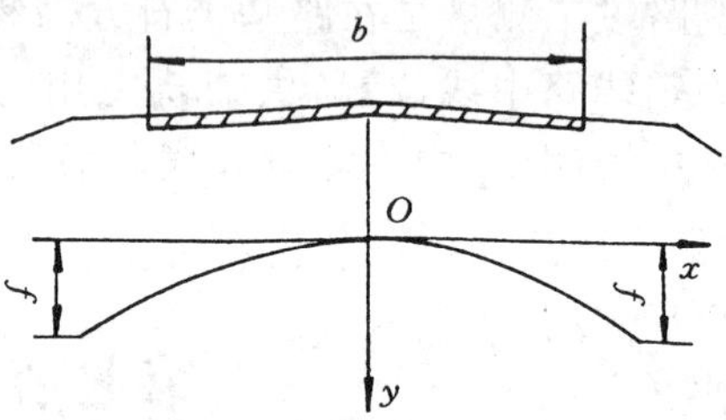

图 11-34　路拱放样示意图

当 $x=\frac{b}{2}$时，$y=f$(路拱高)，由此可得 $p=\frac{b^2}{8f}$，则有：

$$y=\frac{x^2}{2p}=\frac{4f}{b^2}x^2 \tag{11-15}$$

根据各点的 x 坐标值依据中桩可放样横断面细部。

当路面为两个斜面中间插入的圆曲线时，路拱的高度 f 由下式计算：

$$f=\left(\frac{b}{2}-\frac{l_1}{4}\right)\cdot i_1$$

式中　b——铺装路面的宽度；

l_1——曲线段的水平投影距离。

公路路面横断面的放样是根据设计数据预先制成路拱样板，供施工人员使用。放样误差对于碎石路面不应超过 1 cm，对于沥青和混凝土路面不应超过 2～3 mm。

第八节　桥梁测量

一、桥梁勘测

（一）桥梁勘测的目的和任务

桥梁勘测的目的是为选择桥址和设计工作提供地形和水文资料。对于中小桥梁和技术条件简单、造价比较低廉的大桥，其桥址位置往往由线路决定，不需要单独进行勘测；对于特大型桥梁或技术条件复杂的桥梁，因其工程量大、造价高、施工期限长，线路的位置需要服从桥梁的位置。为能选择出最优的桥址，通常需要单独进行勘测。

桥梁勘测的主要任务包括：

① 桥渡线跨河长度测量。

② 桥址纵断面测量。

③ 地面地形测量。

④ 水下地形测量。

⑤ 水文断面和流速测量。

⑥ 洪水位和水面比降测量等。

其中，桥渡线跨河长度测量、桥址纵断面测量和地面地形测量与一般地形测量的方法和要求基本相同，在此不再赘述。

（二）水下地形测量

水下地形图，又称河床等深线图，其作用一方面是表示河床地形，作为设计墩、台及施工的依据，另一方面也可作为在桥梁的施工过程中及建成后研究河床淤积和冲刷的基本资料。

水下地形测量中平面测量的方法主要有断面法和交会法。测点密度视测图比例尺及地形变化的情况而定，一般以其图上距离不超过 20～40 mm 为宜。

断面法适用于流速较慢的河流。先在垂直于河道的方向上平行地布置一系列断面，并用木桩做标志，断面间距为 100 m 左右，当河宽大于 500 m 时可为 200 m 左右。然后测量出断面木桩的平面坐标。接下来在每个断面上至少应竖立三根带旗的花杆作为标志。测量时测船沿花杆标志的断面行驶，同时用测距仪测量出船到木桩的距离，从而定出其平面位置。

交会法则适用于水流较急的河流。首先在两岸布设控制导线，然后用前方交会的方法测出平面坐标。

如果有光电测距仪或全站仪，则可用全站仪极坐标测绘方法测量平面坐标。

水下地形测量中高程测量分两步，首先测量水面高程，然后测量水深。常用的水深测量工具有测深杆、测深锤或回声测深仪等。

（三）水文断面和流速测量

水文断面应设在河道顺直、河滩较窄、河床稳定且靠近桥轴线的位置，断面与水流方向垂直。测量流速的仪器有浮标和流速仪等。

由于水的表面张力和摩擦等原因，河流断面上各处流速是不相同的。在同一垂线上最大流速在自水面起为 0.2 倍的水深处，平均流速则在约为 0.6 倍水深处。为测出断面上的平均流速，应在断面方向上不同位置和不同水深处测出流速。在断面上测流速的位置称为测速垂线。测速垂线应沿断面均匀布设。按河道水面的宽度，测速垂线的数目应不少于表 11-8 的规定。在同一条垂线上的测点数目，则根据水深情况，按表 11-9 规定的数目和位置施测。

表 11-8　　测速垂线数目规定

水面宽度/m	<100	100～300	300～600	600～1 000	>1 000
垂线数目	3～5	7	9	11	>12

表 11-9　　同一垂线上的测点要求

垂线上水深 h/m	垂线上测点数目和位置
<1	1 点(0.6h)
1～3	2 点或 3 点(0.2h、0.6h、0.8h)
>3	5 点(水面，0.2h、0.6h、0.8h、河底)

（四）洪水位和水面比降测量

水面比降也称水面坡度，等于同一瞬间两处水面高程之差与两处的距离之比。沿水流方向的比降称纵比降，垂直于水流方向的比降称横比降。比降直接影响流速和河床的冲刷，所以是设计桥梁的一项重要资料，也是桥梁勘测的重要内容之一。

水面比降随水位变化而变化，水位低时比降小，水位高则比降大。因此测量水面比降要在不同的水位进行。桥梁设计中考虑的是历史最高洪水位的比降，但它在一般情况下无法直接测出，为此首先测出低水位、常水位和高水位的比降，然后绘制水位—比降关系曲线图，找出水位—比降的关系，根据调查得到的历史最高洪水位求出其比降。

水面比降不但与水位的高低有关，而且也与水体的深浅及宽窄有关，水浅处比水深处大，水窄处比水宽处大。

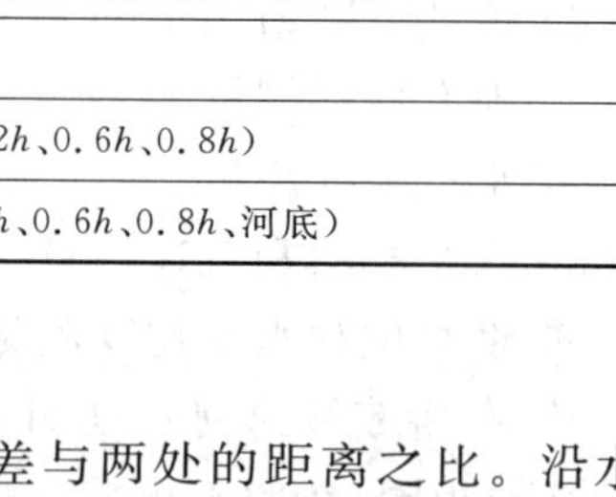

图 11-35　水面比降测量法示意图

测量水面比降的方法如图 11-35 所示。在桥址中线处布设断面 AA'，另外在上下游分别布设断面 BB' 和 CC'。断面间距视河流比降的大小而定，比降小时距离大些，比降大时距离小些。中小河流的断面间距为 20～50 m，大河和特大河间距为 100～2 000 m。然后在每个断面的靠近岸边水中设立水尺，如果只测纵比降，则可只在一岸设尺，如果同时测量横比降，则需在两岸设尺。水尺零点用四等水准的精度测量。由于水位是随时间而变化的，水尺读数应在各水尺同时进行。水尺零点高程加上水尺读数即为水位高程。设相邻水位点间的高差为 h，水平距离为 d，则水面比降 i：

$$i = h/d \tag{11-16}$$

二、桥梁施工测量

（一）桥轴线及控制桩的测设

图 11-36 为一座两跨的钢筋混凝土 T 型桥。测设时，首先在线路中线上，依桥位桩号准确地标出桥台和桥墩的中心桩①、②、③，在河道两岸测设桥位控制桩 F_1、F_2、F_3、F_4。然后分别在①、②、③点上安置经纬仪或全站仪，测设桥台和桥墩的中心线，并在两侧各设两个以上控制桩，如$①_1$、$①_2$、$①_3$、$①_4$ 等等。如果①、②、③等桥台、桥墩中心不能安置仪器，则可在两岸先布设控制点，然后用交会法定出各轴线。

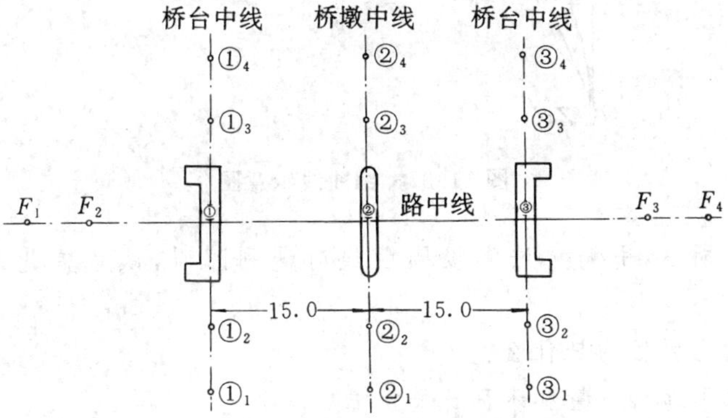

图 11-36　桥轴线及控制桩位置分布示意图

（二）基础施工测量

根据桥台和桥墩的中心线，标出基坑的开挖边界线。基坑上口的尺寸，应依坑深、坡度、土质情况和施工方法而定。当基坑挖到一定深度以后，应在坑壁上设置水平桩。水平桩距基坑设计底面为 1 m，作为控制挖深和基础施工中掌握高程的依据。

（三）墩、台顶部施工测量

为控制桥墩台的砌筑高度，当桥墩台砌筑到一定高度时，应根据水准点在墩台的每侧测设一条距顶部一定高度的水平线。在墩帽、顶帽施工时，则应用水准仪依水准点控制其高程，使其误差在±10 mm 以内；用经纬仪或全站仪依中线桩检查墩台的两个方向的中线位置，其偏差应在±10 mm 以内；用测距仪或全站仪尺检查墩、台间距，相对误差应小于1/5 000。

当定出墩、台上两个方向的中线位置并经检核以后，应在墩、台上标出 T 型支座钢垫板的位置。

复习思考题

1. 铁路勘测设计阶段的主要测量工作是什么？

2. 铁路初测的主要内容是什么？

3. 何谓两项改正？

4. 试比较穿线法放线和拨角法放线的异同点。

5. 已知一圆曲线半径 $R=500$ m，转向角 $\alpha=10°20'00''$，ZY 点的里程为 DK301+800.40，计算各标定要素和主点里程。并说明用偏角法详细测设该圆曲线的步骤。

6. 已知 $R=500$ m，转向角 $\alpha=30°07'00''$，$l_0=80$。求缓和曲线主点各标定要素。

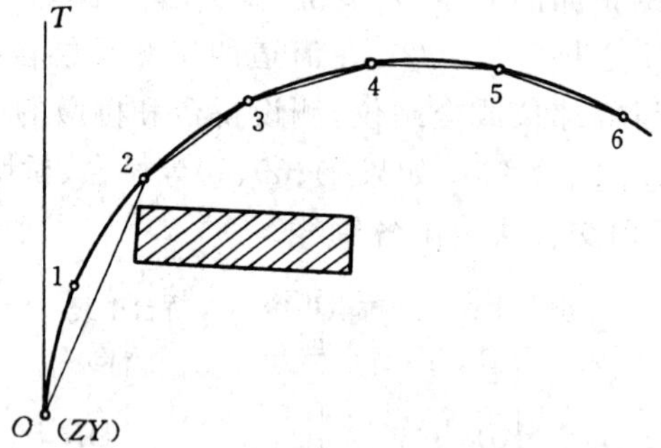

图 11-37　圆曲线示意图

7. 如图 11-37 所示，用偏角法测设圆曲线时遇到障碍，试考虑此时如何详细测设圆曲线。

8. 线路复测的主要目的是什么？

9. 如何进行水下地形测量和水面比降测量？

第十二章　管道工程测量

第一节　概　　述

随着生产的发展和人民生活水平的不断提高，在城镇和工矿企业中敷设给水、排水、热力、燃气、电讯、输电和输油等各种管道愈来愈多。管道工程测量是为各种管道的设计和施工服务的。它的任务有两个方面：一是为管道工程的设计提供地形图和断面图；二是按设计要求将管道位置标定于实地。其内容包括下列各项工作：

① 准备资料：收集规划设计区域的 1∶10 000（或1∶5 000）、1∶2 000（或1∶1 000）地形图以及原有管道平面图、断面图等资料；

② 图上定线：利用已有地形图，结合现场勘察，进行规划和图上定线；

③ 地形图测绘：根据初步规划的线路，实地测量管线附近的带状地形图，如果该区域已有地形图，则需要根据实际情况对原有地形图进行修测；

④ 管道中线测量：根据设计要求，在地面上定出管道的中心线位置；

⑤ 纵横断面图测量：测绘管道中心线方向和垂直中心线方向的地面高低起伏情况；

⑥ 管道施工测量：根据设计要求，将管道敷设于实地所需进行的测量工作；

⑦ 管道竣工测量：将施工后的管道位置，通过测量绘制成图，以反映施工质量，并作为使用期间维修、管理以及今后管道扩建的依据。

管道工程多属于地下构筑物，在较大的城镇和工矿企业中，各种管道常常上下互相穿插，纵横交错。如果在测量、设计和施工中出现差错，没有及时发现，一经埋设之后，将会造成严重后果。因此测量工作必须采用城市或厂区的同一坐标和高程系统，严格按设计要求进行，并要做到“步步有校核”，这样才能保证施工质量。

第二节　管道中线测量

管道的起点、终点和转向点统称为管道的主点，主点的位置和管道方向是设计时确定的。管道中线测量就是将已确定的管道位置测设于实地，并用木桩标定。其主要内容包括：中线定线测量、转向角测量、距离丈量和测设中桩等。

一、中线定线测量

中线定线测量是将图上设计好的中线位置测设于实地。根据管线的起点、转向点和终点的设计坐标与附近地面已有控制点或固定地物点的坐标，用解析法或图解法求出测设数据，然后进行定线测量。

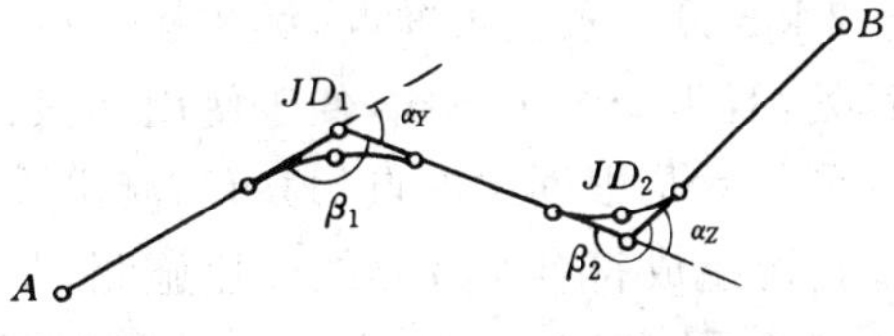

图 12-1　某管线实地中线位置图

图 12-1 为某管道定线测量后实地的中线位置

图,A 为起点。不同管道的起点是不同的,排水管道一般以下游出水口作为起点;给水管道以水源处作为起点;煤气、热力管道以煤气站、锅炉房作为起点;电力电讯管道以电源处作为起点。B 为终点,JD_i 为转向点。各点应用木桩标定点位,并做标记。

二、转向角测量

转向角亦称偏角,即管道由一方向转到另一方向时,转变后方向与原方向之间的夹角。当中线在地面上一经确定后,在交点处可用 DJ_6 型光学经纬仪按一个测回要求施测管线之右角 β。由 β 值推算偏角 α(图 12-1),当 $\beta<180°$时,$\alpha_Y=180°-\beta$,为右偏角;当 $\beta>180°$时,$\alpha_Z=\beta-180°$,为左偏角。有些管道的转向角要满足定型弯头的转向角要求,例如给水铸铁管弯头的转向角有 90°、45°、22.5°等类型。中线定线测量时,应测设定型的转向角,来标定下一个交点所在的方向。

三、丈量距离,设置中桩

为了测定管线长度、测绘纵横断面图,需从管线起点开始,沿中线方向量距,设置中桩,它包括百米桩、整桩、加桩、控制桩(位于桥梁、隧道洞口等处)。各桩在实地上按里程注明桩号,桩号要用红油漆写在木桩的侧面或附近的建筑物上,字面要朝向管线的起始方向,写后要校核。为了防止错误和提高精度,距离需丈量两次,若相对误差不大于1/2 000,则取其平均值。若精度要求不高,亦可用皮尺、竹尺或测绳丈量距离。

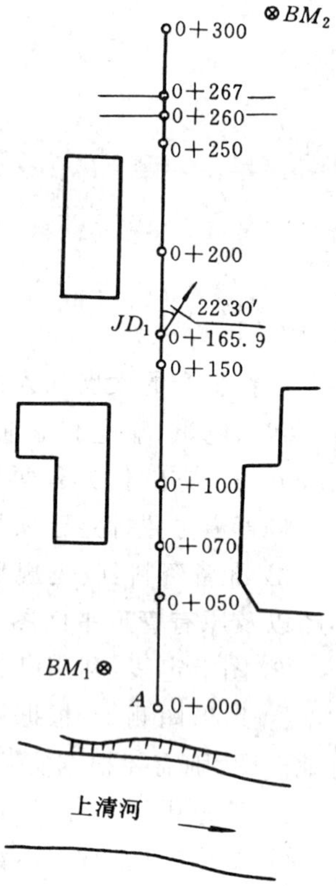

图 12-2　中桩线草图

在量距的同时,要绘出草图(图 12-2),供绘制纵断面图和设计管线时参考。图中直线表示管道中线,直线上的小圆点表示中桩位置,箭头表示管线在 JD_1 处的走向,并注明偏角值为 22°30′。

第三节　管道纵横断面图的测绘

一、纵断面图的测绘

首先进行线路水准测量,测出管线中桩的地面高程,然后绘制纵断面图,作为设计管道埋深、坡度和计算土方量的主要依据。

(一) 线路水准测量

它分为水准点高程测量和中桩水准测量。沿管线选定并埋设足够的水准点,一般每 1～2 km 设一永久水准点,每 300～500 m 设一临时水准点。水准点应埋在离中线 30～50 m 远处,且不受施工影响,便于使用和保存的地方,其高程用四等水准测量方法测定。中桩水准测量就是根据水准点的高程,测出中桩的地面高程。中桩水准测量一般都根据水准点布设情况组成符合水准路线分段施测,其高差闭合差不应超过等外水准测量的精度要求。表 12-1 是图 12-2 中的一段中桩水准测量手簿。

(二) 纵断面图的绘制

表 12-1　　　　　　　　　　　　　**中桩水准测量手簿**

测站	测点桩号	水准尺读数			高差/m		视线高程/m	高　　程/m	备　　注
		后视	前视	插前视	+	−			
1	BM_1	0.634				0.041		197.471	
	0+000		0.675						
2	0+000	1.474				0.126	198.904	197.430	
	0+100		1.600					197.304	
	0+050			1.15				197.754	
	0+070			1.13				197.774	
3	0+100	2.034			0.300		199.338	197.304	
	ZD_1		1.734					197.604	
	0+150			1.99				197.348	
	0+165.9			2.13				197.208	JD_1
4	ZD_1	0.572				1.383	198.176	197.604	
	0+300		1.955					196.221	
	0+200			1.48				196.696	
	0+250			1.68				196.496	
	0+260			1.47				196.706	
	0+267			1.47				196.706	
5	0+300	0.645				0.500		196.221	
	BM_2		1.145					195.726	(195.721 推算值)

注：高差闭合差$|f_h|=|195.721$(推算值)-195.726(已知值)$|=5$ mm$<|12\sqrt{5}|$ mm(≈27 mm)。说明测量成果符合要求，因中桩高程仅供绘制断面图使用，故 f_h 无须调整。

纵断面图的绘制，可按下述步骤进行：

① 以各桩之地面高程为纵坐标，各桩之里程为横坐标，为了更明显地表示地面起伏，纵断面图的高程比例尺比水平距离比例尺大 10 倍甚至 20 倍。管道纵断面图的格式如图 12-3 所示，图的上部表示断面形状，下部填写有关数据和资料，便于在设计和施工中查用。

② 绘图时，标高尺起点的高程应选择恰当。若管线较长，高程变化又较大，在画一段断面图之后，可另定标高尺起点的高程，再分段绘制。

③ 依标高尺在相应位置画出各桩号的地面高程点，连接相邻的高程点，即得地面实际高程变化的纵断面图。

④ 绘好纵断面以后，根据实地情况及专业要求，设计管道坡度，并把设计坡度位置画在图上。在坡度栏内，斜线向上，坡度为"＋"，斜线向下，坡度为"－"。斜线上方注明坡度的千分数，下方注明该坡段的平距。

⑤ 根据坡度起点的设计高程、设计坡度和水平距离按下式计算各点的设计高程：

$$H_{设} = H_{起} + i \cdot D \tag{12-1}$$

式中　i——坡度；

　　　D——水平距离。

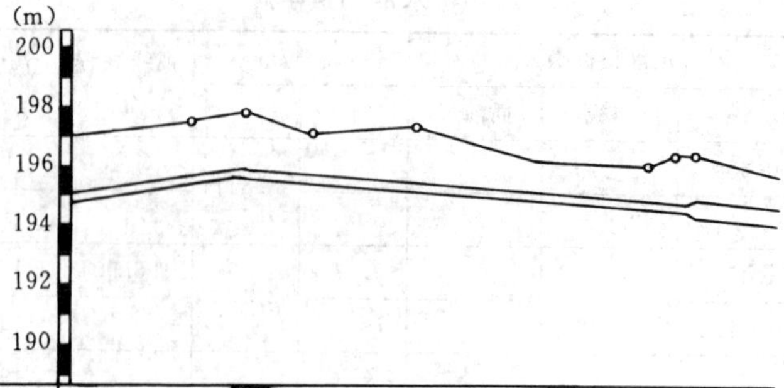

坡　度	5‰ 70 m			230 m 5‰							
管　径	ϕ=500 mm										ϕ=800 mm
基础种类	90°混凝土通基										顶　管
埋　深	1.83	1.90	1.82	1.50	1.80	1.74	1.40	1.45	1.71	1.75	1.42
地面高程	197.43	197.75	197.77	197.30	197.35	197.21	196.70	196.50	196.71	196.71	196.22
管底设计高程	195.60	195.85	195.95	195.80	195.55	195.47	195.30	195.05	195.00	194.96	194.80
间　距		50	20	30	50	15.9	34.1	50	10	7	33
桩　号	0+000	0+050	0+070	0+100	0+150	0+165.9	0+200	0+250	0+260	0+267	0+300

图 12-3　管道纵断面图格式示意图

⑥ 按下式计算填挖尺数(即填高和挖深数字)：

$$H_{填挖尺数} = H_{地} - H_{设} \tag{12-2}$$

“+”为挖，“−”为填。将算得数据填入“埋深”栏内，图 12-3 中全为挖深。

二、横断面图的测绘

首先测定中桩处垂直于中线方向上地面坡度变化点的高程和该点至中线桩的水平距离，然后绘制横断面图，以表明管线两侧的地面起伏情况，供设计时计算填挖土方量和施工时确定开挖边界之用。

(一) 横断面测量方法

横断面施测的宽度，由管道的直径和埋深来确定，一般两侧各为 20 m 左右。当用十字方向架定出横断面的方向后(图 12-4)，即可用以下方法进行测量。

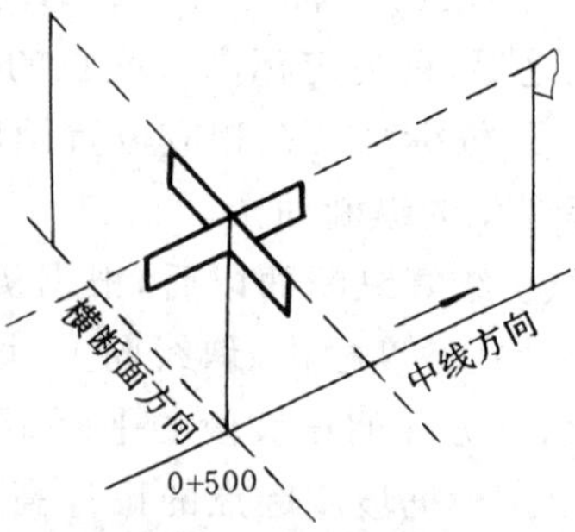

图 12-4　十字方向架测定横断面方向示意图

1. 水准仪法

此法适用于施测断面较宽的平坦地区，施测与中桩水准测量可以同时进行，但必须分开记录。

2. 水平尺法(亦称抬杆法)

如图 12-5 所示，测量时用一根标杆(或水准尺)立在中心桩上，另一根标杆水平横放(或用皮尺拉平)依次测出各桩间之平距及高差，数字直接记入草图中，或记入表 12-2。

3. 全站仪法

当横断面方向较宽、地形起伏变化较大时，可用全站仪或经纬仪视距测量的方法来测得距离和高程。

表 12-2　　水平尺法测量横断面数据表

左　侧 ←	中心桩号	右　侧 →
$\frac{-2.5}{6.2},\frac{-0.8}{7.3},\frac{-2.1}{6.5}$	0+050	$\frac{-2.8}{12.2},\frac{-1.2}{7.8}$

注：表中分子为相邻两桩的高差，分母为相邻两桩的水平距离。

（二）横断面图的绘制

以中心桩为坐标原点，平距为横坐标，高差为纵坐标，把图画在透明毫米方格纸上（图 12-6），一般在现场边测边绘。为了便于用图解法或用求积仪计算横断面面积，其平距和高差的比例尺应相同。

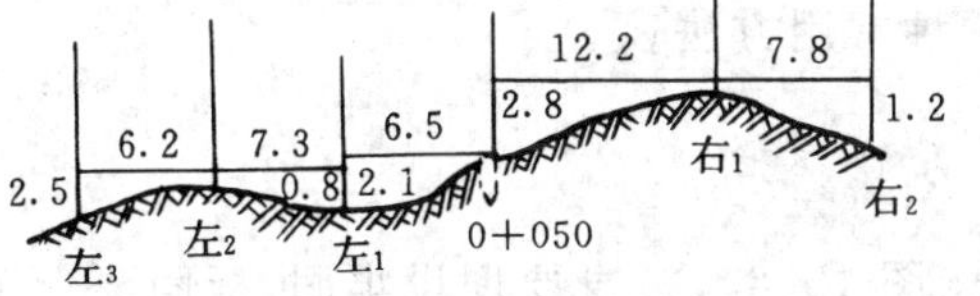

图 12-5　水平尺法测量示意图

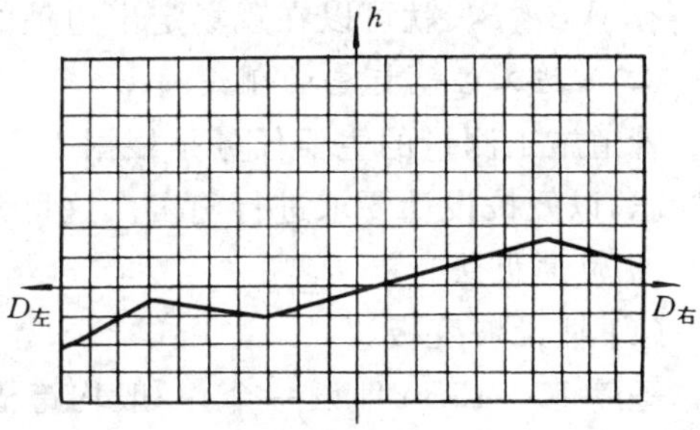

图 12-6　方格纸绘横断面示意图

第四节　管道施工测量

一、地下管道施工测量

在纵断面图上完成管道设计之后，即着手进行施工测量。在破土开工之前，应做好有关的准备工作：

① 熟悉图纸和现场情况。

② 校核中线：若设计阶段在地面上标定的中线位置就是施工时所需要的中线位置，且各桩点完好，则仅需校核一次，不重新测设；若有部分桩点丢损，或施工的中线位置有所变动，则应根据设计资料重新恢复旧点或按改线资料测设新点。

③ 测设施工控制桩：在施工时，中线上各桩将被挖掉，所以应在不受施工干扰、便于引测和保存点位处测设施工控制桩，用以恢复中线、测设地物位置控制桩以及恢复附属构筑物的位置。

④ 加密水准点：为了在施工过程中引测高程方便，应根据设计阶段布设的水准点，于沿线附近大约每 150 m 增设临时水准点。

现就地下管道施工过程中的主要测量工作简介如下。

(一) 槽口放线

管道中线定出以后，就可根据中线位置、管径大小、埋设深度和土质情况，决定开槽宽度，并在地面上定出槽边线位置，作为开槽的依据。

若横断面坡度比较平缓[图 12-7(a)]，开槽宽度 B 可按下式计算：

$$\frac{B}{2}=\frac{b}{2}+mh \quad 或 \quad B=b+2mh \tag{12-3}$$

式中 b——槽底宽度；

h——中线上管槽挖深；

$\frac{1}{m}$——管槽边坡坡度。

若横断面坡度比较陡峻[图 12-7(b)]，开槽宽度(B_1+B_2)可按下式计算：

$$\begin{cases} B_1=\frac{b}{2}+m_3h_3+m_2h_2+c \\ B_2=\frac{b}{2}+m_3h_3+m_1h_1+c \end{cases} \tag{12-4}$$

有了 B_1、B_2，就可以在现场定出边桩的位置。

(二) 施工控制标志的测设

管道施工测量的主要任务是根据工程进度的要求，测设控制管道中线和高程位置的施工标志，以便按设计要求进行施工。这里介绍两种常用方法。

1. 坡度板法

(1) 埋设坡度板

每隔 10～15 m 埋设一个，一般均跨槽埋设(图 12-8)，板身要埋设牢固，板面要近于水平。中线测设时，置经纬仪于中线控制桩，将管道中线投测到坡度板上，并钉中线钉。各中线钉连线即为管道中线。在连线上挂垂球，就可将中线位置投影到管槽内，以控制管道中线。

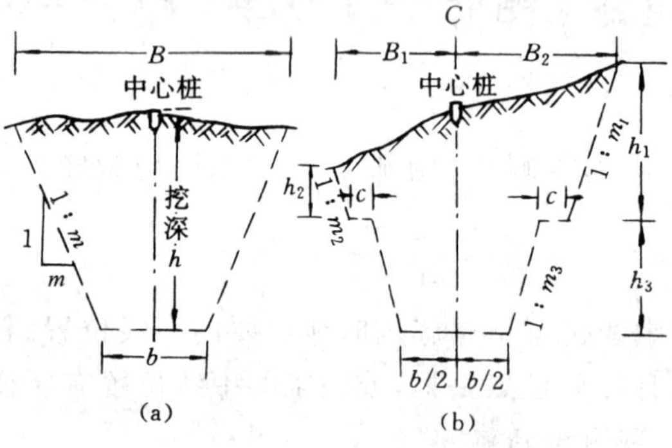

图 12-7 横口放线原理示意图

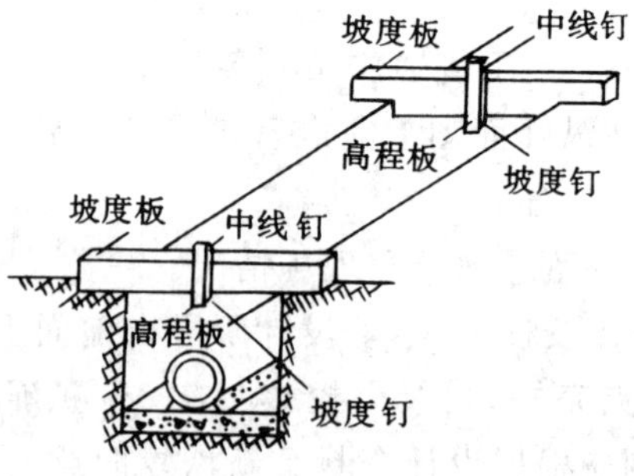

图 12-8 坡度板埋设示意图

(2) 测设坡度钉

为了控制管道埋深，使其符合设计坡度，还需在坡度板上标出高程标志。为此，应根据附近的水准点，用水准仪测设坡度钉。如图 12-8 所示，在坡度板上中线钉的一侧钉一高程板，在高程板的侧面测设一坡度钉。使各坡度钉的连线平行于管道设计坡度线，并距管底设计高程恰好为一整分米数，此数称为下返数。施工时就利用这一坡度钉的连线来控制管道的坡度和高程。

通常，采用第九章第三节所述的已知设计坡度线放样方法测设坡度钉。按表 12-3 中 0+000～0+070这一段管道并参考图 12-9 来说明坡度钉的测设步骤。

表 12-3　　**坡度钉测设数据表**

测　点（桩号）	后视读数	视线高程 $H_{视线}$	设计坡度	管底设计高程	选定的下返数	坡度钉设计高程	板顶实读前视 $b_{实}$	坡度钉应读前视 b	改正数 Δb	备　注
1	2	3	4	5	6	7=5+6	8	9=3−7	10=8−9	11
BM_1	2.134	199.605	$i=+5\%$							$H_{BM1}=$ 197.471 m
0+000				195.600	2.000	197.600	1.961	2.005	−0.044	
0+010				195.650	2.000	197.650	1.956	1.955	+0.001	
0+020				195.700	2.000	197.700	1.892	1.905	−0.013	
0+030				195.750	2.000	197.750	1.880	1.855	+0.025	
0+040				195.800	2.000	197.800	1.721	1.805	−0.084	
0+050				195.850	2.000	197.850	1.672	1.755	−0.083	
0+060				195.900	2.000	197.900	1.596	1.705	−0.109	
0+070				195.950	2.000	197.950	1.502	1.655	−0.153	

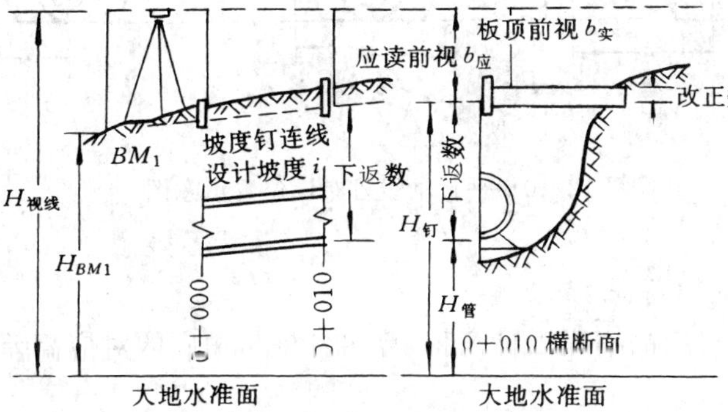

图 12-9　管道测设过程示意图

① 后视水准点 BM_1，求出视线高程 $H_{视线}=197.471+2.134=199.605$ m，并填入表中第 3 栏。

② 根据 0+000 的管底设计高程和设计坡度 i 推算其他各点的设计高程，将其填入表中第 5 栏。

③ 根据现场情况，选用合适的下返数，本例选用 2.000 m，填入表中第 6 栏。

④ 计算各坡度板上坡度钉的设计高程：

$$H_{钉}=H_{管}+下返数 \tag{12-5}$$

将其值填入表中第 7 栏。

⑤ 计算各坡度钉的前视应读数：

$$b_{应} = H_{视线} - H_{钉} \tag{12-6}$$

其值填入表中第 9 栏。

⑥ 观测各坡度板板顶前视实读数 $b_{实}$，其值填入表中第 8 栏。

⑦ 计算钉坡度钉时需用的改正数 Δb：

$$\Delta b = b_{实} - b_{应} \tag{12-7}$$

其值填入表中第 10 栏。当 Δb 为"+"时，表示自板顶向上量数定钉；Δb 为"−"时，表示自板顶向下量数定钉。

应当指出，为了防止观测或计算错误，坡度钉测设应附合到另一水准点加以校核。在施工过程中，亦应定期检测坡度钉高程，以检查坡度板是否移位。除检测本段的坡度钉高程外，还应检测已建成的管道或已测好的坡度钉，以便相互衔接。

2. 平行轴腰桩法

当现场条件不便采用坡度板法时，对精度要求较低的管道，可用本法来测设施工控制标志，其步骤如下。

(1) 测设平行轴线

开工前先在中线一侧或两侧测设一排平行轴线桩，桩位要落在槽边线外，如图 12-10(a)中之 A。轴线桩与中线的轴距为 a，各桩间距约为 20 m。

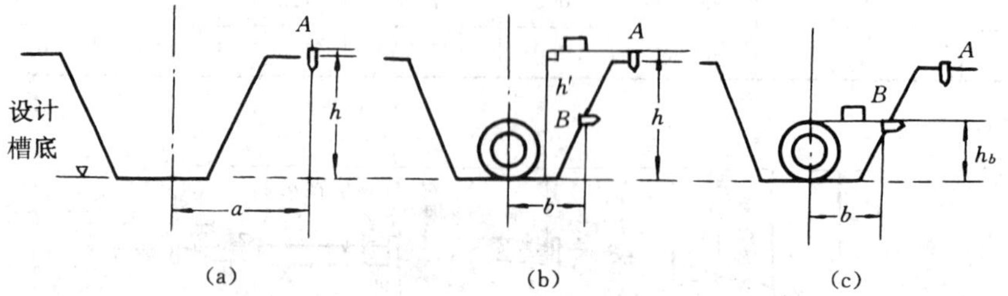

图 12-10 平行轴线桩布设位置示意图

(2) 测出 A 轴各桩的高程

高程测出后，依据对应的槽底设计高程，算出各桩与槽底的对应高差 h。

(3) 控制槽底高程

如图 12-10(b)所示，用特制的一边可伸缩的直角尺量测直尺面与槽底高差 h' 是否等于 h。

(4) 钉腰桩

为了比较准确地控制管道中线的高程，在槽坡上(距底约 1 m)再定一排与 A 轴对应的平行线桩 B，其与中线的间距为 b，这排桩称为腰桩[图 12-10(b)]。

(5) 引测腰桩高程

如图 12-10(c)所示，测出各腰桩高程后，用各腰桩高程减去相应的槽底设计高程，即得出各腰桩与设计槽底的高差 h_b。用各腰桩的 b 和 h_b 来控制埋设管道的中线和高程。

二、顶管施工测量

地下管线通过地面建筑物、构筑物、重要道路和各种地下管道交叉处，往往采用顶管方式施工。施工前在管线方向上选好基坑位置。一般情况下基坑中线应与管线中线位置相吻合。

顶管前先开挖基坑，再将顶管机械送入坑底并安装好后进行顶管工作。顶管过程是将管材顶入土中，将管内土石取出。若顶管地区土质松软，每顶进一段距离（如 0.5 m），在管材外壁以外用砖砌拱墙以防土体坍塌。顶管通常采用对顶，即由两基坑相对方向顶进管材。故顶管施工时，中线方向与高程的测量工作尤为重要。现将在顶管施工中有关的测量工作介绍如下。

（一）基坑开挖中的测量工作

在基坑开挖范围以外（灰线范围以外），设置中线控制桩。当基坑挖至离管顶设计标高2 m左右时，在中线控制桩 A、B 两点分别安置经纬仪，将管道中线方向投测在基坑前后两坡面上，打入木楔或木砖并钉以铁钉表示管道中线方向（图 12-11）。在基坑挖好并铺以垫层后，若在 A、B 两点用仪器能直接看到 C、D 两点，则将中线直接投至坑底 C、D 处。否则可将两铁钉连线，用垂球将中线方向投至 C、D 点。用一般水准测量方法，将高程传递到基坑底，并在坑底建立 1～2 个临时水准点。

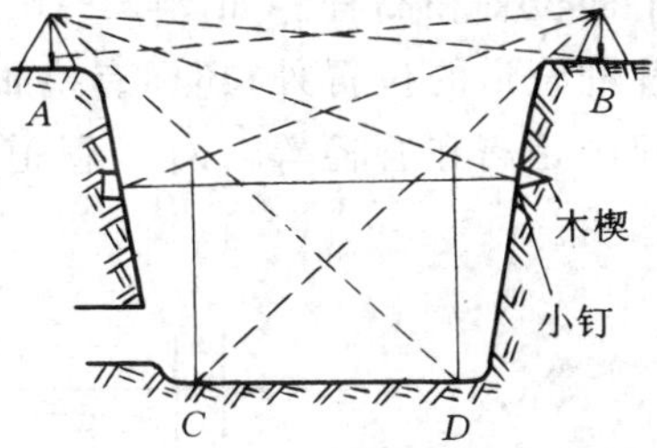

图 12-11　开挖基坑过程中管道中线投测示意图

（二）顶管过程中的测量工作

被顶进的管材安置在滑道（通常是铁轨或方木楞）上，要求其坡度与设计管底坡度一致。由于滑道在基坑内较短，因此要精确测设其高程与坡度。中线方向的控制方法是在管材内安置一把水平横尺，自尺中央向两边按毫米刻出分划线；水平横尺长度等于或略小于管内径，以便使其水平安置在管内中央（图 12-12）。顶进前在中线点 D 安置经纬仪，瞄准基坑前坡面上铁钉或 C 点，此时视线方向即为中线方向。再移动水平横尺，使尺上的零点在视线上（图 12-13）。亦可将基坑前后坡面连线，用垂球投下两条垂球线对准横尺零点。在顶进过程中以此方向控制顶管中线方向。高程与坡度控制是在基坑内安置水准仪，利用基坑内临时水准点求得视线高程，在管内竖立一把小于管口直径的水准尺（图 12-14），以此来控制顶进管材的坡度与高程。由于基坑内顶管机械工作时不便于测量，通常每顶进 0.5 m 检查一次顶进管材的中线偏差值、高程与坡度值，以便及时调整顶进方向。

图 12-12　水平横尺安放示意图

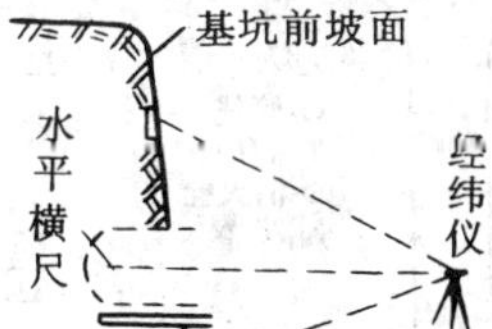

图 12-13　中线方向示意图

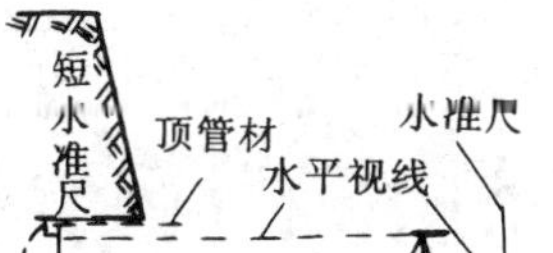

图 12-14　竖直水准尺

第五节　管道竣工测量

在管道工程中，竣工图反映了管道施工的成果及其质量，是管道建成后进行管理、维修和扩建时不可缺少的资料，同时它也是城市规划设计的必要依据。

管道竣工图包括管道竣工带状平面图和管道竣工断面图。

因管道的种类很多,故管道竣工平面图往往不绘在建筑平面图上,而是单独绘制综合竣工带状平面图。为了管理方便,还要编制单项管道竣工带状平面图,其宽度应至道路两侧第一排建筑物外 20 m,如无道路,其宽度应根据需要确定。带状平面图的比例尺根据需要一般采用 1∶2 000～1∶500。

竣工带状平面图主要测绘出管道的主点、检查井位置以及附属构筑物施工后的实际平面位置和高程。如图 12-15 和图 12-16 所示是管道竣工带状平面图示例,图上除标有各种管道的位置外,还标有检查井编号、检查井顶面高程和管底(或管顶)的高程,以及井间的距离和管径等。对于管道中的阀门、消火栓、排气装置和预留口等,应用统一符号标明。

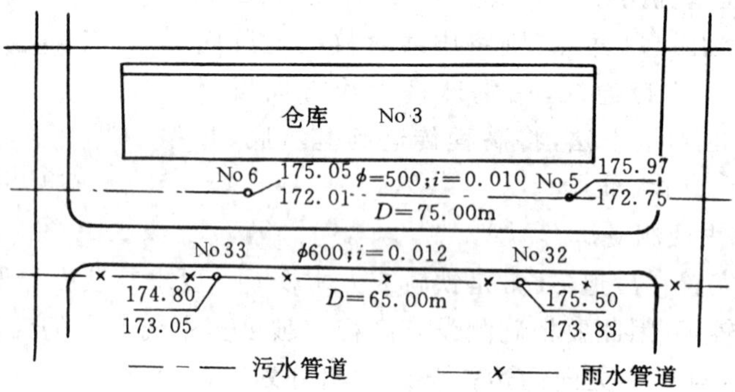

图 12-15 管道竣工带状平面图(1)

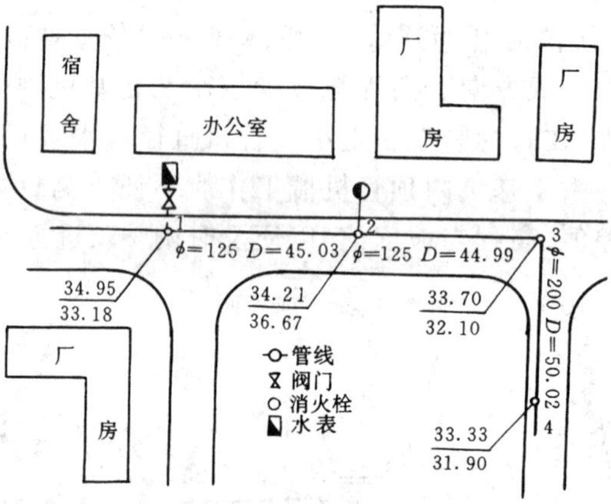

图 12-16 管道竣工带状平面图(2)

当已有实测详细的大比例尺地形图时,可以利用已测定的永久性建筑物用图解法来测绘管道及其构筑物的位置。当地下管道竣工测量的精度要求较高时,采用图根导线的技术要求测定管道主点的解析坐标,其点位中误差(指与相邻的控制点)不应大于 5 cm。

地下管道平面图的测绘精度要求:地下管线与邻近的地上建筑物、相邻管线、规划道路中心线的间距中误差,如用解析法测绘,1∶2 000～1∶500 图在图上不应大于±0.5 mm;而用图解法测绘,1∶1 000～1∶500 图在图上不应大于±0.7 mm。

管道竣工断面图测绘一定要在回填土前进行，用图根水准测量精度要求测定检查井口顶面和管顶高程，管底高程由管顶高程、管径和管壁厚度算得。但对于自流管道应直接测定管底高程，其高程中误差（指测点相对于邻近高程起始点）不应大于±2 cm；井间距离应用钢尺丈量。如果管道互相穿越，在断面图上应表示出管道的相互位置，并注明尺寸。图 12-16 与图 12-17 是同一管道的管道竣工断面图。

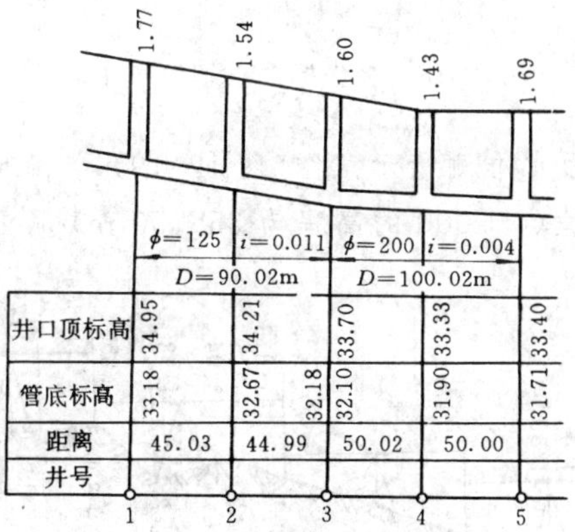

图 12-17　管道竣工断面图

我国很多城市原有地下管道多数没有竣工图，为此应对原有旧管道进行调查测量。首先向各专业单位收集现有的旧管道资料，再到实地对照核实，弄清来龙去脉，进行调查测绘，无法核实的直埋管道，可在图上画虚线示意。

地下原有管道的调查方法，根据具体情况采用下井调查和不下井调查两种，一般用 2～5 m 钢卷尺、皮尺、直角尺、垂球等工具，量取管内直径、管底（或管顶）至井盖的高度和偏距（管道中心线与检查井中心的垂距），以求得管道中心线与检查井处的管道高度。如一井中有多个方向的管道，要逐个量取并测量其方向，以便连线，若有预留口也要注明。

下井调查应特别注意人身安全。事前须了解管道情况并采取有效措施，为防止有毒、易燃、窒息气体和腐蚀液体的危害，应打开井盖通风，必要时应戴防毒面具和橡皮手套，穿皮裤衩下井。井下严禁点火，只能用电筒照明以免引起燃烧爆炸等。

在检查井已被残土埋没无法寻找时，可用管道探测仪配合进行管道的调查测量。

复习思考题

1. 如图 12-18 所示，已知设计管道的主点 A、B、C 的坐标，在此管线附近有导线 1、2、…其坐标已知，试求出根据 1、2 两点，用极坐标法测设 A、B 两点所需的测设数据，并提出校核方法和所需的校核数据。

$$1.\ \begin{cases} x_1 = 481.11\ \text{m} \\ y_1 = 322.00\ \text{m} \end{cases} \quad 2.\ \begin{cases} x_2 = 562.20\ \text{m} \\ y_2 = 401.90\ \text{m} \end{cases}$$

$$A\ \begin{cases} x_A = 574.30\ \text{m} \\ y_A = 328.20\ \text{m} \end{cases} \quad B\ \begin{cases} x_B = 586.30\ \text{m} \\ y_B = 400.10\ \text{m} \end{cases}$$

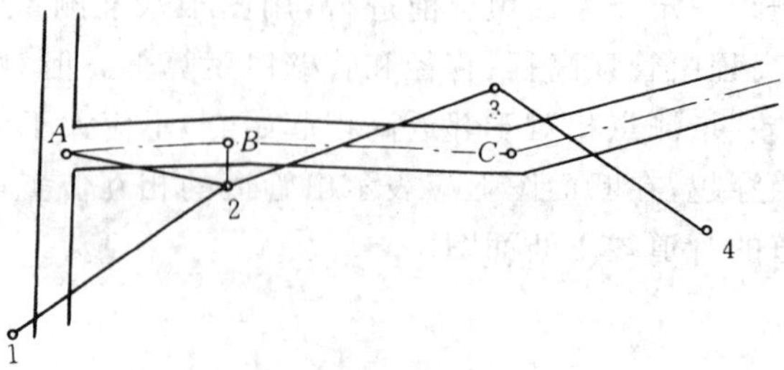

图 12-18　极坐标法求解管道中心线

2. 根据下面管道纵断面水准测量示意图(图 12-19),按本章表 12-1 记录手簿所填写的观测数据,计算出各点的高程(0+000 的高程为 35.150 m)。

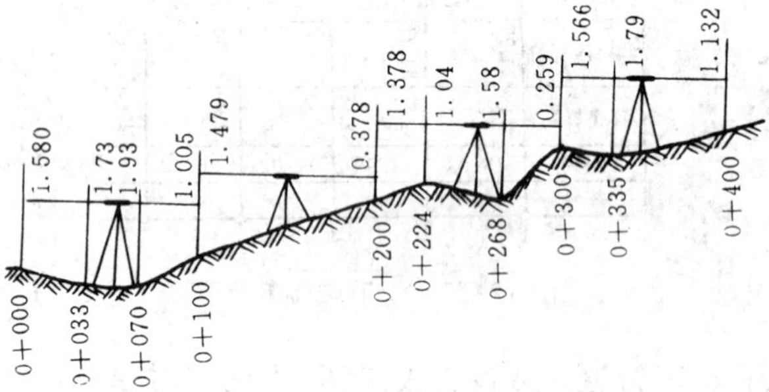

图 12-19　管道纵断面水准测量

3. 根据第 2 题计算的成果绘一张纵断面图(水平比例尺为 1∶1 000,高程比例尺为 1∶50),并绘出起点设计高程为 33.50 m,坡度为+7.5‰的管线。

4. 如表 12-4,已知管道起点 0+000 的管底高程为 41.72 m,管道坡度为 10‰的下坡,在表中计算出各坡度板处的管底设计高程,并按实测的板顶高程选定下返数 C,再根据选定下返数计算出各坡度顶高程的调整数 δ 和坡度钉的高程。

5. 管道竣工测量的目的及其内容是什么? 简述管道竣工测量的特点以及竣工测量中的基本要求。

表 12-4　　求解管底高程计算表

桩　号	距离 m	坡　度	管底设计高程 $H_{管底}$/m	板顶高程 $H_{板顶}$/m	$H_{板顶}-H_{管底}$ /m	选定下返数 C/m	调整数 δ/m	坡底钉高程 /m
1	2	3	4	5	6	7	8	9
0+000			41.72	44.310				
0+020				44.100				
0+040				43.825				
0+060		−10‰		43.734				
0+080				43.392				
0+100				43.283				
0+120				43.051				

第十三章　地质勘探工程测量

煤田地质勘探通常是指煤田普查和勘探而言的，一般分找煤（初步普查）、普查（详细普查）、详查（初步勘探）和精查（详细勘探）四个阶段，其目的是为了详细查明地下煤炭资源。在这四个阶段中要进行勘探工程，并需相应地进行测量工作，这项工作称为地质勘探工程测量。它包括以下主要任务：

① 为地质勘探工程设计提供资料。

② 根据设计在实地对工程进行定位、定线，并测出已施工完毕工程点的坐标和高程。

③ 为研究地层构造、编写地质报告和储量计算提供有关的测量资料。

地质勘探工程测量的主要内容有：勘探工程测量、地质剖面测量和地质填图测量，现分述如下。

第一节　勘探工程测量

一、勘探线、勘探网的测设

勘探线、勘探网的设计必须由地质人员通过现场实地踏勘后，依据地形条件和矿体走向来确定。

（一）勘探线、勘探网的布设形式

勘探线的布设形式如图 13-1 所示，斜线区域是矿体的分布范围，曲线是地形等高线，编号为 0－0′，1－1′，…的单线表示勘探线，它是一组等间距的平行线，一般垂直于矿体的总体走向。

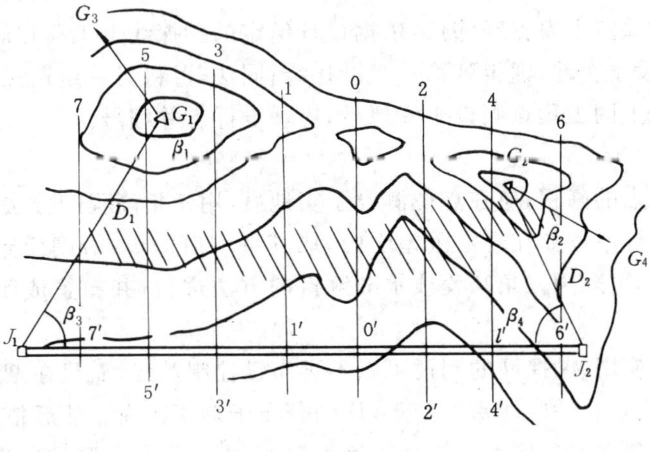

图 13-1　勘探线布设形式

勘探网是由两组勘探线相交而成的，其形状和密度主要依据矿床的种类和产状而确定，通常布设成正方形、菱形和矩形等。为了控制勘探线和勘探网的测设精度，亦须遵循由整体到局部的程序，首先沿矿体走向布设一条“基线”，然后在此基础上布设其他勘探线。图13-2中 MN 即为基线，基线两端点 M、N 应与控制点连接。勘探网的编号以分数形式表示，分母代表线号，分子代表点号。以通过基点 P 的零号勘探线为界，西边的勘探线用奇数号表示，东边的则用偶数号表示；以基线为界，以北的点用偶数号，以南的点用奇数号表示。

（二）勘探线、勘探网的测设

1. 基线的测设

如图 13-2 所示，A、B、C、D 为已知控制点。首先根据图上设计的 M、N、P 点和已知控制点坐标，计算出测设所需的水平角和水平距离。然后依据这些测设数据采用前章所述的方法，将欲定点 M、N、P 测设于实地。

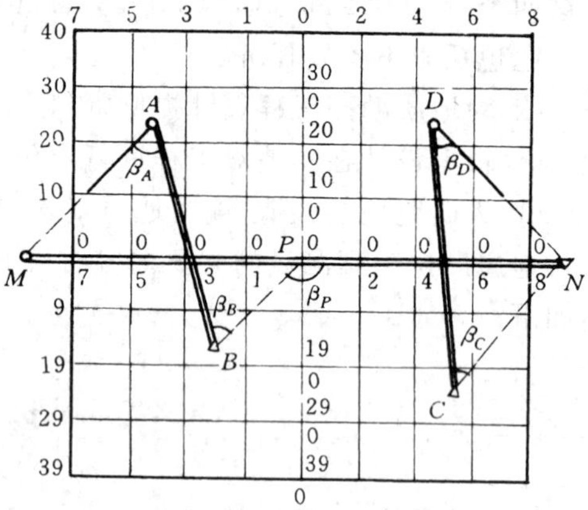

图 13-2 基线测设原理示意图

当基线两端点 M、N 和基点 P 初步确定后，应将经纬仪安置在其中任一点上，检查三点是否在一条直线上。如果误差在允许范围内，则在基线两端点 M、N 埋设标石。然后采用单三角形或前方交会等方法，重新测定其坐标，求出它们与设计坐标的差值，若小于 1/2 000，可取平均值作为最终坐标。否则应进行检查，必要时重新施测。

2. 勘探线、勘探网的测设

勘探线、勘探网的测设就是将基线与勘探线上的工程点测设于实地。常规的测设方法是：在基点 P 安置经纬仪，定出基线方向，按设计给定的勘探线间距，采用钢尺量距或精密视距的方法定出各勘探线在基线上的交叉点（如图 13-2 中的 $\frac{0}{2}$、$\frac{0}{4}$、$\frac{0}{6}$、$\frac{0}{8}$ 和 $\frac{0}{1}$、$\frac{0}{3}$、$\frac{0}{5}$、$\frac{0}{7}$ 等），然后分别在这些点上安置经纬仪，依据设计给定的勘探线上工程点的点距，采用点位测设的方法，将其测设于实地，即得到第一组勘探线；同法，可将另一组勘探线上的工程点测设于实地。将勘探线上的工程点测设于实地后，应埋设标志并编号。

3. 高程测量

基线端点和基点的高程，应在点位测设于实地后，用三角高程的方法与平面位置同时测定。实际高程与设计高程如在规定限差之内，取其平均值即可，否则应查找原因。勘探线、勘探网高程的测定，可采用三角高程或水准测量的方法进行，并布置成闭合或附合路线，以便于检核。

随着测距仪的应用，勘探网的测设可以不再布设控制基线，而只在勘探区已有控制点的基础上，用测距导线建立一些加密控制点，均匀分布于勘探区内。然后依据这些控制点用极坐标法测设勘探工程点。这样不仅提高了测设精度，而且提高了测设速度。

二、钻探工程测量

钻探工程，主要用以探明地下矿体的范围、深度、厚度、产状及其变化等情况。通过打钻［图 13-3(a)］，把地下岩（煤）芯取出来，作为观察分析的资料。钻探是勘探阶段的主要手段（在普查阶段也要做一些）。

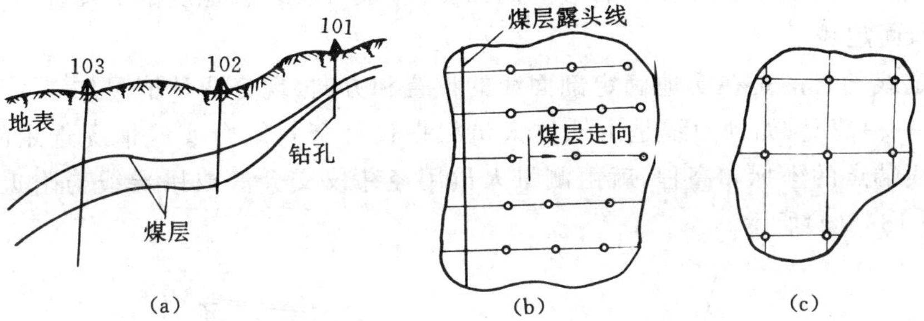

图 13-3　钻探勘探线布设

随着矿床种类和赋存情况的不同,钻孔密度及其分布的几何形状是不同的,一般都是布置成勘探线[图 13-3(b)]或勘探网[图 13-3(c)],目前主要采用勘探线。勘探线是一组与矿体走向基本垂直的直线。勘探线的线距,随勘探类型的不同而有所变化,在规范上有详细的规定。

钻探工程测量的内容包括:钻孔位置的布设(简称布孔)和定测。

(一) 布孔

布孔一般由地质人员、钻机人员和测量人员共同商量进行,但主要由地质人员决定。由测量人员根据钻孔的设计坐标,从附近的控制点,采用经纬仪交会法或极坐标法,将钻孔孔位测设于实地上。如受地形限制,钻孔位置也可适当移动一段距离,最后确定孔位,并设置木桩标志。

(二) 定测

定测一般是在钻探完毕封孔后进行的(也可在钻探过程中进行),钻孔位置以封孔标石中心或套管中心为准。钻孔坐标的测定,可采用经纬仪交会法或极坐标法(一般用钢尺量距)进行。孔口的高程,一般采用等外水准测量或三角高程测量方法测定。

定测工作很重要。如果把钻孔位置定错,那就要直接影响到地质资料的正确性。如果把穿过透水层、封孔质量又不好的钻孔位置定错,在将来的巷道掘进中遇到这种钻孔时,就可能导致严重的透水事故,故应特别注意。

第二节　地质剖面测量

地质剖面测量,通常是沿着给定的勘探线方向进行的。剖面测量的内容,是测定此方向线上的剖面点(如钻孔、探井等勘探工程点以及地质点、地物点、地形特征点等)的点位,并按比例尺展绘成地质剖面图。

地质剖面测量的目的,是了解各个时代的地层层序、地层或岩层的厚度、岩性特征、标志层以及地质构造形态等。精度要求不高的地质剖面,也可在已有的地形地质图上切绘,切绘方法见第八章第三节。但如果地形图的精度不能满足绘制剖面图的要求,以及在半暴露或全暴露地区,则必须实测剖面图,不允许在地形地质图上切绘。地质剖面测量,在普查和勘探的各个阶段都是要做的。

地质剖面测量的顺序是:首先进行剖面定线,建立剖面线上的起讫点和转点,并在其间加设控制点，以保证测量精度，然后进行剖面测量，最后展绘成地质剖面图。

一、剖面定线

剖面定线的目的是在实地确定剖面线的位置和方向，现分两种情况加以说明。

① 第一种情况，如剖面线是由地质人员根据设计资料结合实地情况选定的，那么选定后的剖面线端点的坐标和高程，就由测量人员用经纬仪交会法或用导线与附近控制点连测确定，如图 13-4(a)所示。

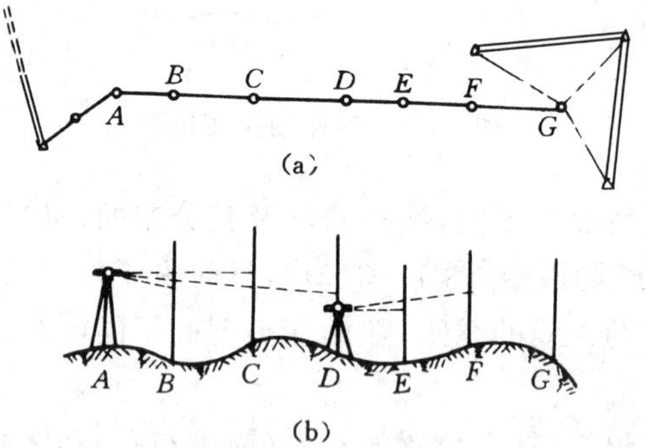

图 13-4 剖面定线及剖面测量过程示意

② 第二种情况，如果剖面线端点需要根据设计坐标测设，那么测量人员可根据附近控制点的坐标和端点的设计坐标，计算测设数据，并按布设孔位的方法测设剖面线端点。如果两端点之间距离过长或不通视，则要在剖面线上适当地点增设控制点和转点，并用木桩标志，其布设方法与端点相同。观测时，在端点、控制点和转点，通常都要插立标杆，作为照准和标定方向之用。

二、剖面测量方法

剖面测量方法以及所使用的仪器，应根据剖面图的比例尺和地形条件等进行选择。一般说来，如剖面图的水平比例尺为 1∶1 万或更大，则必须用经纬仪视距法施测。其施测方法如图 13-4(b)所示：安置经纬仪于 A 点，照准剖面线上的端点或转点，标定出视线方向，测出剖面线上的 B、C、D 等点对于 A 点的平距和高差，测量方法与地形测图中测定地形点的方法相同。

当视线过长或不通视时，则迁站于 D 点(转点)，仍按上述步骤进行，直到剖面线的末端为止。

剖面点的密度，取决于剖面的比例尺、地形条件和必要的地质点，通常是剖面图上距离约一厘米测一剖面点。

三、剖面图的绘制

剖面图是根据各点高程和各点间的水平距离绘制的(图 13-5)。其方法是：在方格纸上先定一水平线，根据各点间的水平距离，按规定的水平比例尺将各点标出；再根据各点的高程，按竖直比例尺(一般应和水平比例尺相等，这样可以真实反映地质构造)，分别在各点的竖直线上定出各剖面点的位置，并依次将各剖面点连成圆滑的曲线，即得剖面图。地质工程点和主要地质点，在剖面上应加注编号注记，在剖面线的起、讫两端，还应注明剖面线的方位角，在剖面图的下面标出剖面线和坐标线交点的位置，并注上坐标值。剖面图绘制完成后，应在其下面绘制相应的平面图。

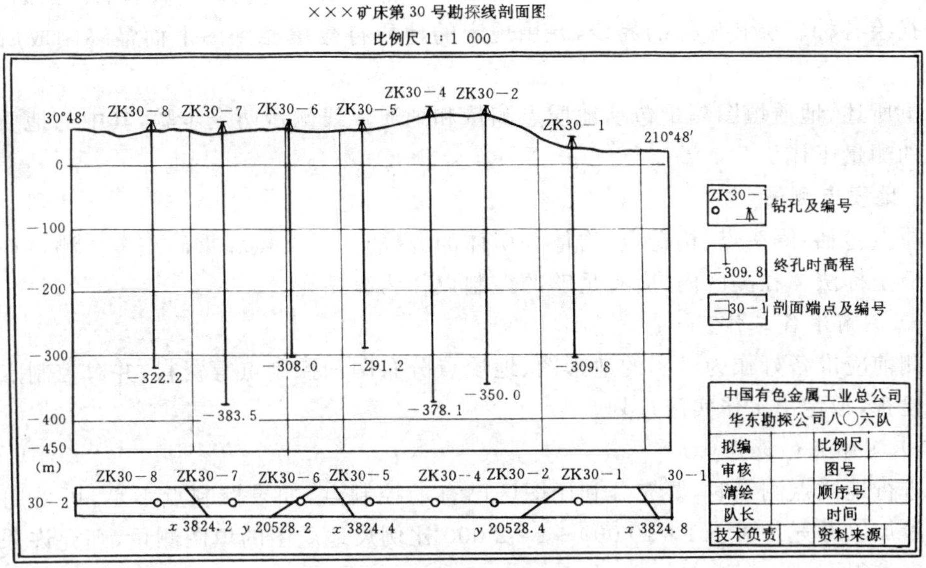

图 13-5　勘探曲线剖面图示

在找煤阶段，一般采用地质罗盘和测绳（或皮尺）进行剖面测量，这时用罗盘测得倾斜角 δ，用测绳测量倾斜距离 L（图 13-6），则水平距离 $l=L\cos\delta$，高差 $h=L\sin\delta$。因此，用此法同样可以测出各点间的水平距离和高差。剖面线端点的距离，可用罗盘仪交会法在地形图上定出，同时还要测出剖面线的方位角。

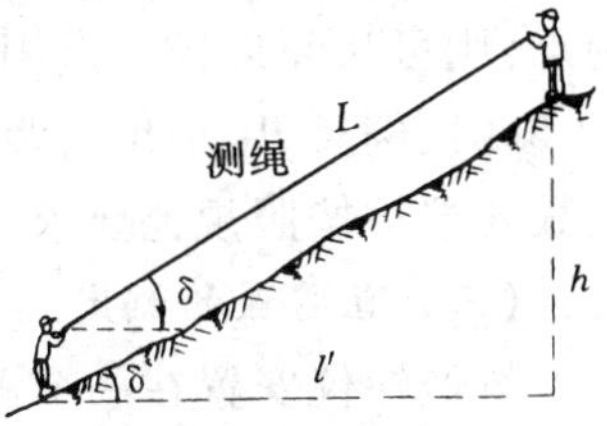

图 13-6　剖面测量

第三节　地质填图测量

一、概述

在地质勘探阶段，一般需进行大比例尺的地质填图，详细地查清地面地质情况，为下一步的勘探工作提供可靠的依据。

地质填图是以相应比例尺的地形图作为底图，将矿体的分布范围及品位变化情况、围岩的岩性及地层的划分、矿区的地质构造类型以及水文地质情况等填绘到图上，即成为一张地质图。这类地质图可用做地质综合分析，正确解释成矿的地质条件和矿床类型，为矿区的勘探工程设计和最后的矿产储量计算提供依据。

填图的比例尺依据矿床的具体情况而定，若矿床的生成条件较简单，产状较有规律（如沉积矿床），规模较大，品位变化较小，则采用的填图比例尺就较小；反之，就应较大。勘探阶段的地质填图比例尺，通常用 1：10 000、1：5 000、1：2 000、1：1 000 数种。对于煤、铁等沉积矿床，通常用 1：10 000 和 1：5 000；对于铜、铅、锌等有色金属的内生矿床，通常采用

1∶2 000和1∶1 000;对于某些稀有金属矿床,还可采用更大的比例尺,如1∶500。

无论何种比例尺的地质填图测量,其基本工作都是从地质观察点做起的。然后,根据地质点来描绘各种岩层和矿体的界线,并用规定的地质符号填绘到图上而最终制成所需的地质图。

综上所述,地质填图测量包括地质点测量和地质界线测量两个步骤,其中的地质点测量是基本的测量工作。

二、地质点测量

地质点包括:露头点、构造点、岩体和矿体的界线点、水文点和重砂点等。测定地质点一般采用极坐标法。在测区内,应有足够的控制点作为测站点。

(一)测前准备工作

施测前应准备好作为底图的地形图、地质点分布图和控制点等资料,并对控制点进行图上对照检查,拟定出工作实施计划。

(二)测站点的选择

在进行地质点测量时,要充分利用图区已有的控制点,如果控制点不足,可采用经纬仪导线测量加以补充。对于1∶10 000～1∶2 000比例尺地质图的填图测量,则允许采用图解交会法来求得。

当矿区地形地质图采用0.5 m等高距时,测站点的高程应用等外水准测量直接测定;当图的等高距大于或等于1 m时,测站点高程可用三角高程测量方法来测定。如需补充控制点,则可从邻近控制点用支导线引测,往返测定。引测时的量距规定为:对于1∶1 000～1∶500比例尺,用钢尺量距;对1∶10 000～1∶2 000比例尺,用视距法量距。引测的边长和点数要严格按照规范要求。

(三)地质点的测定

将经纬仪安置在一个测点上,对中、整平后,以另一控制点定向(度盘置0°00′),然后量测各地质点的水平角、水平距离及高程。这一方法与地形测量中的碎部测量相同。

三、矿体及岩层界线的圈定

在测定地质点的基础上,根据矿体和岩层的产状与实际地形的关系,将同类地质界线点连接起来,并在其变换处适当加密测点,以保证界线位置的正确。所有地质点的位置,均应由地质人员选定,由测量人员在实地测绘。地质界线的圈定,由地质人员在现场进行,也可根据野外记录在室内完成。图13-7是用地形图作为底图测绘出的部分地质图,图中虚线表示的是根据地质点和地质界线的观测资料圈定的地质界线,例如虚线1—2表示侏罗系(J)和三叠系(T)地层的分界线(P为二叠系、C为石炭系、D为泥盆系、S为志留系)。

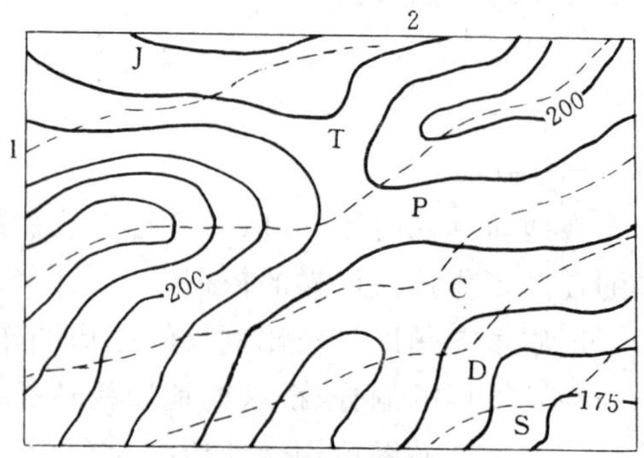

图13-7 地质图

复习思考题

1. 勘探网是如何组成又如何布设的?

2. 煤田普查及勘探分哪四个阶段? 各阶段的地质填图一般各用多大比例尺的地形图? 地质钻探工程测量主要包括哪些内容?

3. 某勘探工程需要布设一个钻孔(图 13-8),其设计坐标为 $x_P = 3\ 358\ 790$ m, $y_P = 20\ 529\ 350$ m,并已查出设计钻孔附近的测量控制点 A 的坐标为: $x = 3\ 358\ 690$ m, $y = 20\ 529\ 250$ m, AB 边的方位角为 $\alpha_{AB} = 130°20'30''$。试求在 P 点布孔所需的测设数据,即求 AP 边的水平距离和测设角度 β。

4. 在找煤阶段,地质剖面图是如何测绘的?

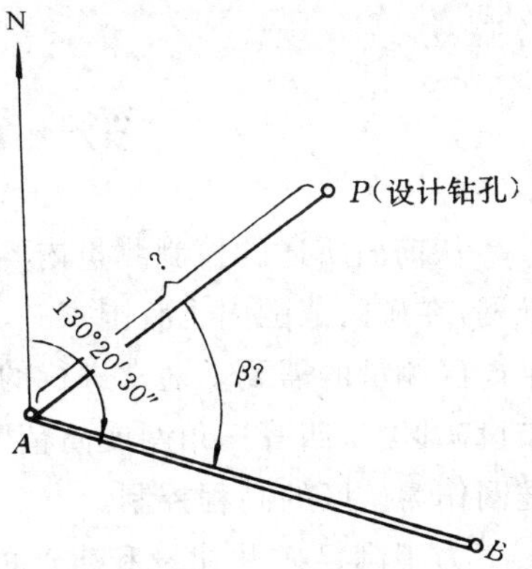

图 13-8　测量元素示意图

第十四章　井下测量

第一节　近井点和井口水准基点

从前面所述的控制测量内容中，我们知道在全国范围内都布设了国家一、二等三角网和水准网，在矿区范围内也有国家一、二等三角点和水准点。但是，这些点的密度很小，远远不能满足矿区测量的需要。通常进行的矿区控制测量就是在国家一、二等三角网和水准网的基础上布设矿区三、四等三角网或高精度的光电测距导线作为矿区的平面控制，布设矿区三、四等水准网作为矿区的高程控制。

为了满足矿井建设和生产的需要，建立矿井上、下统一坐标系统，还需在矿井工业广场井筒附近布设平面控制点和高程控制点，即我们通常所说的近井点和井口水准基点。近井点可在矿区三、四等三角网、测边网或边角网的基础上，用插网、插点和敷设经纬仪导线等方法测设。近井点的精度，对于测设它的起算点来说，其点位中误差不得超过±7 cm，后视边方位角中误差不得超过±10″。井口水准基点应按四等水准测量的精度要求测设。此外，近井点和高程水准基点的布设还要满足以下要求：

① 尽可能埋设在便于观测、保存和不受开采影响的地点。

② 近井点至井口的连测导线边数应不超过 3 条。

③ 高程水准基点应不少于两个（近井点可作为高程水准基点）。

第二节　矿井平面联系测量

一、概述

为了满足矿井日常生产、管理和安全等的需要，要将矿井地面测量和井下测量联系起来，建立同一坐标系统。这种把井上、井下坐标系统统一起来所进行的测量工作就称为矿井联系测量。

矿井联系测量在矿井基建、生产乃至矿井报废阶段都有着非常重要的意义。在矿井基建时期，为了加快井筒和巷道的施工速度，所采用的贯通测量；在矿井生产时期需要了解井下巷道、采空区与地面建筑物、铁路、水体等的相互位置关系，确定采矿引起的地表塌陷的程度和范围以及为了保护地面建筑物和避免地表水体、老塘水对开采影响所需留设保护煤柱的大小；在矿井报废阶段为了避免井下采空区对地表和相邻矿井的影响等等都需要建立在矿井上、下采用同一坐标系统的基础上。

矿井联系测量又分为矿井平面联系测量和矿井高程联系测量。矿井平面联系测量是解决井上、井下平面坐标系统的统一问题；矿井高程联系测量是解决井上、井下高程系统的统一问题。

矿井平面联系测量的任务是根据地面已知点的平面坐标和已知边的方位角，确定井下导线起算点的平面坐标和起算边的方位角。对于采用斜井和平硐开拓的矿井，可直接从地面已知点沿斜井或平硐敷设导线到井下即可求出井下已知点的坐标和已知边的方位角。而对于采用立井开拓的矿井，则需进行专门的测量工作。

进行矿井平面联系测量时，传递坐标的误差和传递方位角的误差对井下测量的影响过程大致可用图 14-1 来说明。

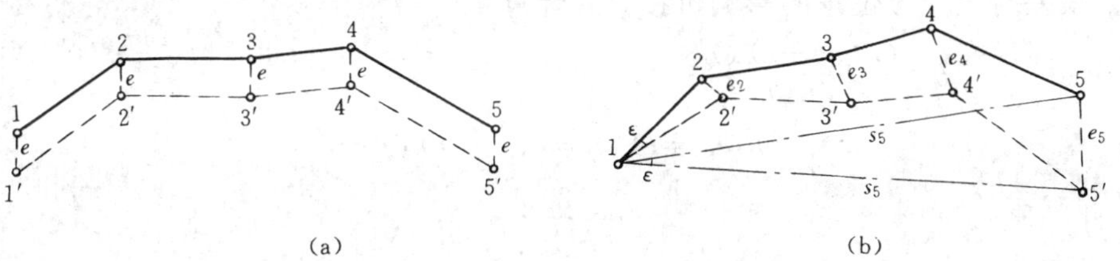

图 14-1　坐标传递误差和传递方位角误差对井下测量影响

由图 14-1(a)可知，在假定井下测量不存在误差的情况下，坐标传递误差 e 对于井下起始点和井下最远点的影响程度相同，即相当于整个导线平移了 e。然而，从图 14-1(b)可以看出，方位角的传递误差则不同。同样假定井下测量不存在误差，当井下起始边传递方位角的误差为 ε 时，相当于整个导线以井下起始点为圆心转动了 ε，即导线延伸越长，影响越大。假定 $\varepsilon=2'$，$s_n=5\ 000$ m，则：

$$e_n=\frac{s_n\cdot\varepsilon}{\rho'}=\frac{5\ 000\times 2}{(180/\pi)\times 60}=\frac{10\ 000}{3\ 438}=2.91\ (\text{m})$$

由此可见，方位角的传递误差对井下测量的影响是相当大的。正因为如此，我们在进行平面联系测量时要尽可能减小方位角的传递误差，以方位角的传递为主。这也是矿井平面联系测量又简称为定向的原因。

矿井平面联系测量的方法主要分为几何定向和物理定向两种，几何定向又分为一井定向和两井定向两种，物理定向即陀螺定向。下面就分别说明这些定向方法。

二、一井定向

一井定向是在一个井筒内悬挂两根钢丝，将地面点的坐标和边的方位角传递到井下的测量工作。一井定向工作分为投点(由地面向定向水平投点)和连接(地面和定向水平上与悬挂的钢丝连接)两个部分。

(一) 投点

投点是以井筒中悬挂的两根钢丝形成的竖直面将井上的点位和方位角传递到井下。投点工作的设备布置如图 14-2 所示。投点方法有稳定投点和摆动投点：前者是在钢丝上悬挂重锤并放入稳定液中；后者是让钢丝自由悬挂摆动，观测其摆动的左右读数从而求得

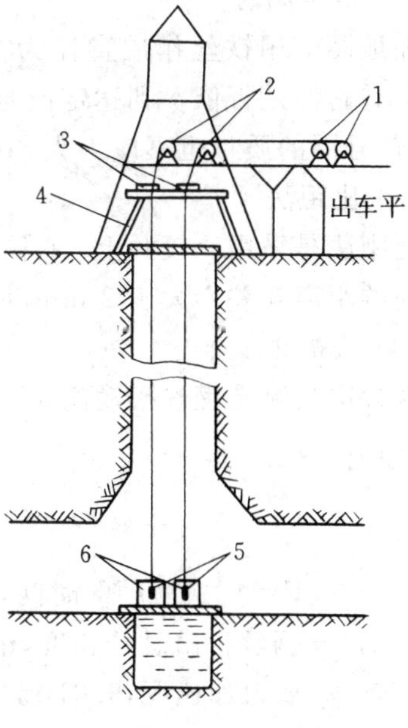

图 14-2　一井定向投点设备布置图
1——缠绕钢丝的手摇绞车；2——导向滑轮；3——定点板；4——定点板固定架；5——垂球；6——水桶

它的稳定位置，然后与钢丝连接。

1. 投点误差

投点误差是指由于井筒内滴水和风流的影响，使钢丝的井上、井下位置不在同一条铅垂线上而产生的误差。两根钢丝偏离的方向相反时(影响最大的情况，如图14-3所示)，投点偏差对定向方位角的影响可按下式计算：

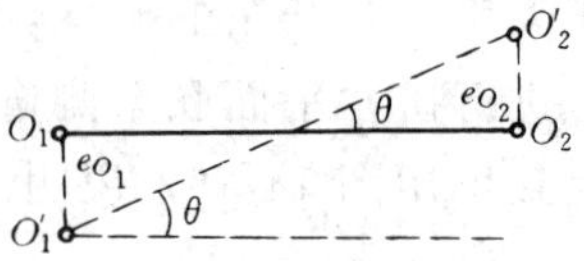

图 14-3 投点误差示意图

$$\theta=\frac{O_1O_1{}'+O_2O_2{}'}{O_1O_2}\cdot\rho''$$

令 $$O_1O_1{}'=O_1O_2=e,\qquad O_1O_2=c$$

则 $$\theta=\frac{2e}{c}\cdot\rho''$$

设 $e=1$ mm，$c=3$ m，则 $\theta=\dfrac{2\times1}{3\times1\ 000}\times206\ 265\doteq138''=2'18''$

由此可见，投点误差仅为 1 mm 时，引起的方位角误差就达 $2'18''$。因此，要尽可能采取以下措施以减小投点误差：① 为了减少风流的影响，定向时最好暂时关闭风机；② 采用直径小、抗拉强度高的钢丝；③ 适当增加垂球的质量并将之浸入液体中；④ 采取防水措施减小滴水的影响；⑤ 尽可能增大两根钢丝间的距离 c。

2. 钢丝自由悬挂的检查

从前面的叙述我们知道，一井定向是以两根自由悬挂的钢丝所形成的竖直面来传递坐标和方位角的。若钢丝不处于自由悬挂状态，必然造成定向结果的错误。为了检查钢丝是否自由悬挂，通常采用以下方法。

(1) 信号圈法

在地面上用铁丝作成直径为 2～3 cm 的小圈套在钢丝上，每隔一定时间下放一个，放3～5个看它们是否依次到达定向水平来检查钢丝是否自由悬挂。投放信号圈时不应使钢丝摆动，信号圈的质量也不应太大。此外，投放前应将钢丝上的油垢擦去以免粘住信号圈。

(2) 比距法

比距法是采用比较井上、井下两钢丝间的距离的方法进行检查。若量得的井上、井下两钢丝间的距离互差不大于 2 mm，便认为钢丝是自由悬挂的。

(3) 振幅法

振幅法是测定钢丝摆动的半周期，看它是否与计算值相等。钢丝摆动的半周期 t 按下式计算：

$$t=\pi\sqrt{\frac{L}{g}}\approx\sqrt{L}$$

式中 t——钢丝一次摆动的时间，s；

L——钢丝自由悬挂长度，m；

g——重力加速度，9.81 m/s^2。

测定半周期的方法是：在定向水平上，记录钢丝连续摆动 10 次的时间，然后计算出平均一次摆动的时间。由于稳定液的阻尼作用，实测的半周期应大于计算值。若小于计算值，可将实测的半周期代入上式，计算出钢丝自由悬挂的长度，以便估计接触点的位置。

(二) 连接

连接测量分为地面连接测量和井下连接测量两部分。地面连接测量是在地面测定两钢丝的坐标及其连线的方位角；井下连接测量是在定向水平根据两钢丝的坐标及其连线的方位角确定井下导线起始点的坐标与起始边的方位角。

连接测量的方法很多，这里仅以连接三角形法为例予以介绍。连接三角形法的平面示意图如图 14-4 所示。

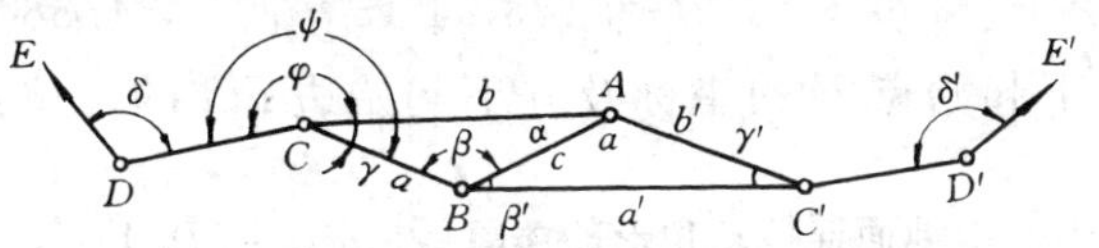

图 14-4 连接三角形法的平面示意图

1. 连接三角形应满足的条件

图 14-4 中三角形 ABC 和 ABC' 称为连接三角形。为了提高定向的精度，在选择井上、井下连接点 C、C' 时，应使连接三角形 $\triangle ABC$ 和 $\triangle ABC'$ 满足以下三个条件：

① 点 C 与 D 及点 C' 与 D' 要彼此通视，且 CD 与 $C'D'$ 的边长要大于 20 m。

② 三角形的锐角 γ 和 γ' 要小于 2°。

③ a/c 与 a'/c' 的值要尽量小一些，一般应小于 1.5。

2. 连接三角形法的外业

地面连接测量是在 C 点安置经纬仪测量出 ψ、φ 和 γ 三个角度，并丈量 a、b、c 三条边的边长。同样，井下连接测量是在 C' 点安置仪器测量出 ψ'、φ' 和 γ' 三个角度，并丈量 a'，b' 和 c' 三条边的边长。

3. 连接三角形的解算

① 运用正弦定理，解算出 α，β，α'，β'：

$$\begin{cases} \sin\alpha = \dfrac{a\sin\gamma}{c}, \ \sin\beta = \dfrac{b\sin\gamma}{c} \\ \sin\alpha' = \dfrac{a'\sin\gamma'}{c'}, \ \sin\beta' = \dfrac{b'\sin\gamma'}{c'} \end{cases}$$

② 检查测量和计算成果：

首先，连接三角形的三个内角 α、β、γ 以及 α'、β'、γ' 的和均应为 180°。若有少量残差可平均分配到 α、β 或 α'、β' 上。

其次，井上丈量所得的两钢丝间的距离 $c_{丈}$ 与按余弦定理计算出的距离 $c_{计}$（$c_{计}^2 = a^2 + b^2 - 2ab\cos\gamma$）相差应不大于 2 mm；井下丈量所得的两钢丝间的距离 $c_{丈}'$ 与计算出的距离 $c_{计}'$（$c'^2_{计} = a'^2 + b'^2 - 2a'b'\cos\gamma'$）相差应不大于 4 mm。若符合上述要求可在丈量的 a、b、c 以及 a'、b'、c' 中加入改正数 V_a，V_b，V_c 及 $V_{a'}$，$V_{b'}$，$V_{c'}$：

$$V_a = V_c = -\frac{c_{丈} - c_{计}}{3} \qquad V_b = \frac{c_{丈} - c_{计}}{3}$$

$$V_{a'} = V_{c'} = -\frac{c_{丈}' - c_{计}'}{3} \qquad V_{b'} = \frac{c_{丈}' - c_{计}'}{3}$$

③ 将井上、井下连接图形视为一条导线，如 $D—C—A—B—C'—D'$，按照导线的计算方法求出井下起始点 C' 的坐标及井下起始边 $C'D'$ 的方位角。

④ 连接三角形的解算实例(表 14-1)。

某矿采用一井定向进行联系测量，近井点 D 至连接点 C 的方位角 $\alpha_{DC}=163°56'45''$，$x_C=55.085$ m，$y_C=1894.572$ m。地面连接三角形的观测值为：$\gamma=0°03'06.0''$，经改正后的边长，$a=8.3359$ m，$b=11.4052$ m，$c=3.067$ m。井下连接三角形的观测值为：$\gamma'=0°27'1.5''$，经改正后的边长 $a'=4.8526$ m，$b'=7.9237$ m，$c'=3.0720$ m；$\angle BC'E=191°29'00''$，$\angle C'EF=171°56'56''$，$\angle EFG=183°54'13''$，$l_{C'E}=34.884$ m，$l_{EF}=43.857$ m，$l_{FG}=47.667$ m。试求算井下起始点 F 的坐标及井下起始边 FG 的方位角。

表 14-1　　　地面连接三角形的解算($\gamma<2°$、$\beta>178°$)

∠α、∠β的计算	边长核算	误差计算
连接三角形示意图 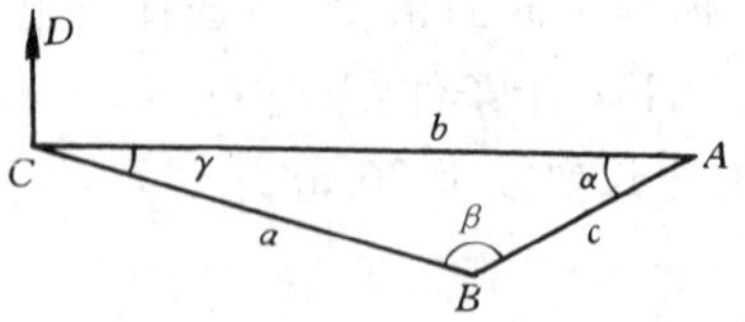 $\sin\alpha=\frac{a}{c}\sin\gamma$；$\sin\beta=\frac{b}{c}\sin\gamma$	$c_{计}^2=a^2+b^2-2ab\cos\gamma$	$m_\alpha=\frac{a}{c}\cdot\frac{\cos\gamma}{\cos\alpha}m_\gamma$；$m_\beta=\frac{b}{c}\cdot\frac{\cos\gamma}{\cos\beta}m_\gamma$

观测值	a	8.335 9	c	3.069 7
	b	11.405 2	γ	0°03′06.0″
改正数	$V_a=-0.0001$；$V_b=0.0002$；$V_c=-0.0001$			
平差值	a	b	c	
	8.335 8	11.405 4	3.069 6	

γ''	186″
a/c	2.715 542 235
$\sin\alpha$	0.002 448 749
α	0°08′25.1″
b/c	3.715 4119 29
$\sin\beta$	0.003 350 385
(β)	0°11′31.1″
β	179°48′28.9″
$\sum=\alpha+\beta+\gamma$	180°00′00.0″

a^2	69.487 228 81
b^2	130.078 587
$\cos\gamma$	0.999 999 59
$2ab\cos\gamma$	190.145 135 3
$c_{计}^2$	9.420 679 7
$c_{计}$	3.069 3
$c_{丈}$	3.069 7
$d=c_{丈}-c_{计}$	0.000 4

m_γ	±6.3″
m_α	±17.1″
m_β	±23.4″
	$V_a=-\frac{d}{3}$
	$V_b=+\frac{d}{3}$
	$V_c=-\frac{d}{3}$

首先，解算连接三角形。地面连接三角形的解算见表 14-1；井下连接三角形可按类似方法解算。

其次，将井上下连接起来视为一条导线，计算出各点的坐标，如选用 $D—C—A—B—C'—E—F—G$ 为计算导线，计算结果如表 14-2 所列。

应当指出的是，采用一井定向进行平面联系测量应独立进行两次，本例中列出的只是第一次定向的成果。第二次定向成果可按类似方法进行计算。如根据本矿第二次一井定向成果计算出的 FG 边的方位角 $\alpha_{FG}=256°03'13''$，两次定向求得的井下起始边 FG 的方位角互差为 54″，小于原能源部 1989 年制订的《煤矿测量规程》(以下简称《规程》)规定的 2′。因此，取两次定向的平均值作为井下起始边 FG 的方位角，即 $\alpha_{FG}=256°02'46''$。

表 14-2　　**计算结果表**

点		水平角	方位角	水平边长/m	坐标增量/m		坐　标/m		草　图
测站	视准点				Δx	Δy	x	y	
D	C		163°56′45″				55.085	1 894.572	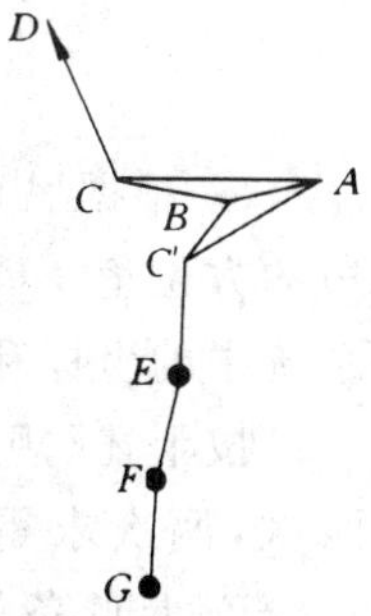
C	D A	86°03′33″	70°00′18″	11.405	+3.900	+10.718	58.985	1 905.290	
A	C B	359°51′35″	249°51′53″	3.071	−1.057	−2.883	57.928	1 902.407	
B	A C'	178°50′17″	248°42′10″	4.852	−1.762	−4.521	56.166	1 897.886	
C'	B E	191°29′00″	260°11′10″	34.884	−5.946	−34.374	50.220	1 863.512	
E	C' F	171°56′56″	252°08′06″	43.857	−13.454	−41.742	36.766	1 821.770	
F	E G	183°54′13″	256°02′19″	47.667	−11.501	−46.259	25.265	1 775.511	

三、两井定向

1. 概述

当矿井有两个竖井，且在定向水平有巷道相通、并能进行测量时，就可采用两井定向。两井定向是在两个井筒内各用重球悬挂一根钢丝，通过地面和井下导线将它们连接起来，从而把地面坐标系统中的平面坐标和方向传递到井下。

两井定向的外业测量与一井定向类似，也包括投点、地面和井下连接测量，只是两井定向时每个井筒中只悬挂一根钢丝，这就使投点工作更为方便且缩短了占用井筒的时间。同时，由于两井定向与一井定向相比两根钢丝间的距离大大增加，从而使投向误差显著减小。因此，在条件允许时，应尽量考虑使用两井定向。两井定向的井上、井下连接测量的示意图如图 14-5 所示。

由于两井定向时，两根钢丝间不能直接通视，而是通过导线连接起来的，因此，在连接测量时必须测出井上、井下导线各边的边长及其连接水平角，同时在内业计算时必须采用假定坐标系。

2. 两井定向的内业计算

① 根据地面连接测量的成果，按照导线的计算方法，计算出地面两钢丝点 A、B 的坐标 (x_A, y_A)、(x_B, y_B)。

② 计算两钢丝点 A、B 的连线在地面坐标系统中的方位角 α_{AB}：

$$\tan\alpha_{AB}=\frac{y_B-y_A}{x_B-x_A}$$

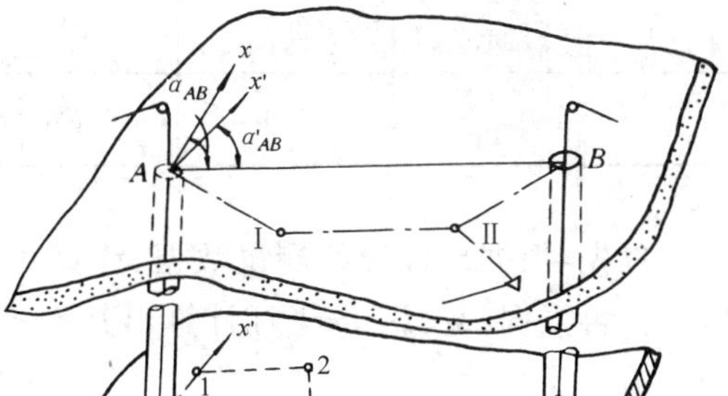

图 14-5　两井定向连接测量示意图

③ 以井下导线起始边 $A_1'1$ 为 x'轴，A 点为坐标原点建立假定坐标系，计算井下导线各

连接点在此假定坐标系中的平面坐标，设 B 点的假定坐标为（x_B'，y_B'）。

④ 计算 A、B 连线在假定坐标系中的方位角 α'_{AB}：

$$\tan \alpha'_{AB} = \frac{y_B' - y_A'}{x_B' - x_A'} = \frac{y_B'}{x_B'}$$

⑤ 计算井下起始边在地面坐标系统中的方位角 α_{A1}：

$$\alpha_{A1} = \alpha_{AB} - \alpha'_{AB}$$

⑥ 根据 A 点的坐标（x_A，y_A）和计算出的 $A1$ 边的方位角 α_{A1}，计算出井下导线各点在地面坐标系统中的坐标和方位角。

按上述《规程》规定，两井定向必须独立进行两次，两次求得的起始边方位角互差不得超过 1′，若满足此条件，则取两次结果的平均值作为最终定向成果。

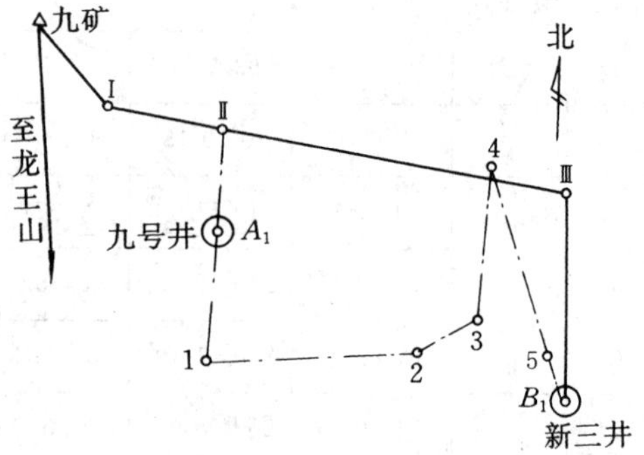

图 14-6　两井定向线路示意图

———地面导线；—·—井下导线

3. 两井定向实例

某矿井采用如图 14-6 所示的方案进行两井定向，地面导线以三角点九矿为起始点，九矿至龙王山为起始方向。已知 $x_{九矿}$ = 610 091.024 m，$y_{九矿}$ = 507 901.396 m，$\alpha_{九矿—龙王山}$ = 167°15′29.5″，地面导线的测量数据如表 14-3，井下导线第一次测量成果如表 14-4。

表 14-3　**地面导线计算表**

角号（地面导线）		水平角 /(°)	/(′)	/(″)	边号（地面导线）	水平距离
九矿	龙王山 I	352	21	20.4	九矿—I	79.956 6
I	九矿 Ⅱ	141	28	53.0	I—Ⅱ	75.918 1
Ⅱ	I Ⅲ	174	47	34.0	Ⅱ—Ⅲ	63.040 6
Ⅱ	I A_1	243	18	22.4	Ⅱ—A_1	9.136 0
Ⅲ	Ⅱ B_1	259	54	13.6	Ⅲ—B_1	25.526 4

首先，根据地面导线测量数据，计算两井筒中钢丝位置 A_1、B_1 的坐标，计算结果列于表 14-5。再根据 A_1、B_1 的坐标计算出其连线的方位角 $\alpha_{A_1B_1}$。

$$\tan \alpha_{A_1B_1} = \frac{y_{B_1} - y_{A_1}}{x_{B_1} - x_{A_1}} = \frac{50.468\ 7}{-42.978\ 3} = -1.174\ 3$$

$$\alpha_{A_1B_1} = 130°25'01.8''$$

表 14-4　　井下导线第一次测量值

角号	地面导线	水平角 /(°)	水平角 /(′)	水平角 /(″)	边号	水平距离
1	A_1 2	86	28	20.2	A_1—1	15.931 2
2	1 3	155	08	55.2	1—2	37.922 9
3	2 4	116	08	35.5	2—3	13.880 7
4	3 5	328	11	34.3	3—4	17.213 1
					4—5	19.6327
5	4 B_1	201	31	56.9	5—B_1	13.757 4

注:按井下 7″级导线要求测量的。

表 14-5　　两井定向地面连接导线坐标计算表

点 测站	点 视准点	水平角	方位角	水平边长 /m	坐标增量/m Δx	坐标增量/m Δy	坐标/m x	坐标/m y
龙王山	九矿		347°15′29.5″				610 091.024	507 901.396
九矿	龙王山 Ⅰ	352°21′20.4″	159°36′49.9″	79.956 6	−74.948 6	+27.852 5	610 016.075 4	507 929.248 5
Ⅰ	九矿 Ⅱ	141°28′53.0″	121°05′42.9″	75.918 1	−39.208 8	+65.009 4	609 976.866 6	507 994.257 9
Ⅱ	Ⅰ A_1	243°18′22.4″	184°24′05.3″	9.136 0	−9.109 0	−0.701 1	609 967.757 5	507 993.556 8
Ⅰ	Ⅱ		121°05′42.9″				609 976.866 6	507 994.257 9
Ⅱ	Ⅰ Ⅲ	174°47′34.0″	115°53′16.9″	63.040 6	−27.524 4	+56.714 4	609 949.342 2	508 050.972 3
Ⅲ	Ⅱ B_1	259°54′13.6″	195°47′30.5″	25.526 4	−24.563 0	−6.946 8	609 924.779 2	508 044.025 5

注:$\Delta x_{B_1A_1}=-42.978\,3$,$\Delta y_{B_1A_1}=+50.468\,7$,$\tan\alpha_{A_1B_1}=1.174\,283\,30$,$\alpha_{A_1B_1}=130°25'01.8''$,$d_{A_1B_1}=66.288\,9$。

然后,以 A_1 为坐标原点,$A_1 1$ 为 x 轴,建立假定坐标系,计算井下导线。计算结果列于表 14-6。由计算得到的假定坐标,求出 A_1B_1 在假定坐标系中的方位角 $\alpha'_{A_1B_1}=287°06'17.6''$。从而可得井下导线起始边在地面坐标系统中的方位角 $\alpha_{A1}=\alpha_{A_1B_1}-\alpha'_{A_1B_1}+360°=203°18'44.2''$。

表 14-6　　按假定坐标系统进行井下连接导线的坐标计算

点 测站	点 视准点	水平角	方位角	水平距离 /m	坐标增量/m Δx	坐标增量/m Δy	坐标/m x	坐标/m y
A_1	1		0°00′00″	15.931 2	+15.931 2	0	0 +15.931 2	0 0
1	A_1 2	86°28′20.2″	266°28′20.2″	37.922 9	−2.333 5	−37.851 0	+13.597 7	−37.851 0
2	1 3	155°08′55.2″	241°37′15.4″	13.880 7	−6.597 5	−12.212 6	+7.000 2	−50.063 6

续表 14-6

点		水平角	方位角	水平距离/m	坐标增量/m		坐 标/m	
测站	视准点				Δx	Δy	x	y
3	2 4	116°08′35.5″	177°45′50.9″	17.213 1	−17.200 0	+0.671 5	−10.199 8	−49.392 1
4	3 5	328°11′34.3″	325°57′25.2″	19.632 7	+16.268 0	−10.990 7	+6.068 2	−60.382 8
5	4 B_1	201°31′56.9″	347°29′22.1″	13.757 4	+13.430 7	−2.980 1	+19.498 9	−63.362 9

注：$\Delta y_{B_1A_1}=-63.362\ 9$，$\Delta x_{B_1A_1}=+19.498\ 9$，$\tan\alpha'_{A_1B_1}=3.249\ 562\ 8$，$\alpha'_{A_1B_1}=287°06'17.6''$，$d'_{A_1B_1}=66.295\ 3$，$\Delta d=d'_{A_1B_1}-d_{A_1B_1}=6.4$ mm。

最后，按地面坐标系统计算井下导线，计算结果列于表 14-7。

表 14-7　　按地面坐标系统进行井下连接导线的坐标计算

点		水平角	方位角	水平距离/m	坐标增量/m		坐 标/m	
测站	视准点				Δx	Δy	x	y
A_1	1		203°18′44.2″	15.931 2	+6 −14.630 6	−7 −6.304 6	609 967.757 5 609 953.127 5	507 993.556 8 507 987.251 5
1	A_1 2	86°28′20.2″	109°47′04.4″	37.922 9	+12 −12.836 3	−15 +35.684 4	609 940.292 4	508 022.934 4
2	1 3	155°08′55.2″	84°55′59.6″	13.880 7	+5 +1.225 9	−6 +13.826 5	609 941.518 8	508 036.760 3
3	2 4	116°08′35.5″	21°04′35.1″	17.213 1	+6 +16.061 6	−7 +6.190 1	609 957.581 0	508 042.949 7
4	3 5	328°11′34.3″	169°16′09.4″	19.632 7	+7 −19.289 4	−8 +3.655 5	609 938.292 3	508 046.604 4
5	4 B_1	201°31′56.9″	190°48′06.3″	13.757 4	+5 −13.513 6	−6 −2.578 3	609 924.779 2	508 044.025 5
				Σ	−42.982 4	+50.473 6		
					$\Delta x_{B_1A_1}=$ −42.978 3 $f_x=-41$	$\Delta y_{B_1A_1}=$ 50.468 7 $f_y=+49$		

注：$\alpha_{A_1B_1}=130°25'01.8''$，$\alpha'_{A_1B_1}=287°06'17.6''$，$\Delta\alpha=203°18'44.2''$，$f=\sqrt{f_x^2+f_y^2}=\sqrt{41^2+49^2}=64$，$\frac{f}{P}=\frac{6.4}{118\ 338}=\frac{1}{18\ 490}<\frac{1}{6\ 000}$。

第二次进行两井定向的计算方法与第一次完全相同，这里仅列出其井下导线按地面坐标系统的计算结果（表 14-8）。由于两次定向求得的方位角互差小于《规程》规定的 1′。因此，取两次定向的平均值作为最后定向结果，具体列于表 14-9。

表 14-8　　　　**第二次井下测量成果**

点		水平角	方位角	水平距离/m	坐　　标/m	
测站	视准点				x	y
A_1	1		203°13′56.0″	15.928 6	609 967.765 4 609 953.128 9	507 993.536 1 507 987.252 3
1	A_1 2	86°33′13.0″	109°47′09.0″	37.922 9	609 940.292 9	508 022.935 1
2	1 3	155°08′55.2″	84°56′04.2″	13.880 7	609 941.519 0	508 036.761 1
3	2 4	116°08′35.5″	21°04′39.7″	17.213 1	609 957.580 9	508 042.950 9
4	3 5	328°11′34.3″	169°16′14.0″	19.632 7	609 938.292 0	508 046.605 3
5	4 B_1	201°29′44.9″	190°45′58.9″	13.759 4	609 924.775 2	508 044.034 5

表 14-9　　　　**两井定向井下导线的最终值**

点　号		水平角	方位角	水平距离/m	坐　　标/m	
测站	视准点				x	y
1	2		109°47′07″	37.923	609 953.128 609 940.293	507 987.252 508 022.935
2	1 3	155°08′55.2″	84°56′02″	13.881	609 941.519	508 036.761
3	2 4	116°08′35.5″	21°04′37″	17.213	609 957.581	508 042.951
4	3 5	328°11′34.3″	169°16′12″	19.633	609 938.292	508 046.605

四、陀螺定向

1852 年，法国物理学家傅科提出地球的自转会在陀螺仪上产生效应的设想："无需进行任何天文观测或地磁观测，只要由陀螺经纬仪观测就可以得出任何地点的子午线位置"。由于受当时技术条件的限制，傅科的实验未能获得预期效果。20 世纪初，研制成功陀螺罗盘作为航海导航仪器。20 世纪 50 年代，研制成功液浮式矿用陀螺罗盘仪。20 世纪 60 年代，在矿用陀螺罗盘仪的基础上发展成陀螺经纬仪，其中较大的改进是利用金属悬挂带把陀螺灵敏部置于空气中。在发展初期，将陀螺仪悬挂在经纬仪空心竖轴之下，悬挂带固定端与经纬仪的壳体相固联，称为下架式陀螺经纬仪。20 世纪 70 年代，发展成将陀螺经纬仪用专用桥式支架跨放、连接在经纬仪支架上，称为上架式陀螺经纬仪。

20 世纪 70 年代后期，德国、瑞士、匈牙利、苏联等国家把自动控制技术和电子计算机技术引进陀螺经纬仪，研制出自动化陀螺经纬仪，如德国的 MW－77－Gyromat、瑞士的 GC1 型、匈牙利的 Gi－B3 型等。20 世纪 80 年代，研制成数字化陀螺全站仪，它的特点是可以直接测定测线的方位角和待定点的坐标，敷设光电测距—陀螺定向导线，满足高精度工程测量的要求。

我国研制陀螺经纬仪起步较晚，中国矿业大学于1956～1960年研制成结构、重量与苏联M1、M2相似的仪器，1964年与某部队合作研制成与苏联MB相似的浮子陀螺经纬仪，但它们都没能用于生产定向。中国煤炭科学研究总院唐山分院矿山测量研究所于1971～1972年间在研制成KJD－60型陀螺经纬仪初样机的基础上，于1973～1974年与西安光学测量仪器厂合作，改进研制了DJ6－T60型陀螺经纬仪；1978年又研制成功DJ2－T20型陀螺经纬仪；1992年又研制成FT90防爆陀螺经纬仪。中国矿业大学与徐州光学仪器总厂协作，于1980年研制成功JT15型陀螺经纬仪，陀螺方位角一次测定中误差为±15″，基本达到国际同类型仪器水平。JT15型经纬仪曾被我国南极考察队选中，在南极长城站天文点进行定向测量，取得了很好的成果。

陀螺定向是运用陀螺经纬仪直接测定井下未知边的方位角。它克服了运用几何定向方法进行联系测量时占用井筒时间长、工作组织复杂等缺点，目前，已广泛应用于矿井联系测量和控制井下导线方向误差的积累。

1. 陀螺经纬仪的基本原理

陀螺经纬仪是根据自由陀螺仪（在不受外力作用时，具有三个自由度的陀螺仪）的原理而制成的。自由陀螺仪具有以下两个基本特性：

① 定轴性：陀螺轴在不受外力作用时，它的方向始终指向初始恒定方向。

② 进动性：陀螺轴在受到外力作用时，将产生非常重要的效应——“进动”。

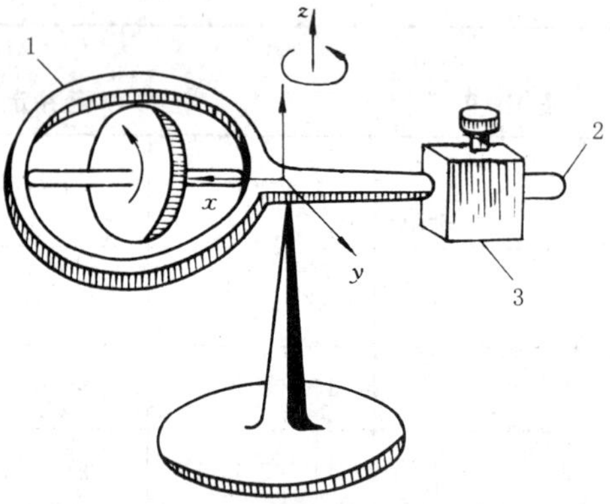

图 14-7 陀螺仪工作原理示意图

自由陀螺仪的上述两个特性，可通过以下实验予以证明。如图14-7所示，左端为一可转动的陀螺，右端为一可移动的悬重，当调节悬重的位置使杠杆水平时，可以看到陀螺转动后，其轴线的方向始终保持不变，即可验证定轴性。当将悬重向左移动一小段距离，即相当于陀螺轴受到一个向下的作用力时，陀螺转动后，杠杆将保持水平，但将在水平面上作逆时针方向的转动；同理，将悬重右移一小段距离，即陀螺轴受到一个向上的作用力时，陀螺转动后，杠杆仍保持水平，但将在水平面上作顺时针方向的转动，这样即可验证自由陀螺仪的进动性。

目前，常用的陀螺仪是采用两个完全自由度和一个不完全自由度的钟摆式陀螺仪。它是根据上述的陀螺仪的定轴性和进动性两个基本特性，并考虑到陀螺仪对地球自转的相对运动，使陀螺轴在测站子午线附近作简谐摆动的原理而制成的。

2. 矿用陀螺经纬仪的基本结构

陀螺经纬仪是陀螺仪和经纬仪组合而成的定向仪器。根据其连接形式不同主要可分为上架式陀螺经纬仪和下架式陀螺经纬仪两大类。上架式陀螺经纬仪即陀螺仪安放在经纬仪之上，下架式陀螺经纬仪即陀螺仪安放在经纬仪之下。

现在常用的矿用陀螺经纬仪大都是上架式陀螺经纬仪。这里以徐州光学仪器厂生产的JT－15型陀螺经纬仪为例来说明陀螺经纬仪的基本结构。

JT—15型陀螺经纬仪是将陀螺仪安放在6″级经纬仪之上而构成的，其中陀螺仪部分的基本结构如图 14-8 所示。

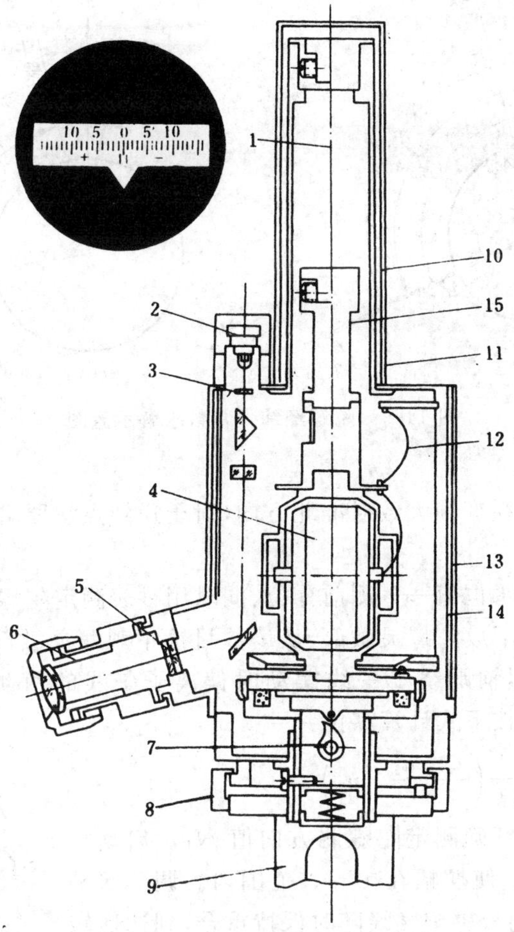

图 14-8　陀螺经纬仪结构示意图

1——悬挂带；2——光源；3——光标镜；4——陀螺马达；5——分划板；6——目镜；7——凸轮；8——限幅盘；9——连接支架；10——上套筒；11——支架；12——导流丝；13——磁屏蔽；14——支架；15——悬挂柱

3. 陀螺经纬仪定向的方法

运用陀螺经纬仪进行矿井定向的常用方法主要有逆转点法和中天法。它们间的主要差别是在测定陀螺北方向时，逆转点法的仪器照准部处于跟踪状态，而中天法的仪器照准部是固定不动的。这里以逆转点法为例来说明测定井下未知边方位角的全过程。

① 在地面已知边上采用 2～3 个测回测定仪器常数 $\Delta_{前}$。

由于仪器加工等多方面的原因，实际中的陀螺轴的平衡位置往往与测站真子午线的方向不重合，它们之间的夹角我们称之为陀螺经纬仪的仪器常数，并用 Δ 表示。如图14-9所示，要在地面已知边上测定 Δ，关键是要测定已知边的陀螺方位角 $T_{AB陀}$，如图14-9(a)所示。

测定 $T_{AB陀}$ 的方法是：

第一步，在 A 点安置陀螺经纬仪，严格整平对中，并以两个镜位观测测线方向 AB 的方

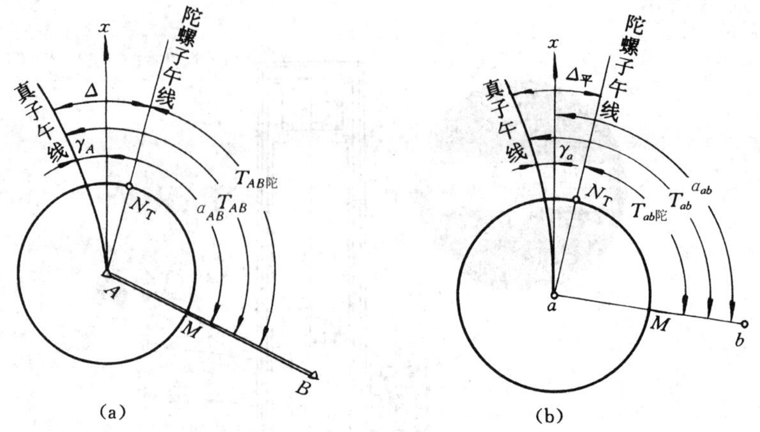

图 14-9 陀螺经纬仪常数求解示意图

向值——测前方向值 M_1。

第二步，将经纬仪的视准轴大致对准北方向(对于逆转点法要求偏离陀螺子午线方向不大于 $60'$)。

第三步，测量悬挂带零位值——测前零位，同时用秒表测定陀螺摆动周期。

测定零位的方法是：下放陀螺灵敏部，从读数目镜中观测灵敏部的摆动，在分划板上连续读三个逆转点(即陀螺轴围绕子午线摆动时偏离子午线的两侧最远位置)的读数(图 14-10)，估读以0.1格，并按下式计算零位：

$$L=\frac{1}{2}\left(\frac{a_1+a_3}{2}+a_2\right)$$

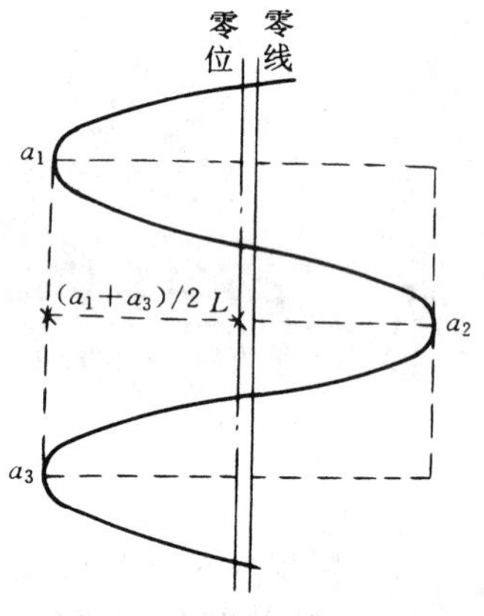

图 14-10 零位测定中逆转点读数位置示意图

第四步，用逆转点法精确测定陀螺北方向值 N_T。启动陀螺马达，缓慢下放灵敏部，使摆幅在 $1°\sim3°$范围内。调节水平微动螺旋使光标像与分划板零刻度线随时保持重合，到达逆转点后，记下经纬仪水平度盘读数。连续记录 5 个逆转点的读数 u_1、u_2、u_3、u_4、u_5，并按下式计算 N_T：

$$N_1=\frac{1}{2}\left(\frac{u_1+u_3}{2}+u_2\right)$$

$$N_2=\frac{1}{2}\left(\frac{u_2+u_4}{2}+u_3\right)$$

$$N_3=\frac{1}{2}\left(\frac{u_3+u_5}{2}+u_4\right)$$

$$N_T=\frac{1}{3}(N_1+N_2+N_3)$$

第五步，进行测后零位观测，方法同测前零位观测。

第六步，再以两个镜位测定 AB 边的方向值——测后方向值 M_2。

第七步，计算 $T_{AB陀}$：

$$T_{AB陀}=\frac{M_1+M_2}{2}-N_T$$

于是可得：

$$\Delta_{前}=T_{AB}-T_{AB陀}=\alpha_{AB}+r_A-T_{AB陀}$$

② 在井下定向边上采用两测回测定陀螺方位角 $T_{ab陀}$，如图 14-9(b)所示。

③ 返回地面后，及时再在已知边 AB 上测定仪器常数 $\Delta_{后}$。

④ 计算井下未知边的坐标方位角 α_{ab}。如图 14-9(b)所示，α_{ab} 按下式计算：

$$\alpha_{ab}=T_{ab陀}+\Delta_{平}-r_a \qquad \Delta_{平}=\frac{\Delta_{前}+\Delta_{后}}{2}$$

式中　r_a——a 点的子午线的收敛角。

采用逆转点法进行陀螺定向时，测定仪器常数的记录格式和计算方法如表 14-10 所示；测定井下未知边方位角的计算方法如表 14-11 所列。

表 14-10　　**陀螺经纬仪定向记录(逆转点法)**

测线名称：基 5—基 6　　记录者：

仪器号：JT15—79563　　观测者：　　日期：

	左　方	中　值	右　方
逆转点读数	1°15.0′		
	(1°14.1′)	0°00.35′	358°46.6′
	1°13.2′	0°00.38′	(358°47.55′)
	(1°12.25′)	0°00.38′	358°48.5′
	1°11.3′		
	平　均　值	0°00.37′	
	周　　期	8 min 38 s	

测前零位			测后零位		
左　方	中　值	右　方	左　方	中　值	右　方
+1.25					−1.86
(+1.245)	−0.178	−1.60	+1.50	−0.178	(−1.855)
+1.24					−1.85
周　　期	38.0 s		周　　期	38.1 s	

				附　　注
测线方向	正　镜	4°25.5′	4°25.6′	
	倒　镜	184°25.2′	184°25.3′	
	平　均	4°25.35′	4°25.45′	天气：晴
计算	测线方向值	4°25′24″		气温：
	陀螺北方向值	0°00′22.2″		风力：3～4 级
	零位改正数			振动：
	陀螺方位角	4°25′01.8″		开始时间：20 h 33 min
	仪器常数	+4′44.4″		启动时间 1 min 36 s
	地理方位角	4°29′46.2″		制动时间：57 s
	收敛角	+4′13.2″		停止时间：20 h 55 min
	坐标方位角	4°25′33″		运转时间：22 min

表 14-11 **陀螺经纬仪定向记录(逆转点法)**

测线名称:车 1—车 2　　记录者:

仪器号:JT15—79503　　观测者:　　日期:

	左　方	中　值	右　方
逆转点读数	358°36.7′		
	(358°38.0′)	359°59.50′	1°21.0′
	358°39.3′	359°59.52′	(1°19.75′)
	(358°40.35′)	359°59.42′	1°18.5′
	358°41.4′		
	平　均　值	359°59.48′	
	周　　期	8 min 38 s	

测前零位			测后零位		
左　方	中　值	右　方	左　方	中　值	右　方
+0.40					−0.50
(+0.38)	−0.175	−0.73	+0.15	−0.175	(−0.50)
+0.35					−0.50
周　　期	38.0 s		周　　期	38.0 s	

				附　注
测线方向	正　镜	184°42.6′	184°42.5′	
	倒　镜	4°42.5′	4°42.5′	
	平　均	184°42.55′	184°42.5′	天气:晴
计算	测线方向值	184°42′31.2″		气温:
	陀螺北方向值	359°59′28.8″		风力:
	零位改正数			振动:
	陀螺方位角	184°43′02.4″		开始时间:10 h 15 min
	仪器常数	+4′49.3″		启动时间 1 min 35 s
	地理方位角	184°47′51.7″		制动时间:57 s
	收　敛　角	+4′32.4″		停止时间:10 h 38 min
	坐标方位角	184°43′19.3″		运转时间:23 min 垞城矿北翼大巷

第三节　矿井高程联系测量

矿井高程联系测量又称导入标高,其目的是建立井上、井下统一的高程系统。采用平硐或斜井开拓的矿井,高程联系测量可采用水准测量或三角高程测量,将地面水准点的高程传递到井下。采用竖井开拓的矿井则需采用专门的方法来传递高程,常用的竖井导入标高的方法有钢尺法、钢丝法和光电测距仪法。

钢尺法和钢丝法导入标高的原理基本相似,只是钢尺法采用的是经过比长过的钢尺,只需直接加上其测量值各项改正数即可得到其长度;而钢丝法则需要在地面通过专门的设备或仪器测量其长度。因此这里仅以钢丝法和光电测距仪法为例来说明导入标高的过程。

一、钢丝法导入标高

采用钢丝法导入标高时，首先应在井筒中部悬挂一钢丝，在井下端悬以重锤，使其处于自由悬挂状态(图 14-11)；然后，在井上、井下同时用水准仪测得 A、B 处水准尺上的读数 a 和 b，并用水准仪瞄准钢丝，在钢丝上作上标记；变换仪器高再测一次，若两次测得的井上、井下高程基点与钢丝上相应标志间的高差互差不超过 4 mm，则可取其平均值作为最终结果。最后，可通过在地面建立的比长台用钢尺往返分段测量出钢丝上两标记间的长度，且往返测量的长度互差不得超过 $L/8\ 000$(L 为钢丝上两标志间的长度)。

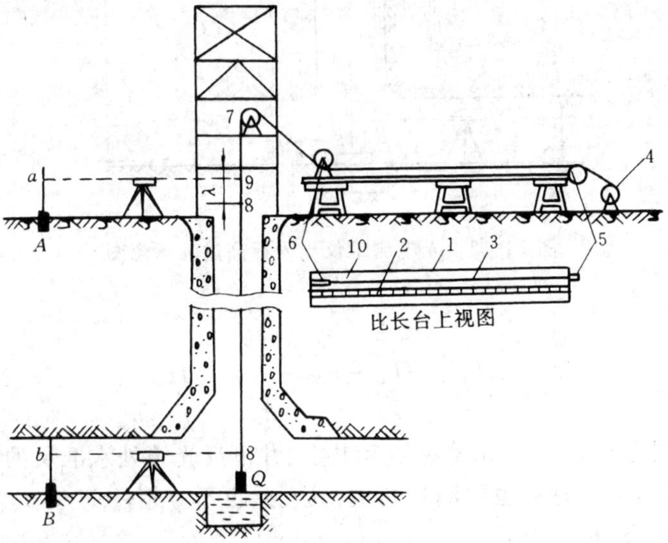

图 14-11　钢丝法导入标高过程示意图

1——比长台；2——检验过的钢尺；3——钢丝；4——手摇绞车；

5、6——小滑轮；7——导向滑轮；8——标线夹；9——变高标记；10——台面

这样，井下水准基点 B 的高程 H_B 即可通过下式求得：

$$H_B = H_A - L + (a - b)$$

二、光电测距仪导入标高

运用光电测距仪导入标高，不仅精度高，而且缩短了井筒占用时间，因此是一种值得推广的导入标高方法。

如图 14-12 所示，光电测距仪导入标高的基本方法是：在井口附近的地面上安置光电测距仪，在井口和井底的中部，分别安置反射镜；井上的反射镜与水平面成 45°夹角，井下的反射镜处于水平状态；通过光电测距仪分别测量出仪器中心至井上和井下反射镜的距离 l、S，从而计算出井上与井下反射镜中心间的铅垂距离 H：

$$H = S - l + \Delta l$$

式中，Δl 为光电测距仪的总改正数。

然后，分别在井上、井下安置水准仪。测量出井上反射镜中心与地面水准基点间的高差 h_{AE} 和井下反射镜中心与井下水准基点间的高差 h_{FB}，则可按下式计算出井下水准基点 B 的

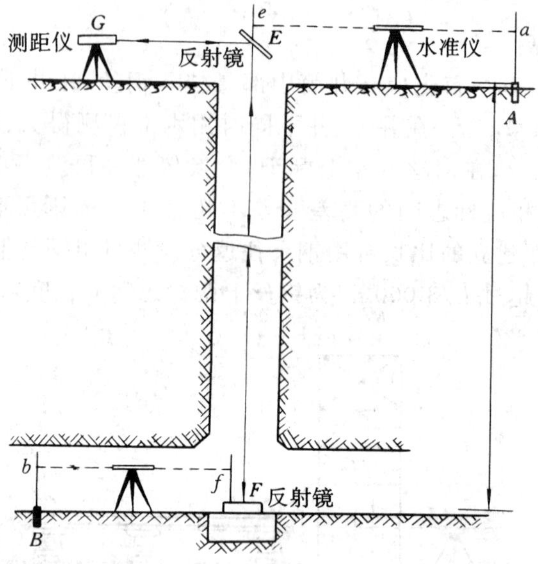

图 14-12　光电测距仪导入标高过程示意图

高程 H_B：

$$H_B = H_A + h_{AE} + h_{FB} - H$$

$$h_{AE} = a - e \qquad h_{FB} = f - b$$

式中，a、b、e、f 分别为井上、井下水准基点和井上、井下反光镜处水准尺的读数。

运用光电测距仪导入标高也要测量两次，其互差也不应超过 $H/8\ 000$。

第四节　井下平面测量

井下平面测量主要包括井下平面控制测量和采区测量。

一、井下平面控制测量

1. 概述

井下平面控制测量，由于受到井下客观条件的制约，一般都不可能像地面控制测量那样布设成三角网，它只能以矿井联系测量测得的井底车场内的已知点和已知边作为导线的起始点和起始边，逐步敷设导线来完成标定巷道掘进方向和测绘矿图等任务。

由于井下巷道是分期逐步掘进的，因此井下导线在矿井建设的初期都只能布设成支导线，只有随着井下巷道的增多才可能形成附合导线和闭合导线的形式。

根据井下导线的用途和精度的不同，可将井下导线分为基本控制导线和采区控制导线。基本控制导线精度较高，是井下的首级平面控制。它主要敷设在斜井、平硐、井底车场、水平（阶段）运输巷道、总回风巷、集中上下山和集中运输石门等矿井主要巷道中。采区控制导线的精度较低，是矿井的加密控制，它是以基本控制导线点为基础，沿采区上下山、中间巷道或片盘运输巷道以及其他次要巷道敷设。

井下基本控制导线可分为 7″级和 15″级两种。当井田一翼长度超过 5 km 时，应选用 7″级导线作为首级控制；井田一翼长度在 3～5 km 之间时可选用 15″级导线作为首级控制。

采区控制导线也包括15″级和30″级两种。当采区一翼长度超过1 km时，应选用15″级，否则选用30″级。基本控制导线和采区控制导线的主要技术要求见表14-12。

表14-12　　基本控制导线和采区控制导线的主要技术要求

导线类别	井田(采区)一翼长度/km	测角中误差/(″)	一般边长/m	导线全长相对闭合差	
				闭(附)合导线	复测支导线
基本控制导线	≥5	±7	60～200	1/8 000	1/6 000
	<5	±15	40～140	1/6 000	1/4 000
采区控制导线	≥1	±15	30～90	1/4 000	1/3 000
	<1	±30	—	1/3 000	1/2 000

根据《规程》的规定，在布设基本控制导线时，应每隔1.5～2.0 km加测一条陀螺定向边，且7″级和15″级基本控制导线的陀螺经纬仪定向精度不得低于±10″和±15″。

2. 导线点的选设

井下导线点按照其使用时间的长短分为永久点和临时点两种。永久点应设在碹顶上或巷道顶(底)板的稳定岩石中，如图14-13(a)所示。一般在矿井的主要巷道中至少应每隔300～500 m设置一组，每组至少应有3个相邻点。临时点可选设在顶板岩石中或牢固的棚梁上，如图14-13(b)、(c)所示。无论是永久点还是临时点都要进行统一的编号，并在其附近作明显的标记。永久点和临时点的构造示意图如图14-13所示。

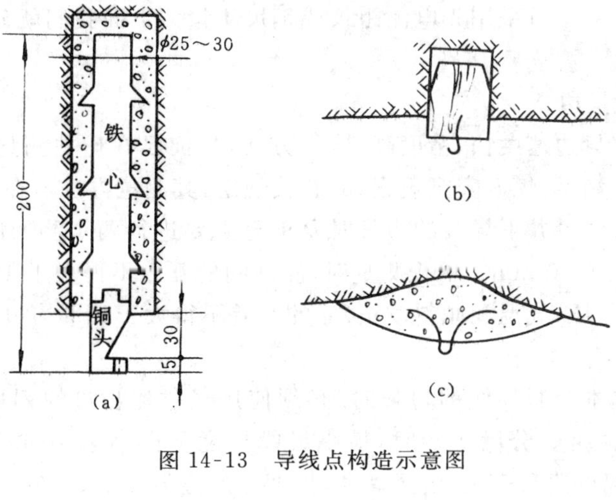

图14-13　导线点构造示意图

3. 水平角的观测

井下测量水平角的经纬仪与地面使用的基本相似。由于井下导线点很多都布设在顶板上，因此要求经纬仪需标有镜上中心，以便于点下对中。

井下测量水平角的方法与地面相类似，常用的方法主要有测回法和复测法两种。不同级别的导线选用的测量仪器和限差要求分别如表14-13和表14-14。

表 14-13　　不同级别的导线测量对仪器的要求

导线类别	使用仪器	观测方法	按导线边长分(水平边长)					
			15 m以下		15～30 m		30 m以上	
			对中次数	测回数	对中次数	测回数	对中次数	测回数
7″导线	DJ_2	测回法	3	3	2	2	1	2
15″导线	DJ_3	测回法或复测法	2	2	1	2	1	2
30″导线	DJ_6	测回法或复测法	1	1	1	1	1	1

注:① 如不用本表所列的仪器,可根据仪器级别和测角精度要求适当增减测回数;

② 由一个测回转到下一个测回,观测前应将度盘位置变换 $180°/n$(n 为测回数);

③ 多次对中时,每次对中测一个测回。若用固定在基座上的光学对中器进行点上对中,每次对中应将基座旋转 $360°/n$。

表 14-14　　不同级别的导线测量对限差的要求

巷道倾角	仪器级别	同一测回中半测回互差	检验角与最终角之差	两测回间互差	两次对中测回(复测)间互差
≤30°	DJ_2	20″	—	12″	30″
	DJ_6	40″	40″	30″	60″
>30°	DJ_2	30″	—	18″	45″
	DJ_6	60″	60″	45″	90″

4. 边长的丈量

井下导线边长的丈量可采用光电测距仪或钢尺丈量。下面我们就分别说明这两种边长丈量方法。

(1) 光电测距仪量边

采用光电测距仪量边速度快、精度高、操作方便,目前已在矿井测量中广泛应用。用于矿井的光电测距仪应满足《煤矿安全规程》的有关规定,其测量方法与在地面上类似。

采用光电测距仪测量井下导线的边长时要求至少要进行两个测回的观测,每个测回中读数间的互差不得大于 10 mm。单程测量时,测回间的互差不得大于 15 mm;往返测量时,换算成水平距离(加气压、气温和倾斜改正)后的互差不得大于其平均边长值的 1/6 000。

(2) 钢尺量边

采用钢尺丈量基本控制导线的边长时,必须使用经过比长过的钢尺,施以比长时的拉力,悬空丈量并测定温度。分段丈量时,最小尺段长度不得小于 10 m,定线偏差应小于 5 cm。每尺段应变换起点读数三次,读至毫米,长度互差应不大于 3 mm。导线边长必须采用往返测量,丈量结果加入各项改正数变为水平边长后,互差不得大于平均边长的 1/6 000;在边长小于 15 m 或倾角大于 15°的巷道中,互差也不得大于平均边长的 1/4 000。

丈量采区控制导线的边长时,可凭经验施以拉力,不测温度,采用往返测量或错动钢尺位置 1 m 以上的方法丈量两次,互差不得大于边长平均值的1/2 000。

5. 导线的延长

随着巷道的不断掘进,井下导线也要及时延长。采区控制导线一般应每隔 30～100 m

延长一次，基本控制导线应每隔 300～500 m 延长一次。在延长导线之前，为了避免用错测点和检查测点是否移动，应对上次所测量的最后一个水平角和最后一条边长进行检查测量。检查测量所得水平角与上次测得的水平角满足表 14-15 的规定后，方可由此向前延长导线，否则，应继续向后检查，直至符合要求，才可由此向前延长导线。

6. 复测支导线的内业计算

井下导线的形式有闭合导线、附合导线和复测支导线三种，其中闭合导线与附合导线的计算方法与地面相同，只是限差要求不一样（表14-16）。因此，这里主要介绍复测支导线的计算方法。

在井下观测工作完成后，应及时整理和检查外业手簿，确认各观测成果符合《规程》的规定后，方可进行内业计算。

表 14-15　不同导线级别对水平角的要求

导线级别	导线边长	水平角不符值
7″级	<15 m	≤30″
	≥15 m	≤20″
15″级	—	≤40″
30″级	—	≤80″

表 14-16　不同级别导线测量对最大闭合差的要求

导线级别	最大闭合差		
	闭合导线	复测支导线	附合导线
7″级	$\pm 14''\sqrt{n}$	$\pm 14''\sqrt{n_1+n_2}$	$\pm 2\sqrt{m_{\alpha_1}^2+m_{\alpha_2}^2+n\cdot m_\beta^2}$
15″级	$\pm 30''\sqrt{n}$	$\pm 30''\sqrt{n_1+n_2}$	
30″级	$\pm 60''\sqrt{n}$	$\pm 60''\sqrt{n_1+n_2}$	

注：表中 n 为闭(附)合导线的总站数；n_1、n_2 分别为复测支导线往、返测量的总站数，下同；m_{α_1}、m_{α_2} 分别为附合导线起始边和附合边的坐标方位角中误差；m_β 为附合导线测角中误差。

内业计算可按以下步骤进行：

① 分别按往、返测成果计算导线最末边的方位角 α_{I} 和 α_{II}。

② 计算并检核角度闭合差 f_β：

$$f_\beta = \alpha_{\text{I}} - \alpha_{\text{II}}$$

将计算出的 f_β 与按表 14-16 中计算得的 $f_{\beta允}$ 进行比较。若 $|f_\beta| \leqslant |f_{\beta允}|$ 则可继续进行计算，否则需重新进行外业观测，直至满足要求。

③ 分配角度闭合差，若往测和返测的中间导线点不完全重合，则角度闭合差应分别分配，即往测和返测各分配 $f_\beta/2$，计算公式如下：

$$\begin{cases} V_{\beta_i \text{I}} = -\dfrac{f_\beta}{2n_1} \\ V_{\beta_i \text{II}} = \dfrac{f_\beta}{2n_2} \end{cases}$$

④ 按分配闭合差后的水平角推算往、返测各边的方位角。

⑤ 计算坐标增量和往、返测坐标增量闭合差：

$$\begin{cases} f_x = \sum \Delta x_{\text{I}} - \sum \Delta x_{\text{II}} \\ f_y = \sum \Delta y_{\text{I}} - \sum \Delta y_{\text{II}} \end{cases}$$

⑥ 计算并检核坐标相对闭合差 K：

$$K=\frac{f}{\sum l}=\frac{\sqrt{f_x^2+f_y^2}}{(\sum l_{\mathrm{I}i}+\sum l_{\mathrm{II}i})/2}$$

其中，$l_{\mathrm{I}i}$表示往测第 i 条导线边的边长，$l_{\mathrm{II}i}$表示返测第 i 条导线边的边长。若 K 满足表14-12中的规定，则可进行下面的计算。否则应检查成果进行部分甚至全部外业成果重测。

⑦ 分配坐标闭合差：

$$\begin{cases}V_{x_i\mathrm{I}}=-\dfrac{f_x/2}{\sum l_{\mathrm{I}i}}\cdot l_{\mathrm{I}i}\\ V_{y_i\mathrm{I}}=-\dfrac{f_y/2}{\sum l_{\mathrm{I}i}}\cdot l_{\mathrm{I}i}\end{cases}\qquad\begin{cases}V_{x_i\mathrm{II}}=-\dfrac{f_x/2}{\sum l_{\mathrm{II}i}}\cdot l_{\mathrm{II}i}\\ V_{y_i\mathrm{II}}=-\dfrac{f_y/2}{\sum l_{\mathrm{II}i}}\cdot l_{\mathrm{II}i}\end{cases}$$

⑧ 分别计算往测和返测各导线点的坐标：

$$\begin{cases}x_i=x_{i-1}+\Delta x_{i-1,i}+V_{x_i}\\ y_i=y_{i-1}+\Delta y_{i-1,i}+V_{y_i}\end{cases}$$

二、采区测量

采区测量主要包括采区联系测量、次要巷道测量和采煤工作面测量。

1. 采区联系测量

采区联系测量是通过竖直或急倾斜巷道向采区内传递方向、坐标和高程的测量工作。因为其控制范围小、精度要求低、测量条件差，因此在保证必要精度的前提下，可以采用简易的联系测量方法。具体可分为以下几种。

(1) 通过两个竖直巷道进行联系测量

方法是在两个竖直巷道中各挂一根垂球线，采用与矿井联系测量时两井定向类似的方法，其上、下水平的连接测量按采区控制导线的要求进行测量。计算方法则与两井定向完全相同。

(2) 通过一个竖直巷道进行联系测量

方法是在一个竖直巷道中悬挂两根垂球线(其间距不得小于 0.5 m)。连接测量可采用双垂线瞄直法或与矿井联系测量时一井定向类似的三角形连接法等。

(3) 通过急倾斜巷道进行联系测量

此时，应尽可能用经纬仪导线进行联系测量，不能采用导线进行测量时，可选用斜线辅助垂球法或牵制垂球法等方法。

斜线辅助垂球法(图 14-14)是在斜巷的上、下水平(阶段)平巷间用细钢丝拉紧一条斜线 $A'B$，在 A'点和斜线的适当位置 A 各挂一根垂球线。此时斜线与两垂球线处于同一竖直面内，即可通过连接三角形测量传递方向。

牵制垂球法(图 14-15)是在上、下平巷的测站 A 和 A'间拉一斜线，并于下平巷中的斜线 O'处挂一垂球 P，然后在上平巷拉线绳 OO''，把斜线吊起成自由悬挂状态。用安置在 A 点的经纬仪进行观察，逐步调整 O 点的位置，使 OO''与 AO''在同一竖直面内，此时，AO''、$O'A'$都位于同一竖直面内，$O'A$ 和 $A'O'$方位相同，从而即可传递方向。

采区内的联系测量必须独立进行两次，两次定向结果的互差不得超过 $14'$。分水平(或阶段)依次逐级定向时，同一水平两次定向测量结果之差不得超过 $14'\sqrt{n}$(n 为中间定向水平

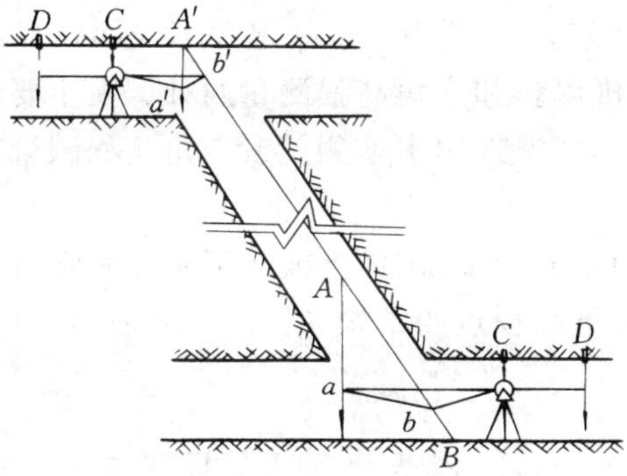

图 14-14　斜线辅助垂球法

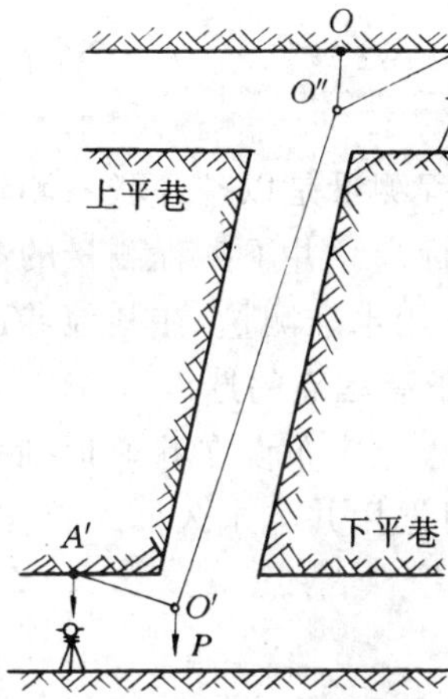

图 14-15　牵制垂球法

个数)。

2. 采区次要巷道测量

采区次要巷道测量是为了填绘矿图,以采区控制导线为基础而敷设的碎部导线测量。采区碎部导线应尽可能布设成闭(附)合导线形式,布设成支导线时必须有可靠的校核措施。

碎部导线测量可根据生产需要选用低精度经纬仪、悬挂罗盘仪或简易测角仪等进行。用经纬仪敷设碎部导线时,水平角采用一次复测观测,边长用钢尺丈量,竖直角用正倒镜观测。导线和三角高程的相对闭合差应分别不大于 1/500 和 1/1 000。在没磁性物质影响的地方,可采用悬挂罗盘仪结合半圆仪和皮尺来测设碎部导线,但必须满足以下要求:

① 导线边长应小于 20 m,导线最弱点距起始点不宜超过 200 m,相对闭合差不得大于 1/200。

② 应在导线边的两端各测一次磁方位角,两次之差不得大于 2°。

③ 导线边的竖直角,可用悬挂半圆仪测定,高程相对闭合差不得超过1/300。

④ 边长可用检查过的皮尺丈量,读至厘米。

采区次要巷道测量的主要任务是为填绘矿图提供资料。其主要测绘内容包括:测绘大比例尺巷道图;丈量巷道的长度和断面大小;测定断层、煤厚变化等地质特征点和瓦斯突出点、涌水点的位置等。

3. 采煤工作面测量

采煤工作面测量是按旬或按局、矿规定的日期进行的验收填图测量。采煤工作面每月测量的次数,应以能满足生产和回采率计算的要求为目的,但至少须测出工作面的月末位置。

采煤工作面测量应以导线点为基础,采用低精度经纬仪、测角仪、皮尺等进行测量。测量的内容主要有:采煤工作面的长度、进度;充填区和煤柱的位置和尺寸;煤层厚度和采高等。其中测量工作面长度和进度的相对精度按照《规程》规定不得超过 1/200。

第五节 井下高程测量

井下高程测量是以矿井联系测量时导入的高程起始点为依据，测定井下经纬仪导线点和高程点的标高。井下高程测量的方法主要有水准测量和三角高程测量两种。在主要水平巷道中，应采用水准测量，在其他巷道中可根据具体情况选用水准测量或三角高程测量。

一、井下高程点的选设

井下高程点应布设在巷道顶、底板或两帮的稳定岩石中，碹体上或井下永久固定设备的基础上，也可选用井下永久导线点作为高程点。井下高程点的结构如图 14-16 所示。

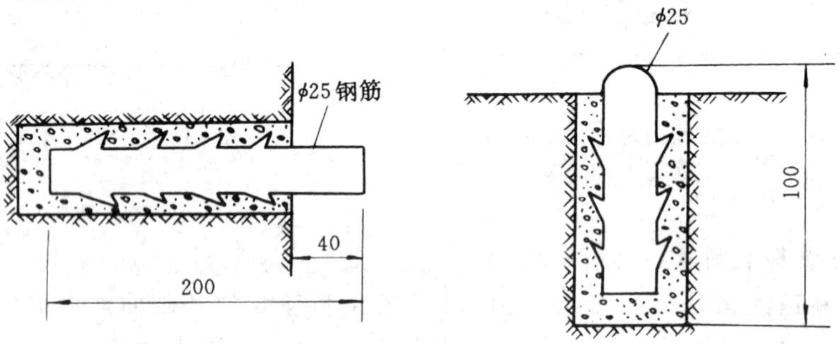

图 14-16　井下高程点结构示意图

(a) 设在巷道帮上的水准点；(b) 设在巷道底板内的水准点

井下高程点一般应每隔 300～500 m 设置一组，每组至少由 3 个高程点组成，两高程点间的距离以 30～80 m 为宜。

二、井下水准测量

井下水准测量的方法基本上与地面水准测量相类似，一般应选用精度不低于DS10的水准仪和普通水准尺，采用变更仪器高（两次仪器高互差应大于 10 cm）的方法进行观测。两次测得的相邻点间的高差互差不大于 5 mm 时，取其平均值作为观测成果。

由于井下高程点有的设在顶板上，有的设在底板上，无论是图 14-17 中的哪一种情况，高差 h_i 的计算公式都是 $h_i=a_i-b_i$（即后视读数－前视读数）。只是当高程点在顶板上时，应在读数前加“－”号后，再进行运算。

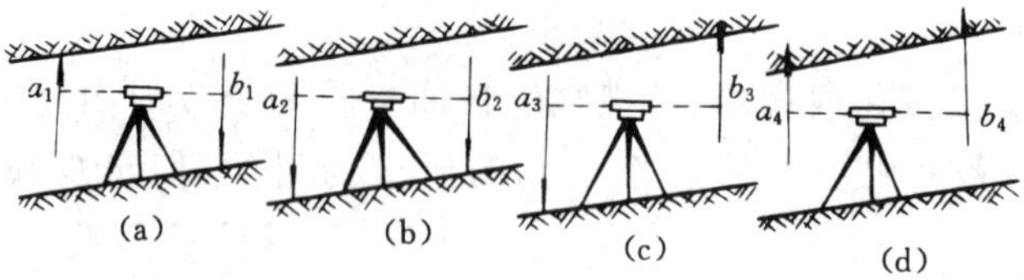

图 14-17　井下水准测量原理示意图

井下每组高程点间的高差都应采用往、返测量的方法确定。往、返测量的高差互差不应超过 $\pm 50\sqrt{R}$ mm（其中 R 为水准点间的路线长度，以千米为单位）。如条件许可，可布设成闭合水准路线，其高差闭合差也不应超过 $\pm 50\sqrt{L}$ mm（L 为闭合水准路线的长度，以千米为单位)。当观测成果满足上述要求时,可按测站数平均分配高差闭合差,计算各点的高程。

三、三角高程测量

三角高程测量是利用经纬仪观测出两点间的竖直角 δ,用钢尺丈量出两点间的倾斜长度 l'(图 14-18),从而由下式计算出两点间高差 h_{AB}:

$$h = l' \cdot \sin\delta + i - v$$

式中　i——仪器高;

v——觇标高(点在顶板时,i,v 值取负)。

三角高程测量一般用于倾角大于 8°的倾斜巷道中。在运用三角高程测量方法测量基本控制导线点间的高差时,竖直角的观测应按表 14-17 中规定的要求进行;仪器高和觇标高应在观测开始前和观测结束后各丈量一次,两次丈量的互差不得大于 4 mm;相邻两点往、返测量的高差互差不应大于 10 +0.3l mm(l 为两点间的水平距离,以米为单位);三角高程的高程闭合差不得超过$\pm 100\sqrt{L}$ mm(L 为导线长度,以 km 为单位)。当测量结果满足上述要求后,即可按与导线边长成正比的方法分配高程闭合差,计算出各导线点的高程。

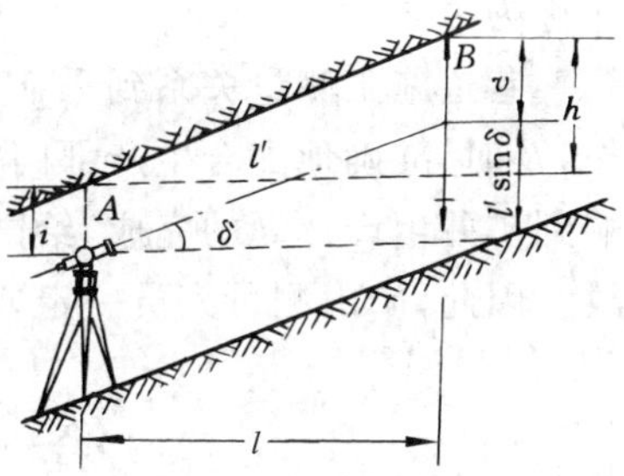

图 14-18　井下三角高程测量原理示意图

表 14-17　　　　**竖直角观测要求**

观测方法	DJ2 经纬仪			DJ6 经纬仪		
	测回数	竖直角互差	指标差互差	测回数	竖直角互差	指标差互差
对向观测(中丝法)	1	—	—	2	25″	25″
单向观测(中丝法)	2	15″	15″	3	25″	25″

复习思考题

1. 联系测量的任务是什么?为什么要进行联系测量?
2. 平面联系测量为什么又称定向?
3. 一井定向、两井定向和陀螺定向各有什么优缺点?
4. 两井定向时为什么要采用假定坐标系进行计算?
5. 陀螺经纬仪为什么可直接测定未知边方位角?
6. 井下平面控制测量有什么特点?为什么采区控制要先于基本控制?
7. 井下水准测量与地面水准测量相比有何异同?
8. 复测支导线的计算中,为什么方位角闭合差和坐标闭合差都只能分配一半?

第十五章 巷道与井筒施工测量

巷道施工测量的任务是按照矿井设计的规定和要求，在现场实地标定掘进巷道的几何要素(位置、方向和坡度等)，并在巷道掘进过程中及时进行检查和校正。通常我们将这项工作称为给向。

巷道施工测量关系到采矿工程的质量和采掘计划的完成。矿山测量人员必须紧密协作，及时、准确地配合生产部门完成这项工作。矿井巷道施工测量一旦出现错误，不仅将影响到矿井生产计划的完成，给国家造成重大的经济损失，而且还可能造成透水等重大安全事故。因此，矿山测量人员一定要以高度的责任心来对待这项工作。

第一节 井下巷道中线的标定

一、概述

为了指示巷道在水平面内的方向，需要标定巷道的几何中心线在水平面上投影的方向即中线方向。在主要巷道中，中线应采用经纬仪标定；在采区次要巷道中可采用罗盘仪等精度较低的仪器标定中线。

中线点应成组设置，每组不得少于 3 个点，相邻两点间的距离一般不应小于 2 m。在巷道掘进过程中，中线点应随掘随给，最前面的一组中线点距掘进头的距离，一般不应超过 30～40 m。

标定巷道中线的步骤大致如下：

① 检查设计图纸。主要检查的内容包括：巷道间的几何关系是否符合实际情况；标注的角度和距离是否与设计图一致等。

② 确定标定中线时所必需的几何要素。

③ 标定巷道的开切点和方向。

④ 随着巷道的掘进及时延伸中线。

⑤ 在巷道掘进过程中，随时检查和校正中线的方向。

二、巷道开切时的标定方法

巷道开切时的标定工作主要包括标定开切点的位置和初步给出巷道的掘进方向两项内容。

如图 15-1(a)所示，我们欲从已掘巷道中的 A 点沿虚线开掘一条新巷道，标定的方法如下：

① 从设计图上量取 A 点至已知中线点 4、5 的距离 L_1、L_2，并用 L_1+L_2 是否与 4、5 两点间的距离相符作检核，同时量取巷道的转向角 β。

② 在 4 点安置经纬仪，瞄准点 5，并沿此方向，由点 4 量取 L_1，即可得到 A 点的位置，将之标定于顶板上，然后再量取 A 至点 5 的距离作检核。

③ 在 A 点安置经纬仪，后视点 4，用正镜位置给出 β 角，此时，望远镜所指方向即为新

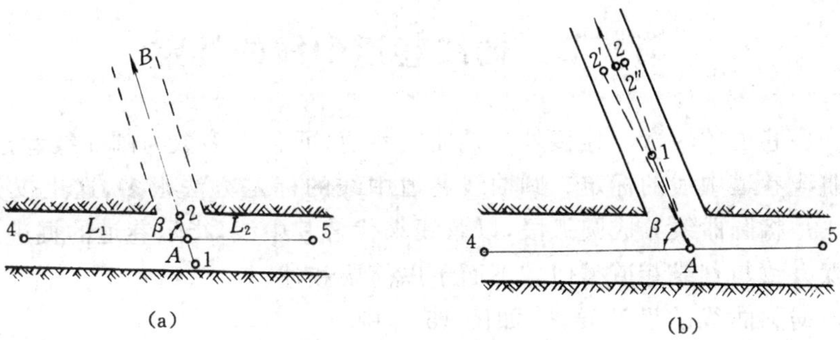

图 15-1　巷道开切方向标定原理示意图

开掘巷道的中线方向，在此方向上标出点 2，倒转望远镜，标出点 1，则点 1、A、2 即组成一组中线点。

此外，也可用罗盘仪来标定巷道的开切方向。

三、巷道中线的标定

巷道开切后，最初标定的中线点很容易遭到破坏。当掘进到 4～8 m 时应检查或重新标定中线。简易的检查方法是看一组中线的三个点是否在一条直线上。重新标定一组中线点时，如图 15-1(b)所示，首先应检查 A 点是否移动。若 A 点已移动应重新标定。当确定 A 点没有移动时，在 A 点安置经纬仪，分别用正、倒两个镜位按 β 角给出 $2'$ 和 $2''$ 点，$2'$ 和 $2''$ 点往往是不重合的，这时可取 $2'$ 和 $2''$ 的中点 2 作为中线点。为了检查，还应测定水平角 $\angle 4A2$ 与 β 角比较作为检核。经检查确认无误，再瞄准点 2，在点 A 与点 2 中间再标定一个中线点 1。这样，点 A、1、2 就组成了一组中线点。

用一组中线点可指示直线巷道掘进 30～40 m。在由一组中线点到下一组中线点的巷道掘进过程中，可采用瞄线法或拉线法来指示巷道的掘进方向。

1. 瞄线法

如图 15-2 所示，瞄线法是在中线点 1、2、3 上分别悬挂垂球，一个人站在中线点 1 后，沿中线方向瞄视，指挥另一人在掘进头移动矿灯的位置，使矿灯正好位于这组中线点的延长线上。此时，矿灯的位置也就是巷道中线的位置。

2. 拉线法

如图 15-3 所示，拉线法是在一组中线点 1、2、3 上分别悬拉垂球后，将细绳的一端系在中线点 1 的垂球线上，另一端拉向掘进头，使细绳与点 2、3 处的垂球线相切，这时绳另一端点的位置即为巷道中线的位置。

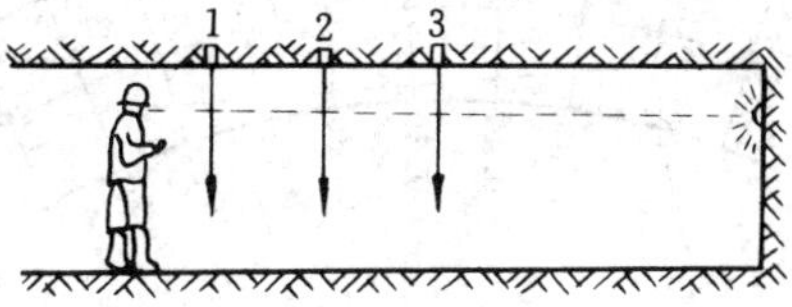

图 15-2　瞄线法

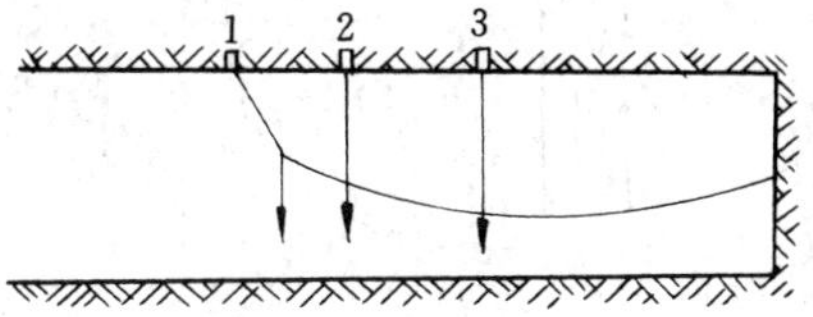

图 15-3　拉线法

第二节　曲线巷道中线的标定

井下有许多巷道的转弯与连接处都是曲线巷道，而且大多数为圆曲线巷道。因此，这里主要介绍圆曲线巷道中线的标定。圆曲线巷道中线的标定方法很多，这里仅介绍常用的弦线法。弦线法是将圆曲线分成圆弧段，以弦线来代替其中线，指示巷道的掘进方向。它的标定方法和步骤大致与直线巷道类似。下面予以简要叙述。

首先要根据圆曲线的设计要素：如图 15-4 中的曲线起点 A、终点 B，曲线半径 R，中心角 α 及将曲线等分的段数 n，计算标定要素：弦的长度 l、起点和终点的转角 β_A、β_B 以及中间点的转角 β_i。

$$l = 2R \sin \frac{\alpha}{2n}$$

$$\beta_A = \beta_B = 180° + \frac{\alpha}{2n}$$

$$\beta_1 = \beta_2 = 180° + \frac{\alpha}{n}$$

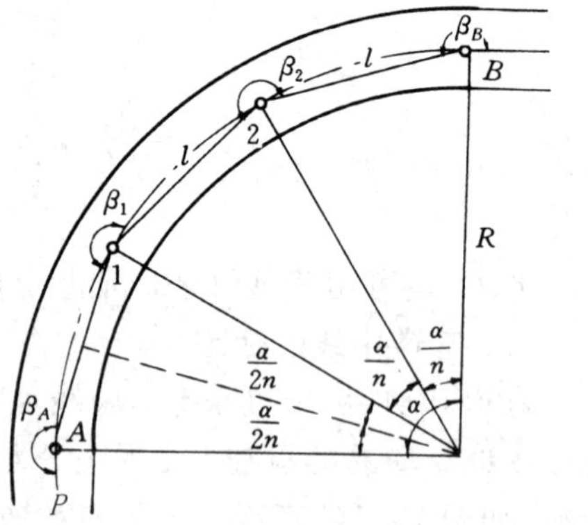

图 15-4　巷道圆曲线要素示意图

然后进行现场标定。在起点 A 安置经纬仪(图 15-5)，后视直线巷道中的中线点 P，按转角 β_A，给出弦线 $A1$ 的方向。但由于前面巷道还未开掘，只能倒转望远镜在其反方向上标设中线点 D、C。这样 C、D、A 三点即组成一组中线点。用它指示巷道掘进到 1 点后，应丈量弦长 l，精确标定出 1 点。然后，就可按与上述类似的方法继续给出下一弧段的中线。

为了便于指导巷道掘进施工，还应绘制比例尺为 1∶50 或 1∶100 的曲线巷道大样图。按垂直于弦线的方向或沿半径方向标注出巷道两帮至弦线的距离(图 15-6)。

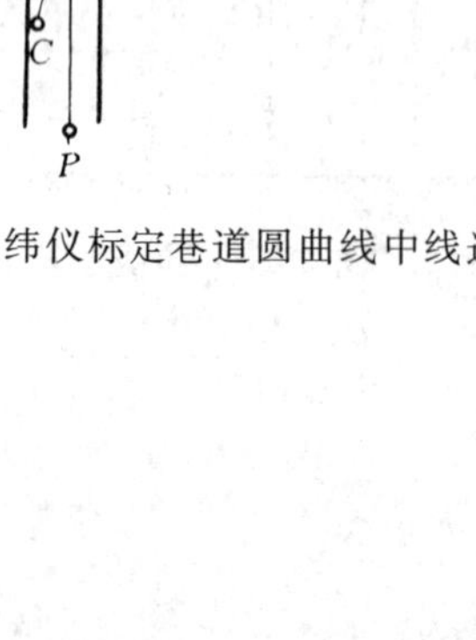

图 15-5　经纬仪标定巷道圆曲线中线过程示意图

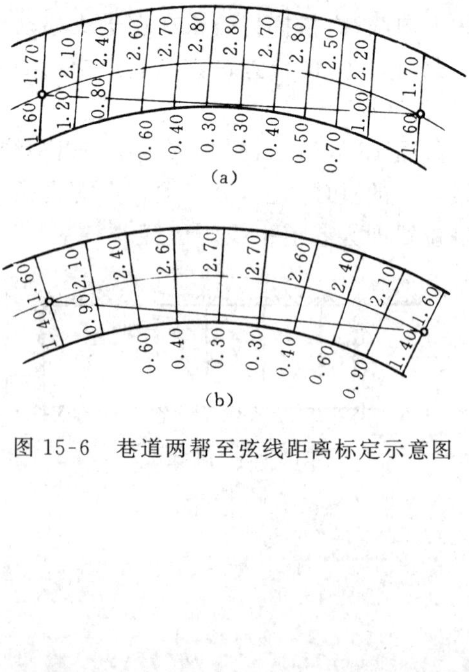

图 15-6　巷道两帮至弦线距离标定示意图

第三节　井下巷道腰线的标定

为了指示巷道掘进的坡度而在巷道两帮上给出的方向线，称为腰线。腰线点可成组设置(每组不得少于3个点，各相邻点的间距应大于2 m)，也可每隔30～40 m设置一个，但须在巷道两帮上画出腰线，且对于一个矿井，腰线距底板或轨面的高度应为定值。

腰线可用水准仪、经纬仪或半圆仪等来标定。新开掘的巷道掘进到4～8 m时，也应检查或重新标定腰线点。巷道掘进时，最前面的腰线点距掘进头的距离不宜大于30～40 m。

主要运输巷道的腰线应用水准仪、经纬仪或连通管水准器来标定，次要巷道的腰线可用悬挂半圆仪等标定。急倾斜巷道的腰线应尽量用经纬仪来标定，短距离时，也可用悬挂半圆仪等来标定。下面以常用的水准仪标定平巷腰线和用经纬仪标定倾斜巷道的腰线为例，来说明腰线的标定方法。

一、用水准仪标定平巷腰线

所谓平巷，并非绝对水平的巷道，一般情况下，坡度小于8‰的巷道，均视为水平巷道。在主要水平巷道中，常常都是用水准仪来标定腰线。其标定的方法是：如图15-7所示，首先根据已知腰线点和设计坡度，计算下一个腰线点B与已知腰线点A间的高差h_{AB}：

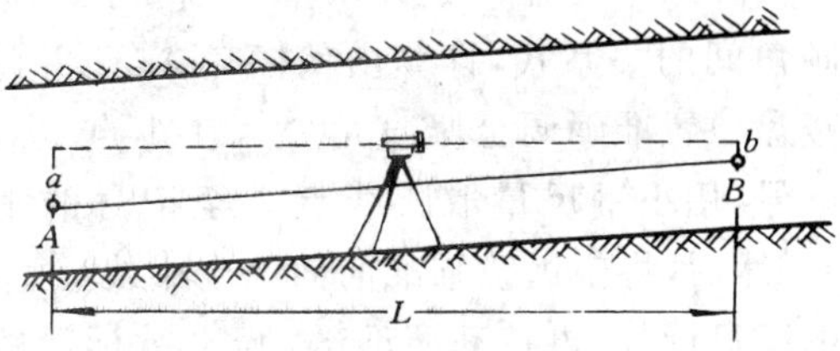

图15-7　水准仪标定腰线示意图

$$h_{AB}=L\times i$$

式中　L——A、B间的水平距离；

i——巷道的设计坡度。

h_{AB}的正负号与i的正负号相同，巷道上坡时为正，下坡时为负。

下一步就是根据计算结果进行实地标定。在A、B中间安置水准仪，用皮尺丈量A、B间的水平距离，按上式计算出h_{AB}。先后视A点，得读数a，再前视B，得读数b，并用小钢尺自读数b的零点处向上量取Δ(Δ为负时，向下量取$|\Delta|$)，即得B处腰线点的位置。Δ按下式计算：

$$\Delta=h_{AB}-(a-b)$$

式中，a、b的正负号按下述原则确定：A、B处的小钢尺(或水准尺)的零点在水准仪视线之下时，取正号；否则取负号。

二、用经纬仪标定斜巷腰线

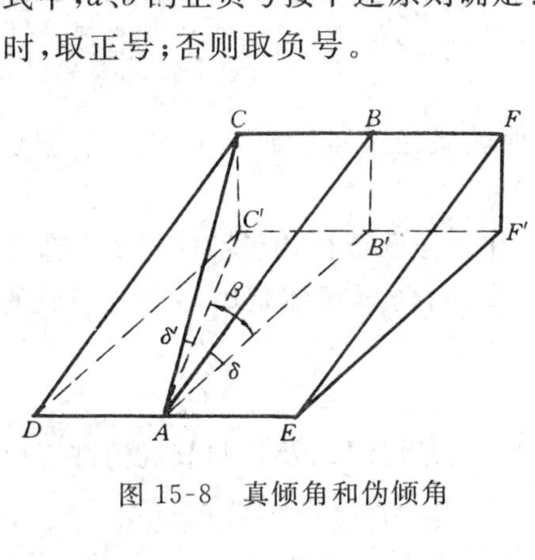

图15-8　真倾角和伪倾角

用经纬仪标定斜巷腰线的方法很多，这里仅介绍伪倾角法。

首先，我们应当了解什么是伪倾角。我们知道，空间一个倾斜面的真倾角(即它与水平面间所夹二面角)是指在垂直于其与水平面的交线的竖直面内的投影与水平线的夹角。若在与其交线斜交的竖直面内的投影与水平线间的夹角则称为伪倾角。如图15-8所示，δ为倾斜面$CDEF$的真倾角，δ'则为其伪倾角。

不难看出，真倾角永远大于伪倾角。

用伪倾角法来标定腰线的原理是：由于设计巷道时仅给出了真倾角，而腰线是标定在巷道两帮上的，经纬仪又只能安置在巷道中部，因此，只能根据真倾角与伪倾角间的关系，按伪倾角来标定腰线。

由图 15-8 知：

$$\tan\delta = \frac{BB'}{AB'} \qquad \tan\delta' = \frac{CC'}{AC'} \qquad BB' = CC' \qquad AB' = AC' \cdot \cos\beta$$

所以

$$\tan\delta' = \cos\beta \cdot \tan\delta$$

有了上述关系式，我们就可根据真倾角 δ 和两个竖直面间所夹的水平角 β，计算出伪倾角 δ'，从而标定腰线点的位置。

如图 15-9 所示，实地标设时，将经纬仪安置在中线点 B 下，后视中线点 A，将水平度盘读数调至 0°00′00″，转动照准部，瞄准 A 点附近的腰线点 1，读取水平度盘读数即水平角 β_1。按伪倾角与真倾角间的关系式，计算出伪倾角 δ_1'。并将望远镜竖盘位置准确调至竖直角 δ_1'，在 1 点上或下作一记号，用小钢尺量取腰线点 1 至记号的垂直距离 b。然后，将望远镜瞄准前面一个中线点 C，读取水平度盘读数，再转动照准部，瞄准欲标设的腰线点 2，根据水平读盘读数计算出望远镜转动的水平角 β_2，并按照上述同样的方法，计算出伪倾角 δ_2'。将望远镜的倾角调至 δ_2'，再由此向上或向下量取垂直距离 b，并作上标记，即得腰线点 2。

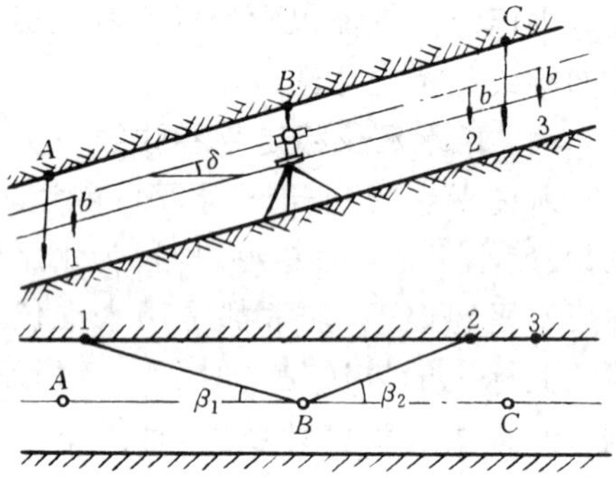

图 15-9　经纬仪标定斜巷腰线过程示意图

用伪倾角法标定腰线可与标定中线同时进行。

第四节　激光给向

一、概述

激光指向仪是利用激光器产生的光源进行指向的仪器。由于激光具有方向性、单色性好和亮度高等许多优点，因此成为理想的光学仪器光源。运用激光指向仪指示巷道的掘进方向，具有占用巷道时间短、效率高、中线和腰线一次给定等许多优点，目前已广为各类矿山所应用。

激光指向仪的型号很多，如图 15-10 所示为太原河西区激光仪器厂研制的 JX—Ⅱ型防爆激光指向仪及其主要光路图。

矿用激光指向仪主要由激光器、光学系统、防爆壳体和悬挂调节机构等部件组成。激光器产生激光光源，经过光学系统聚焦，使激光束更集中地发射；防爆壳体是用铝合金制成的用来隔爆的外壳；悬挂调节机构是用来安置和调整光线方向的。

二、激光指向仪的安置

每次使用激光指向仪前，首先应对激光指向仪的电源、发光情况以及各调节机构进行检查。检查合格后，方可用于给向。

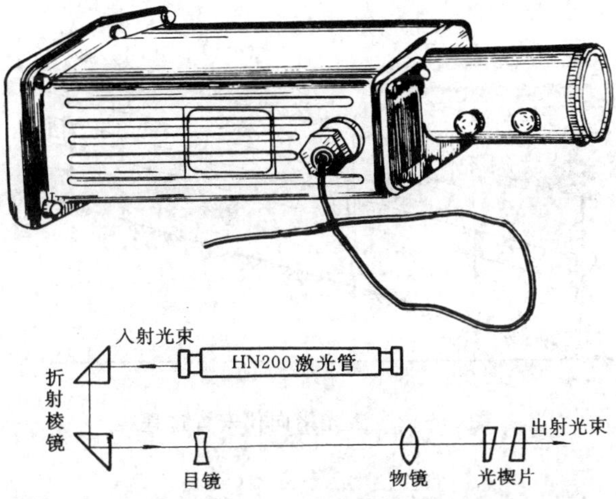

图 15-10　JX—Ⅱ型防爆激光指向仪及其光路图

激光指向仪可安放在巷道中央的工字钢上[图 15-11(a)],或安放在用四根锚杆固定的框架上[图 15-11(b)],或巷道中央的石垛上[图 15-11(c)];也可安放在两帮的悬臂架上[图 15-11(d)]。

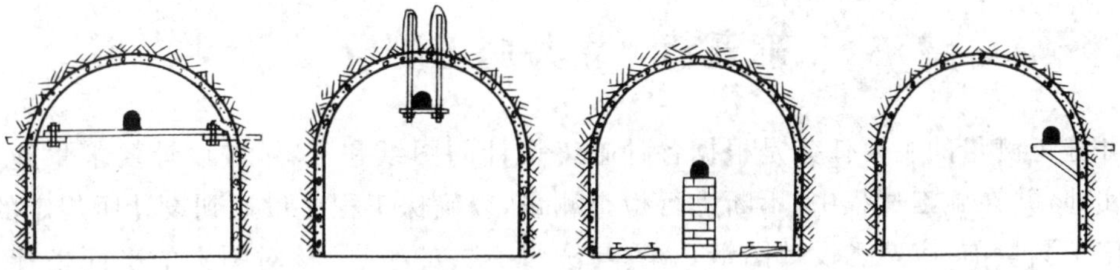

图 15-11　激光指向仪安放位置图

激光指向仪安置的位置距掘进头应不小于 70 m。若利用它来同时指示巷道中线和腰线时,必须使光束在水平面内位于巷道的中线方向上,在倾斜面内位于巷道的腰线方向上。安置时,必须根据经纬仪和水准仪标定的中线、腰线点来确定。所用中线、腰线点一般不应少于 3 个,且各相邻点间的距离应以大于 30 m 为宜。

实地安置步骤如下:

① 如图 15-12 所示,选择 A、B、C 三个中线点,其中,B 点距掘进头应大于 70 m,C 点接近掘进头,且 C 点和 A 点距 B 点以 30～50 m 为宜。若找不到合适的中线点,应用经纬仪标定。

② 在 A、B、C 三点上悬挂垂球线,并用水准仪在垂球线上标出腰线的位置。

③ 将激光指向仪安置在 B 点之后 3～5 m 的巷道中部的锚杆上,固定后,打开激光指向仪。

④ 根据 A、B、C 点组成的中线,调节水平微动螺旋,使光束中心准确地通过 B、C 点所

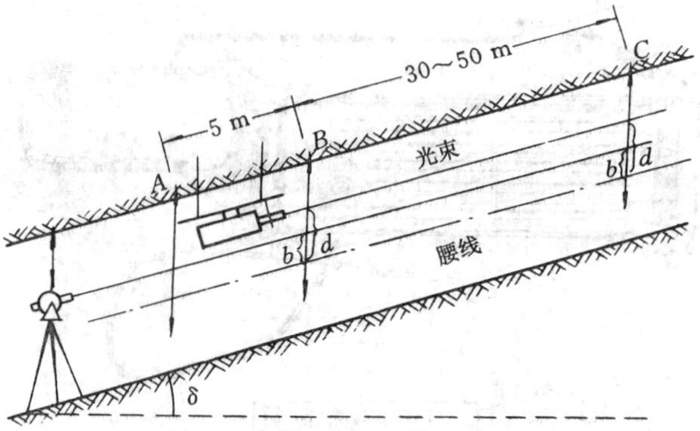

图 15-12　激光指向仪安置过程

挂的垂球线。

⑤ 调节垂直方向微动螺旋，使光束中心至 B、C 两处垂球线上腰线位置的距离 d 相等。这样，光束在水平面内的方向即为巷道的中线方向，在倾斜面内的方向即为腰线方向。

运用激光指向仪，一次指示巷道掘进的长度，应根据仪器的性能而定，只要光斑清晰、稳定即可。但巷道每掘进 100 m，应至少对中线、腰线进行一次检查测量，并根据检查测量的结果调整中线和腰线。

第五节　立井施工测量

矿井施工测量的主要任务是根据各种施工设计的图纸和资料，按设计要求将施工对象标定于实地，并在施工过程中，不断进行检查测量，以确保工程质量达到设计所规定的要求。

在施工测量前，应熟悉设计图纸，验算与测量有关的数据，核对图上的平面坐标和高程系统、几何关系及设计与现场是否相符等。当对设计图纸有疑问时，应及时和有关部门联系，在有关领导未签字的情况下，不得进行施工标定。同时，对标定工作所需要的测量控制点及其成果也应进行检查。

在施工测量过程中，埋设的基点标桩是测量和施工的依据，一定要埋设牢固，并妥加保护。施工测量和检查的成果，应记入专用的记录簿，并要加绘草图。在标定工作结束后，应将施工测量标定结果以书面的形式向施工负责人汇报。

矿井开拓方式不同施工测量方法也不一样，采用斜井和平硐开拓的矿井，其施工测量方法与第十二章中所述的“巷道施工测量方法”类似，只是精度要求要高一些。因此，本章主要介绍竖井施工测量的基本原理和操作。有关标定的基本原理和方法请参阅第十章。

一、井筒中心和十字中线的标定

1. 井筒中心与十字中线

圆形竖井的井筒中心就是井筒水平圆截面的圆心，如图 15-13 所示。方形或长方形竖井的井筒中心就是其水平截面对角线的交点。

井筒十字中线是通过井筒中心，并互相垂直相交的两条直线。其中一条与井筒提升中心线重合或平行，这条中心线称为井筒主十字中线。

斜井井筒中心(井口位置)是斜井中线与底板设计坡度起始线的交点,如图 15-14 所示。斜井井筒的主十字中线就是斜井的巷道中心线。

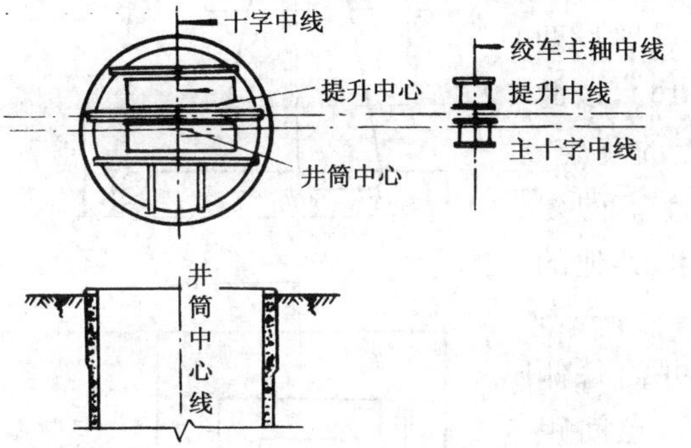

图 15-13　竖井井筒中心与十字中线

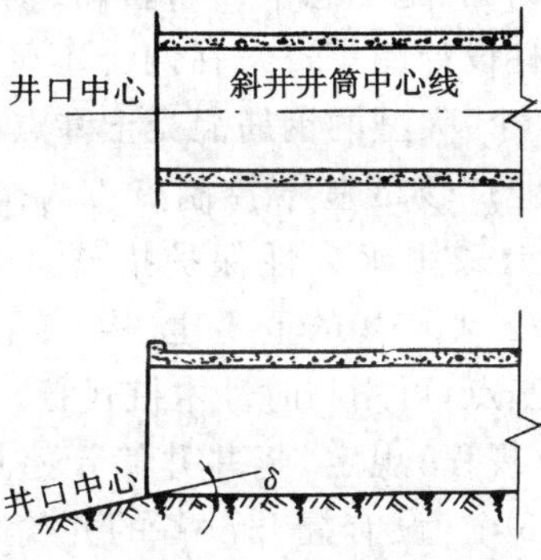

图 15-14　斜井井筒中心

井筒十字中线是整个矿井建设时期各项测量与标定工作的主要依据,在矿井生产时期也起着非常重要的作用。新建矿井地面各类建(构)筑物及机械设备的位置,在井筒中罐梁、罐道及其他装备的位置,井底车场巷道、主要硐室的位置等等,都是以他们与井筒中心和井筒十字中线之间的相对位置关系为依据设计和标注各种尺寸的。因此,只有把井筒中心和井筒十字中线精确地测设到实地上去,才能顺利地进行各种标定工作。

2. 竖井井筒中心的测设

井筒中心应根据其设计的平面坐标和高程,以井口附近的测量控制点或近井点为基础进行标定。当测量控制点或近井点距井筒中心较远不能直接用来标定时,应在井筒中心附近选择一点,如图 15-15 中的 A 点,按精度不低于地面一级导线的要求,测定 A 点的坐标(x_A, y_A)。再根据井筒中心的设计坐标(x_O, y_O),按坐标反算公式求出 A 点与井筒中心 O 点间的距离 l_{AO}、方位角 α_{AO} 及转角 β_A:

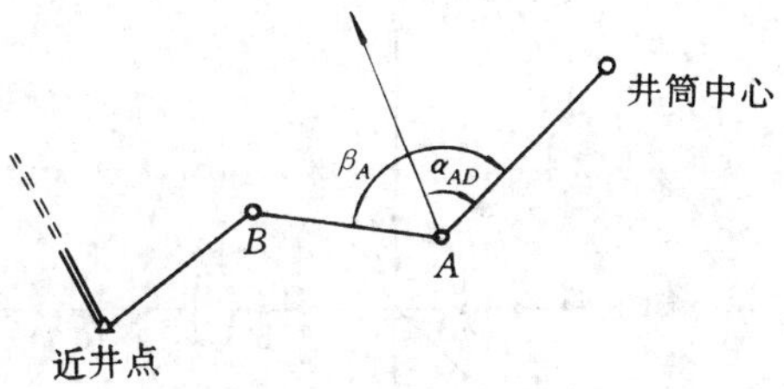

图 15-15　竖井井筒中心测设过程示意图

$$l_{AO} = \sqrt{(x_O - x_A)^2 + (y_O - y_A)^2} \text{ 或 } l_{AO} = \left| \frac{x_O - x_A}{\cos \alpha_{AO}} \right|$$

$$\tan \alpha_{AO} = \frac{y_O - y_A}{x_O - x_A}$$

$$\beta_A = \begin{cases} \alpha_{AO} - \alpha_{AB} & (\alpha_{AO} \geqslant \alpha_{AB}) \\ \alpha_{AO} - \alpha_{AB} + 360^\circ & (\alpha_{AO} < \alpha_{AB}) \end{cases}$$

计算出以上标定要素后,即可按极坐标法实地标设井筒中心 O:在 A 点安置经纬仪,瞄准 B 点并读取水平读数 α;转动照准部,使水平度盘读数为 $\alpha+\beta_A$,固定水平制动螺旋;沿视线方向自 A 点量取平距 l_{AO} 标出 O 点的大至位置 O_1,并打入木桩,在其上钉一小钉作为标记;倒镜按以上方法,再标得一点 O_2;取 O_1O_2 的中点 O',并沿 AO' 方向用比长过的钢尺施以标准拉力,精确丈量平距 l_{AO},定出井筒中心 O 点的位置,并用小钉作上标记。再以两个测回实测$\angle BAO$,与 β_A 比较作检核。

3. 井筒十字中线的标定

井筒十字中线点的设置，在建井初期就应参照工业广场总平面图、施工总平面布置图、场地平整设计图和工业广场煤柱设计图等资料在两个不受破坏的地点埋设两组(每组 4 个)大型的钢筋混凝土基点(如图 15-16)，以此作为全工业广场的基本控制点。为了保护基点的稳定，必须在点上采用永久性保护措施。基点和基点室的建造，应作为工业广场的重要建(构)筑物纳入设计，其他的井筒十字基点，可用临时性木桩代替。

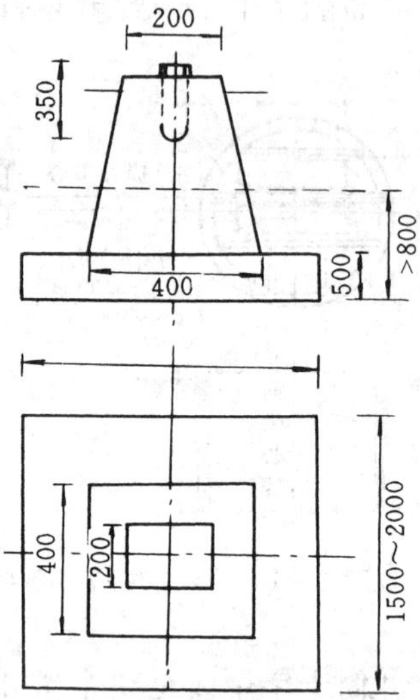

图 15-16　基点结构图

按照《规程》规定，竖井井筒十字中线点在井筒每侧不得少于 3 个(设有提升设备的井筒可以少设)，点间距离一般不小于 20 m。离井口边缘最近的十字中线点距井筒中心以不小于 15 m 为宜，用沉井、冻结法施工时应不小于 30 m。部分中线点可设在墙上或其他建筑物上。当主中心线在井口与绞车房之间不能设置 3 个点时，可以少设，但需在绞车房后面再设 3 个，其中至少应有一个点能瞄视井架天轮平台。建竖井塔时，地面十字中线点的布置，每侧应保证至少有一个点能直接向每层井塔平台上标定十字中线。在井颈和每层井塔平台上，也需设置 4 个十字中线点。

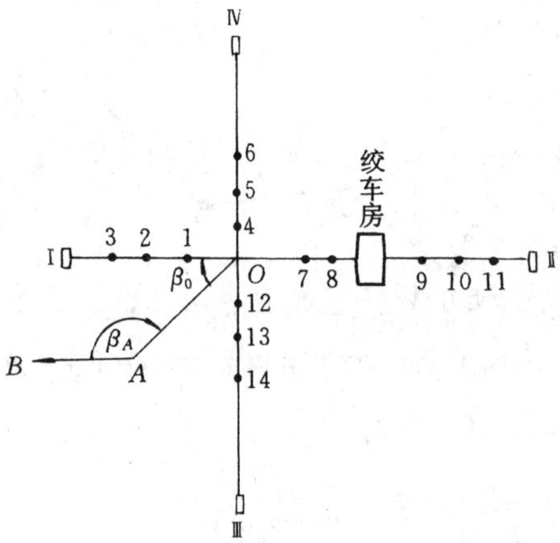

图 15-17　井筒十字中心线标定过程示意图

井筒十字中线的标定一般是与井筒中心的标定同时进行的。如图 15-17 所示，首先根据标定方位角 α_{AO} 和主十字中线的方位角 $\alpha_{O\text{Ⅰ}}$ 计算出角度 β_0。然后在 O 点安置经纬仪，后视点 A，分别按角度 β_0、$90°+\beta_0$、$180°+\beta_0$ 和 $270°+\beta_0$，以正倒镜标定出 OⅠ、OⅣ、OⅡ、OⅢ的方向，并在距井筒中心约 100 m 处打入木桩作上标记。同时，应在十字中线上按设计距离标定出 1、2、3、… 各点，打入木桩，用小钉作上标记。对于设计为井筒十字中线基点的，应按设计规格挖坑，浇灌混凝土，待凝固后，再精确标设十字中线。

标设十字中线时应按地面一级导线的精度要求测设。两条十字中线垂直度的允许误差，按《规程》规定为$\pm 10''$。

井筒十字中线点的实际位置测定后，应绘制井筒十字中线点的位置图，图上注明点的高程、点间距离、设计和实际的井筒中心坐标及主中心线坐标方位角，并绘出十字中线点附近的永久建筑物。另外，还应对标定和检查测量情况作简要说明。

二、立井掘进时的施工测量

竖井井筒掘进是矿井建设中的重要工程。在竖井掘进时主要进行的测量工作包括：标定井筒锁口；标定掘进与砌壁时井筒中心垂球线的位置；标定梁窝线和牌子线的位置；定期丈量井筒掘砌深度等。

采用普通方法开凿竖井、进行施工测量时，应参照以下设计图纸和资料：

① 井口平面布置图、井筒水平断面图和沿每条十字中线所作的竖直断面图。

② 井筒凿井设备布置图。

③ 临时锁口框架及吊盘的平面图和断面图。

④ 各水平的马头门和硐室施工图。

（一）竖井井筒锁口的标定

竖井井筒施工是先根据井筒中心和井筒设计毛断面半径破土施工。当下挖 3～5 m 时，设临时锁口（也叫锁口盘），以固定井位。然后标定井筒中心垂球线，再继续掘进。当掘进到第一砌壁段后，由下向上砌筑永久井壁，同时砌筑永久锁口。如施工方案中规定不设临时锁口，则掘进到永久锁口底部高程处，直接砌筑永久锁口。

1. 临时锁口的标定

标定临时锁口时，首先应根据井筒十字中线基点，在井壁外 3～4 m 处，精确标定出十字中线点 A、B、C、D，打入木桩并用小钉作上标志。在木桩上标出井口设计高程。

若为木质的临时锁口盘（图 15-18），安置前应先按照设计井筒断面在地面进行组装，并在盘上标出井筒十字中线点 a、b、c、d。然后在 A、B 和 C、D 间拉紧两根细钢丝，分别在两根钢丝上挂垂球再将临时锁口盘安置在井口预定位置，用垂球找正 a、b、c、d 四点的位置，使之位于井筒十字中线上，并用水准仪操平后固定。其高程和水平误差均不得超过±20 mm。

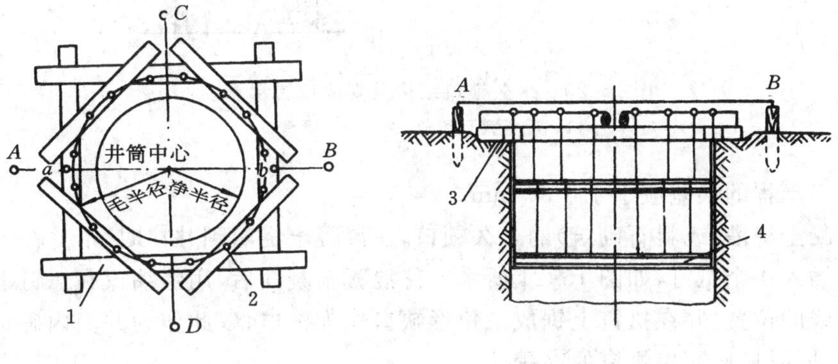

图 15-18　木质临时锁口盘结构图

若为图 15-19 所示的混凝土浇灌临时锁口，则只需根据井筒十字中线点 A、B、C、D 和井口设计高程，安装临时工字钢梁，再设置临时锁口。

2. 永久锁口的标定

标定永久锁口时，首先也应按照标定临时锁口时同样的方法标定井筒十字中线点 A、B、C、D。但打入木桩时各木桩顶端的高程应相等，并高出井口设计高程 0.1～0.3 m。永久锁口的形式如图 15-20 所示。

浇灌混凝土时，在点 A、B 和 C、D 间拉起细钢丝，并在钢丝交点处悬挂井筒中心垂球线，作为永久锁口模板找正时的依据。锁口最下一层模板底面的高程位置，是依据锁口底面的设计高程，从两钢丝向下丈量确定的，并用半圆仪或连通水准管操平模板的顶面。当浇灌到设计高度之际，由钢丝直接向下量尺确定锁口最上一层模板顶面的高程位置，并进行操

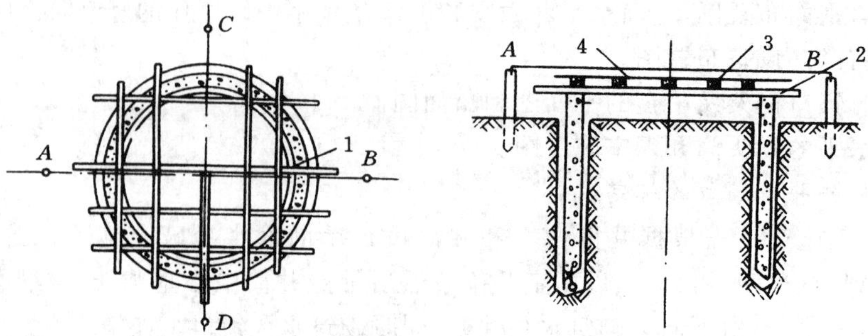

图 15-19 混凝土浇灌的临时锁口

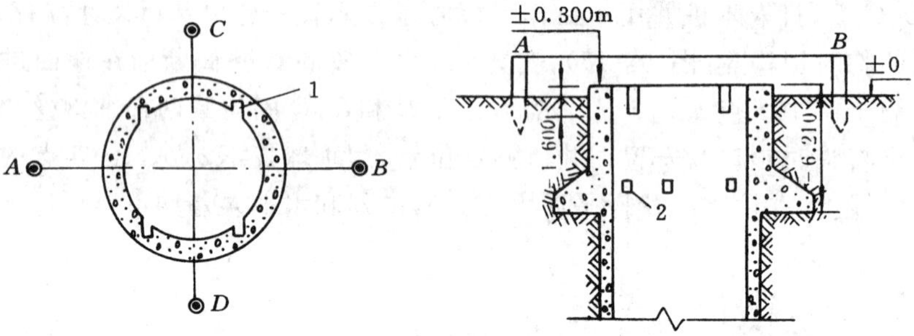

图 15-20 永久锁口结构及安放位置示意图

1——板梁预留口；2——小梁窝

平。确定井口高程的误差应小于±30 mm。

对于混凝土浇灌(或料石砌筑)的永久锁口，在混凝土浇灌到井口时，沿井筒十字中线方向在井壁上插入 4 个扒钉，如图 15-21 所示。待混凝土凝固后，用经纬仪在扒钉上精确标定井筒十字中线的位置，并在扒钉上锯成三角形缺口作为标志，以此作为井筒内确定十字中线方向的依据，同时还应测出扒钉的高程。

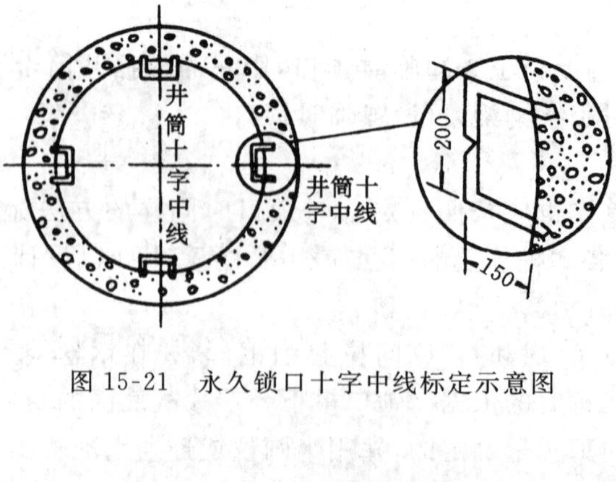

图 15-21 永久锁口十字中线标定示意图

（二）井筒中心垂球悬挂点的标设

圆形井筒施工时，应悬挂垂球线作为井筒掘砌的依据。在井口固定中心线垂球悬挂点的方法，因掘砌设备的布置形式不同，主要有以下两种固定方法。

1. 当提升孔设在井筒中心位置时

此时，由于提升吊桶占据了井筒的中心位置，不可能设立固定不动的放线点，因而采用活动式“定点杆”（或称中线杆）设置放线点。

如图 15-22 所示，中线杆可用角钢或圆形钢管两端打扁后钻眼做成。A 点为井筒中心垂球线放线的位置，B 点为保险线绳孔，C 为中线杆定位圆孔。活动中线杆两定位圆孔中心间距可按下列公式计算：

$$L = l + d$$

式中　l——两木梁之间的距离；

d——木梁的宽度。

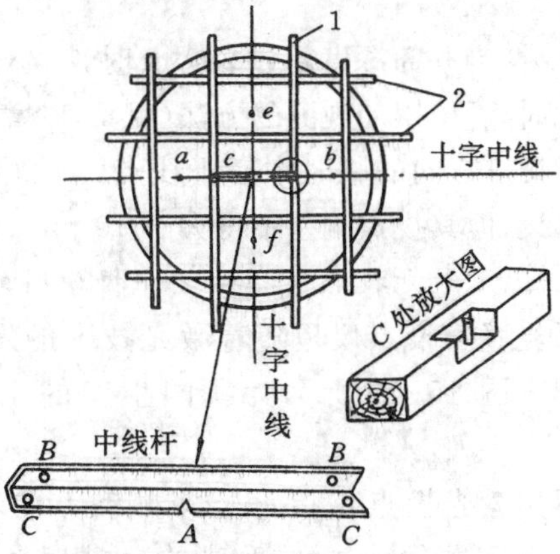

图 15-22　井筒中心标设

标设时，首先用经纬仪在封口盘上标出井筒十字中线点 a、b 和 e、f。然后沿 ab 方向在两根木梁上凿一凹槽，在凹槽内放入中线杆，并使中线杆有缺口 A 的侧边距 ab 线 5～10 mm，随即把销钉通过 c 孔钉入木梁凹槽内，使其露出适当的高度。最后用经纬仪在中线杆上精确地标出井筒中心点 A，并用钢锯锯出一个三角形缺口 A。A 即为井筒中心垂球线的下线点（图 15-23）。

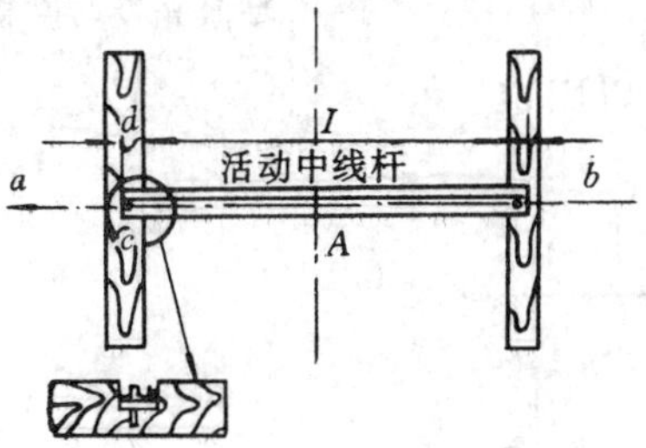

图 15-23　下线点示意图

在掘砌过程中，可根据掘砌的需要，停止提升，安置活动中线杆，下放井筒中心垂球线。用完后随即收线，移去活动中线杆，吊桶即可继续提升。活动中线杆需用保险绳连接在固定物上。

2. 当提升孔不在井筒中心位置时

由于此时提升孔不在井筒中心线位置，故可设置固定的井筒中心下线点。

标定前，首先沿井筒十字中线方向，在两根井筒中心附近的钢梁上焊接一段钢轨或角钢，如图 15-24 所示。然后按照与上述相同的方法在钢轨或角钢上精确标定井筒中心点位，并锯出三角形缺口作为井筒中心下线点。

随着井筒的不断掘进，悬挂垂球线的长度不断增大，因此挂垂球的质量也要随之增加，具体数据见表 15-1。挂垂球的钢丝必须有两倍的安全系数，并不得有硬弯、打结或其他影响铅垂的缺陷。垂线也可采用 16～18 号镀锌铁丝，但必须保证安全。

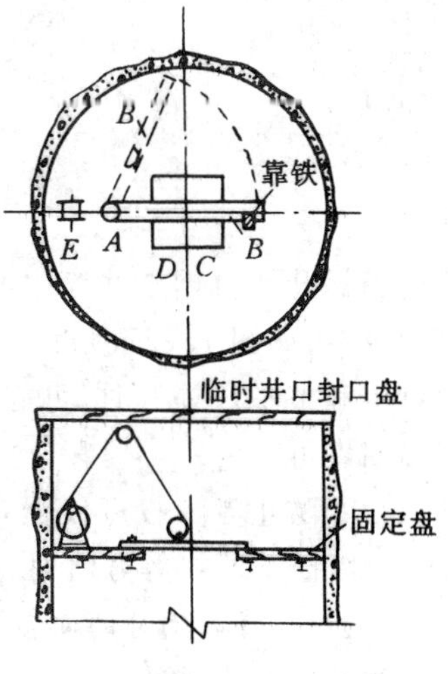

图 15-24　偏心井筒中心标设

表 15-1 垂球质量与垂球线的关系

垂球线的长度/m	悬挂垂球的质量/kg	垂球线的长度/m	悬挂垂球的质量/kg
10～50	≥10	50～200	≥20
200 以上	≥30		

此外，当井筒深度超过 500 m 时，中心垂线点需向下移设。此时，可用摆动观测的方法(见第 14 章)精确投点。作为指示掘进方向的临时中心垂线点，可根据施工需要及时向下移设，但其投点偏差不得大于 10 mm。

(三) 用激光投点仪指示竖井掘砌时的测量工作

激光竖直投点仪是随着激光技术的发展而产生的新型仪器。图 15-25 所示为我国生产的 JT—2 型激光投点仪。

图 15-25 JT—2 型激光投点仪

运用激光投点仪指示竖井掘砌方向时，投点仪的安置方法也和井筒中心线垂球的悬挂时相同而分为两种情况。

图 15-26 为提升孔不在井筒中心位置时的安装方式。安置前首先在井口下面第一层固定盘以上 1 m 左右的地方设立支撑激光投点仪的钢梁。然后将激光投点仪安置在钢梁上，依据井筒十字中线进行对中和整平后，再予以固定。

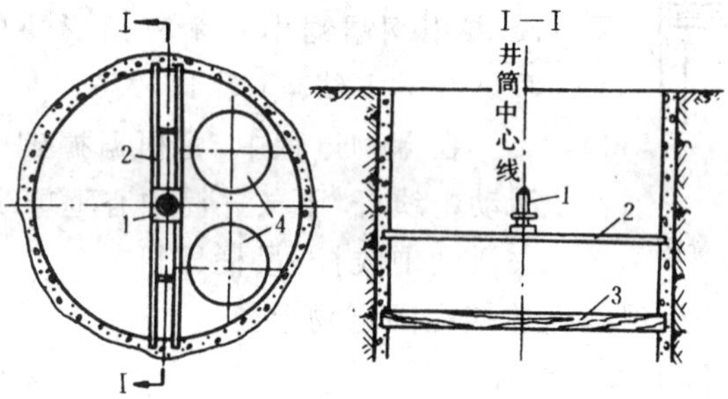

图 15-26 非井筒中心位置安放投点仪示意图

当提升孔占据了井筒中心位置时，需要设置三根支撑钢梁，在钢梁上安置滑轨式固定架，其结构如图 15-27 所示。然后在固定架的固定环上安置投点仪，并根据井筒中心垂球进行对中和整平。提升时，可摇动手把将仪器移向一侧，以便提升。标定井筒中心位置时再将其移回即可。

为了防止激光投点仪受震动或其他原因而变动位置，应经常对仪器进行检查，并每隔 100 m 用挂垂球线等方法对光束进行一次检查和校正。

(四) 井筒掘砌时的测量和检查

井筒中心垂球线或激光点是井筒掘砌和检查的基准线。井筒掘进时应根据它布置炮眼、检查井筒的竖直程度和断面的大小。测量井筒断面大小的方法是丈量中心垂球线或激光点至井壁的距离，并与井筒设计半径进行对比。砌壁时，依据井筒中心垂球线或激光点来检查模板的正确性，并用半圆仪或连通水准管器对托盘进行操平。此项测量工作至少应每掘砌 15 m 进行一次。

应及时测量井筒的迎头标高。测量方法是根据附近的水准点，由井口下放钢尺，进行丈量。当井筒加深时，应在井壁上设立水准点，作为预留梁窝、开凿马头门和丈量井筒深度的高程控制点。水准点的确定方法和导入标高的方法相同。

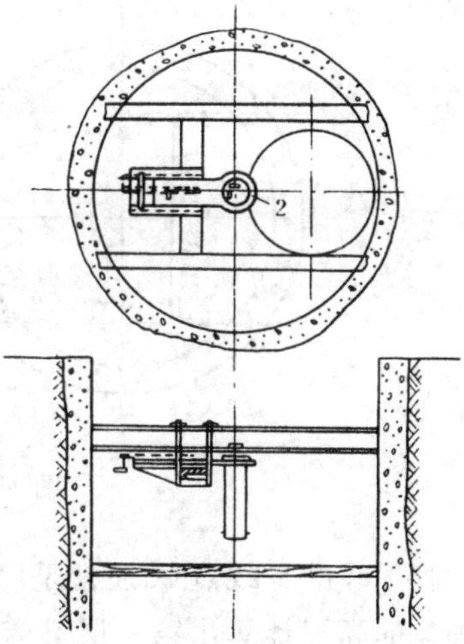

图 15-27　滑轨式固定架安置示意图

1——激光指向仪；2——支撑钢梁；3——固定盘；4——提升孔

（五）预留梁窝位置的标定

在井筒砌壁时，通常需要预留安置罐梁的梁窝。梁窝在井筒中的位置如图 15-28 所示。

标定预留梁窝的位置包括在砌壁用的模板上标出梁窝的中线和高程位置。

1. 梁窝中线位置的标定

梁窝中线位置可根据十字中线和边线或梁窝线进行标定。这里以根据梁窝线标定梁窝中线的方法为例

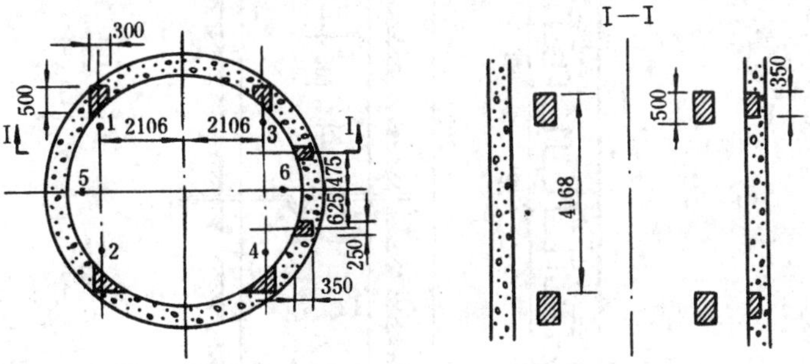

图 15-28　梁窝在井筒中的位置

加以介绍（图 15-29）。

梁窝线是位于井筒十字中线上，距井壁 100 mm 处所挂的铅垂线。梁窝线的下线点位置，一般在井盖上用极坐标法标定。如图 15-29 所示，首先应根据梁窝线与井筒十字中线间的关系，计算梁窝线下线点 1、2、3、4 的坐标。然后根据具体情况，可在井筒与十字中线基点间选择一点 A，精确测定 A 点的坐标，并按照坐标反算公式计算出标定要素 l_i、β_i（$i=1,2,3,4$）。再用极坐标法标定下线点即可。

通过下线点下放梁窝线后，根据这些线在模板上标出梁窝中线的平面位置，并画一线作为标志。

2. 梁窝高程位置的标定

梁窝的高程位置可根据一根边垂线上预先按罐梁间距焊好的金属牌（即牌子线）或井筒内设立的高程点用钢尺丈量等方法确定。

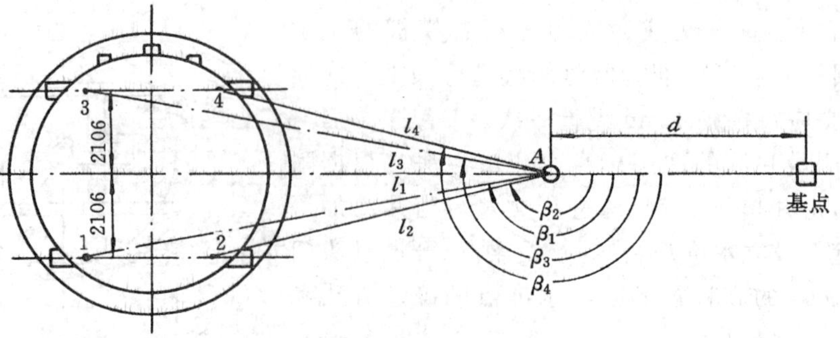

图 15-29 依梁窝线标定梁窝中线方法

牌子线的下线点 A 通常是固定在封口盘上的，如图 15-30 所示。根据 A 点和第一层梁窝底口的高程计算出第一层梁窝牌子至下线点 A 的距离 h，并在焊牌子线时作上标记。固定牌子线时，应使此标记对准下线点。

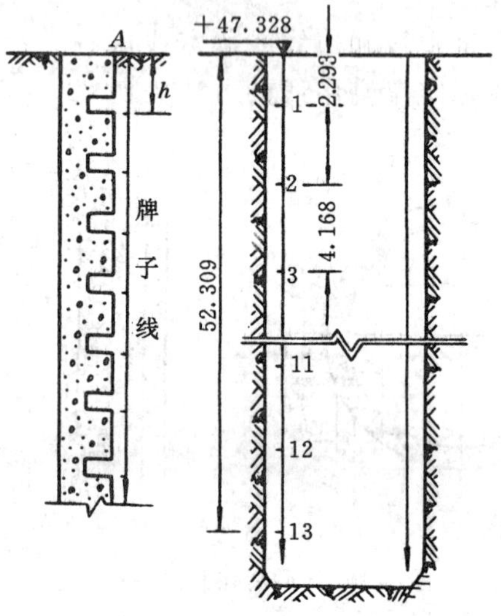

图 15-30 梁窝高程标定位置示意图

第六节 贯 通 测 量

一、概述

为了相向掘进巷道或由一个方向按设计掘进巷道与另一个巷道相遇而进行的测量工作，称之为贯通测量。采用贯通的方法掘进巷道可加快掘进速度、缩短工期，并可改善通风条件，因此，广为矿山、铁路隧道和水工隧洞等所采用。

重要巷道的贯通测量应该编制贯通测量设计书。设计书的内容主要包括：根据工程的要求和贯通测量的精度进行误差预计；选定观测仪器、观测方法和观测方案；编绘比例尺不小于 1：2 000 的贯通测量导线设计图。贯通测量的允许偏差值应根据工程的实际情况确定，选定的测量方案应合理可行。当贯通测量的预计误差超过允许偏差时，应修改测量方案、改进测量仪器来提高测量精度，不得已时，也可改变施工方案。贯通测量设计书应报矿务局审批。

在实地进行贯通测量时，应严格按照贯通测量设计书中的要求进行，并随时对实测精度进行评定，若低于设计要求，应重新测量。同时，为了了解工程的进展情况，应绘制比例尺不小于 1∶2 000 的贯通工程图，并且要及时填绘巷道的掘进情况。

对于采区或工作面间次要巷道的贯通，可凭经验选定测量方案。

贯通测量导线的最后几个（不少于 3 个）测点应埋设牢固。最后一次标定贯通方向时，两个相向掘进头间的距离不应小于 50 m。当两个相向掘进头间的距离在岩巷中剩下 15～20 m、煤巷中剩下 20～30 m（快速掘进应于贯通前两天）时，测量负责人应以书面形式报告矿井技术负责人，并通知安全检查和施工等有关部门。

在巷道贯通后，应在贯通点处测量贯通实际偏差，并将两端导线、高程连测起来，计算各项闭合差。重要的贯通，还应进行精度分析，编写技术总结。

贯通测量是一项非常重要的测量工作，一个小小的错误就可能给国家造成重大的经济损失，影响矿井的生产进度。因此，测量人员应以十分认真负责的态度对待每一项测量工作。

下面将以几个典型实例来说明贯通的基本原理。

二、水平巷道间的贯通

如图 15-31 所示，要在主巷和副巷间用贯通的方法开掘二号石门。为此，要进行以下测量和计算工作：

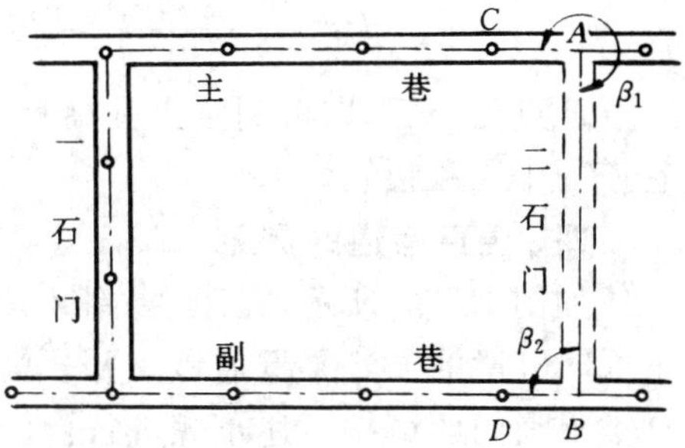

图 15-31　巷道示意图

1. 准备工作

布设经纬仪导线和水准路线，计算出 A、B 点的平面直角坐标（x_A，y_A）、（x_B，y_B）以及它们的高程 H_A、H_B。

2. 计算贯通测量的几何要素

① 计算贯通巷道中心线的方位角 α_{AB}：

$$\tan\alpha_{AB} = \frac{y_B - y_A}{x_B - x_A}$$

② 计算 A、B 处的指向角 β_1、β_2：

$$\beta_1 = \alpha_{AB} - \alpha_{AC} \qquad \beta_2 = \alpha_{BA} - \alpha_{BD}$$

③ 计算 A、B 间的水平距离 l_{AB}：

$$l_{AB} = \sqrt{(x_B - x_A)^2 + (y_B - y_A)^2}$$

④ 计算贯通巷道的倾角 δ：

$$\tan\delta = \frac{H_B - H_A}{l_{AB}}$$

⑤ 计算 A、B 间的斜长 L_{AB}：

$$L_{AB} = \sqrt{l_{AB}^2 + (H_B - H_A)^2} \text{ 或 } l_{AB} = \frac{l_{AB}}{\cos\delta}$$

3. 根据贯通几何要素标定贯通方向线

分别在 A、B 点安置经纬仪，按指向角 β_1 和 β_2 分别给出贯通巷道的中线；用水准仪按倾角 δ 分别在 A、B 处给出贯通巷道的腰线。

需要指出的是，在沿导向层(煤层或岩层)进行水平巷道贯通中，当倾角大于 30°时可只给腰线，不给中线。但这时腰线必须严格掌握，因为腰线如果有偏差，不仅会影响贯通的竖直方向，而且影响水平方向。

三、倾斜巷道的贯通

如图 15-32 所示，上、下平巷和一号下山已掘好，二号下山正由下向上开掘至 B 点，现为加快掘进速度，欲上下同时开掘。这种贯通的特殊性在于上部开切点 P 的位置是未知的。为此，首先应确定 P 点的位置。

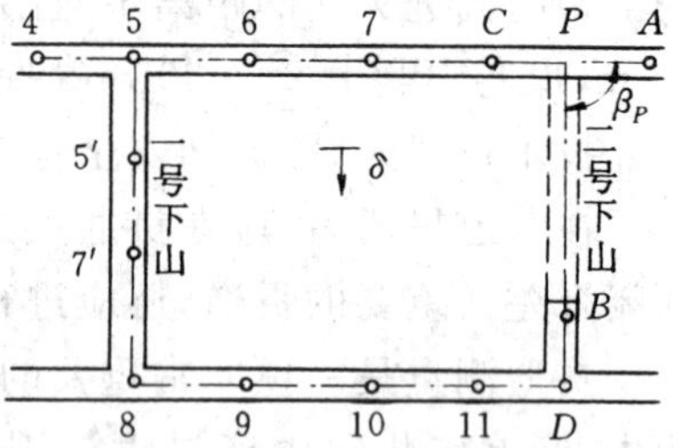

图 15-32 巷道分布示意图

确定 P 点位置的方法主要有两种：第一种是根据 A 和 C、B 和 D 的坐标，列出直线方程，求解出交点 P 的位置。这种方法解联立方程的工作相当繁杂，一般不予采用。第二种方法是根据三角学的基本知识，解算△APB。由于在△APB 中，A、B 的坐标已知，从而可求出它们间的水平距离 l_{BA}，和方位角 α_{AB}，而且 $\alpha_{BP}=\alpha_{DB}$、$\alpha_{AP}=\alpha_{AC}$ 也是已知的。这样我们就可根据正弦定理求得 l_{AP}，确定出 P 点的位置。

$$l_{AP}=\frac{l_{BA}\cdot\sin\beta_B}{\sin\beta_P}=\frac{(y_A-y_B)\cos\alpha_B-(x_A-x_B)\sin\alpha_{DB}}{\sin(\alpha_{BD}-\alpha_{CA})}$$

P 点确定后，即可测定出其高程 H_P，然后即可按与第一个例子类似的方法，标定贯通巷道的中线和腰线。

四、竖直巷道的贯通

如图 15-33 所示，在距主、副井较远处，要开凿三号立井，为了加快开凿速度，拟采用上、下同时开凿的方法来贯通该立井。由于立井的井上与井下中心坐标是相同的。因此，解决这类贯通问题可按下述步骤进行：

① 进行地面导线或三角网连测，确定三号井地面中心的坐标。

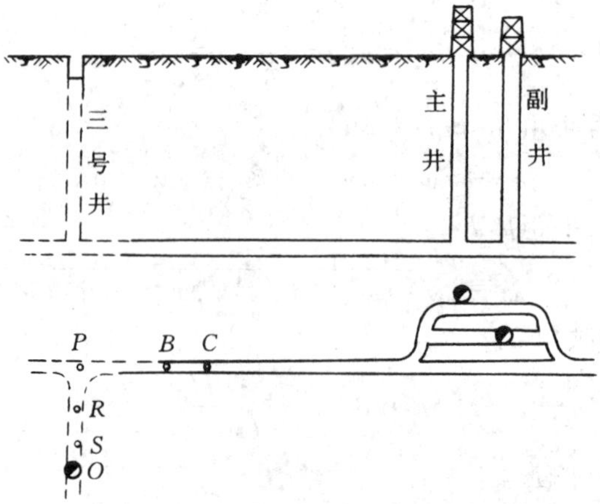

图 15-33 竖井分布示意图

② 通过主、副井进行两井定向，确定井下导线起始点的坐标和起始边的方位角。

③ 沿大巷敷设井下导线至三号井井下中心附近。

④ 根据三号井的地面中心坐标和井下附近的导线点，标定其井下中心位置并牢固地埋好标志。

⑤ 由井下中心向上打反立井进行相向贯通。

在立井贯通时，应特别注意水平方向上的偏差。高程方向上的偏差不直接影响贯通，测量高程的目的只是用来推算贯通的时间和地点。

复习思考题

1. 何谓中线？中线在巷道掘进中的作用是什么？如何用经纬仪标定中线？

2. 何谓腰线？腰线在巷道掘进中的作用是什么？如何用经纬仪标定腰线？

3. 有一曲线巷道，中心角 α 为 105°，巷道中心线的曲率半径为 30 m，巷道净宽为 3.5 m。试设计此弯道的给向方法？

4. 激光给向有何优点？如何安置激光指向仪？

5. 何谓贯通？用贯通的方法掘凿巷道有何优点？

6. 如图 15-31 所示，要在主巷点 A 和副巷点 B 之间用贯通的方法开拓二号石门。设 $x_A=32.400$ m，$y_A=42.320$ m，$\alpha_{CA}=351°28'00''$，$H_A=0$。通过导线测量求得：$\alpha_{DB}=343°35'00''$，$x_B=64.38$ m，$y_B=125.450$ m，$H_B=2.150$ m。试计算贯通的几何要素，并叙述标定的方法。

7. 井筒十字中线有何重要意义？

8. 如何使用极坐标法标定十字中线？

9. 如何设置井筒中心线垂球悬挂点？

10. 预留梁窝时，平面和高程位置如何确定？

第十六章 矿 图

第一节 概 述

一、矿图的概念和种类

为了满足矿井设计、施工和生产管理等工作的需要而绘制的一系列图纸，统称为矿图。矿图是进行矿井设计、科学管理和指挥生产、合理安排生产计划、预防和治理灾害等必备的基础资料。

生产矿井必备的基本矿图可分为两大类：一类是矿井测量图，它是根据地面和井下实际测量资料绘制而成的，必须随着矿井的开拓、掘进和回采工作的进行及时进行填绘；另一类是矿井地质图，它是根据矿井地质勘探资料和采掘过程中揭露的地质信息而绘制的，是反映矿体及围岩的产状、地质条件、水文地质与矿产品质量等情况的图件。

矿井测量图和矿井地质图有着密切的关系，矿井测量图是绘制矿井地质图的基础；同时矿井测量图又必须根据矿井地质图填绘可靠的地质资料。本章主要介绍常用的矿井测量图。

矿井测量图中，根据测量成果直接展点绘制的，称为原图；根据原图复制的称为复制图。按照《规程》的规定，常用的矿井测量图有以下八种：

① 井田区域地形图，比例尺为1∶2 000或1∶5 000。

② 工业广场平面图，比例尺为1∶500或1∶1 000。

③ 井底车场平面图，比例尺为1∶200或1∶500。

④ 采掘工程(分层)平面图，比例尺为1∶1 000或1∶2 000。

⑤ 主要巷道平面图，比例尺为1∶1 000或1∶2 000。

⑥ 井上、井下对照图，比例尺为1∶2 000或1∶5 000。

⑦ 井筒断面图，比例尺为1∶200或1∶500。

⑧ 主要保护煤柱图，包括平面图和断面图，比例尺一般与采掘工程平面图一致。

二、矿图的分幅与编号

矿图的比例尺一般都不小于1/5 000，其分幅方法有正方形分幅和自由分幅两种。

1. 正方形分幅与编号

正方形分幅是以纵横坐标的整公里数或整百米数作为图幅的分界线，图廓呈正方形。图16-1所示是以1∶5 000的图幅为基础划分的：一幅1∶5 000的图分为四幅1∶2 000的图；一幅1∶2 000的图分为四幅1∶1 000的图；一幅1∶1 000的图分为四幅1∶500的

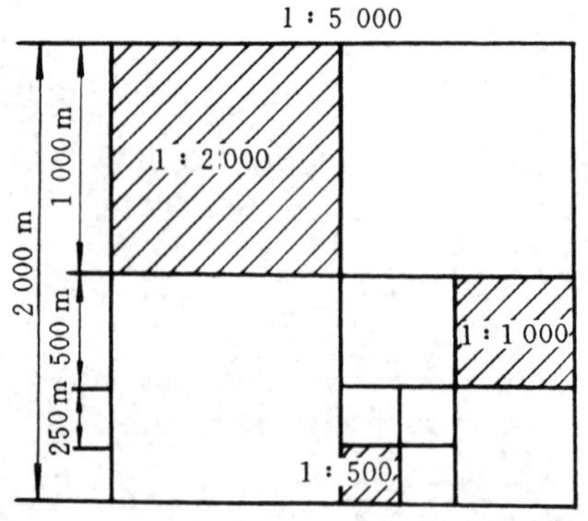

图16-1 矿图分幅与编号示意图

图。各种比例尺图幅的大小和每幅图廓西南角的坐标见表 16-1。

表 16-1　不同比例尺矿图分幅的图幅大小

测图比例尺	图廓大小 /cm²	实地面积 /km²	一幅 1∶5 000 地形图中所含的图幅数	图廓西南角点的坐标 /m
1∶5 000	40×40	4	1	2 000 的整倍数
1∶2 000	50×50	1	4	1 000 的整倍数
1∶1 000	50×50	0.25	16	500 的整倍数
1∶500	50×50	0.0625	64	250 的整倍数

采用正方形分幅时，图幅按下述方法编号：比例尺为 1∶5 000 的图幅的编号由该图幅所在投影带中央子午线的经度与图廓西南角点的坐标(以 km 为单位)组成，如某幅 1∶5 000 的图，所在投影带中央子午线的经度为 117°，图廓西南角点的坐标为 x=4 426 km，y=548 km，则该幅图的编号为：117°-4 426-548。比例尺为 1∶2000 至 1∶500 的图的编号是在 1∶5 000 的图的基础上进行的：1∶2 000 的图的编号是在其所在的1∶5 000的图的编号后加甲、乙、丙、丁；1∶1 000的图是在其所在1∶5 000的图的编号后加 1、2、…、16；1∶500 的图是在其所在 1∶5 000的图幅编号后加(1)、(2)、(3)、…、(64)。具体的编号方法如图 16-2 所示，图中对应阴影部分的比例尺为1∶2 000、1∶1 000和1∶500的图幅编号依次为117°-4426-548-甲、117°-4426-548-16 和 117°-4426-548-(5)。

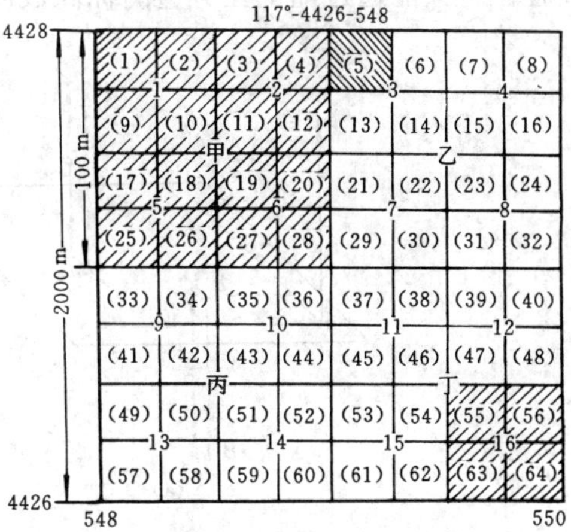

图 16-2　不同比例尺图幅编号

2. 自由分幅与编号

由于矿图的正方形分幅图幅的大小和边界线都是统一的，这样在具体情况中就可能出现一个采区甚至一个采煤工作面出现在几幅图上的情况，这样就会给绘图和用图带来很大的麻烦。因此，在实际应用中，大部分矿图都是采用自由分幅的方法，即图幅的大小可自由选定，坐标格网线可与图边斜交。但一般应符合以下要求：

① 便于长期保存。

② 便于绘制和使用。

③ 在同一矿井中，图幅的大小应尽量一致。

自由分幅的矿图，一般不进行统一的编号，而是在规定的图签中加注图名，以便于查找和使用。

三、矿图绘制的基本原理

矿图实际上是反映矿区范围内地物、地貌以及井下的巷道、地质构造和煤层空间赋存状态的图件。矿图一般都是根据标高投影的原理绘制的。矿井的井筒、钻孔、测量的控制点等就是根据点的标高投影原理而绘制的；巷道的中心、煤岩层面的交线等在局部可视为直线，煤层面、断层面等在局部可视为平面，因此，绘制和识读的基础就是要掌握点、直线、平面的标高投影的基本方法以及它们间的相互位置关系。

第二节 标高投影

采用水平面作为投影面，将空间物体上各特征点垂直投影于该投影面上，并将各特征点的高程标注在旁边，这种投影方法称为标高投影。

一、点的标高投影

自空间的被投影点向投影面（水平面）作垂线并在垂足处注明点的标高，即得该点的标高投影，如图 16-3 所示。由此可见，点在投影面上的位置仅由其平面直角坐标 x、y 决定，高程位置只能通过注记在旁边的标高数值来区分。

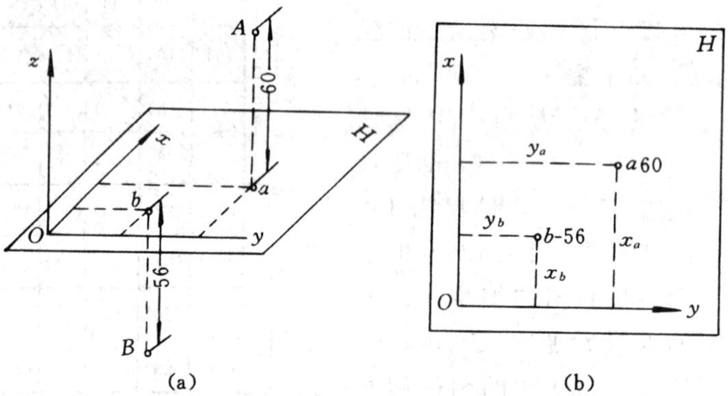

图 16-3 标高投影示意图

二、直线的标高投影

1. 直线的标高投影表示方法

直线的标高投影可以用直线上两点的标高投影的连线表示，也可用直线上一点与标明该直线倾角（或斜率）的射线表示。两种表示方法如图 16-4 所示。

2. 直线的要素及其相互关系

直线的实际长度称为直线的实长，以 L 表示；直线在水平面上投影的长度称为直线的水平长度，也称平距，以 D 表示；直线与其在水平面上投影线的夹角称为直线的倾角，以 δ 表示；直线两端点的高程之差称为直线的高差，以 h 表示；直线的高差 h 与其平距 D 之比称为直线的斜率，也称坡度，以 i 表示。图 16-5 表示出了空间直线的各要素，由图可知各要素间存在下列关系：

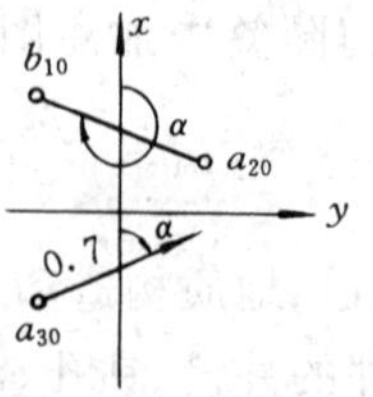

图 16-4 直线标高投影

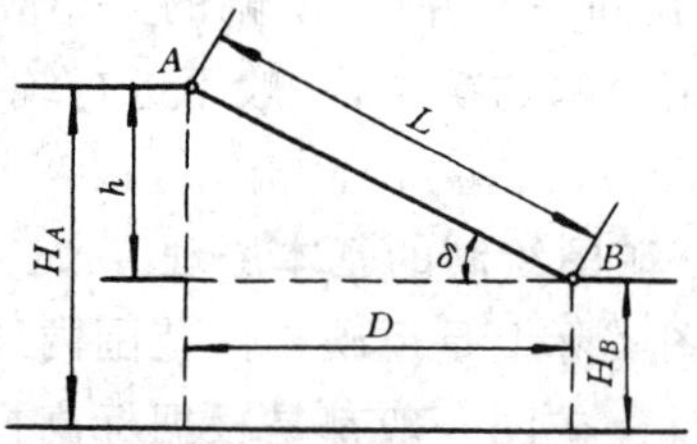

图 16-5 空间直线要素示意图

$$L = \sqrt{D^2 + h^2} \qquad i = h/D \qquad \delta = \arctan i$$

3. 空间两直线的相互位置

空间两直线的相互位置关系有平行、相交和交错三种。若空间两直线的标高投影彼此平行，且倾斜方向一致、倾角相等，则空间两条直线彼此平行(图16-6)；若空间两直线的标高投影相交，且交点的标高相同，则空间两直线相交(图16-7)；若空间两直线既不平行，又不相交，则必交错(图 16-8)。交错有三种情况：① 投影相交，交点的标高有两个；② 投影平行且倾向相同，但倾角不等；③ 投影平行，倾向相反。

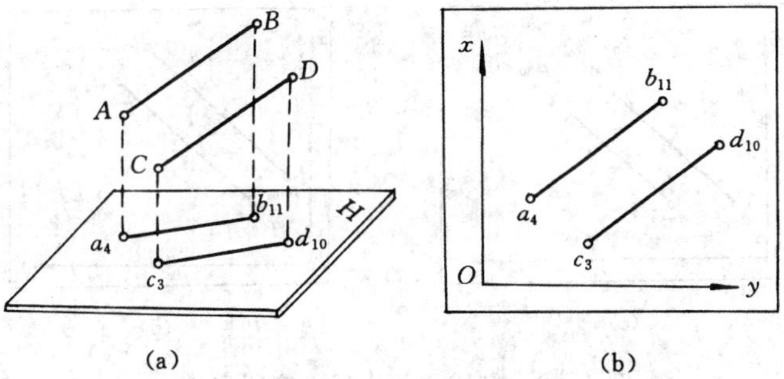

图 16-6　平行空间直线标高投影图

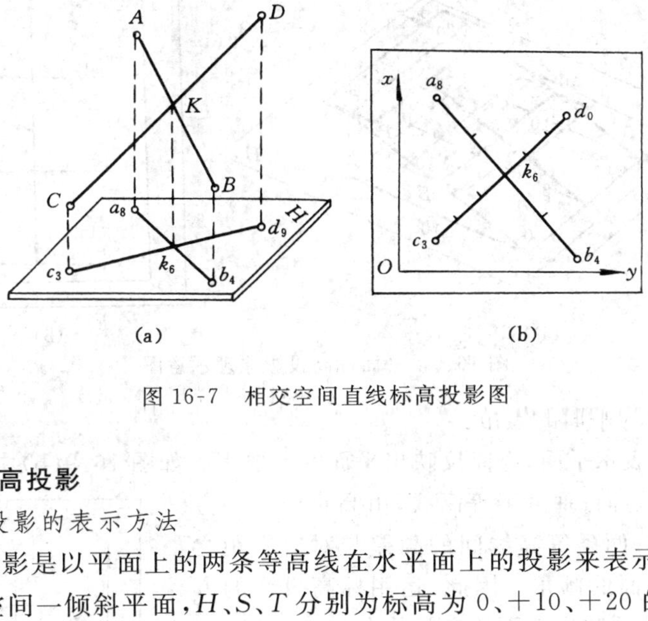

图 16-7　相交空间直线标高投影图

三、平面的标高投影

1. 平面标高投影的表示方法

平面的标高投影是以平面上的两条等高线在水平面上的投影来表示的。如图 16-9 所示，图(a)中 P 为空间一倾斜平面，H、S、T 分别为标高为 0、+10、+20 的水平面，图(b)为平面 P 的标高投影表示方法。

2. 平面的三要素

平面的走向、倾向和倾角统称为平面的三要素。平面的三要素表示了平面的空间状态，如图 16-9(a)所示。等高线的延伸方向称为平面的走向(即图中的 AB)；倾斜平面内垂直于等高线由高指向低的直线(即图中的 NM)，称为平面的倾斜线，倾斜线在水平面上的投影(即图中的 nm)，称为平面的倾向线，倾向线的方向称为平面的倾向；倾向线与倾斜线间的夹

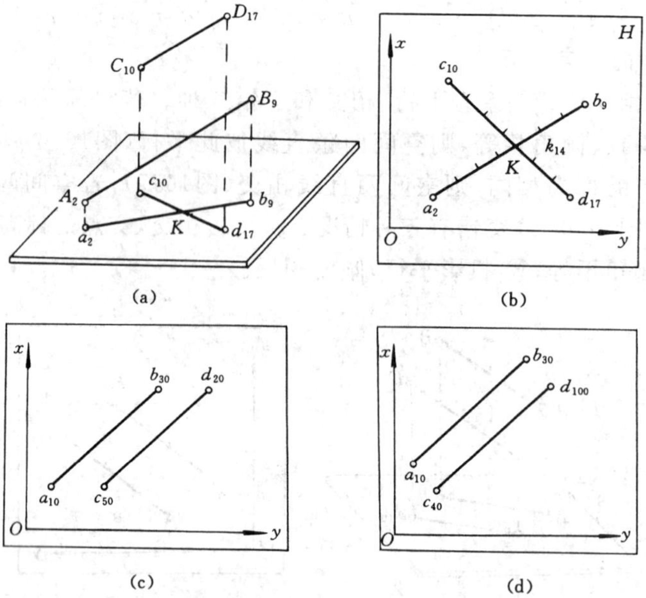

图 16-8　交错空间直线标高投影图

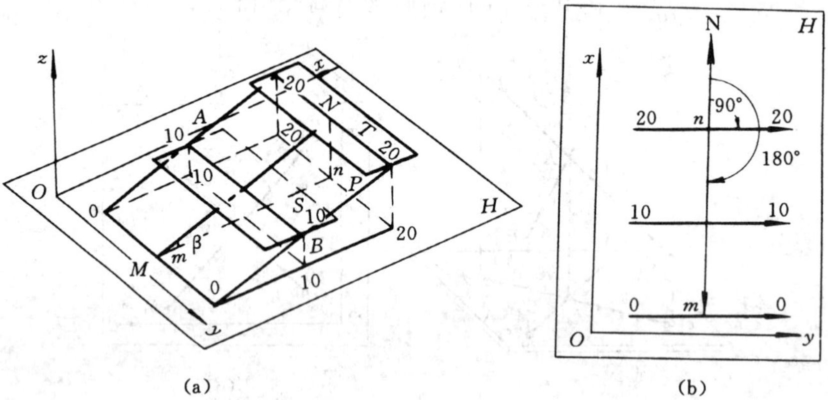

图 16-9　平面标高投影原理示意图

角(即图中的 β),称为平面的倾角。

运用标高投影表示平面,也能反映出平面的三要素。如图 16-9(b)中,等高线的箭头所指方向即为平面的走向;垂直于等高线,由高指向低的方向即为平面的倾向;两条等高线间的高差与对应平距之比的反正切即为平面的倾角。因此,运用标高投影的方法来表示平面,也能反映出平面的空间状态。

3. 空间两平面的相互位置

空间两平面的相互位置关系有平行和相交两种。若空间两平面的等高线相互平行、倾向相同、倾角相等则它们彼此平行,如图 16-10 所示。空间两平面相交有如下三种情况:

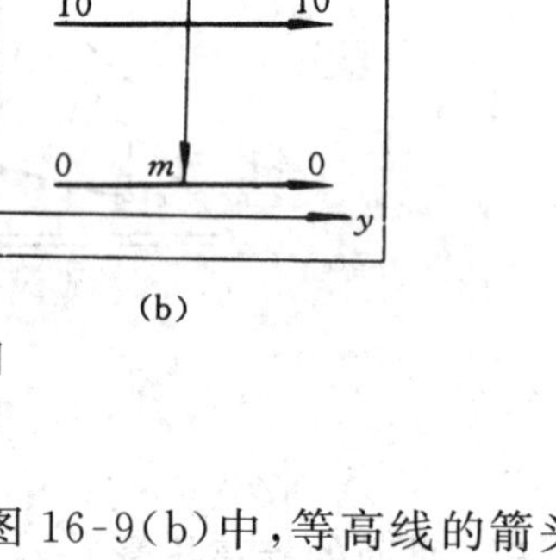

图 16-10　平行平面标高投影示意图

① 两平面的等高线平行,倾向相反,如图 16-11 所

示,(a)为平面投影,(b)为过 QQ 线的剖面。

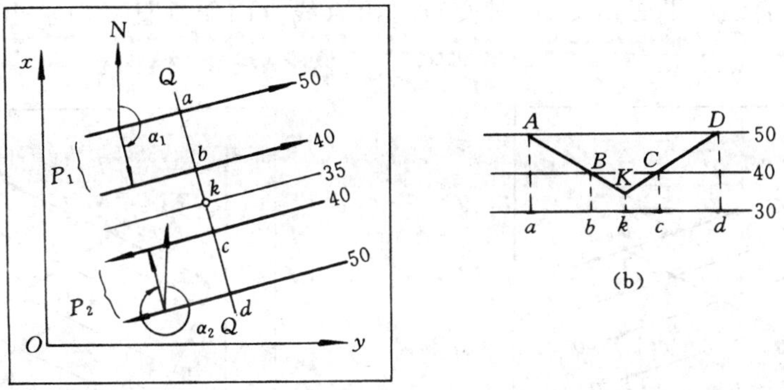

(a)　(b)

图 16-11　投影示意图(1)

② 两平面的等高线平行,倾向相同,但倾角不等,如图 16-12 所示,(a)为平面投影,(b)为平面倾向线的断面。

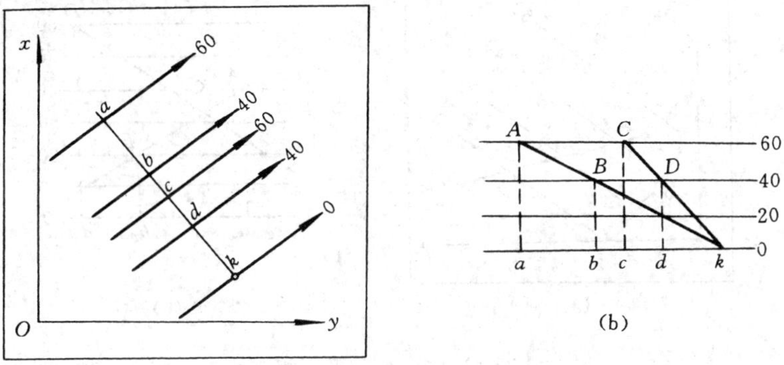

(a)　(b)

图 16-12　投影响示意图(2)

③ 两平面的等高线相交,如图 16-13 所示。

空间两平面相交时,在标高投影图上求其交线的方法是:第③种情况,两平面等高线的交点的连线即为其交线,如图 16-13 中的 ab;第①、第②种情况,由于两平面的等高线平行,因此,它们的交线也必与等高线平行,这时,只要在标高投影图上沿垂直等高线的方向作垂直剖面,求出交线处的标高即可,如图 16-11(b)和图 16-12(b)所示。

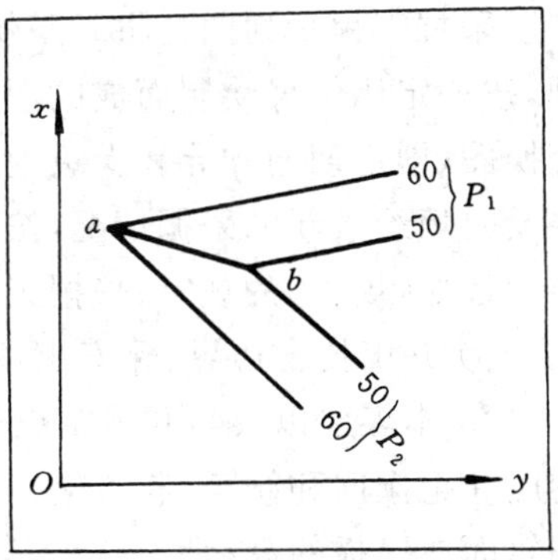

图 16-13　投影示意图(3)

4. 空间直线与平面的相互位置

空间直线与平面的相互位置关系有:直线位于平面内、直线与平面平行、直线与平面相交三种。若直线上有两点位于平面内,则直线位于平面内,如图 16-14 所示;若直线不在平面内,但与平面内的某条直线平行,则直线与平面平行，如图 16-15 所示；若直线既不在平面内又不与平面平行，则直线与平面相交，如图 16-16(a)所示。直线与平面相交时，其交点可沿直线方向作垂直剖面求出，如图 16-16(b)所示。

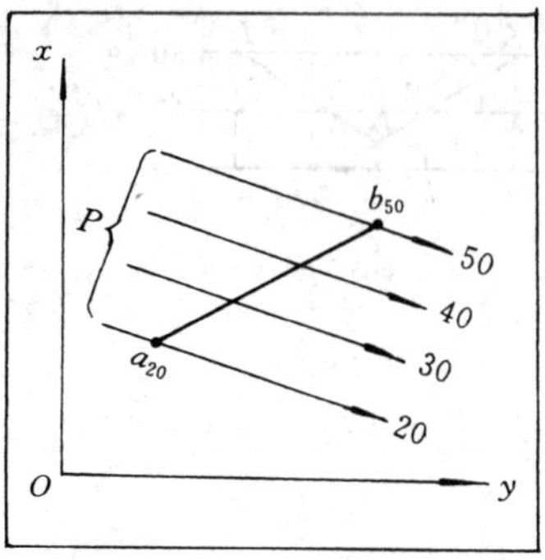

图 16-14　线在平面内

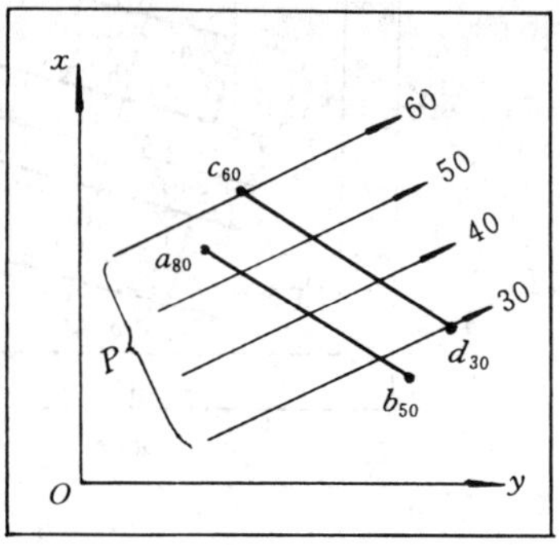

图 16-15　线与面平行

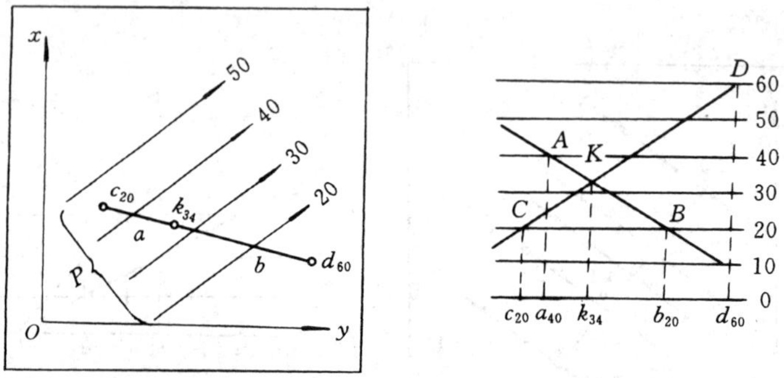

(a)　　　　(b)

图 16-16　线与平面相交

第三节　采掘工程平面图

一、概述

采掘工程平面图是将开采煤层或其分层内的采掘工程和地质情况，采用标高投影的原理，按一定比例尺绘制而成的图纸。采掘工程平面图是煤矿最常用的重要图件，煤矿使用的交换图(即定期向领导和上级地测机关提供的用于指导生产和制订生产计划的图件，一般都要及时填绘最新的采掘情况，按月进行交换)均为采掘工程平面图。

按照《规程》的规定，采掘工程平面图上应绘制以下内容：

① 井田技术边界、保安煤柱及其他边界线，注明名称和批准文号。

② 本煤层以及与开采本煤层有关的巷道(主要巷道应注明名称和月末工作面位置，斜巷应注记倾向和倾角，巷道交叉口、变坡以及平巷等特征点)，在图上每隔 50～100 mm 应注记轨面或底板的高程。

③ 采煤工作面和采空区，注记工作面月末位置、平均采厚、煤层倾角、开采方法、开采年

度和煤层小柱状，丢煤应注明丢煤原因和煤量。

④ 永久导线点和水准点，注明点号和高程；临时点要根据需要注记。

⑤ 钻孔、勘探线、煤层露头线、风化带、煤层变薄区、尖灭区、陷落柱和火成岩侵入区、煤厚点、煤样点以及实测的主要地质构造。

⑥ 发火区、积水区、煤和瓦斯突出区、冒流沙区等，应注明发生时间等有关情况。

⑦ 井田边界外 100 m 以内的邻矿采掘工程和地质情况，井田范围内的小煤窑及其开采范围。

⑧ 根据图面允许和实际要求，还可加绘煤层底板等高线、地面重要工业建筑、居民区、铁路、重要公路、大的河流和湖泊等。

采掘工程平面图按其用途又可分为设计图和测量图两种。设计图主要用于对采掘工程的规划和设计；测量图主要用于实际指挥生产，必须随测随绘，反映采掘工程的现状。

采掘工程平面图一般都要求分煤层绘制。

二、采掘工程平面图的识读

识读采掘工程平面图主要是要搞清煤层的产状要素和地质构造以及井下各种巷道间的相互位置关系。

(一) 煤层的产状要素和地质构造的识读

煤层的产状要素和地质构造主要是通过煤层底板等高线和有关矿图符号来识别的。煤层的走向即煤层底板等高线的延伸方向，煤层的倾向是垂直于煤层底板等高线由高指向低的方向；煤层的倾角则需要通过计算煤层底板等高线的等高距和等高线平距之比的反正切来求取。煤层的地质构造则需要通过煤层底板等高线结合有关矿图符号一起来识读。如煤层底板等高线出现弯曲，一般说明是有褶曲构造；如煤层底板等高线出现中断或错开，则可能是由于陷落柱、断层等地质构造而引起的。为了进一步了解就要参阅表 16-2 中列出的常用矿图符号，如断层面的交面线，上盘用“——·——·——”表示，下盘用“——×——×——”表示，再运用有关标高投影知识就可求出断层的要素。

(二) 各种巷道间相互关系的识别

采掘工程平面图上的巷道纵横交错，要识别它们间的相互关系和用途，不仅要具备标高投影的基本知识，还需有开采方法中有关巷道布置方面的知识。这里我们具体阐述一下各种巷道及其相互关系的识别方法。

1. 竖直巷道、水平巷道和倾斜巷道的辨别

在采掘工程平面图上竖直巷道是用专门符号来表示的，这时关键是区分它们与钻孔符号间的差异，注意钻孔符号一般是孤立的，而竖直巷道都是与其他巷道连通的。另外，还可利用注记的巷道名称进行区分，如主井、副井、暗立井、溜煤眼等一般均为竖直巷道。

水平巷道和倾斜巷道主要是通过巷道内导线点的标高来辨别，若巷道内导线点标高变化不大，则为水平巷道，否则为倾斜巷道。此外，也可利用巷道名称来辨别，如斜井、上山、下山等为倾斜巷道，平硐、石门、运输大巷等一般均为水平巷道。

2. 煤巷和岩巷的辨别

煤巷和岩巷的辨别主要是通过巷道处煤层底板等高线的标高与巷道内导线点的标高间的关系来区分。若二者标高很相近，则为煤巷，否则为岩巷；也可通过巷道名称来区分一部分煤巷和岩巷，如石门、围岩平巷是岩巷，开切眼、运输顺槽、工作面回风巷等则大多为煤巷。

表 16-2 **常用矿图符号**

编号	符号名称	图 示	说 明	编号	符号名称	图 示	说 明
1	十字中心基点		箭头指向井筒	14	倾斜巷道		
2	巷道底板高程	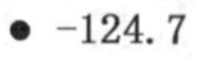		15	裸体巷道		
3	井下水准基点	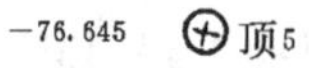	左为高程,右为 点号和位置	16	锚喷巷道	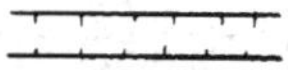	
4	井下经纬仪导线点 1. 永久性的 2. 临时性的	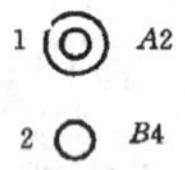		17	木支架巷道		
5	竖 井	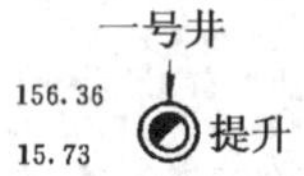	箭头表示风向	18	金属、混凝土及其他装配式支架巷道		
6	暗竖井	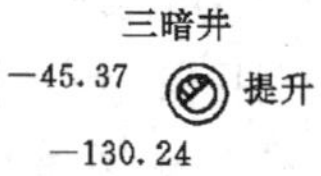	左边字上为井口高程,下为井底高程	19	混凝土、料石等砌碹的巷道		
7	暗小立井	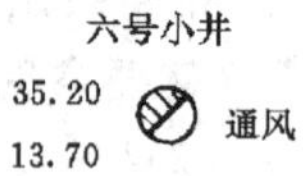		20	废 巷	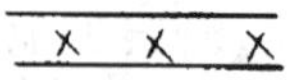	叉为红色
8	斜 井			21	已充填巷道	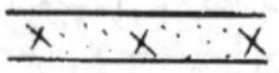	
9	平 硐	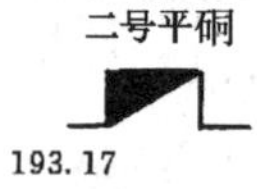		22	石 门		巷道为杏黄色
10	井底煤仓	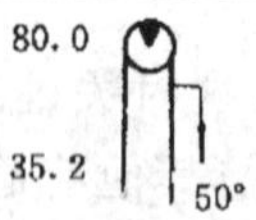		23	风 桥	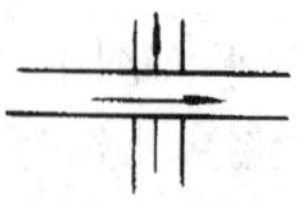	红色箭头为进风,蓝色箭头为回风
11	专用钻孔	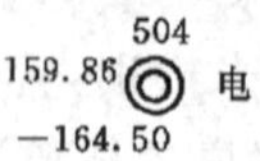		24	水闸门 1. 全门 2. 半门	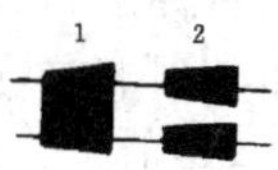	中间为绿色
12	岩 巷		黄 色	25	水闸墙 1. 砖石的 2. 混凝土的	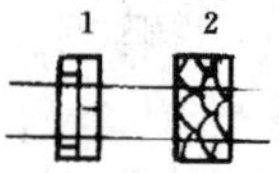	
13	煤 巷	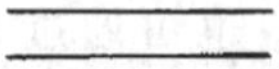		26	永久隔风墙		

续表 16-2

编号	符号名称	图　示	说　明	编号	符号名称	图　示	说　明
27	永久风门			40	实测正断层	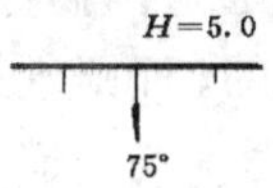	箭头表示断层面倾斜方向，短线表示地层下降的一侧，并注明倾角和落差，红色
28	井田边界			41	实测逆断层	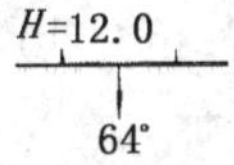	红　色
29	煤矿占地边界		黄　色	42	实测平移断层		红　色
30	保护煤柱和地 面受护面积		红　色	43	实测断层交面线	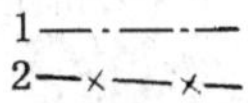	1——上盘 2——下盘 红　色
31	回采边界 1. 实测的 2. 推测的	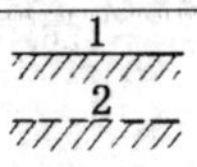		44	断层裂隙带	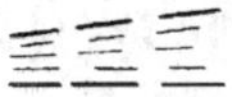	红　色
32	见煤钻孔	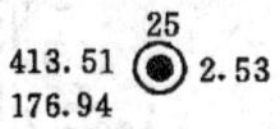	上为孔号，左边上面为孔口高程，下面为煤层底板高程，右为煤层真厚度	45	实测陷落柱	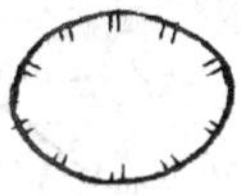	红　色
33	未见煤钻孔	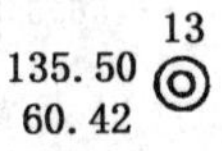		46	煤层冲刷带及无煤区		
34	井下见煤钻孔	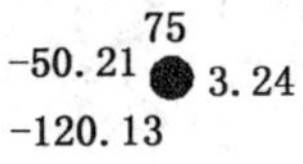		47	井下涌水钻孔		分子为涌水量， 分母为打孔时间
35	井下未见煤钻孔	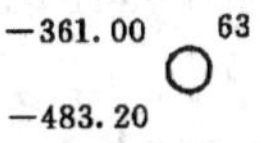		48	实测煤层露头线		
36	地层产状		横线表示走向，垂线表示倾向	49	推测煤层露头线		
37	节理走向及倾角		1——顶板 2——煤层	50	风氧化带		1——煤层露头 2——风化带 3——氧化带
38	实测向斜轴		箭头方向表示岩层倾向	51	煤层变薄不可采边界线		
39	实测背斜轴						

3. 巷道相交、相错或重叠的辨别

区分巷道相交和相错主要是通过两条巷道内导线点标高间的关系。在采掘工程平面图上两条巷道相交,若交点标高相同(没有注明时,可通过内插标高的方法求得),则它们是相交的,否则它们是相错的。如图16-17中,巷道4与巷道1、巷道2均相交,而巷道3与巷道2则是相错的。此外,用双线绘巷道时,相错巷道交点处,上部巷道连续,下部巷道中断;相交巷道的交点线条均中断,如图16-17所示。

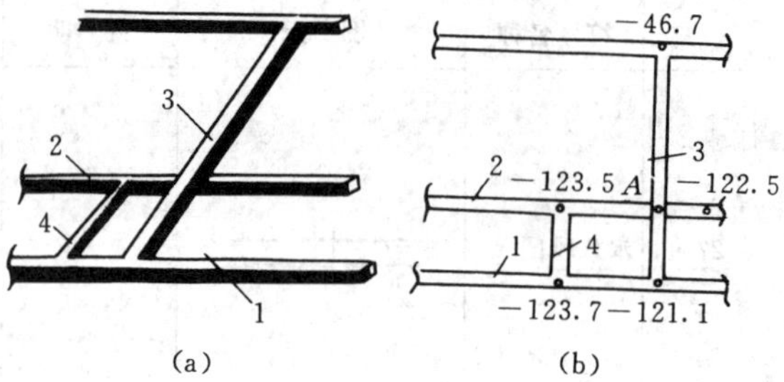

图16-17 巷道间关系辨别示意图(1)

重叠巷道是指两条标高不同的巷道位于同一竖直面内。此时,在采掘工程平面图上,它们是重叠在一起的,但通过巷道内导线点的标高可区分出上部巷道和下部巷道;另外,上部巷道是用实线绘出的,下部巷道则是用虚线绘制的,如图16-18所示。

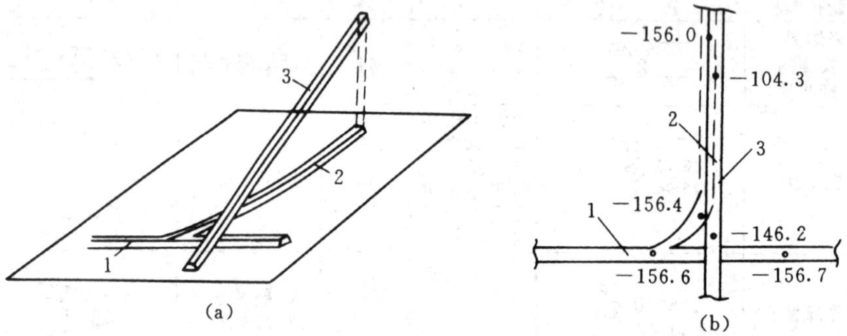

图16-18 巷道间关系辨别示意图(2)

(三) 采掘工程平面图的识读举例

如图16-19所示为某煤矿一个煤层的采掘工程平面图(缩小),比例尺为1∶5 000,图中只绘出了−300 m水平的一采区和二采区的一部分。

由图可知,该煤层为立井分区式开拓,采用走向长壁法布置工作面;以一落差约为22 m的正断为一、二采区的分界线;主井井口标高为+39.8 m,井底标高为−335.2 m,因此,可知主井深375 m;结合煤层底板等高线可知,−300 m水平井底车场是垂直于煤层走向布置在煤层顶板岩层中的;井底车场通过石门与水平运输大巷连接,由大巷内导线点的标高和煤层底板等高线的标高,可知此水平运输大巷是布置在煤层底板岩层中的;在采区上部煤层底板岩层中布置了总回风巷,通过石门与采区和风井连接。

三、采掘工程平面图的应用

采掘工程平面图是了解矿井采掘工程情况和地质构造情况,进行矿井采掘工程设计和采掘工作地质预报以及指挥矿井生产的重要资料,同时还可利用它来绘制生产计划图、通风系统图、井上下对照图和“三量”计算图等图纸。除此之外,采掘工程平面图还有以下用途。

1. 用于求巷道的长度和倾角

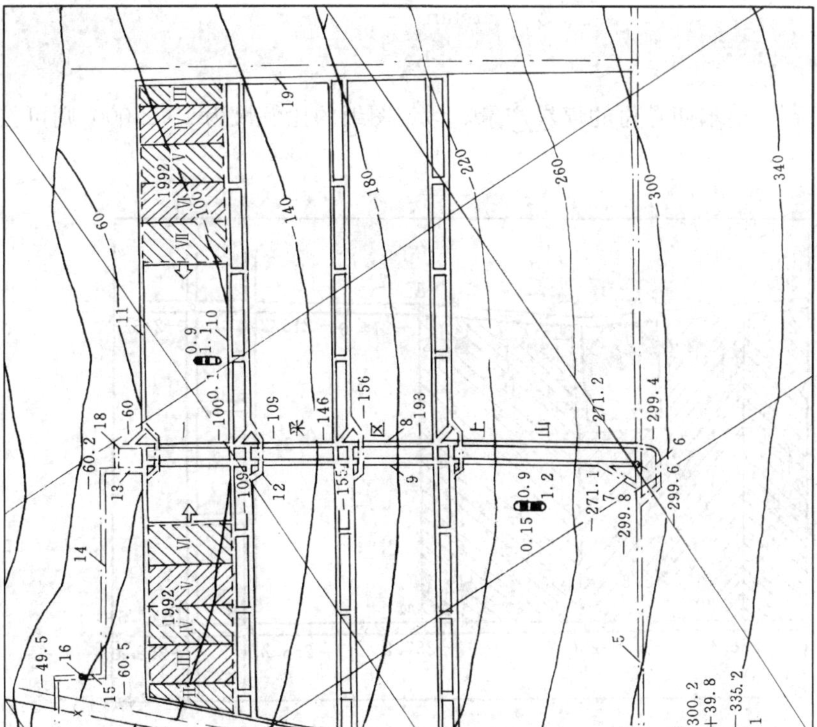

图 16-19　采掘工程平面图

1——主井;2——副井;3——井底车场;4——主要石门;5——水平主要运输大巷;6——下部车场绕道;7——斜巷;8——轨道上山;9——运输机上山;10——区段运输巷;11——区段回风巷;12——中部车场绕道;13——采区回风石门;14——总回风巷道;15——总回风石门;16——回风井;17——采区煤仓;18——绞车房;19——开切眼

如图 16-20 所示，要求巷道 AB 的实际长度 L_{AB} 和倾角 δ。首先用比例尺量取 AB 两点的水平长度 d_{AB} 并利用注记的标高计算出 A、B 两点间的高差 h_{AB}，再按下式计算 L_{AB} 和 δ：

$$L_{AB} = \sqrt{d_{AB}^2 + h_{AB}^2}$$

$$\delta = \arctan \frac{h_{AB}}{d_{AB}}$$

2. 计算煤炭产量

如图 16-20 所示，要求四月份的煤炭产量。假定图纸的比例尺为 1∶2 000，则可按下述步骤进行计算：

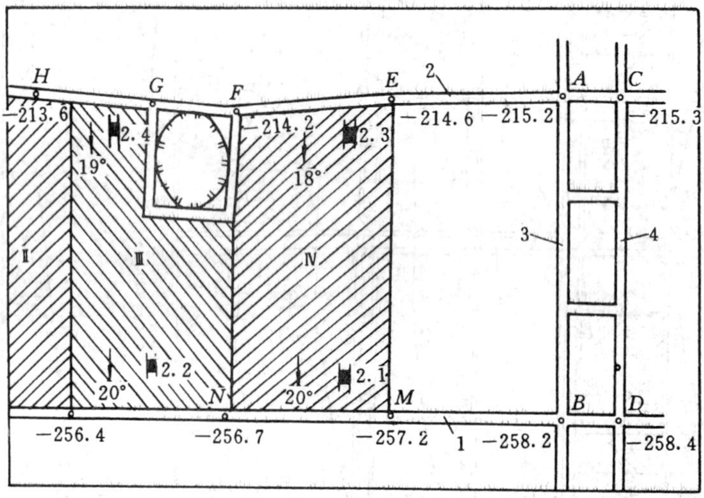

图 16-20 开采平面图

1——区段运输巷；2——区段回风巷；3——运输上山；4——行人及轨道上山

(1) 计算四月份回采区域的水平面积 S'

用比例尺从图上量取 FE、NM、FN、EM 的水平长度后再计算 S'：

$$S' = \frac{FE + NM}{2} \times \frac{FN + EM}{2} = \frac{50 + 52}{2} \times \frac{100 + 104}{2} = 5\ 202\ (\text{m}^2)$$

(2) 计算实际回采面积 S

$$S = S'/\cos\delta = 5\ 202/\cos\left(\frac{18^\circ + 20^\circ}{2}\right) = 5\ 502\ (\text{m}^2)$$

(3) 计算回采体积 V

首先根据图中标记的采高数据，计算出平均采高 h，再将其乘以实际回采面积 S，即得回采体积 V：

$$V = S \cdot h = 5\ 502 \times \frac{2.1 + 2.3}{2} = 12\ 104\ (\text{m}^3)$$

(4) 计算四月份的煤炭产量 Q

设煤的平均容重 $\gamma = 1.4\ \text{t/m}^3$，则：

$$Q = \gamma \cdot V = 1.4 \times 12\ 104 = 16\ 946\ (\text{t})$$

第四节 其他矿井测量图

一、井田区域地形图

井田区域地形图与本书第七、第八章所述的一般地形图基本类似，只不过加绘了一些井田范围内的特别地物和境界线，如井筒、钻孔和井田开采边界线等，因此在这里不再详述。

二、工业广场平面图

工业广场平面图的绘制内容和绘制方法与井田区域地形图很相似，但绘制范围要小，一般只绘制工业广场(包括洗煤厂)范围内的主要地物和地貌。另外，工业广场平面图的比例尺比井田区域地形图的比例尺要大，绘制精度要高。

三、井底车场平面图

井底车场是联系井筒和井下巷道的总枢纽，在矿井生产以及改扩建中有着非常重要的作用和意义。井底车场平面图是将井底车场内所有巷道和硐室，按照标高投影的原理，投影到水平面上而绘制的。井底车场平面图上绘制的主要内容包括：

① 井底车场内的所有生产设施，如各类巷道、硐室、水闸门、水闸墙和防火门等。轨道要注明坡向和坡度，区分单轨和双轨；曲线巷道要标出曲率半径、转向角和弧长；巷道交叉和变坡处，应注记轨面和底板高程；泵房要表示出各台水泵的位置，注明排水能力、扬程和功率；水仓应注明容量。

② 永久导线点和水准点要注明点号和高程。

③ 附有主要巷道和硐室的大比尺横断面图，并标注有关尺寸。

四、主要巷道平面图

主要巷道平面图的绘制内容、方法和比例尺与采掘工程平面图基本相同，只是主要巷道平面图上不绘制一些次要的巷道，但要加绘水闸门、水闸墙、永久风门、防火门、突水点和抽放水钻孔等信息。另外，主要巷道平面图可按开采水平绘制，也可按各水平综合绘制，如开拓系统比较简单、分层采掘且工程平面图上已经包括了的主要巷道，可不单独绘制。

五、井上下对照图

井上下对照图是以井田区域地形图为基础加绘主要巷道综合平面图上一部分信息(如井底车场、运输大巷、主要石门、主要上山下山、采煤工作面及其编号等)以及井田开采边界和主要保护煤柱边界绘制而成的。它主要用于了解地面情况和井下采掘工程情况以及它们的相互位置关系，为地面建设规划、井下开采设计和施工服务。

六、井筒断面图

井筒断面图是根据井筒开凿过程中实测的数据而绘制的，它是反映井筒施工和穿越岩层情况的综合图纸。井筒断面图包括井筒垂直剖面图和横断面图两部分，同时还要以附表形式列出井中坐标、井筒直径和深度、井口和井底高程、提升方位、开工与竣工日期以及施工单位等。

井筒断面图是安装井筒设备、进行井筒维护和检修以及改造和延伸井筒时的重要资料。

七、主要保护煤柱图

保护煤柱图是为了保护矿区地表的铁路、建筑物和水体免受地下开采影响所划定的煤层开采边界的综合图纸。主要保护煤柱图由平面图、若干剖面图和附表组成。主要保护煤柱图的绘制原理和方法详见第十七章。

主要保护煤柱图是确定矿井开采边界、进行矿井改扩建和指挥生产的重要图纸。

复习思考题

1. 矿井测量图和矿井地质图有什么关系？
2. 矿图编号的含义是什么？有什么作用？
3. 在采掘工程平面图上如何识别巷道的各种关系？
4. 什么叫空间平面的三要素？举例说明其求算方法。
5. 试求算图 16-20 中三月份的产量。

第十七章　地表与岩层移动简介

第一节　地表与岩层移动的几个基本概念

一、岩层移动的几种形式

由于开采地下矿产资源引起的地表与上覆岩层的岩体遭到破坏而产生的移动与变形统称为地表与岩层移动。通过观测和研究发现，地表与岩层移动的形式主要有以下六种。

1. 弯曲

当地下煤层被采出后，从其直接顶到地表将沿其层理的法线方向，向采空区方向弯曲。在整个弯曲过程中，岩层虽然可能发生数量不多的微小裂缝，但整体上保持其连续性和层状结构。弯曲是岩层移动的主要形式。

2. 冒落

煤层被采出后，其上覆岩层最初的弯曲达到一定限度后，其直接顶板岩层将与整体分开，破碎成小的岩块而落下来充填采空区，这种移动形式称为冒落。冒落后岩层不再保持其原有的层状结构。冒落是岩层移动中最剧烈的一种移动形式。

3. 片帮

煤层采出后，采空区顶板岩层内出现悬空，其压力便转移到煤壁上，形成增压区，煤壁在附加载荷的作用下，一部分被压碎并垮向采空区，这种现象称为片帮。片帮将使采空区边界以外的上覆岩层与地表产生移动。

4. 岩石沿层面的滑动

当煤层倾斜时，岩石的自重力方向与岩层的层理面不垂直，岩石除产生沿其法向的弯曲外，还将产生沿层理面方向的滑动。岩层倾角越大，岩石沿层理面的滑移越明显。岩石沿层理面的滑移将使采空区上山方向的岩层受拉伸，甚至被剪断，而下山方向的岩层被压缩。

5. 垮落岩石的下滑

当煤层倾角较大时，采用自上而下的开采顺序采煤，上山部分回采过后，采空区已被冒落的岩块充填，这时开采下山部分的煤层，上山部分的垮落岩石可能下滑充填下山部分的采空区，从而使上山部分的岩层和地表移动加剧，下山部分岩层移动减弱。

6. 底板岩层的隆起（又称底鼓）

如果煤层底板岩石很软且倾角较大，在煤层采出后，底板在垂直方向减压，水平方向受压，造成底板向采空区方向隆起的现象，称为底鼓。

从上述内容可知，各种移动形式的出现是有其特定条件的，在某一具体岩层移动过程中不一定都能出现。

二、移动稳定后采动岩层内的三带

煤层采出后，所产生的地表与岩层移动过程较为复杂，为了满足采矿工程的需要，将移动稳定后的采动岩层按其破坏程度不同，分为三个不同的开采影响带，即冒落带、断裂带和弯曲带，如图 17-1 所示。

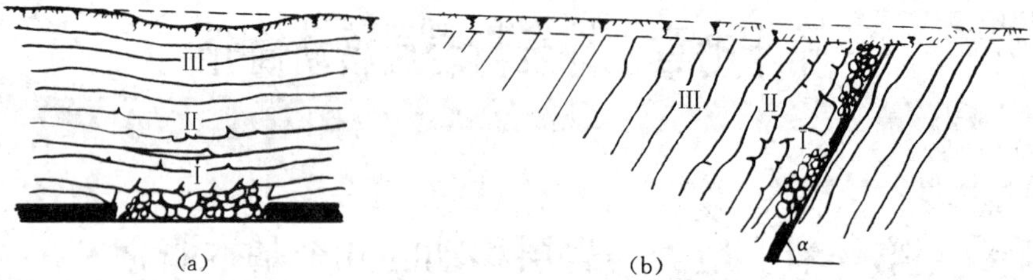

图 17-1 采动岩层分带示意图

(a) 近水平煤层；(b) 急(倾)斜煤层

Ⅰ——冒落带；Ⅱ——断裂带；Ⅲ——弯曲带

1. 冒落带

冒落带是指采用全部垮落法管理顶板时，采煤工作面放顶后引起煤层直接顶板产生破坏的范围。其特点是顶板岩石发生破碎，而且越是靠近煤层的岩石破坏愈严重。冒落带可分为不规则冒落和规则冒落两部分，在不规则冒落部分岩层完全失去了原有的层位，在规则冒落部分，岩层基本上保持原有层位。

冒落带的高度主要取决于采出煤层的厚度和上覆岩石的碎胀系数，一般为采出煤层厚度的 3～5 倍。

2. 断裂带

在采空区上覆岩层中产生裂缝、离层和断裂，但仍保持层状结构的那部分岩层称为断裂带。断裂带位于冒落带和弯曲带之间。断裂带内岩层不仅发生垂直于层理面的裂缝或断裂，而且产生顺层理面的离层裂缝。根据垂直层理面裂缝的大小及其连通性的好坏，断裂带又分为严重断裂、一般断裂和微小断裂三部分。严重断裂部分的岩层大多断开，但仍保持其原有层次，裂缝的连通性强，漏水严重；一般断裂部分的岩层很少断开，连通性较强，漏水一般；微小断裂部分，裂缝基本上不断开，连通性差，漏水较弱。

3. 弯曲带

断裂带之上直至地表都属于弯曲带。在弯曲带内，岩层在自重力作用下产生沿层面法线方向的弯曲，但仍保持其原有的层状结构；岩层的移动是连续而有规律的。弯曲带的高度主要受开采深度的影响，当采深很大时，弯曲带的高度将很大，但地表的移动和变形相对较平缓。

上述三个移动带，在水平或缓倾斜煤层的开采中表现较为明显。另外，在不同的开采条件下，上述三带不一定同时存在。

三、地表移动盆地

当开采影响波及到地表之后，受采动影响的地表从原有标高向下沉降，从而在采空区上方形成一个比采空区面积大得多的沉陷区域，这种地表沉陷区域称为地表移动盆地。地表移动盆地是在工作面的推进过程中逐步形成的，地表移动盆地的大小和形状主要与煤层倾角、采空区的大小和采深是否达到充分采动有关。

所谓充分采动是指地下煤层采出后，地表下沉值达到该地质采矿条件下应有的最大值。一般情况下，当采空区的长度和宽度均达到或超过采深的 1.2～1.4倍时，地表可达到充分采动。凡是采空区的尺寸没有达到充分采动的临界值，地表下沉也未达到该地质采矿条件下应有的最大下沉值时，这种采动称为非充分采动。水平煤层充分采动和非充分采动时的地表移动盆地的形状及其与采空区的相对位置如图 17-2 和图 17-3 所示。由图可知，此时地表移动盆地位于采空区的正上方，移动盆地的形状与采空区对称。而对于倾斜煤层，如图 17-4 所示，其移动盆地则偏向采空区的下山方向，且移动盆地与采空区不对称，上山方向移动盆地较陡，下山方向移动盆地较缓。

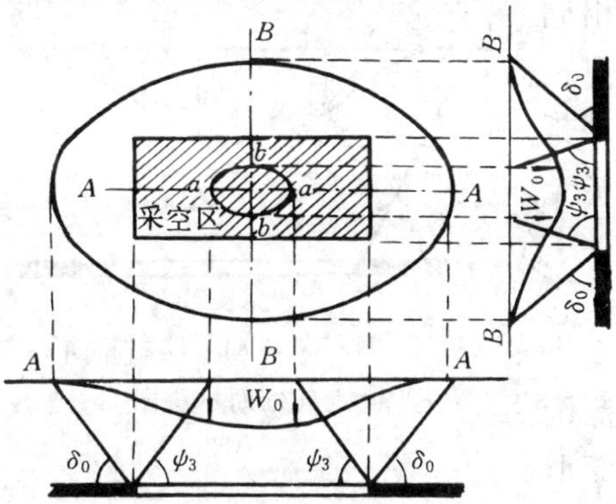

图 17-2　充分采动地表移动盆地形状与采空区相对位置图

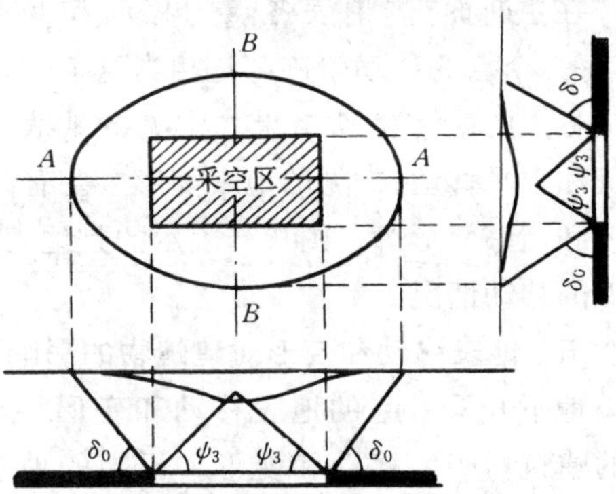

图 17-3　非充分采动地表移动盆地形状与采空区相对位置图

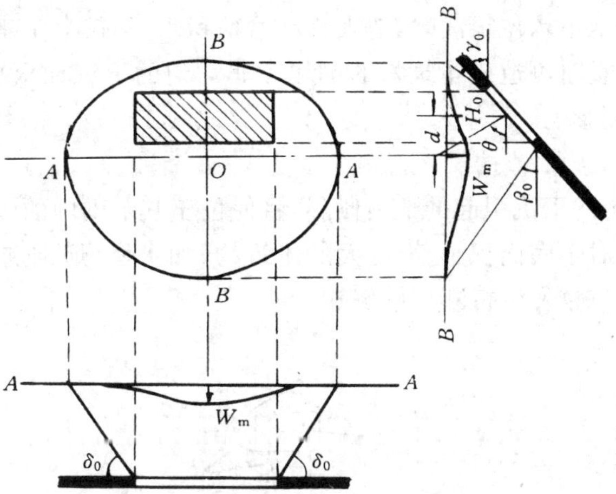

图 17-4　倾斜煤层地表移动盆地方向示意图

四、移动盆地的主断面

地表移动盆地内各点的移动和变形虽不完全相同，但在一般情况下，移动和变形的分布是有规律的。通常情况下，通过采空区中心与煤层走向平行或垂直的断面上的地表移动值最大，我们将该断面，称为移动盆地的主断面。在主断面上不仅移动量最大，而且地表移动盆地的范围也是最大的。因此，在研究煤层开采引起的地表移动和变形分布的规律时，在很多情况下我们只研究主断面上的地表移动和变形。

主断面的位置一般在采空区中间，但与采动情况和煤层倾角有关。在非充分采动情况下，通过采空区中心所作的平行于煤层倾向的垂直断面，即为移动盆地的倾斜主断面。走向主断面的位置则需要通过倾斜主断面上的最大下沉点，按最大移动角 θ 确定（所谓最大下沉角是指采空区的中点和地表移动盆地的最大下沉点的连线，与水平线之间在煤层下山方向一侧的夹角），确定方法如图 17-4 所示。在充分采动时，首先按充分采动角确定地表充分采动区的范围，然后通过该范围沿煤层走向和倾向所作的垂直断面均为主断面。

在主断面上，地表各点的移动和变形也是不相同的，每一个点的移动轨迹都是相当复杂的，我们主要研究的是各点的最终移动结果。常见的地表移动主要是指下沉和水平移动；常见的地表变形主要有倾斜变形、水平变形和曲率变形等。图17-5表示的是地表移动主断面上点位的移动情况。

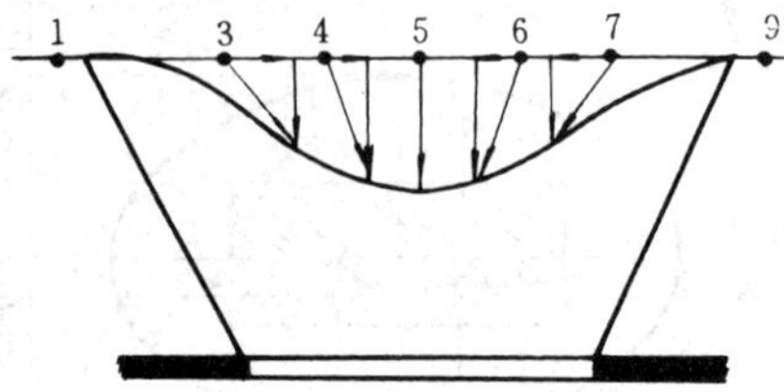

图 17-5　移动盆地主断面走向判断示意图

五、地表移动和变形对建筑物的影响

地下开采引起的地表移动和变形将导致影响范围内的建筑物产生移动和变形。不同的地表移动和变形对不同结构的建筑产生的影响程度是不同的。这里主要介绍常见的几种地表移动和变形对建筑物的影响。

1. 地表下沉和水平移动对建筑物的影响

地表大面积的均匀下沉和水平移动，只会引起建筑物整体的移动，不会导致建筑物的破坏。但当移动值很大、地下水位很浅时，地表移动盆地积水，不仅会使建筑物淹没在水中，而且易使地基强度降低，严重时可造成建筑物的倒塌。非均匀的下沉和水平移动对建筑物和交通线路等都有严重的不利影响。

2. 地表倾斜对建筑物的影响

移动盆地内非均匀的下沉引起的地表倾斜，将使位于其范围内的建筑物重心发生偏斜，如图 17-6 所示。特别是对于底面积小、高度大的建筑物（如水塔、烟囱和高压电线铁塔等）影响更大，严重时可导致建筑物发生折断或倾倒。

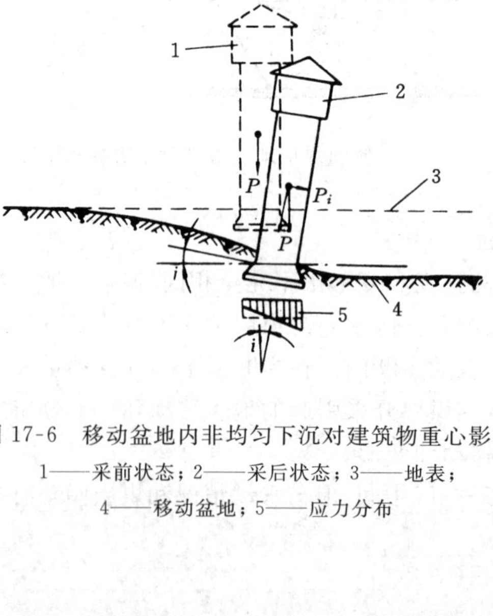

图 17-6　移动盆地内非均匀下沉对建筑物重心影响

1——采前状态；2——采后状态；3——地表；
4——移动盆地；5——应力分布

此外，地表的倾斜还会引起公路、铁路和管道等坡度的变化以及机械设备的倾斜，从而影响它们的正常工作状态，因此必须及时进行修复。

3. 地表曲率变形对建筑物的影响

曲率变形是反映地表弯曲程度的指标，分正曲率（地表上凸）和负曲率（地表下凹）两种。负曲率变形使建筑物中间受力小，两端受力大，乃至中央部分处于悬空状态，使建筑物产生八字形的裂缝，如图 17-7(a)所示；正曲率变形则使建筑中间受力大，两端受力小，两端处于悬空状态，从而产生倒八字形的裂缝，如图17-7(b)所示。

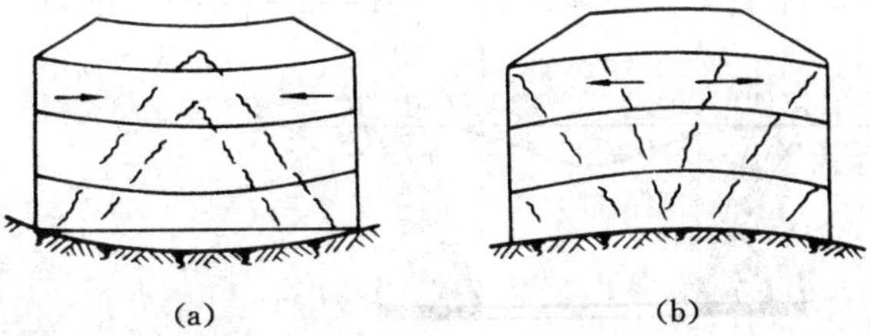

图 17-7　地表曲率变形对建筑物的影响

4. 地表水平变形对建筑物的影响

水平变形也分为正负两种：正值表示拉伸变形；负值表示压缩变形。水平变形是引起建筑物破坏的重要因素，尤其是拉伸变形。由于一般建筑物抗拉伸变形能力很小，在受到拉伸变形时，往往是先在建筑物的薄弱部位（如门窗上方）出现裂缝，有时地表尚未出现裂缝，而在建筑物的墙体上就出现了裂缝，严重时可造成建筑物倒塌，如图 17-8(a)所示。压缩变形对建筑物的影响是使建筑物墙壁受压、门窗关闭不灵，砖砌墙体产生水平裂缝，如图 17-8(b)所示；纵墙或围墙产生褶曲或屋顶鼓起，如图 17-8(c)所示。

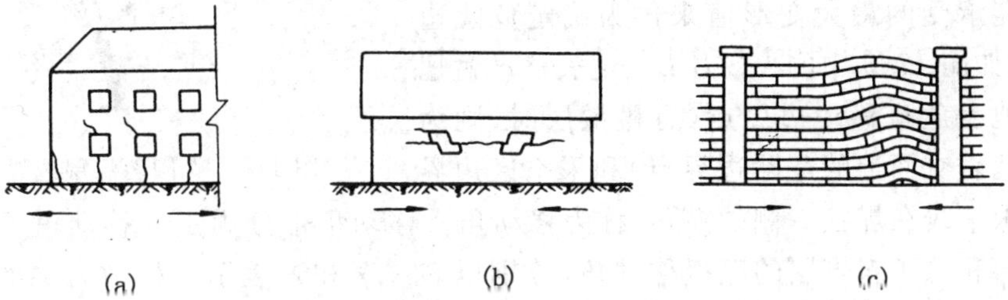

图 17-8　地表水平变形对建筑物的影响

以上分析的是单一地表移动和变形对建筑物的影响，在实际中，往往是建筑物同时受到多种地表移动和变形的综合影响，这里不再论述了。

六、地表移动盆地的边界角、移动角和裂缝角

在地表移动盆地内不同区域移动和变形的程度不同，人们根据地表移动和变形的程度和实际需要，将移动盆地划分为三个边界(图 17-9)。

1. 移动盆地的最外边界

以地表移动和变形都为零的点圈出的边界，称为移动盆地的最新边界。由于移动和变形值是通过仪器观测而确定的，考虑到观测误差，实际工作中是以下沉 10 mm 的点圈定边界，如图 17-9(a)中的 $ACBD$。

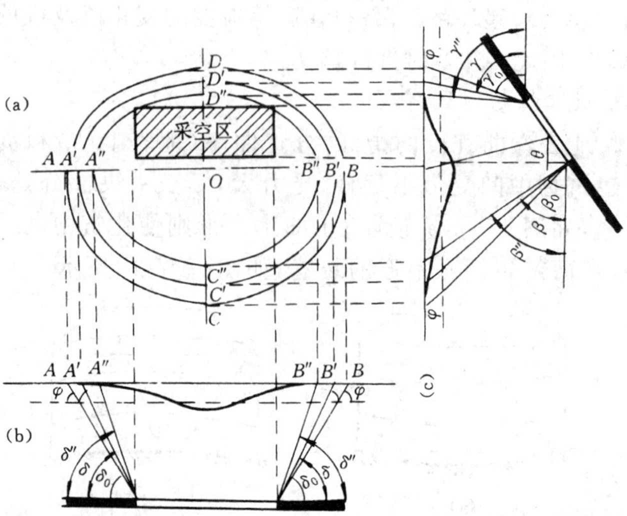

图 17-9 移动盆地边界示意图

在移动盆地主断面上盆地的边界点(或松散岩层与岩层交面上的边界点)和采空区边界的连线与水平线在煤柱一侧的夹角,称为边界角。边界角分为走向边界角 δ_0[图(b)]、下山边界角 β_0 和上山边界角 γ_0[图(c)],以及急倾斜煤层底板边界角 λ_0(图 17-10)。

2. 危险移动边界

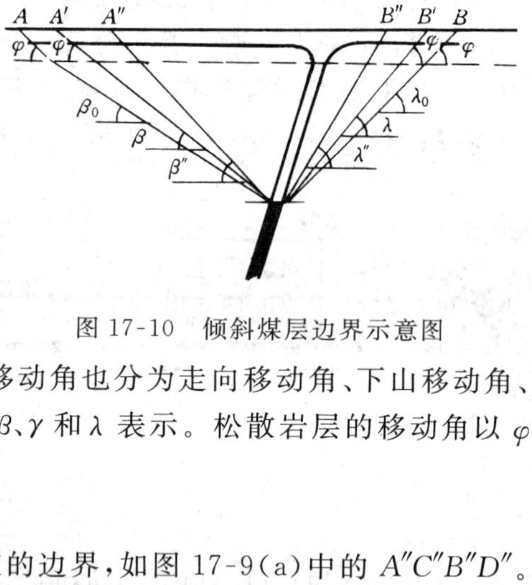

图 17-10 倾斜煤层边界示意图

危险移动边界是以地表移动与变形对建筑物有无危害而划分的边界。由于不同建筑物所承受最大变形的能力不同,我国现采用的是以砖木结构的建筑物能承受的最大变形值来作为确定危险边界的标准,如图 17-9 中的$A'C'B'D'$。地表移动盆地主断面上地表危险移动边界点(有松散层时,则为松散层与基岩交面上的危险边界点)和采空区边界的连线与水平线在煤柱一侧的夹角,称为移动角。移动角也分为走向移动角、下山移动角、上山移动角和急倾斜煤层的底板移动角,分别以 δ、β、γ 和 λ 表示。松散岩层的移动角以 φ 表示。

3. 移动盆地的裂缝边界

裂缝边界是根据移动盆地内最外侧的裂缝圈定的边界,如图 17-9(a)中的 $A''C''B''D''$。在主断面上移动盆地最外侧的地表裂缝和采空区边界的连线与水平线在煤柱一侧的夹角,称为裂缝角。裂缝角也分为走向裂缝角、下山裂缝角、上山裂缝角和急倾斜煤层的底板裂缝角,分别以 δ''、β''、γ''和λ''表示。

第二节 地表移动的观测

研究地表与岩层移动的方法主要有实地观测法、理论模拟法和相似材料模型法等。目前最主要的方法仍是实地观测法,即在受开采影响的地表范围内,设置专门的地表移动观测站，通过观测获得大量第一手资料，然后对这些资料进行综合分析，找出各种因素对地表和岩层移动的影响规律，再将这些规律用来解决实际问题。

岩层与地表移动是一个非常复杂的过程，受到诸多地质、采矿条件的综合影响。为了通过实地观测找到其移动的规律，首先必须在开采前，按一定要求在开采影响范围内的地表、岩层内部或其他研究对象上设置一系列相互联系的观测点。在采动过程中，定期观测这些点的位置及其变化情况，从而找到地表和岩层移动的规律。下面分别对观测点的设计、设置、实地观测及成果整理方法予以介绍。

一、地表移动观测站的设计

1. 需要收集的资料

设计地表移动观测站前，应具备以下资料：

① 设站地区的井上、井下对照图和开采计划图，以便确定观测地区井下开采和地面位置的对应关系。

② 设站地区的地质和水文资料，如地形地质图、岩层柱状图、煤层赋存条件、覆岩的物理力学性质和水文地质条件等。

③ 设站地区的采煤工作面设计资料，如巷道布置、开采方法、顶板管理方法、开采厚度、工作面推进速度、回采时间及其周围开采情况等。

④ 设站地区的井上、井下测量资料，如控制点、导线点、水准点的坐标和高程等。

⑤ 矿区已有的地表移动资料，如移动角、最大下沉角和松散层移动角等有关参数，若设站矿区还没有上述参数，可选用地质采矿条件相似的矿区的相关参数。

2. 观测站的设计方法

地表移动观测站大多采用剖面线(一般均为直线)状与煤层走向垂直或平行。若受地面建筑物等设施的限制，也可设计成折线或其他形状。为了研究整个移动盆地，需布置成网状观测站。下面以线状观测站为例来说明观测线的位置和长度的确定方法。

(1) 倾斜观测线位置及其长度的确定

倾斜观测线一般设置在移动盆地的倾斜主断面上，若采煤工作面的走向长度大于 $1.4H_0+50$ m(H_0 为平均开采深度)，也可设置两条倾斜观测线，但至少应相距 50 m，且应距开切眼或停采线 0.7 倍的采深以上。在图 17-11(a)中，因 $D_1+D_2+D_3>1.4H_0+50$ m，因此，设计了两条倾斜观测线 R_1R_3，R_4R_6。要确定 R_1R_3 和 R_4R_6 的位置，首先按图 17-11(c)中的方法确定出 E 点，R_1R_3 必须设置在工作面推进方向上超过 E 点的位置，即应满足：

$$D_1 \geqslant (H_0-h)\cot(\delta-\Delta\delta)+h\cot\varphi$$

式中　δ——走向移动角；

$\Delta\delta$——走向移动角的修正值；

h——松散层厚度；

H_0——平均采深；

φ——松散层移动角。

为了确保 R_4R_6 在充分采动区，R_4R_6 距停采线的距离 D_3 应满足：

$$D_3 \geqslant H_0 \cot\varphi_3$$

式中，φ_3 为走向充分采动角，没有充分采动角资料时，应满足 $D_3 \geqslant 0.7H_0$。同时应保证两

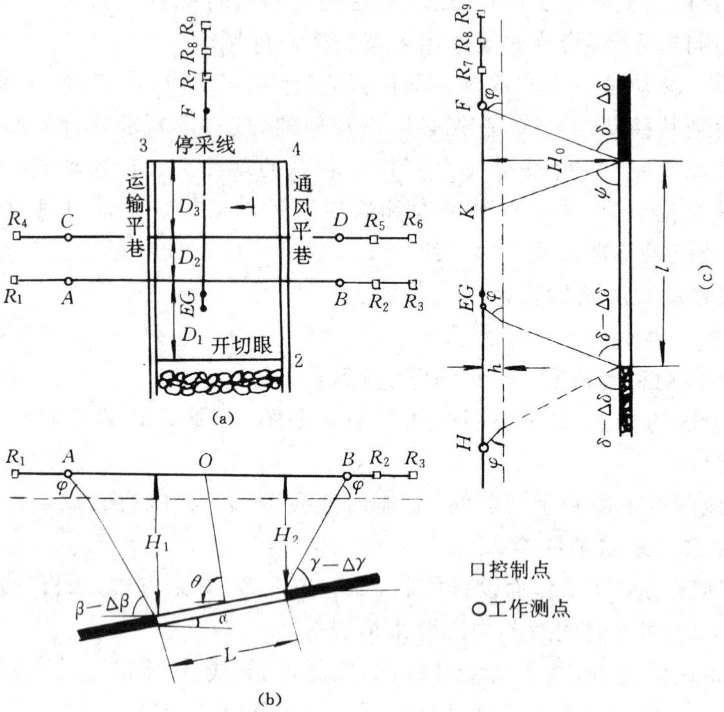

图 17-11 倾斜观测线位置及其长度的确定

(a) 观测站平面图；(b) 倾斜断面图；(c) 走向断面图

条倾斜观测线间的距离 D_2 大于 50 m。这样即可保证两条倾斜观测线 R_1R_3、R_4R_6 均在主断面上。

倾斜观测线的长度，应保证线的两端在不受开采影响的范围内。倾斜观测线的长度是在移动盆地的倾斜主断面上确定的，如图 17-11(b)所示。图中 AB(或 CD)即为倾斜观测线的工作长度。由图可知 AB 的长度 l_{AB} 为：

$$l_{AB} = 2h\cot\varphi + (H_1 - h)\cot(\beta - \Delta\beta) + (H_2 - h)\cot(\gamma - \Delta\gamma) + L\cos\alpha$$

式中 γ——上山移动角；

β——下山移动角；

$\Delta\gamma$——上山移动角的修正值；

$\Delta\beta$——下山移动角的修正值；

L——工作面的倾斜宽；

H_1、H_2——分别为工作面上山和下山边界的开采深度。

(2) 走向观测线位置及其长度的确定

走向观测线应设置在移动盆地的走向主断面上。当工作面的倾斜宽大于 0.9 H_0 时，可只设半条走向观测线。走向观测线的位置是在倾斜主断面上确定的，如图 17-11(b)所示，从采空区中心按最大下沉角 θ 划线与地面相交于 O 点，通过 O 点作垂直于煤层倾向的垂直断面即为移动盆地的走向主断面，因此，该断面与地面的交线即为走向观测线的位置。走向观测线的长度是在走向主断面上确定的，如图 17-11(c)所示。首先确定出不受邻区开

采的边界点 E，再按走向移动角确定出 F 点，并使沿 FE 方向布设的走向观测线超出倾斜观测线 2～3 个测点间距得 G 点，FG 便是走向观测线的工作长度。若布设整条观测线，则图中 HF 即为走向观测线的工作长度。

在没有最大下沉角的矿区，θ 角可按下列公式近似计算：

当煤层倾角 $\alpha<50°$ 时，$\theta=90°-K\alpha$

$\alpha>50°$ 时，$\theta=90°-T\alpha$

式中，K 为岩石硬度系数，坚硬岩石取 0.7～0.8，中硬岩石取 0.6～0.7，软弱岩石取 0.5～0.6；$0.2\leqslant T\leqslant 0.4$。

(3) 测点数目及其密度

每条观测线两端都应设置观测站控制点，且每端不得少于两个；如因条件限制，也可只在观测线的一端设置控制点，但不得少于 3 个。相邻控制点的间距不得小于 45 m。控制点应布设在观测线的工作长度之外，且不应受相邻采区或工作面开采的影响。

在每条观测线的工作长度之内应布设观测点，观测点的密度主要取决于开采深度，表 17-1 列出了不同开采深度时观测点的间距。

二、地表移动观测站的设置和观测

观测站的设置就是将设计好的观测点标定到实地上去。标定工作应在工作面开始回采之前，或工作面虽已回采但尚未影响到设站地区地表时进行。标定方法是，首先利用矿区控制点标定出观测站的控制点，再根据观测站控制点标定出观测点和另一观测线与该观测线的交点，然后再在交点上安置仪器标定另一观测线上控制点和观测点的位置。

表 17-1　不同开采深度时观测点的间距

开采深度/m	观测点间距/m
<50	≤5
50～100	5～10
100～200	10～15
200～300	15～20
>300	20～25

标定好的控制点和观测点可用预制好的混凝土桩埋设稳固，或在实地挖坑浇灌混凝土桩。埋设深度，在非冻土区应不小于 0.6 m；在冻土区测点的底面应在冻结线 0.5 m 以下，当地表冻结线 0.5 m 内有含水层时，一般应采用钢管式测点。

观测点设置好后，应按顺序进行编号。一般情况下，倾斜观测线上观测点编号应自下山向上山方向按顺序增加，走向观测线上观测点编号应按工作面推进方向顺序增加。

地表移动观测站观测工作的基本内容是：在采动过程中，定期、重复测定观测线上各测点在不同时期内空间位置的变化情况。具体可分为观测站的连接测量、全面观测、单独进行的水准测量、地表破坏的测定和编录。

1. 连接测量

连接测量是根据矿区控制网测定出某个测站控制点的平面位置和高程，再根据该控制点来测定其他观测点和控制点的位置，以便确定观测线与采煤工作面间的相互位置关系。连接测量应在工作面开采之前、测站点埋设好 10～15 天之后进行。

连接测量中测定第一个控制点和观测线交点的位置时应按近井点的测量要求进行。其余控制点的平面位置可采用一级导线的观测方法测定，高程连测应按不低于三等水准测量的精度要求进行。

2. 全面观测

全面观测包括采动前的全面观测和采动后的全面观测。在连接测量之后，设站地区未受采动影响之前，应对工作测点进行两次全面观测，以确定工作测点在地表移动前的位置。当地表下沉达到 50～100 mm 时，应进行采动后的第一次全面观测；在地表受采动影响稳定后，需进行最后一次全面观测，以确定移动稳定后各工作测点的空间位置。除此之外，还需在地表移动的活跃期(即缓倾斜和倾斜煤层地表每月下沉值大于 50 mm，急倾斜煤层地表每月下沉值大于 30 mm)进行不少于四次的全面观测，并适当加密水准测量。

全面观测的内容主要包括测定各工作测点的高程、丈量两相邻工作测点间的距离和测量各测点偏离观测线方向的距离(又称支距)。工作测点和控制点的高程测量应组成水准网，按三等水准测量的要求进行；各测点间的距离须用比长过的钢尺沿观测线往、返丈量，经过改正后的往返测量边长的互差，当边长小于 15 m 时，不得大于 2 mm，当边长大于 15 m 时，不得大于 3 mm，或采用光电测距仪按四等光电测距边的要求进行；各测点离观测线的支距，应用经纬仪正、倒镜观测或照准另一端控制点后，以一个镜位读数两次取平均值。当经纬仪至所测支距点的距离超过 150 m 时，应在观测线方向上用两个测回标定临时测站，再由临时测站测量其他各点的支距值。当最初两次测量同一点的高程相差不大于 10 mm，支距相差不大于 30 mm，同一边长相差不大于 4 mm 时，可取其平均值作为原始观测数据。

3. 日常观测工作

日常观测工作是指在地表移动的初始期和衰退期之间适当增加的水准测量工作。进行日常观测工作所间隔的时间，可根据开采深度、采煤工作面的推进速度和顶板岩性等具体条件而定，一般每隔 1～3 个月测量一次。测量时可采用单程附合水准路线或往返支水准路线，按四等水准测量的要求进行。

此外，在采动过程中，还应测量地表产生裂缝的位置和塌陷要素，注明发现日期；在每次观测时，还应实测采煤工作面的位置、煤层厚度、采高，并记录采矿、地质和水文地质情况。

三、地表移动观测站观测成果的整理与分析

每次观测工作结束后，首先应检查外业记录手簿，保证外业成果无误，然后再进行内业整理工作。观测成果的整理包括计算和绘图两部分。

1. 观测成果的计算

观测成果的计算是根据外业成果首先计算出各观测点的高程及相邻点间的水平距离在观测线方向上的投影长度，然后再按测线计算各种移动与变形值。

(1) 观测点高程的计算

观测点高程的计算首先应根据水准测量成果进行平差，然后再按一般水准路线的计算方法计算出各观测点的高程。

(2) 计算各相邻测点沿观测线方向的距离

如图 17-12 所示，点 1、2、3 为相邻的三个观测点，l_1、l_2 分别为经过改正后的相邻点间的水平距离，y_1、y_2、y_3 分别为各观测点的支距，首先按下式计算出各相邻点间的支距改正数 Δl_i：

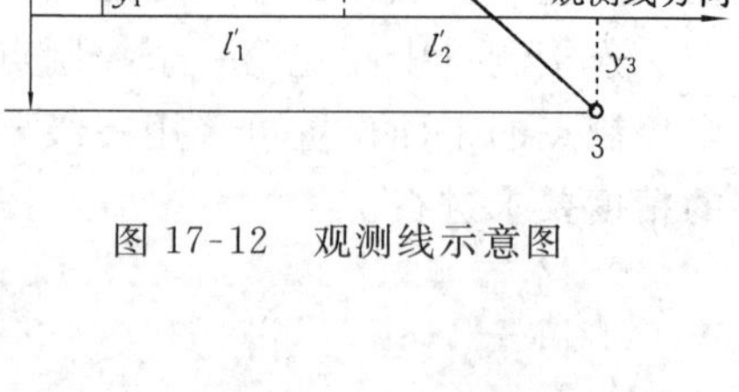

图 17-12　观测线示意图

$$\Delta l_i = l_i' - l_i = \sqrt{l_i^2 - r_i^2} - l_i \doteq -\left(\frac{r_i^2}{2l_i} + \frac{r_i^4}{8l_i^3}\right)$$

上式中 r_i 为相邻点 i 与 $i+1$ 间的支距差，计算时应考虑正负号，如图中 $r_1=y_2-y_1$，$r_2=y_2-y_3=y_2+|y_3|$。

然后再将相邻点间的水平距离 l_i 加上支距改正数 Δl_i 即得沿观测线方向的水平距离。

(3) 计算各种移动和变形值

① 计算下沉值 W：

$$W_n = H_{0n} - H_n \text{(mm)}$$

式中　H_{0n}——n 号测点在采动前的高程；

H_n——n 号测点在采动稳定后的高程。

② 计算相邻两点间的倾斜 i：

$$i_{n\sim n+1} = \frac{W_{n+1} - W_n}{l_{n\sim n+1}} \text{(mm/m)}$$

式中　W_n、W_{n+1}——n 和 $n+1$ 号点的下沉值，mm；

$l_{n\sim n+1}$——n 至 $n+1$ 号点的水平距离，m。

③ 计算曲率 K：

$$K_n = \frac{i_{n\sim n+1} - i_{n-1\sim n}}{\frac{1}{2}(l_{n\sim n+1} + l_{n-1\sim n})} \text{(mm/m}^2\text{)}$$

④ 计算水平移动 U：

$$U_n = L_n - L_{0n} \text{(mm)}$$

式中　L_n——采动后 n 号点至控制点的水平距离；

L_{0n}——采动前 n 号点至控制点的水平距离。

⑤ 计算水平变形 ε：

$$\varepsilon_{n\sim n+1} = \frac{l_{n\sim n+1} - l_{0(n\sim n+1)}}{l_{0(n\sim n+1)}} \text{(mm/m)}$$

式中　$l_{n\sim n+1}$——采动后 n 至 $n+1$ 点的水平距离；

$l_{0(n\sim n+1)}$——采动前 n 至 $n+1$ 点的水平距离。

⑥ 计算下沉速率 v：

下沉速率是指一段时间内下沉值与时间的比值。

$$v_n = \frac{W_{nm} - W_{nm-1}}{t} \text{(mm/d)}$$

式中　W_{nm}——第 m 次观测时 n 号点的下沉值；

W_{nm-1}——第 $m-1$ 次观测时 n 号点的下沉值；

t——两次观测的间隔天数。

2. 观测成果图的绘制

根据观测和计算成果绘制移动和变形曲线图，能够清楚地看出沿观测线（主断面）的地表移动和变形的分布特征及其发展情况。绘制移动和变形曲线图时，水平比例尺一般与观测站平面图一致，竖直比例尺的选取应以绘制的曲线能够清楚反映出移动和变形的分布规律为原则。曲线图和观测线的断面图应绘制在一起，以便于分析各种地质采矿条件对移动和变形分布形态的影响。

每一次观测后，都要及时进行计算和绘制移动和变形曲线图。观测工作全部结束后，应对每次观测结果进行综合分析，以便了解观测站受开采影响产生的移动和变形的发展过程。并根据最后一次全面观测成果，计算地表移动和变形的主要参数。图17-13所示为某矿区倾斜观测线的地表移动和变形的曲线图。图中绘制了下沉曲线、倾斜曲线、曲率曲线、水平移动曲线和水平变形曲线。根据移动和变形曲线确定各种移动角的方法如下：

① 松散层移动角 φ 可通过类比法或对松散层观测求得。

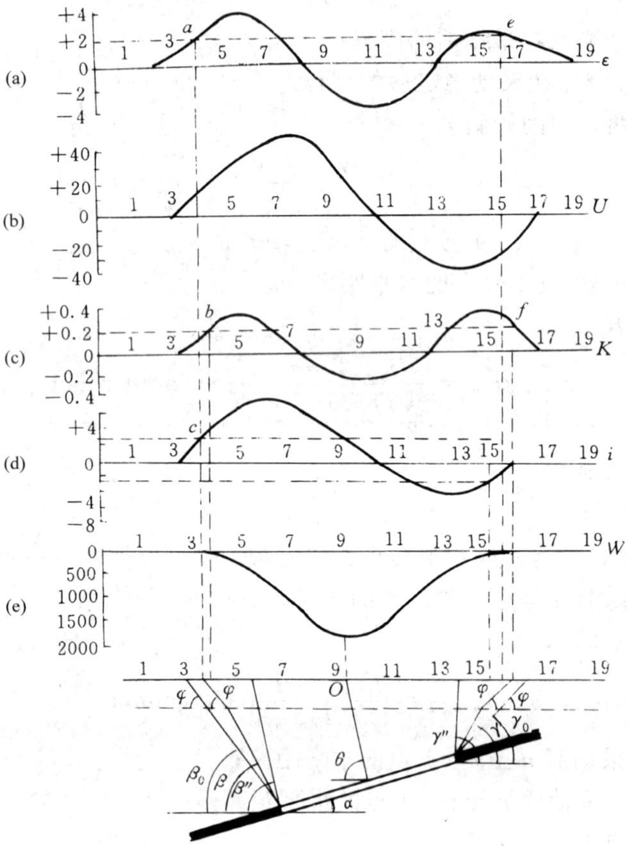

图 17-13 某矿区倾斜观测线的地表移动和变形曲线图

(a) 下沉曲线；(b) 倾斜曲线；(c) 曲率曲线；(d) 水平移动曲线；(e) 水平变形曲线

② 移动角 β、γ(或 λ)、δ 应根据最后一次全面观测结果绘制变形曲线，找出各种临界变形点(一般砖石结构建筑物的临界变形值点，取 $i=3$ mm/m、$K=0.2\times10^{-3}$ mm/m^2，$\varepsilon=2$ mm/m)，再从最外一个临界变形值点开始按松散层移动角作斜线交于基岩面，将此交点与采空区边界的煤层底板点相连，连线的倾角即为所求的移动角，图 17-13 中绘出了 β、γ 的求解方法。

③ 边缘角 β_0、γ_0(或 λ_0)、δ_0 应根据最后一次高程测量结果，以下沉值 10 mm 的点为临界点，按与确定移动角类似的方法求得。

④ 裂缝角 β''、γ''(或 λ'')、δ''应根据采空区边界附近地表最外面的裂缝与采空区边界煤底板点的连线倾角确定。

⑤ 最大下沉角 θ 可根据最后一次高程测量结果，在倾斜剖面上以最大下沉点与采空区

中点连线的倾角确定。

⑥ 充分采动角 φ_1、φ_2、φ_3 应根据下沉曲线平底部分的边缘点至采空区边界点连线与煤层在采空区一侧的夹角确定。

第三节　保护煤柱的留设

保护煤柱是指了为保护煤层上方的岩层和地表的保护对象(如水体、建筑物等)不受开采的影响,而在井下留设的不予开采的部分煤层。通过留设保护煤柱虽可保护其上部的岩层和建筑物等,但留设的煤柱将暂时甚至永远不能采出,造成了大量煤炭资源的浪费,而且留设保护煤柱将增大采掘工程量、使采掘工作复杂化。因此,人们已经开始研究既要将井下煤炭资源部分或全部采出、又能保护其上部建筑物的方法,并且已取得了部分研究成果。但是,对于一些条件复杂和重要的保护对象,目前还需要通过留设保护煤柱的方法来予以保护。

一、保护煤柱的留设方法

保护煤柱留设原理与确定地表移动范围的思路恰好相反,即在受护对象下方留出一部分煤炭不予开采,使其周围煤炭的开采对受护对象不产生危险性的移动和变形。因此,留设保护煤柱就是要在已知受护面积的情况下,要留设多大范围的煤炭不予开采,才可使受护范围内的保护对象不受周围开采的影响。

确定保护煤柱边界的方法有垂直剖面法、垂线法和数字标高投影法等。这里以常用的垂直剖面法为例来介绍留设保护煤柱的过程。

1. 确定受护边界

采用垂直剖面法留设保护煤柱,确定受护边界时,应保持受护边界线与煤层走向平行或垂直,因此当受护边界与煤层走向斜交时应沿受护边界点作与煤层走向平行或垂直的直线来确定受护边界线,如图 17-14 中的 $1'2'3'4'$。

2. 确定围护带的宽度

为了防止因地质采矿条件,井上、井下位置对应关系的不准确以及抵消移动角确定的误差造成保护煤柱尺寸留设不足,在受护对象边界外还应预留出一定的宽度,称为围护带。围护带的宽度是根据受护对象的保护等级确定的,根据建(构)筑物的重要性、用途和开采引起的后果,一般将矿区范围的建(构)筑物划分为Ⅰ、Ⅱ、Ⅲ、Ⅳ个等级,各等级的建(构)筑物留设围护带的宽度依次为20 m、15 m、10 m和5 m 。

3. 确定保护煤柱的边界

如图 17-14 所示,根据受护边界和围护带宽度确定出受护范围 $abcd$ 后,通过受护范围的中心分别作沿煤层走向和倾向的垂直剖面;在倾向垂直剖面上,松散层内从地面边界点以松散层移动角 φ 向外画两条斜线与基岩面相交,再分别从上山和下山方向的交点以下山移动角 β 和上山移动角 γ 向外作斜线交煤层面于 $n'k'$ 点;将 $n'k'$ 投影到平面图上即得保护煤柱倾向方向的尺寸 NK;在走向垂直剖面上按同样的方法以 φ 角和走向移动角 δ 分别确定出走向方向保护煤柱尺寸 BC 和 AD;这样 $ABCD$ 即为留设保护煤柱的边界线。

二、保护煤柱留设实例

1. 立井保护煤柱的留设

立井保护煤柱的留设也是按照前述一般方法进行的,只是确定围护带宽度时,应按Ⅰ级

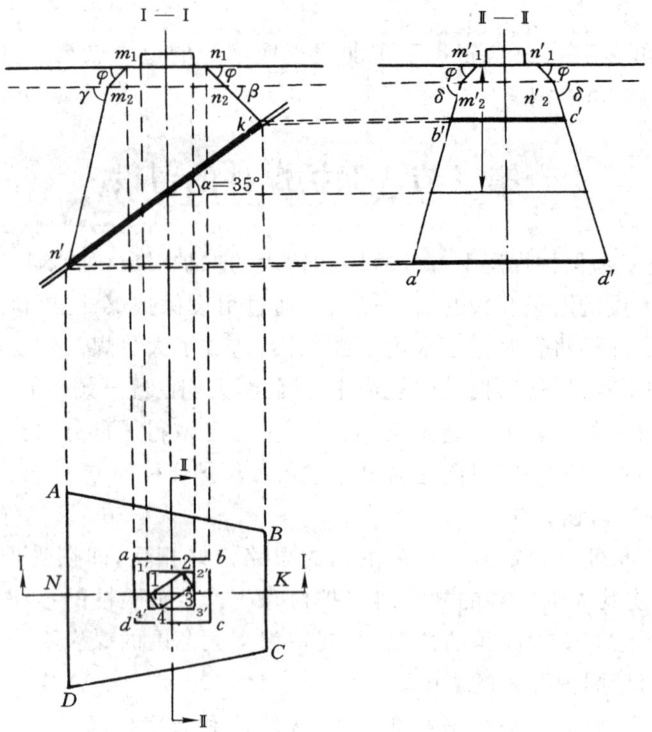

图 17-14 保护煤柱及边界示意图

保护对象确定，即围护带宽度为 20 m。具体留设方法见图17-15 所示。

2. 斜井保护煤柱的留设

斜井保护煤柱的留设分两种情况，即斜井位于煤层底板中和斜井位于煤层顶板中。当斜井位于煤层底板中平行于煤层且距煤层较远时(一般视上覆岩层的性质，临界法向距离在 6～25 倍的煤层厚底)，可不留设保护煤柱；当斜井位于煤层顶板中时，一般都应在斜井两侧留设保护煤柱。具体留设方法见图17-16 所示。

3. 铁路保护煤柱的留设

国家级的铁路和工矿企业的专用铁路在采动影响范围内时，一般都应留设保护煤柱。由于铁路一般都较长，其走向往往波及整个采动范围，因此只需确定倾向方向的保护煤柱尺寸即可。但当铁路方向变化时，应沿倾向方向作多个垂直剖面。当剖面的方向与煤层倾向不一致时，还应按下式将主断面上的移动角 β 和 γ 换算为该倾向断面上的移动角 β' 和 γ'：

$$\cot\beta' = \sqrt{\cot^2\beta\cos^2\theta + \cot^2\delta\sin^2\theta}$$

$$\cot\gamma' = \sqrt{\cot^2\gamma\cos^2\theta + \cot^2\delta\sin^2\theta}$$

式中，θ 为受护边界与煤层走向所夹的锐角。

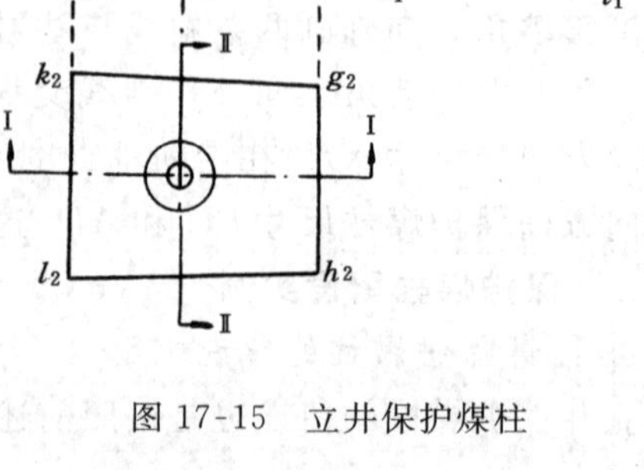

图 17-15 立井保护煤柱

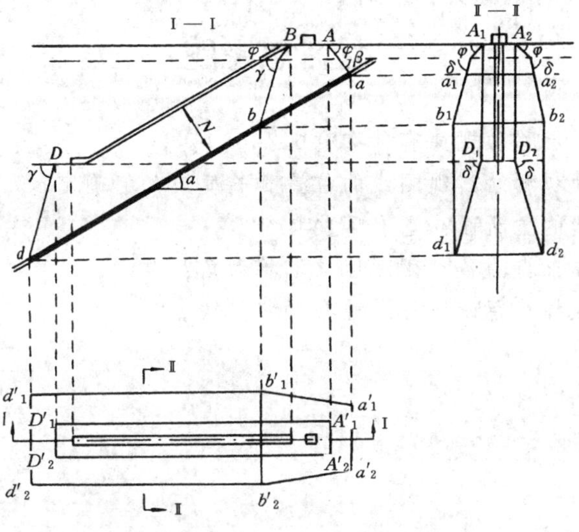

图 17-16　斜井保护煤柱留设方法

铁路保护煤柱的留设方法见图 17-17 所示。

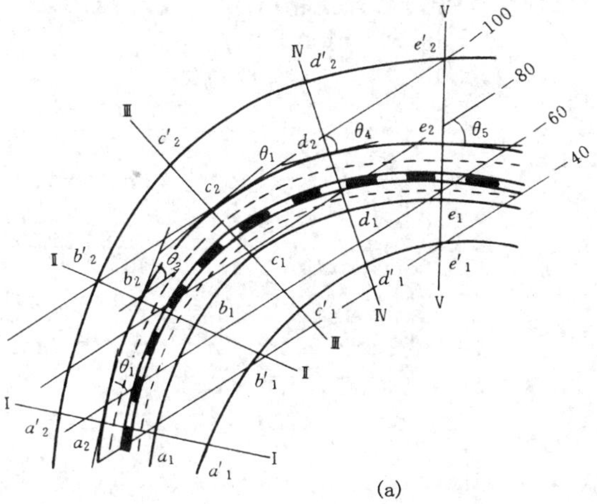

(a)

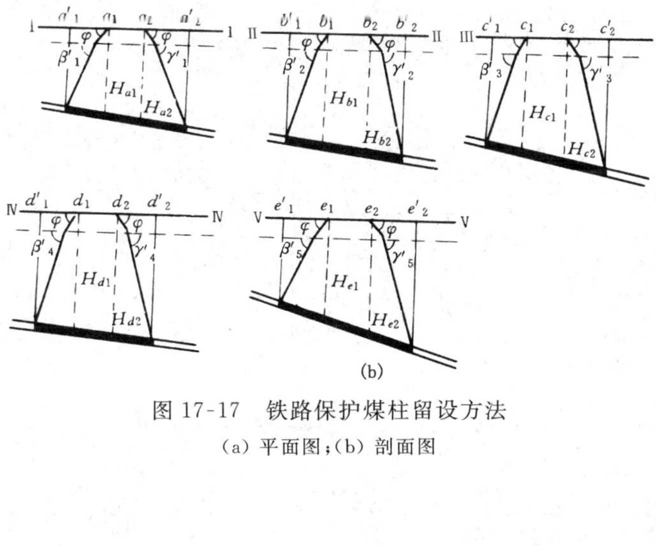

(b)

图 17-17　铁路保护煤柱留设方法

(a) 平面图；(b) 剖面图

复习思考题

1. 研究地表与岩层移动规律有什么意义？
2. 何谓地表移动观测站？观测线的位置和长度应如何确定？
3. 何谓移动盆地的主断面？它有哪些特征？
4. 如何根据计算求得的各种变形值求取移动角？
5. 什么叫保护煤柱？留设保护煤柱有哪些优缺点？

附录　CASIO fx-4800P 科学计算器的使用方法

一、CASIO fx-4800P 与 fx-4500PA 比较

fx-4500PA 计算器已经在测量计算中得到了广泛的应用，fx-4800P 是比 fx-4500PA 更高一个级别的产品(附图 1)，它除了具有 fx-4500PA 的全部功能以外，还主要改进了如下特性：

(1) 具有 16 列×4 行显示屏(fx-4500PA 只有 12 列×2 行)，可以显示更多的信息，这对于编写程序特别方便。

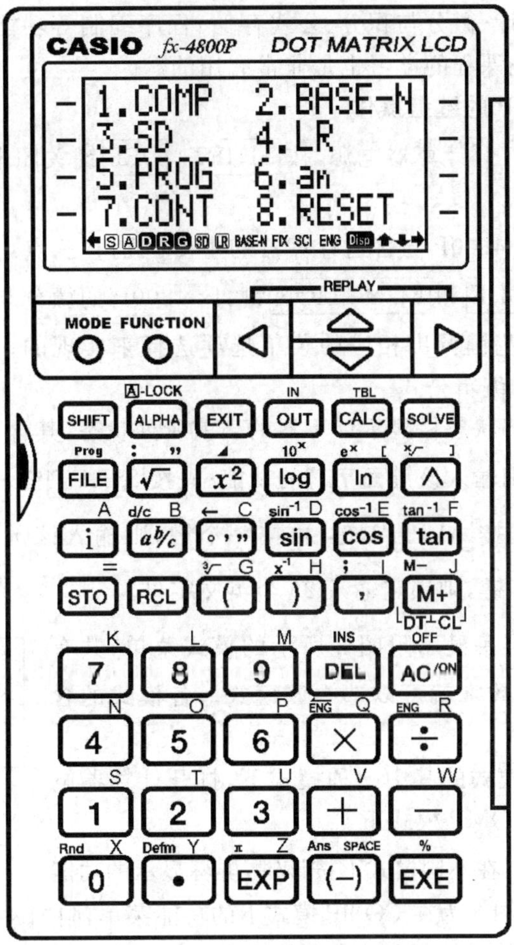

附图 1　CASIO fx-4800P 计算器

(2) 在程序区域中最多可以存储 4 500 字节的程序与数据(fx-4500PA 只能存储 1 103 字节)。

(3) 求解方程的数值解。

例如，可以求方程 $2x^2+6x-9=0$ 的数值解。

(4) 复数计算功能。

例如，$(1+2i)+(2+3i)=3+5i$

(5) 一、二次微分计算。

例如，$\frac{\mathrm{d}}{\mathrm{d}x}(x^3+4x^2+x-6)\Big|_{x=3}=52$

$\frac{\mathrm{d}^2}{\mathrm{d}x^2}(x^3+4x^2+x-6)\Big|_{x=3}=26$

(6) 求和计算。

例如，$\sum_{K=2}^{6}(K^2-3K+5)=55$

与普通科学计算器相同的＋、－、×、÷四则运算及函数计算方法本节不再介绍，只重点介绍本书中应用到的统计、微分与积分、公式存储、程序编制等功能。这些功能不仅对测量计算有用，对各专业其他课程的学习也是非常有用的。

二、CASIO fx-4800P 的键盘操作

(1) 按 [AC/ON] 键打开计算器电源，按 [SHIFT] [OFF] 键关闭电源，6 分钟不操作，自动关闭电源。

(2) 键盘的特点：fx-4800P 与普通计算器的主要区别有三点：一是它有 A～Z 等 26 个英文字母，二是它有 [MODE] 和 [FUNCTION] 键，fx-4800P 的微分与积分、公式存储、程序编制等功能都是通过按这些键调出相应的菜单选项选择来实现的；三是它有四个 REPLAY 键，主要用于重复计算和编辑公式。

(3) 显示屏幕最底部状态栏显示计算器的当前所处状态，其含义列于附表 1。

(4) 直接按一个键则输入该键面字符的功能；先按 [SHIFT] 键，再按一个键，则输入该键上方橘色字符的功能；先按 [ALPHA] 键，再按一个键，则输入该键上方红色英文字母的功能；按 [SHIFT] [ALPHA] 键，则锁定输入 26 个英文字母。

(5) 按 [MODE] 键，屏幕显示附图 2 所示的模式菜单，共有 8 种模式，键入模式前的数字就可以选中该模式。各模式的含义见附表 2。

计算器必处于 8 种模式的其中一种模式下，打开计算器电源时，计算器自动处于 COMP 模式下。

1. COMP	2. BASE-N
3. SD	4. LR
5. PROP	6. an
7. CONT	8. RESET

附图 2　模式菜单

(6) [FUNCTION] 键：在不同模式下按该键，屏幕显示的功能菜单内容是有差别的，附图 3 为在 COMP 模式下的功能菜单，附图 4 为在 SD 或 LR 模式下的功能菜单，键入模式前的数字就可以选中一种选项。各功能选项的含义见附表 3。

1. MATH	2. COMPLX
3. PROG	4. CONST
5. DRG	6. DSP/CLR

附图 3　COMP 模式下的功能菜单

1. MATH	2. COMPLX
3. PROG	4. CONST
5. DRG	6. DSP/CLR
7. STAT	8. RESULTS

附图 4　SD 或 LR 模式下的功能菜单

附表 1　　fx-4800P 的状态行显示内容的含义

指示符	含　　义
S	按下 SHIFT 键后出现，表示将输入键上方橘色符号所标的功能
A	按下 ALPHA 键后出现，表示将输入键上方红色符号所标的字母
D	选用“度”作为角度计算单位
R	选用“弧度”作为角度计算单位
G	选用“梯度”作为角度计算单位
SD	计算器处于单变量统计模式
LR	计算器处于双变量统计模式
BASE－N	进行二、八、十、十六进制数值计算或相互转换模式
FIX	指定显示小数位数有效
SCI	以科学显示数值有效
ENG	以工程显示数值有效
Disp	当前显示的数值为中间结果
↑↓	显示一列数据时出现，表示当前显示屏的上、下或数据
←→	表示数据跑出了当前显示屏的左边或右边

附表 2　　模式菜单的含义

模式选项	含　　义
COMP	普通四则计算和函数计算
BASE－N	二进制、八进制、十进制、十六进制的变换及逻辑运算
SD	单变量统计计算
LR	双变量统计计算(回归)
PROG	定义程序名，在程序区域中输入和执行程序
an	递归计算
CONT	显示与调整屏幕对比度
RESET	复位操作

附表 3　　功能菜单的含义

功能选项	含　义
MATH	内藏积分、微分、求和、极坐标、直角坐标等计算功能
COMPLX	复数计算函数
PROG	编制程序用的函数
CONST	内藏 20 个常用科学常数，如真空中的光速、万有引力常数、重力加速度等
DRG	设置角度单位：十进制度、弧度、梯度及其相互转换
DSP/CLR	指定数据显示格式/清除存储器内容
STAT	在单变量或双变量统计状态下，用于叫出指定内容的计算结果，如平均值
RESULTS	在单变量或双变量统计状态下，用于叫出全部计算结果

提示：按[FUNCTION]键进入功能菜单后，可以按[EXIT]键退出；但按[MODE]键进入模式菜单后，必须选择一种模式，按[EXIT]键不可以退出模式菜单，一般选择 COMP 模式即可。

三、基本操作

1. 计算公式的值

【例 1】 计算公式 $2(5.2^2+4)\div(4+3)$ 的值。

按键 2 [(] 5.2 [x^2] [+] 4 [)] [÷] [(] 4 [×] 3 [)] [EXE]

屏幕显示结果8.868 571 429

本书约定，为了节省篇幅，凡是键入用于计算的数字，一律不加方框。

【例 2】 计算公式 2sin 45°的值。

按键 2 [sin] 45 [EXE]　屏幕显示结果为 1.414 213 562

2. A 型函数和 B 型函数

A 型函数是指 x^2、x^{-1}、$x!$、°′″等，其输入方法是先输入数值，后按函数键。

B 型函数是指 $\sqrt{\ }$、$\sqrt[3]{\ }$、log、ln、e^x、10^x、sin、cos、tan、arcsin、arccos、arctan 等，其输入方法是先按函数键，后输入数值。

提示：

(1) 在公式计算之前，一般按[AC]键先清除屏幕内容。

(2) 在 B 型函数(如 2sin 30、10log 1.2、$2\sqrt{3}$)、变量名(如 2π、AB、3Ans)和开圆括号前，可以省略乘号×。如【例 1】中的 2×(5+4)可以输入为 2 (5+4)，2× sin 45 可以输入为 2sin 45，但(4×3)显然不可以输入为(43)。

(3) 答案功能的使用。计算器自动将最后一次按[EXE]键得到的计算结果(除非按[EXE]键后出现错误)保存在 Ans 寄存器中，可以直接使用+、−、×、÷四则运算或 A 型函数对 Ans 寄存器中的数值进行计算(也称连续计算)，也可通过按键[SHIFT] [Ans] [EXE]调出 Ans 寄存器中的数值。关闭计算器的电源或按[AC]键不会清除 Ans 寄存器中的内容。

(4) 计算器内部计算使用15位,显示时舍入为10位。

3. 多重语句的使用

多重语句是由若干个公式连接而成,可以用于连续计算。如果只需要显示最后一个公式的计算结果,可以使用[SHIFT] [:]键连接;而对需要显示计算结果的公式使用[SHIFT] [◿]键连接。

如按键 2 [+] 3 [SHIFT] [:] 3 [+] 4 [SHIFT] [◿] 4 [+] 5 [EXE] 屏幕显示结果 7

再按键[EXE] 屏幕显示结果 9

4. 存储器

计算器以英文字母 A～Z 定义了 26 个存储器。

(1) 为存储器赋值的方法有两种:一是使用[STO]键,二是使用[ALPHA] [=]键。

如将 3+4 的计算结果保存到 F 存储器的操作方法是

3 [+] 4 [STO] [F] 屏幕显示结果 7

[ALPHA] [F] [ALPHA] [=] 3 [+] 4 屏幕显示结果 7

(2) 显示存储器内容的方法有两种:一是使用[RCL]键,二是键入存储器字母[ALPHA] [A]～[Z],然后按[EXE]键。如[RCL] [F]与[ALPHA] [F] [EXE]都是显示 F 存储器的内容。

(3) 可以在公式和程序中直接使用存储器名,如键入 2 [ALPHA] [F] [EXE]的计算结果为 14;在程序中,可以将存储器定义为变量,也可以定义为常量。

(4) 独立存储器

几乎所有普通计算器中都有独立存储器,主要用于累积一连串数值的结果,累积结果保存在 M 存储器中。累积之前,应键入 0 [STO] [M]将 M 存储器清零。

计算 64+25−12 结果的操作为:64 [M+] 25 [M+] 12 [SHIFT] [M−],按键[RCL] [M]可以察看累积计算结果。

提示:

(1) 存储器的内容保持到重新为存储器赋值为止,即使关闭计算器的电源,也不会改变存储器的内容。

(2) 附表 4 列出了某些计算类型使用的存储器名,在进行这些计算时,不要给这些存储器赋值,以免影响计算结果的正确性。

附表 4　某些计算类型使用的存储器名

计算类型	微分/二次微分	积分	单变量统计(SD 模式)	双变量统计(LR 模式)
使用的存储器名	F、G、H	K、L、M、N	U、V、W	P、Q、R、U、V、W

(3) 按键[FUNCTION] [5] [Mcl] [EXE]清除所有存储器的内容,按键[FUNCTION] [6] [Scl] [EXE]清除统计存储器的内容。

四、角度单位的设置、转换、输入与三角函数的计算

按 FUNCTION 键，进入功能菜单；再按 5 选中 DRG 选项，屏幕显示如附图 5 所示。

1. Deg	2. Rad
3. Gra	4. °
5. r	6. g

附图 5　DRG 下的角度单位菜单

1. Deg——指定十进制度为角度单位；
2. Rad——指定弧度为角度单位；
3. Grd——指定梯度为角度单位；
4. °——指定十进制度为某个输入值的单位；
5. r——指定弧度为某个输入值的单位；
6. g——指定梯度为某个输入值的单位。

后面的°、r、g 三个选项用于三个角度制的相互转换，操作方法见下面的【例 5】和【例 6】。

角度单位的换算关系为：360°＝2π 弧度＝400 梯度。我国市场上出售的经纬仪和全站仪的度盘是按照一个圆周为 360°进行分划的，因此，测量计算中，通常是选择 Deg 为角度单位，欧洲国家使用 Grd 角度单位。

在 Deg 角度单位下，进行三角函数计算时，要求输入的角度单位必须是十进制的度，而用经纬仪或全站仪观测的角度是 60 进制的，因此必须将其转换为十进制的度，输入方法是使用 °′″ 键。

【例 3】　在 Deg 角度单位下，计算 sin25°25′25″的操作过程为

sin 25 °′″ 25 °′″ 25 °′″ EXE　　屏幕显示结果 0.429 307 354

【例 4】　在 Deg 角度单位下，计算 $\sin^{-1}$0.429 307 354 的操作过程为

SHIFT $\sin^{-1}$ 0.429 307 354 EXE　　屏幕显示结果 25.423 611 2

再按键 SHIFT ← 将计算结果转换为 60 进制的角度屏幕显示结果 25°25′25″

提示：

(1) 与其他计算器使用等号键 = 作为计算键不同的是，在 fx-4800P 或 fx-4500PA 中，EXE 键为计算键，或称回车键，按该键，计算器立即对已经输入的公式进行计算，而 SHIFT = 键则是赋值键。

(2) 按 ◁ 键或 ▷ 键可以将最近一次计算所用的公式重新调回屏幕，用户可以使用这两个键移动光标编辑公式，直接键入字符或函数将覆盖当前光标的字符，按 DEL 键可以删除当前光标的字符，按 SHIFT INS 键，进入插入状态，可以在当前光标字符前插入空位，最后，按 EXE 键计算修改后的公式。上述操作可以重复执行。

【例 5】　将 25°25′25″化算为弧度。

按键 FUNCTION 5 2 将当前角度单位设置为弧度；

按键 25 °′″ 25 °′″ 25 °′″ FUNCTION 5 4 EXE　　屏幕显示为 0.443 725 722

【例 6】　将以 0.443 725 722 弧度化算为 60 进制角度。

按键 FUNCTION 5 1 将当前角度单位设置为十进制度；

按键0.443 725 722 FUNCTION 5 5 EXE　　屏幕显示为25.423 611 13

按键SHIFT ←　　屏幕显示为25°25′25″

五、直角坐标与极坐标的换算

1. 直角坐标增量 $\Delta x,\Delta y$ 计算极坐标 r,θ

在附图6所示的测量坐标系中，由直角坐标增量 $\Delta x,\Delta y$ 计算极坐标 r,θ 的公式为：

$$r=\sqrt{\Delta x^2+\Delta y^2}$$

$$\theta=\arccos\frac{\Delta x}{r}$$

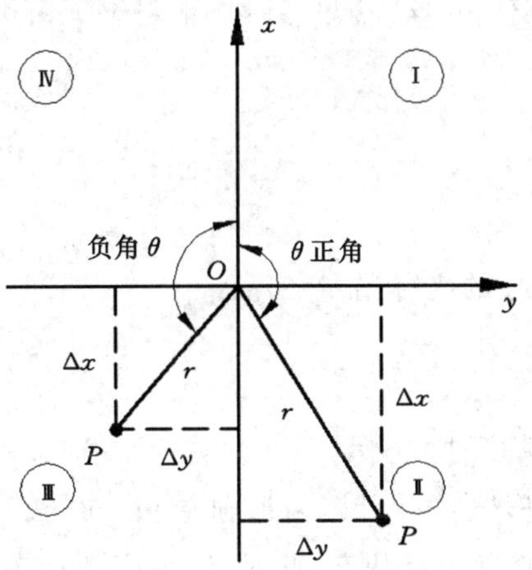

附图6　测量坐标系中的直角坐标与极坐标换算关系

当OP边位于第Ⅰ、Ⅱ象限时，这样求出的 θ 就等于其坐标方位角；而当 OP 边位于第Ⅲ、Ⅳ象限时，计算器自动将计算出的 θ 值加一个负号，此时，θ 与坐标方位角 α 的关系应为 $\alpha=\theta+360°$。

使用Pol函数由 $\Delta x,\Delta y$ 计算 r,θ 的格式为Pol($\Delta x,\Delta y$)，函数Pol的键入方法为 FUNCTION 1 ▽ 5。计算出的 r 保存在I存储器中，θ 保存在J存储器中。

【例7】 某条边的坐标增量分别为 $\Delta x=105.398\,559\,3$、$\Delta y=-74.968\,246\,34$，试计算其水平距离和坐标方位角。

按键FUNCTION 1 ▽ 5 105.398 559 3 , －74.968 246 34 EXE

屏幕显示内容为

Pol(105.398 559 3,－74.968 246 34)

$r=129.340\,999\,9$

$\theta=-35.423\,611\,13$

由于计算出的 $\theta<0$，所以，还需加360°才能得到边长的坐标方位角。

按键RCL J ＋ 360 EXE SHIFT ← 计算坐标方位角并将计算结果转换为60进制的角度值，结果为324°34′35″。

2. 极坐标 r,θ 计算直角坐标增量 $\Delta x,\Delta y$

由极坐标 r,θ 计算直角坐标增量 $\Delta x,\Delta y$ 的公式为：

$$\Delta x = r\cos\theta, \Delta y = r\sin\theta$$

由于角度加 360°对三角函数的计算结果没有影响，所以，也可以使用坐标方位角 α 代替上述公式中的 θ。

使用 Rec 函数由 r,θ 计算 $\Delta x,\Delta y$ 的格式为 Rec(r,θ)，函数 Rec 的键入方法为 [FUNCTION] [1] [▽] [6]。计算出 Δx 的保存在 I 存储器中，Δy 保存在 J 存储器中。

【例 8】 将水平距离为 r=129.341 m、坐标方位角为 α=324°34′35″的极坐标换算为直角坐标。

按键 [FUNCTION] [1] [▽] [6] 129.341 [,] 324 [°′″] 34 [°′″] 35 [°′″] [)] [EXE]

屏幕显示内容为

Rec(129.341,324°34°35°)

x=105.398 559 3

y=−74.968 246 34

上述显示的 x、y 即为边长的坐标增量 Δx、Δy。

六、统计计算

1. 单变量统计计算

【例 9】 对某段距离等精度独立丈量了 6 次，分别为 48.986、48.976、48.982、48.977、48.985、48.986，试计算其平均值 $\bar{x}$ 和一次丈量误差 m。该例取自本书【例 5-2】。

按键 [MODE] [3] 进入单变量统计状态，此时，屏幕底部状态行显示 [SD]；

按键 [FUNCTION] [6] [6] [EXE] 清除统计存储器的内容；

按键输入数据 48.986 [DT] 48.976 [DT] 48.982 [DT] 48.977 [DT] 48.985 [DT] 48.986 [DT]

按键 [FUNCTION] [8] 调出统计计算结果，显示内容如下：

Deviation

$\bar{x}$=48.982

σ_n=4.123 1E−03

σ_{n-1}=4.516 63E−03

再按键 [▽]，显示下列内容：

Sum

$\sum x^2$ =14 395.418 04

$\sum x$ =293.892

n=6

其中 σ_{n-1} 即为使用本书式(5-6)(白塞尔公式)计算出的中误差 m。也可以通过按键 [FUNCTION] [7]，在屏幕显示的附图 7 所示的选项中选择显示其中的某一个统计计算结果。

2. 双变量统计计算

【例 10】 测量出大气温度 x 与大气压力 y 的数据列于附表 5，试进行回归计算，求出回归公式 $y=Ax+B$ 中的系数 A、B 及相关系数 r，然后使用回归公式计算 $x=18$ ℃时的大气压力值 y 和 $y=1\ 000$ hPa 时的大气温度 x。

1. $\bar{x}$	2. $x\sigma_n$
3. $x\sigma_{n-1}$	4. $\sum x^2$
5. $\sum x$	6. n
7. $t($	

附图 7 调用单变量统计计算结果选项

按键 MODE 4 进入双变量统计状态，此时，屏幕底部状态行显示 LR 。

附表 5 大气温度和大气压力的关系

温度/℃	10	15	20	25	30
大气压/hPa	1 003	1 005	1 010	1 011	1 014

按键 FUNCTION 6 Scl EXE 清除统计存储器的内容。

按键输入数据 10 , 1 003 DT 15 , 1 005 DT 20 , 1 010 DT 25 , 1 011 DT 30 , 1 014 DT

按键 FUNCTION 8 调出统计计算结果，显示内容如下：

Regression

$A=997.4$

$B=0.56$

$r=0.982\ 607\ 368$

继续按键 ▽，可以陆续显示两个变量的统计计算结果。

按键 EXIT 18 FUNCTION 7 ▽ ▽ 5 EXE

屏幕显示计算结果为 1 007.48（$x=18$ ℃时的气压）

按键 1 000 FUNCTION 7 ▽ ▽ 4 EXE

屏幕显示计算结果为 4.642 857 143（$y=1\ 000$ hPa 时的温度）。

七、微分与积分计算

1. 微分计算

计算函数 $y=f(x)$ 在某点 $x=a$ 的一次微分值 $f'(a)=\left.\frac{\mathrm{d}f}{\mathrm{d}x}\right|_{x=a}$ 或二次微分值 $f''(a)=\left.\frac{\mathrm{d}^2 f}{\mathrm{d}x^2}\right|_{x=a}$，公式输入格式分别为 $\mathrm{d}/\mathrm{d}x(f(x),a,\Delta x)$ 和 $\mathrm{d}^2/\mathrm{d}x^2(f(x),a,\Delta x)$。

注意，只有存储器 X 可以用作函数的变量。Δx 称为自变量 x 的增量或减量，$\Delta x>0$ 为增量，$\Delta x<0$ 为减量。为提高计算的精度，一般输入一个很小的数，如 1E－5，也可以省略。Δx 省略时，计算器将自动选取一个适合于求导点 $x=a$ 的值作为 Δx。

【例 11】 设 $y=x^3+4x^2+x-6$，计算 $x=3$ 处的一次微分值。

按键 FUNCTION 1 2 ALPHA X ^ 3 ＋ 4 ALPHA X x^2 ＋ ALPHA X

[—] 6 [,] 3 [)] [EXE] 屏幕显示结果为 52。

【例 12】 计算上述函数在 $x=3$ 处的二次微分值。

按键 [FUNCTION] [1] [3] [ALPHA] [X] [^] 3 [+] 4 [ALPHA] [X] [x^2] [+] [ALPHA] [X] [—] 6 [,] 3 [)] [EXE] 屏幕显示结果为 26。

提示：

(1) 根据函数的复杂程度，微分计算可能需要花费较长的时间，可以按 [AC] 键中断计算。

(2) 数据 a、Δx、$f'(a)$ 分别保存在 F、G、H 存储器中。

(3) 微分计算的误差为显示的最小有效位的 ±1。

2. 定积分计算

定积分是计算利用 Simpson（辛普森）法则对输入的函数 $f(x)$ 求积分，它要求按 $N=2^n$ 来设定分割数，其中 n 是一个 1～9 的整数。

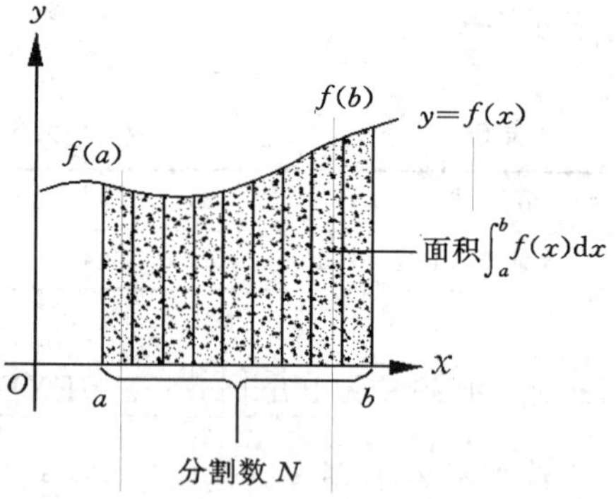

附图 8 Simpson 法积分原理

定积分计算的公式输入格式为 $\int(f(x),a,b,n)$，其中的 n 可以省略。n 省略时，计算器根据所计算的积分自动选择 1～9 的一个整数作为其值。

【例 13】 设随机变量 x 服从标准正态分布，其概率密度函数为 $f(x)=\frac{1}{\sqrt{2\pi}}e^{-\frac{x^2}{2}}$，则事件 $|X|<2$ 发生的概率为 $P(|X|<2)=\int_{-2}^{2}\frac{1}{\sqrt{2\pi}}e^{-\frac{x^2}{2}}dx$，试计算该积分。

键入 [FUNCTION] [1] [1] [(] 1 [÷] [$\sqrt{\ }$] [(] 2 [SHIFT] [π] [)] [)] [SHIFT] [e^x] [(] [—] [ALPHA] [X] [x^2] [÷] 2 [)] [,] [—] 2 [,] 2 [)] [EXE] 屏幕显示结果为 0.954 499 7

也即，事件 $|X|>2$ 发生的概率为 1－0.954 499 7＝4.55%。

八、公式存储器

可以在公式存储器中储存一个公式，以便在需要使用时随时调出计算。只可以在公式存储器中储存一个公式，由多个公式组成的多重语句，使用 [SHIFT] [:] 键或 [SHIFT] [◿] 键连接的公式被看做是一个公式，公式存储器最多能储存 127 字节的数据，即使关闭电源，公式存储器中的内容仍然保持不变。

1. 存储与调用公式

[SHIFT] [IN]——将当前屏幕的公式储存于公式存储器中；

[OUT]——调出公式存储器中的公式进行编辑；

[CALC]——调用公式存储器中的公式并开始计算。

【例 14】 将公式 $Y=AX^2+6X-9$ 存入公式存储器，并计算 $A=22$，$X=55$ 时 Y 的值。

按键 [AC] [SHIFT] [ALPHA] [Y] [=] [A] [X] [ALPHA] [x^2] [+] 6 [ALPHA] [X] [—] 9

[SHIFT] [IN]输入公式；

按键[CALC]调用公式存储器中的公式；

按键 22 [EXE] 55 [EXE] [EXE] 分别为 A 赋值 22、X 赋值 55，屏幕显示结果为 66 871。

2. 解方程

[SOLVE]——使用牛顿迭代法求公式存储器中公式的解。

【例 15】 求解方程 $Y=AX^2+6X-9$ 在 $Y=0,A=22$ 时 X 的解。

```
Y=AX²+6X+9
X=0.517 613 389
Lft=          0
Rgt=          0
```

附图 9　公式求解结果

下面的操作是在上述已经将公式 $Y=AX^2+6X-9$ 存入公式存储器中后进行的。

按键[SOLVE] 0 [EXE] 22 [EXE] [SOLVE]屏幕显示内容见附图 9。图中 Lft 表示公式等号左边的计算值，Rgt 表示公式等号右边的计算值，两计算值的差越接近于零，计算结果的精度就越高。

3. 项目表(循环计算)

指定公式存储器中一个变量的初始值和增量值，对公式在变量的取值范围内循环计算。通过按键[SHIFT] [TAB]输入变量的初始值和增量值。

【例 16】 令公式 $Y=AX^2+6X-9$ 中 A 的值为 22，以 X 为变量，其初始值为 0，增量为 5 进行计算。

假设公式 $Y=AX^2+6X-9$ 已经存入公式存储器中；

[CALC] 22 [EXE] [SHIFT] [TAB] 0 [EXE] 5 [EXE]，以后每按一次[EXE]键，便将 X 变量的当前值加上增量值 5 代入公式进行计算，并立即显示计算结果，按[AC]键退出循环计算。

九、程序编制与运算

计算器设有程序区域，可以储存附加了文件名的程序。程序由多个顺序输入的公式组成，可以使用多重语句，程序中一个字符或一个函数(如 sin、cos、tan、log)占用一个字节，有些函数(如 Lab n、Goto n)占用两个字节。程序区域总共可以储存 4 500 个字节的数据。可以按键[SHIFT] [Defm] [EXE]查看当前程序区域的字节使用情况，屏幕结果见附图 10。

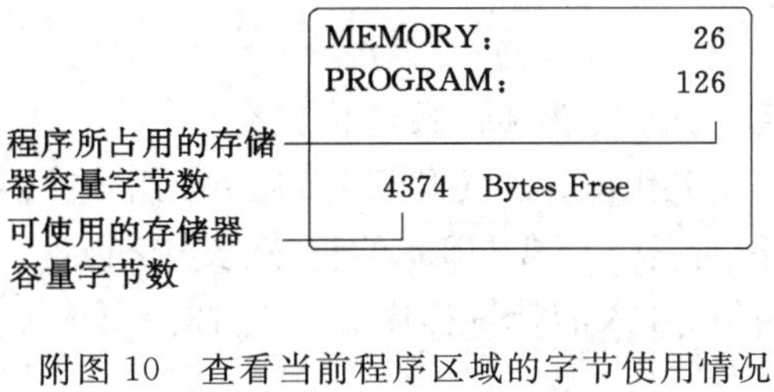

附图 10　查看当前程序区域的字节使用情况

按键[MODE] [5] 即进入附图 11 所示的程序菜单，它有 1. NEW(新建程序)、2. RUN(运行程序)、3. EDIT(编辑程序)、4. DELETE(删除程序)四个选项。

1. 编程命令

程序中除应有公式进行计算以外，还需要有逻辑判断和控制转移命令，这些命令称为编程命令。在输入程序的过程中，按键 FUNCTION 3，可以显示和选择这些命令，见附图 12。在附图 12(a)下按键 ▽ 可以显示附图 12(b)，再按键 ▽ 可以显示附图 12(c)。

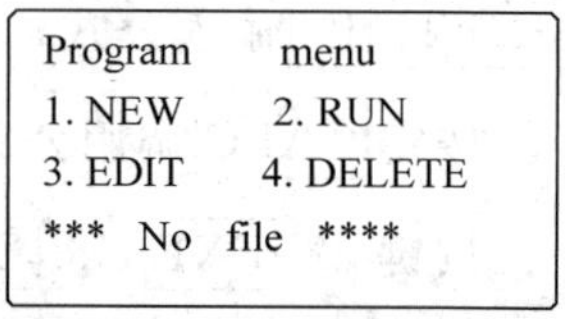

附图 11　程序菜单

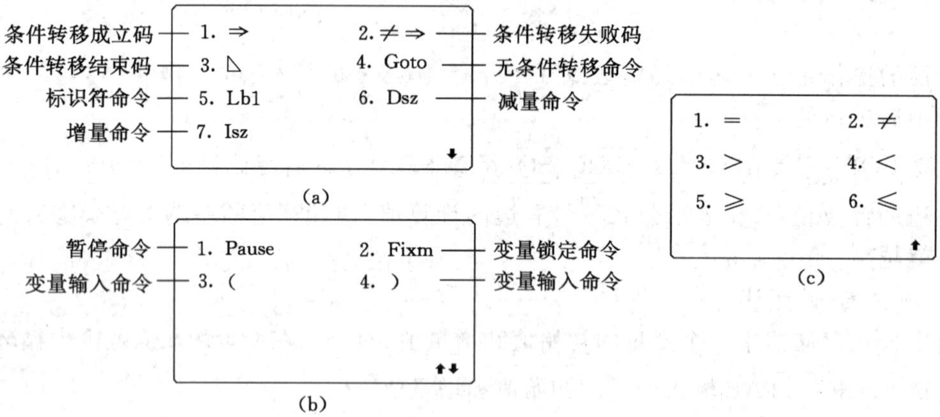

附图 12　按键 FUNCTION 3 显示的编程命令内容

2. 变量输入命令{}

在程序编写中，要使用变量和常数，它们都是通过存储器名来保存数据。在程序运行中，计算器会自动提请用户输入变量的值，而常数则是使用程序运行前预先存储在存储器中的数据。因此，在程序中必须说明作为变量使用的存储器名。格式是用花括号将变量名括弧起来，如

{A}——A 为变量存储器；

{AB}、{A，B}或{A B}——A、B 均为可变变量。

3. 变量锁定命令 Fixm

将变量锁定命令 Fixm 放置在程序中，则所有的变量被锁定，即当前赋给变量的值将被固定而不能被改变。

4. 转移命令

转移命令分无条件转移、条件转移和计数转移三类。

(1) 无条件转移由标记语句 Lbl n 和转移语句 Goto n 组成。

【例 17】 编制一个连续计算 $Y=A+BX$ 的程序，其中 $A=2$、$B=5$，X 被每次输入新的值，键入的计算程序见附图 13。

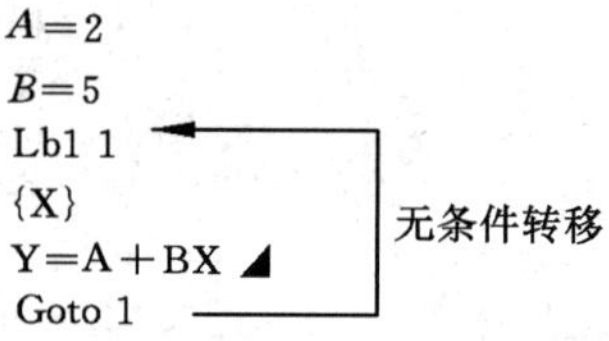

附图 13　无条件转移程序

(2) 条件转移

条件转移对两个变量或公式进行比较，根据比较结果决定程序的转移去向。

【例 18】 编制一个连续计算程序，当输入值大于等于零时计算输入值的平方根，小于

零时计算输入值的平方，键入的计算程序见附图 14。

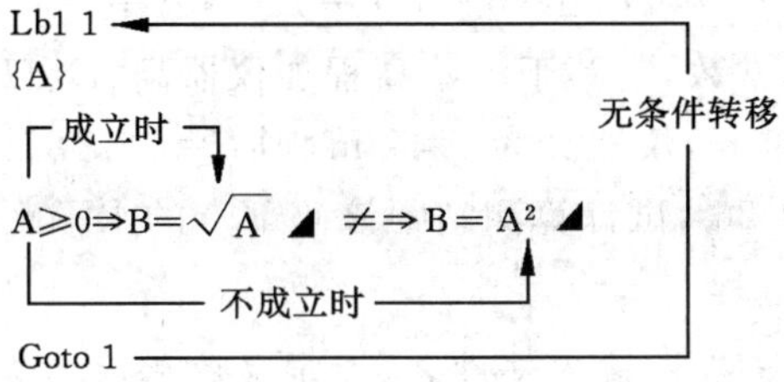

附图 14　条件转移程序

（3）计数转移

计数转移有数值存储器 Isz 内容加一和数值存储器 Dsz 内容减一。在对数值存储器内容进行增量或减量操作后，若数值存储器内容没有变为 0，则执行紧接于数值存储器名后面的语句，否则，跳过紧接于数值存储器名后面的语句。

【例 19】 编制一个程序，使其能输入 10 个数值，并计算这 10 个数值的平均值，键入的计算程序见附图 15。

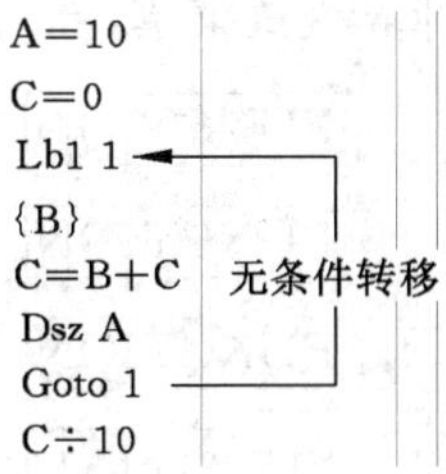

附图 15
计数转移程序

（4）子程序（语句 Prog“子程序名”）

可以通过调用子程序，控制程序在程序之间转移，调用子程序的程序称为主程序，被调用的程序称为子程序。使用子程序有利于节省存储器空间及简化程序的编写。

调用子程序的过程见附图 16，调用名称为 D. SUB 的子程序的语句格式为：Prog“D. SUB”，Prog 通过按键 SHIFT Prog 输入。

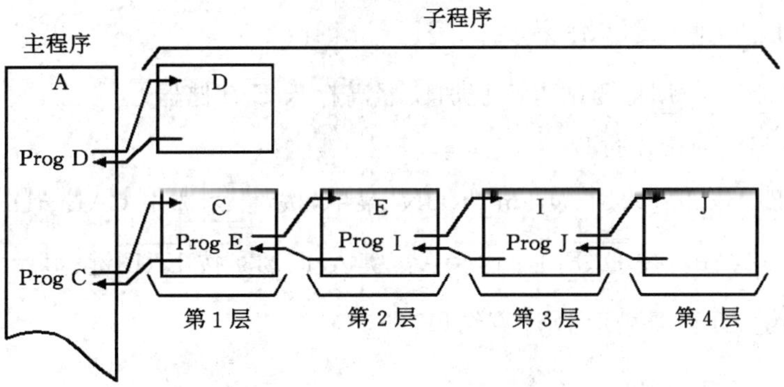

附图 16　子程序的调用过程

5．暂停命令（Pause *n*）

程序遇到暂停命令 Pause *n* 时，将停止程序运行 $n/2$ 秒，*n* 必须为 0～9 的整数。

【例 20】 设经纬仪（倒像望远镜）测绘法测量碎部点（盘左）的观测数据为上丝读数 A、下丝读数 B、竖直度盘读数 C，则碎部点至测站的水平距离 D 及碎部点高程 H 的计算公式为：

$$D = 100(B - A)(\cos(90 - C))^2$$

$$H = D\tan(90 - C) + E - (A + B)/2$$

式中，A、B、C 为变量；E 为常数，它等于测站高程加仪器高；D、H 为需要显示的计算结果。

设测站点高程为 62.11 m，仪器高为 1.47 m，则 $E=63.58$；设某碎部点的观测数据为 $A=1.123$，$B=1.867$，$C=84°26'$，试计算测站距该碎部点的水平距离 D 和碎部点的高程 H。

(1) 键入程序的操作过程

按键 MODE 5 1 屏幕提示输入文件名，设定义该程序名为 CAL－DH；

键入文件名 SHIFT ALPHA C A L ALPHA － SHIFT ALPHA D H EXE，屏幕显示附图 17 所示的程序计算模式菜单，键入 1 选择 COMP 模式；

PGM:CAL－DH
1. COMP　　2. BASE-N
3. SD　　4. LR
5. Save formula

附图 17　程序计算模式

FUNCTION 3 5 1 EXE

FUNCTION 6 1 2 EXE

FUNCTION 3 ▽ 3 SHIFT ALPHA A B C FUNCTION 3 ▽ 4 EXE

SHIFT ALPHA D = ALPHA 100 (ALPHA B － ALPHA A) (cos (90 － ALPHA C)) x^2 SHIFT ⊿

SHIFT ALPHA H = D ALPHA tan (90 － ALPHA C) ＋ ALPHA E － (ALPHA A ＋ ALPHA B) ÷ 2 ⊿

FUNCTION 3 4 1 EXE

(2) 预先将测站点高程加仪器高的值存储到 E 存储器的操作

按键 MODE 1 进入 COMP 模式；

按键 63.58 STO E 将测站点高程加仪器高存入 E 存储器。

(3) 计算碎部点的操作过程

按键 MODE 5 2 进入 Program [RUN] 菜单，按键 ▽ 选中 CAL－DH 程序，按 EXE 键，显示 B?，键入 1.867，按 EXE 键；显示 A?，键入 1.123，按 EXE 键；显示 C?，键入 84 °′″ 26 °′″，按 EXE 键，计算器显示 D 计算结果

$D=73.70$

再按 EXE 键，计算器显示 H 计算结果

$H=69.27$

再按 EXE 键，可以开始第二个碎部点的计算。按键 AC AC 可以中断程序计算。

参考文献

[1] 艾迪拓.铁路基本知识[M].北京:中国铁道出版社,1985.

[2] 北京测绘处.城市测量规范(CJJ/T 8—2011)[S].北京:中国建筑工业出版社,1986.

[3] 崔岂.建井测量[M].徐州:中国矿业大学出版社,1989.

[4] 冯仲科,邓融,李军,等.测量学通用教程[M].北京:测绘出版社,1996.

[5] 高井祥,等.工程测量[M].北京:煤炭工业出版社,2000.

[6] 顾秉彝,连荫海.测量学[M].徐州:中国矿业大学出版社,1986.

[7] 顾孝烈,等.测量学[M].上海:同济大学出版社,2011.

[8] 国家测绘局测绘标准化研究所,等.GB/T 20257.1—2007 国家基本比例尺地图图式 第1部分:1∶500 1∶1000 1∶2000 地形图图式[S].北京:中国标准出版社,2008.

[9] 郝瀛.铁路可行性研究[M].成都:西南交通大学出版社,1993.

[10] 合肥工业大学等四校.测量学[M].第4版.北京:中国建筑工业出版社,1995.

[11] 何国清,等.矿山开采沉陷学[M].徐州:中国矿业大学出版社,1991.

[12] 华南理工大学测量教研室.建筑工程测量[M].第3版.广州:华南理工大学出版社,2002.

[13] 建设综合勘查研究院.JGJ 8—2007 建筑变形测量规范[S].北京:中国建筑工业出版社,2007.

[14] 李青岳.工程测量学[M].北京:测绘出版社,1984.

[15] 李玉宝,等.测量学[M].成都:西南交通大学出版社,2012.

[16] 煤炭工业部生产司.煤矿测量规程[M].北京:煤炭工业出版社,1989.

[17] 宁津生,等.测绘学概论[M].武汉:武汉大学出版社,2008.

[18] 清华大学测量教研组.普通测量[M].第4版.北京:中国建筑工业出版社,1990.

[19] 孙家驷.道路勘测设计[M].北京:人民交通出版社,1999.

[20] 孙振先,李国顺.测量学[M].北京:煤炭工业出版社,1987.

[21] 田佩俊,陈汉华.矿山测量学(第二分册)[M].徐州:中国矿业大学出版社,1988.

[22] 铁道部第二勘测设计院.铁路测量手册[M].北京:中国铁道出版社,1999.

[23] 同济大学测量系,清华大学测量教研室.测量学[M].北京:测绘出版社,1991.

[24] 王君瑞.CASIO fx-4800 P/fx-4500PA 测量程序集[M].北京:教育科学出版社,2002.

[25] 王兆祥,等.铁路工程测量[M].北京:测绘出版社,1986.

[26] 武汉测绘学院《测量学》编写组.测量学[M].北京:测绘出版社,1980.

[27] 薛国光.施工测量[M].北京:中国铁道出版社,1984.

[28] 翟翊,等.现代测量学[M].北京:测绘出版社,2008.

[29] 张凤举,邢永昌.矿区控制测量(上册)[M].北京:煤炭工业出版社,1987.

[30] 章书寿,陈福山.测量学教程[M].北京:测绘出版社,1991.

[31] 中国矿业学院测量教研室.矿山测量学(下册)[M].北京:煤炭工业出版社,1979.

[32] 周冠军.矿图[M].修订本.北京:煤炭工业出版社,1993.

[33] 周立吾，张国良，林家聪. 矿山测量学(第一分册)[M]. 徐州：中国矿业学院出版社，1987.
[34] 朱汉文. 地形测量[M]. 第2版. 北京：冶金工业出版社，1996.
[35] 朱鸿禧，马鄂吉，杨忠秀，等. 测量学[M]. 徐州：中国矿业大学出版社，1995.